歯の比較解剖学

第2版

●編集
後藤仁敏
大泰司紀之
田畑　純
花村　肇
佐藤　巖

●著者
石山巳喜夫
伊藤徹魯
犬塚則久
大泰司紀之
後藤仁敏
駒田格知
笹川一郎
佐藤　巖
茂原信生
瀬戸口烈司
田畑　純
花村　肇
前田喜四雄

医歯薬出版株式会社

This book was originally published in Japanese
under the title of:

HA-NO HIKAKUKAIBOUGAKU
(Comparative Odontology-Morphology, Function and Evolution of Tooth in Vertebrates)

Editors:
GOTO, Masatoshi
  Professor, Department of Dental Hygiene,
  Tsurumi University, Junior College

OHTAISHI, Noriyuki
  Professor Emeritus, Hokkaido University

TABATA, Makoto J.
  Associate Professor, Section of Biostructural Science,
  Graduate School of Tokyo Medical and Dental University

HANAMURA, Hajime
  Professor Emeritus, Aichi Gakuin University

IWAO, Sato
  Professor, Department of Anatomy, School of Life Dentistry,
  The Nippon Dental University

© 1986 1st ed.
© 2014 2nd ed.

ISHIYAKU PUBLISHERS, INC.
  7-10, Honkomagome 1 chome, Bunkyo-ku,
  Tokyo 113-8612, Japan

第2版の序

　本書の初版を出版してから28年の歳月が流れた．この間，本書は，歯の解剖学，比較解剖学，動物学，古生物学，人類学などにおいて，類書の少ないこの分野のほとんど唯一の教科書として，研究の発展および学問の普及に大きな役割を果たしてきたと自負している．

　この28年間で核やミトコンドリアの遺伝情報の解明が進み，動物，とくに現生哺乳類の分類体系が大きく変化してきた．加えて，恐竜類や絶滅哺乳類の化石の発掘にともない，歯に関する多くの新たな知見も加わった．化石の分子情報や生理・生態学的知見の充実に合わせて，活発な論議が行われている．研究の進展にともない，新たな仮説が生まれたが，まだ定説となっていないものも多い．

　第2版では，こうした状況を鑑みて，新しい研究成果を適切に盛り込むために，旧版の基本的骨格は残しつつも，各著者に大幅に加筆，訂正をしていただいた．また，第6章 歯の進化に，新しく「遺伝子からみた歯の進化」と「モンゴロイドの歯の特徴」の2項を追加した．前者は，歯の分子生物学的研究の成果を，後者は歯の人類学的研究の成果を加えるためである．また，脊椎動物および哺乳類の分類表では新しい分類体系を示したが，歯の形態については従来の分類群にそって記述した．これは，読者が理解しやすいと思うからである．これらの作業により，本書は旧版よりもかなりレベルアップされたので，わが国における歯の比較解剖学的研究にさらなる貢献をすることと，ひとりでも多くの研究者がこの分野へ興味をもつ契機となることを願っている．

　永い歳月を経て，旧版の執筆者も齢を重ね，多くが退職するに至っている．第2版では，旧版の編集者であった後藤・大泰司の両名に加え，花村・佐藤・田畑の3名が加わり，5名の編集となった．後藤・佐藤がおもに第2～4章を，大泰司・花村がおもに第5章を担当し，さらに，後藤・大泰司・田畑が6章を含む全体を編集した．

　この間，旧版の著者のうち，伊藤徹魯氏が逝去された．伊藤氏の担当であった第5章の鰭脚類については，章の担当編者が，その後の分類の変更による必要最小限の手を加えた．また，あたたかい推薦のことばを賜わった酒井琢朗・佐伯政友の両先生も亡くなった．さらに，永年にわたりご指導いただいてきた私どもの恩師である井尻正二・桐野忠大・一條　尚・石川堯雄・橋本巌・田隅本生・工藤規雄の各先生も逝去された．先生方のご冥福をこころよりお祈りする．

　この本の出版に当たり，医歯薬出版株式会社の米原秀明・石飛あかねの両氏にはひとかたならぬお世話になった．厚くお礼を申し上げる次第である．

　本書が，旧版にも増して，さまざまな分野の研究者に利用され，役立つことを祈っている．そして，いつの日にか，第3版が若い研究者によって出版されることを切望する．

　2014年3月5日

　　　　　　　　　　　　　　　後藤仁敏・大泰司紀之・田畑　純・花村　肇・佐藤　巌

推薦のことば

　ドイツの碩学 Waldeyer 教授は，かつて歯を研究していたとき，"歯というものはいかにも不思議な器官である"とつぶやいたという（長尾　優）．最近の科学技術の進歩につれて歯の研究も著しく進んできたが，研究が進めば進むほどその形態・構造・発生などの点をみても，おおくの不可思議な特徴をもっているということが明らかになってきた．

　すでに紀元前3世紀に，Aristoteles（384〜322B.C.）は"Historia animalium（動物誌）"のなかに，歯は動物の種が違うといろいろな形態をとるということ，また人間の切歯・犬歯・臼歯がおのおのの用途に応じた形態になっていること，を述べている．歯の形態が動物の食性によく適応していることは，おそらく人間が気づいた適応のもっとも古い例の1つであろう．

　いろいろな動物の歯の形態，構造，その機能的意義あるいは形態の変異などを，異なった種について研究する"歯の比較解剖学"は，古くから解剖学者にとって興味ある分野であり，動物学・古生物学などの研究の上でも高い評価を与えられてきた．欧米においては古くから"歯の比較解剖学"に関する多くの優れた書籍が刊行されている．しかし，わが国においては，古く奥村鶴吉著『歯科解剖学』（1924），柴田　信著『歯牙形態學』（1928），また近年では藤田恒太郎著『歯の話』（1965）のなかの一部にいろいろな動物の歯の形態の記載があるのみで，歯の比較解剖学専門の本は出版されていない．

　また，この領域における研究も寥々たるものであった．1960年代以降における電子顕微鏡の技術や組織化学的・生化学的研究の発展は，歯の解剖学をより微細な組織・細胞，さらに分子単位の構造の解明にかりたてた．微細構造の研究がますます脚光をあびるのとは逆に，比較解剖学のような地味な，はなやかでない領域は軽視されがちで，現在にいたっている．

　しかし，1970年代にはいると歯の比較解剖学的研究が少しずつあらわれ，しだいにその成果が発表され，わが国においても，この分野に関する関心がようやく高まってきている．このような情勢を反映して，最近この領域に関連ある翻訳書が刊行されている（Dahlberg 編著，佐伯政友訳『歯の形態と進化』1978；Anthony 著，古橋九平監訳『歯のかたち』1983；Halstead 著，後藤仁敏・小寺春人訳『硬組織の起源と進化』1984）．

　本書は，現在歯の比較解剖学を研究している研究者らによる著書であり，各執筆者はそれぞれの専門領域の項目を分担している．そのため，その内容において研究成果を根幹とした記載が随所にみられ，この種の書物としては珍しくオリジナリティーに富んでいる．

　そもそも新しい視野に立った歯の比較解剖学のような，どちらかといえば学際的研究に属する分野を盛りあげていくには，従来の研究の枠などにとらわれることのない，広い生物学的見識をもった若い研究者の活躍が期待される．

比較解剖学は，近世初頭のイタリアにおいて人体解剖学と関連して成立し，普通現存の脊椎動物を研究対象として，その形態や構造の一致点，あるいは相違点を探求し記述してきた．しかしのちに，無脊椎動物にも拡張され，現在ではさらに進んで，それらの変化の過程論，すなわち事実の成因を考究することが重要なテーマとなっている．こういう点では，系統発生学が比較解剖学の重要な基盤であると考えられる．本書には，歯の系統発生についても全般的に簡潔に述べられており，歯の進化学に関心をもつものにとって，よい参考になると思う．

　本書は歯の比較解剖学全般にわたって，きわめて明快に記述されており，わが国における唯一の画期的な書物である．この本を歯の比較解剖学の参考書として，歯の形態に関心をもつすべての歯科医学生諸君に推薦するとともに，獣医学，動物学，古生物学，人類学などの研究者にとっても類書のない貴重な文献として推奨したい．

　最後にわたくしどもは，この本の発刊を機会に，歯の比較解剖学に関心をもつ研究者が増加し，その研究成果が飛躍的に発展することを願ってやまない．

　1986年6月10日

元愛知学院大学教授　　歯学部第1解剖学教室　　酒井　琢朗
元東北大学教授　　歯学部口腔解剖学第1講座　　佐伯　政友

初版の序

　歯は，無顎類をのぞくすべての脊椎動物の顎上に，摂食器官として存在する．歯のエナメル質や象牙質は，リン灰石の微結晶が密に集積した硬組織からなり，形成されたのち，ほとんど形態を変えない．したがって，動物の死後もっともよく保存され，化石として地層中に残されることもおおい．このような性質によって，歯は動物や人類の分類形質として重視され，動物学・古生物学・人類学の主要な研究対象となってきた．

　また，歯はその動物の食性などに対応して，さまざまな適応的変化をしめしている．したがって，歯をみればその動物の摂食様式などがわかり，その動物の生活を知るための重要な手がかりとなる．歯の硬組織にはさまざまな成長線が刻み込まれており，それをしらべることによって，その動物の年齢や妊娠期間，病歴なども推定することが可能である．

　さらに，ヒトの歯について理解するためにも，動物の歯に関する知識が必要である．さまざまな動物の歯との比較により，ヒトの歯の形態的・機能的特徴を明らかにできる．また，無顎類から魚類への進化のなかで歯はどのように起源し，魚類から両生類・爬虫類をへて哺乳類・人類が進化してくるなかで，歯の形態・構造・機能はどのように変化してきたかについて知ることは，人類の歯を歴史的に位置づける上で重要なことと考えられる．

　このように動物の歯についての関心は，歯科医学のみならず医学・獣医学をはじめ，動物学・古生物学・人類学など，さまざまな分野において近年ますます高まっている．歯の比較解剖学（比較歯学）に関する教科書は，海外では Owen 著 "Odontography" （1840～1845）以来，Tomes 著 'A Manual of Dental Anatomy, Human and Comparative" （1876）や Peyer 著 "Comparative Odontology" （1968）などがあるが，わが国では柴田著『歯牙形態學』（1928）があるのみで，それも絶版になって久しい．

　わが国で歯の比較解剖学の教科書が必要であることは以前から指摘されており，藤田著『歯の解剖学』第1版の序（1949）では，その姉妹編として『歯の比較解剖学』を出版する意志が述べられ　ている．しかし，わずかに普及書として藤田著『歯の話』（1965）の2つの章（Ⅱいろいろな動物の歯，Ⅳ魚の歯から人の歯まで）が残されたにとどまっている．

　そこで私たちは，わが国の歯の比較解剖学研究の伝統をうけつぎ，歯学部の専門課程学生が学ぶべき基本的な歯の比較解剖学の知識をまとめた教科書の出版を計画した．同時に，獣医学・動物学・古生物学・人類学などを専攻する学生・教師・研究者にとっても，必要な資料をまとめた有益な参考書となることをめざした．

　さいわいに，同学の10名の気鋭の研究者の方々の同意と，医歯薬出版株式会社からの依頼を得て，本書の出版が実現できたことは，まさに僥倖といえよう．

本書の構成は6章からなり，まず第1章では歯の形態学を概説した．つぎの第2章から第5章までの4章では，魚類・両生類・爬虫類・哺乳類の歯について記述した．現生種と日本産の動物を中心に述べたが，化石種・外国産の動物の代表的なものについてもひととおりふれるようにした．第6章では，全体の総括として歯の進化について概説した．

　用語については，下記の文献を参考にし，これらを比較検討して，おおくの語を紹介するとともに，最も適切と思われる語を選定した．

1) 藤田恒太郎原著・桐野忠大改訂（1967）『歯の解剖学』改訂第13版（金原出版）
2) 柴田　信著（1937）『歯牙形態學』第4版（金原商店）
3) 日本解剖学会編（1969）『解剖学用語』改訂第11版（丸善）
4) 日本獣医学会編（1978）『家畜解剖学用語』（日本中央競馬会弘済会）
5) 文部省編（1975）『学術用語集・歯学編』（医歯薬出版）
6) 石川梧朗ほか編（1985）『新歯学大事典』（永末書店）
7) 山田常雄ほか編（1983）『岩波生物学辞典』第3版（岩波書店）
8) 内田　亨監修（1972）『谷律・内田動物分類名辞典』（中山書店）
9) 亀井節夫・後藤仁敏編（1981）『古生物学各論第4巻・脊椎動物化石』（築地書館）

　用語のなかには，共著者間の論議で合意にいたらず，とりあえず編者の考えで統一したものもある．たとえば，"間葉性エナメル質"は"エナメロイド"，"鈍頭歯"は"丘状歯"，"稜縁歯"は"稜状歯"，"ハイポコーン"は"ヒポコーン"が適当であるという意見がある．哺乳類臼歯の咬頭名を"プロトコーン"などのカタカナでなく，"原錐"などの漢字にすべきという意見もあった．また，"小臼歯・大臼歯"を"前臼歯・後臼歯"とすべきとの意見もあったが，ヒトの歯との比較という観点から，"小臼歯・大臼歯"に統一した．歯の支持様式については不統一の部分が残った．これらの語は，読者からの意見をとりいれて，今後より適切なものに改訂していきたいと思う．

　巻末の文献は，わが国の研究者のものをできるだけ掲載するよう努力し，外国の文献は代表的なものにとどめた．しかし，ページ数の都合上，やむなく削除したものも多いことをお断りしたい．なお，記載もれの重要な文献を発見された場合は，編者あてご連絡くださるようお願いしたい．

　本書の出版にあたり，あたたかい推薦のことばを賜った酒井琢朗・佐伯政友の両先生，ご助言とご激励をいただいた井尻正二・桐野忠大・一條　尚・石川堯雄・橋本　巖・富田喜内・中根文雄・故三木成夫・田隅本生・工藤規雄の諸先生，図の引用や標本の写真撮影を許可していただいた多くの方々，第5章哺乳類の歯の原図を描いていただいた高橋雄作氏，および医歯薬出版株式会社の須田隆雄・斎藤智潮の両氏に深謝の意を表する．

　この本が，わが国における歯の比較解剖学的研究の発展と啓蒙に，少しでも役に立つことができきれば，編者にとってこのうえない大きな喜びである．

　　1986年6月10日

　　　　　　　　　　　　　　　　　　　　　　　　　　　　　　　　後藤　仁敏・大泰司紀之

目次 CONTENTS

第2版の序 ……………………………………………………………… iii
推薦のことば …………………………………………………………… iv
初版の序 ………………………………………………………………… vi

第1章 緒　論 …………………………………………… 後藤仁敏●1

1. 歯の定義 …………………………………………………………… 1
2. 歯の起源 …………………………………………………………… 2
    1）発生学的アプローチ ………………………………………… 2
    2）比較解剖学的アプローチ …………………………………… 5
    3）古生物学的アプローチ ……………………………………… 8
3. 歯の存在部位 ……………………………………………………… 11
4. 歯の形態 …………………………………………………………… 12
    1）歯の形態用語 ………………………………………………… 12
    2）歯の方向用語 ………………………………………………… 14
    3）歯の種類と型 ………………………………………………… 15
5. 歯の組織と支持様式 ……………………………………………… 19
    1）エナメロイドとエナメル質 ………………………………… 19
    2）象牙質と歯髄 ………………………………………………… 20
    3）歯周組織と歯の支持様式 …………………………………… 24
6. 歯の交換 …………………………………………………………… 27
7. 歯の数と配列 ……………………………………………………… 29
8. 歯の機能 …………………………………………………………… 31

第2章 魚類の歯 …………………………………………………… 33

1. 概　説 …………………………………………………… 後藤仁敏●33
    1）魚類の進化と系統 …………………………………………… 33
    2）歯の形態と機能 ……………………………………………… 36
    3）歯の組織構造 ………………………………………………… 36
        (1) 魚類のエナメロイド／36　(2) 魚類の象牙質／39

目次 CONTENTS

- 2．無顎類（綱） ……………………………………………………………………… 40
  - 1）概　説 …………………………………………………………………………… 40
  - 2）甲皮類 …………………………………………………………………………… 40
  - 3）現生の無顎類 …………………………………………………………………… 41
- 3．棘魚類（綱） ……………………………………………………………………… 43
  - 1）概　説 …………………………………………………………………………… 43
  - 2）歯の形態 ………………………………………………………………………… 44
  - 3）歯の構造 ………………………………………………………………………… 45
- 4．板皮類（綱） ……………………………………………………………………… 46
  - 1）概　説 …………………………………………………………………………… 46
  - 2）歯と歯板の形態 ………………………………………………………………… 47
  - 3）歯の構造 ………………………………………………………………………… 47
- 5．軟骨魚類（綱） …………………………………………………………………… 48
  - 1）概　説 …………………………………………………………………………… 48
  - 2）板鰓類（亜綱） ………………………………………………………………… 49
    - (1) 板鰓類の進化と系統／49　(2) 板鰓類の歯の一般的特徴／49
    - (3) クラドドゥス段階／53　(4) ヒボドゥス段階／54
    - (5) 現代型板鰓類／56
  - 3）全頭類（亜綱）と正軟骨頭類（亜綱） …………………………………… 57
    - (1) 歯の形態と配列／57　(2) 歯の構造／61
- 6．硬骨魚類（綱） …………………………………………………………………… 64
  - 1）条鰭類（亜綱） …………………………………………… 駒田格知 ● 64
    - (1) 概説／64　(2) 歯の役割，形態，分布および数／64
    - (3) 歯の硬組織／67　(4) 支持様式／70
    - (5) 咽頭歯および咽頭咀嚼板／71　(6) 歯の交換／73
    - (7) 歯の摂餌適応／73　(8) 数種の魚類の歯／74
  - 2）肉鰭類（亜綱） ………………………………………………………………… 82
    - (1) 総鰭類（目） ……… 笹川一郎／82
    - (2) 肺魚類（目） …… 石山巳喜夫／84

第3章　両生類の歯 …………………………………………………………… 87

- 1．概　説 ………………………………………………… 佐藤　巌・笹川一郎 ● 87
- 2．迷歯類と空椎類 …………………………………………………… 笹川一郎 ● 90
  - 1）迷歯類（亜綱） ………………………………………………………………… 90
  - 2）空椎類（亜綱） ………………………………………………………………… 92

3. 無尾類（目） ……………………………………………………………………佐藤　巌●92

4. 有尾類（目） ……………………………………………………………………………95

爬虫類の歯 ……………………………………………………………………………99

1. 概　説 ……………………………………………………………………………………99
   1) 爬虫類の特徴と系統 ……………………………………………………笹川一郎●99
   2) 歯の位置・形態・数 ………………………………………………………………100
   3) 歯の支持様式と交換 ………………………………………………………………100
   4) 歯の組織構造 ………………………………………………………石山巳喜夫●101
      (1) エナメル質／101　(2) 象牙質／102
      (3) セメント質と歯根膜／102
   5) 歯の発生 ……………………………………………………………………………102
   6) 卵　歯 ………………………………………………………………………………103
2. 無弓類（亜綱） …………………………………………………………………………103
   1) 杯竜類（目） ………………………………………………………………………104
   2) メソサウルス類（目） ……………………………………………………………104
3. カメ類（亜綱） …………………………………………………………………………104
4. 鱗竜形類（下綱） ………………………………………………………………………104
   1) 始鰐類（目） ………………………………………………………………………104
   2) ムカシトカゲ（喙頭）類（目） …………………………………………………105
   3) トカゲ（有鱗）類（目） …………………………………………………………105
      (1) トカゲ類（亜目）／105　(2) ヘビ類（亜目）／106
5. 主竜形類（下綱） ………………………………………………………笹川一郎●108
   1) 槽歯類（目） ………………………………………………………………………108
   2) ワニ類（目） ………………………………………………………………………108
   3) 竜盤類（目） ………………………………………………………………………109
   4) 鳥盤類（目） ………………………………………………………………………110
   5) 翼竜類（目） ………………………………………………………………………111
6. 広弓類（亜綱） …………………………………………………………………………112
7. 魚鰭類（亜綱） …………………………………………………………………………112
8. 単弓類（亜綱） …………………………………………………………瀬戸口烈司●113
付. 鳥類（綱）の歯 …………………………………………………………笹川一郎●117
   1) 古鳥類（亜綱） ……………………………………………………………………117
   2) 歯顎類（上目） ……………………………………………………………………118
   3) 新顎類（上目） ……………………………………………………………………118

目次 CONTENTS

第5章 哺乳類の歯 119

1. 概　説 .... 大泰司紀之● 119
   1) 哺乳類（綱）の進化・系統と分類 119
   2) 三結節説の変遷とトリボスフェニック型臼歯 121
      (1) 三結節説／121　(2) 咬頭の名称／122
      (3) 三結節説に対する批判と修正／122　(4) トリボスフェニック型臼歯／123
   3) 歯の形態分化 125
      (1) トリボスフェニック型臼歯の多様化と収斂／125　(2) 歯根の変化／126
      (3) 性的二型／126　(4) 歯数の減少と異常／127
   4) 歯の加齢変化 127
      (1) 萌出と交換／127　(2) 萌出後の加齢変化／128
2. 初期哺乳類—原獣類（亜綱）と汎獣類（下綱） .... 瀬戸口烈司● 129
3. 有袋類（上目） 132
4. 食虫類（目） 135
5. 皮翼類（目） 139
6. 翼手類（目） .... 前田喜四雄● 139
7. 霊長類（目） .... 瀬戸口烈司● 143
   1) 原猿類（亜目） 143
   2) 真猿類（亜目） 146
8. 裂歯類（目）と紐歯類（目） 148
9. 貧歯類と有鱗類（目） 148
10. 齧歯類（目） .... 花村　肇● 148
    1) リス類（亜目） 149
    2) ヤマアラシ類（亜目） 151
    3) ヤマネ類（亜目） 153
    4) ネズミ類（亜目） 154
11. 兎類（目） 156
12. 鯨類（亜目） .... 大泰司紀之● 158
    1) 古鯨類（下目） 158
    2) 鬚鯨類（下目） 158
    3) 歯鯨類（下目） 158
13. 食肉類（目） 161
    1) 裂脚類（亜目） .... 茂原信生・瀬戸口烈司● 161
    2) 鰭脚類（上科） .... 伊藤徹魯● 166

14. 古い有蹄類──顆節類（目）・滑距類（目）
　　南蹄類（目）・雷獣類（目）・鈍脚類（目） ……………瀬戸口烈司●168
　　1) 顆節類（目） …………………………………………………………168
　　2) 滑距類（目） …………………………………………………………169
　　3) 南蹄類（目） …………………………………………………………169
　　4) 雷獣類（目） …………………………………………………………170
　　5) 鈍脚類（目） …………………………………………………………170
15. 管歯類（目） ……………………………………………………………171
16. 岩狸類（目） ……………………………………………………犬塚則久●171
17. 束柱類（目） ……………………………………………………………172
18. 海牛類（目） ……………………………………………………………175
19. 重脚類（目） ……………………………………………………………176
20. 長鼻類（目） ……………………………………………………………176
21. 奇蹄類（目） ……………………………………………………瀬戸烈司●184
22. 偶蹄類（虫目） …………………………………………………大泰司紀之●188
　　1) 古歯類（亜目） ………………………………………………………189
　　2) 猪豚類（亜目） ………………………………………………………189
　　3) 河馬類（亜目） ………………………………………………………190
　　4) 核脚類（亜目） ………………………………………………………191
　　5) 反芻類（亜目） ………………………………………………………192

第6章 歯の進化 ……………………………………………………………195

1. 歯の形態・組織の進化 ………………………………………後藤仁敏●195
　　1) 脊椎動物の進化 ………………………………………………………195
　　2) 硬組織の比較生物学 …………………………………………………197
　　3) 歯の構成要素の基本型と多様性 ……………………………………200
　　4) 魚類から両生類・爬虫類への歯の進化 ……………………………200
　　5) 爬虫類から哺乳類への歯の進化 ……………………………………203
　　6) エナメロイドからエナメル質への進化 ……………………………210
2. 遺伝子からみた歯の進化 ……………………………………田畑　純●211
　　1) 歯の形成と進化のメカニズム ………………………………………211
　　2) 歯の生える位置の決定 ………………………………………………212
　　3) 歯数の制御 ……………………………………………………………213
　　　（1）顎遠心側への歯堤の伸長・分岐による先行歯の歯数制御／213
　　　（2）顎深部への歯堤の伸長・分岐による代生歯の歯数制御／214

目次 CONTENTS

　　　　（3）歯胚発生中絶による制御／214
　　4）歯種の決定 ··· 215
　　5）歯の大きさの制御 ·· 217
　　6）歯の外形の制御 ··· 218
　　7）歯の凹凸の制御 ··· 219
　　8）歯の成分の進化 ··· 220
3. 人類の歯の進化 ·· 222
　　1）序　説 ·· 瀬戸口烈司● 222
　　2）食虫類進化の二方向分化傾向 ·· 222
　　3）初期の霊長類の臼歯の構造 ·· 224
　　4）ヒト上科の臼歯の特性 ·· 225
　　5）遠心咬頭の特異性 ·· 228
　　6）ヒトの臼歯の特性 ·· 230
　　7）異常咬頭 ·· 232
　　8）犬　歯 ·· 233
　　9）モンゴロイドの歯の特徴 ··· 茂原信生● 234
　　　　（1）序説／234　（2）モンゴロイドの成立／234　（3）日本人の起源／
　　　　235　（4）シノドントとスンダドント／235
　　10）人類の歯の退化 ·· 後藤仁敏● 236
　　11）人類の歯の未来と歯科医学の使命 ·· 241

文　献 ··· 243
和文索引 ·· 263
欧文索引 ·· 277

第1章 緒論

1 歯の定義

歯は，歯牙ともいわれ，ギリシア語では"∂δουξ (odous)"，ラテン語では"dens"，ドイツ語では"Zahn"，英語では"tooth"，フランス語では"dent"，ロシア語では"зуб"，中国語では"牙"または"牙齿"という．ラテン語の"dens"はdense（緻密な）の意味からきているという．歯が緻密な硬い組織からできているからである．

わが国の現代漢字（新字体）の"歯"は，旧字体の"齒"の俗字であった．"齒"は，音を表す"止"と，口の中に歯が生えている形象の"凶"が組み合わさってつくられた文字である．古代中国の契文（甲骨文字）では𣥂, 𣥃, 𣥄, 篆文では齒, 古文では𠚕で，古璽では𣥅, 𣥆であった．おそらく，𣥂→𣥃→𣥄→齒→歯と変化してきたのであろう．歯のつく文字は"噛む"・"齕む"・"齧む"があるほか，"齗"，"齔"，"齢"，"齬"などがある．"齢"は馬の歯をみてその年齢を数えた故事に由来している．

現在の"歯"は，日本的に解釈すれば，口の中で米を咬んでいる様を表すといえる．また，"は"は，"歯"だけでなく，"刃"・"羽"・"端"・"葉"の意味をもち，それぞれ刃のように鋭く，口腔の端に存在し，葉や羽のように脱落する性質をもつことと関係している．

歯を生物学的にみれば，無脊椎動物にも"歯"とよばれるものが知られている．棘皮動物のウニ類の口にみられる"アリストテレスの提灯"とよばれる捕食器を構成する"歯"，軟体動物の口球にみられる歯舌 radula などである．しかし，これらは"歯"とよばれるものではあっても，上皮細胞だけによって形成され，炭酸カルシウムを主成分とするものもある．これらは上皮細胞と間葉細胞の両方によって形成され，リン酸カルシウムから構成される脊椎動物の歯とは異なるものである．

歯を生物学的に定義するとつぎのようになる．**"脊椎動物の口腔（咽頭）に在存し，食物摂取の機能をもつ，おもに象牙質からなる器官"**である．すなわち，無脊椎動物にはなく，無顎類を除く脊椎動物のみに限られており，口腔に存在するものである．ただし，魚類では口腔だけでなく咽頭領域にも歯が存在することから，"口腔（咽頭）"とした（たとえば，コイ科魚類では口腔に歯がなく，咽頭骨上に咽頭歯が発達している）．また，歯は食物摂取の機能をもつもので，古生代の無顎

類や軟骨魚類の体表に存在する皮小歯（ひしょうし）や，口腔・咽頭に存在する粘膜小歯は，組織学的・発生学的には歯と同じものであるが，器官としての歯ではない．さらに，歯は硬組織 hard tissue のなかでも**象牙質** dentine などの石灰化組織 calcified tissue からなるものである．現生の無顎類，および両生類（無尾類）の幼生にみられる角質歯 horny tooth や，鳥類やカモノハシ，カメ類にみられる嘴（くちばし）は，歯と同じ機能を果たしているが，角質組織 keratinous tissue からなるもので，歯ではない．定義にかなう歯を真歯 true tooth，歯に似ているが真歯でないものを偽歯 false tooth あるいは類歯 odontoid とよぶことがある．

2　歯の起源

歯の本質について理解しようとすれば，歯はいつ，どのようにして由来したか，すなわち，歯の起源と歴史を明らかにしなければならない．

動物の個体体制でも，器官でも，その起源と歴史を解明するためには，解剖学的・組織学的・細胞学的・生化学的・分子生物学的に研究するだけでなく，まず，その動物や器官の個体発生 ontogeny を明らかにすることが重要である（発生学的アプローチ）．つぎに，現在生きているさまざまな動物の個体体制や器官を比較すること，それも肉眼形態だけでなく，組織・細胞・分子のレベルで比較することにより，より深い理解を得られる（比較解剖学的アプローチ）．しかし，真に歴史的に認識するためには，過去の生物の遺物である化石にまでさかのぼり，その動物や器官の歴史を解明しなければならない（古生物学的アプローチ）．そして，これらを総合することにより，その動物や器官の系統発生（宗族発生ともいう）phylogeny を追究することができる．

1）発生学的アプローチ

ヒトなどの哺乳類の歯の発生を観察すると，胎生数週にまず口腔粘膜上皮の将来歯の生える場所が肥厚し，顎の深部（間葉組織）に向かって増殖し，**歯堤** dental lamina を形成することから始まる．やがて歯堤の先端に上皮のこぶが発生し，その下に神経堤由来の外胚葉性間葉細胞が集まってくる．つぎに上皮のこぶの自由端が陥入し，帽子状から釣鐘状を呈するようになる．この上皮性器官を**エナメル器** enamel organ とよび，その内部の間葉組織を**歯乳頭** dental papilla という．エナメル器と歯乳頭は，**歯小囊** dental follicle という結合組織性の袋に包まれるようになる．この歯小囊とそれに包まれたエナメル器と歯乳頭を合わせて**歯胚** tooth germ という（図1-1）．

エナメル器は，**内・外エナメル上皮** inner and outer enamel epithelium とそれらに囲まれた**エナメル髄** enamel pulp からなる．エナメル髄は**星状網** stellate reticulum からなるが，エナメル質形成が始まると，**中間層** stratum intermedium が内エナメル上皮に沿って現れる．内エナメル上皮の細胞は，徐々に円柱上皮となり，高円柱形の**エナメル芽細胞** ameloblast となって，エナメル質基質の分泌を始める．一方，内エナメル上皮に面する歯乳頭細胞は紡錘形になり，やがて**象牙芽細胞** odontoblast となって，**象牙前質** predentine を分泌する（図1-2）．象牙前質は骨形成における類骨に相当するもので，おもにコラーゲンからなり，これにリン灰石（アパタイト）の微結晶が沈着して**象牙質**となる．また，エナメル芽

第1章 緒 論

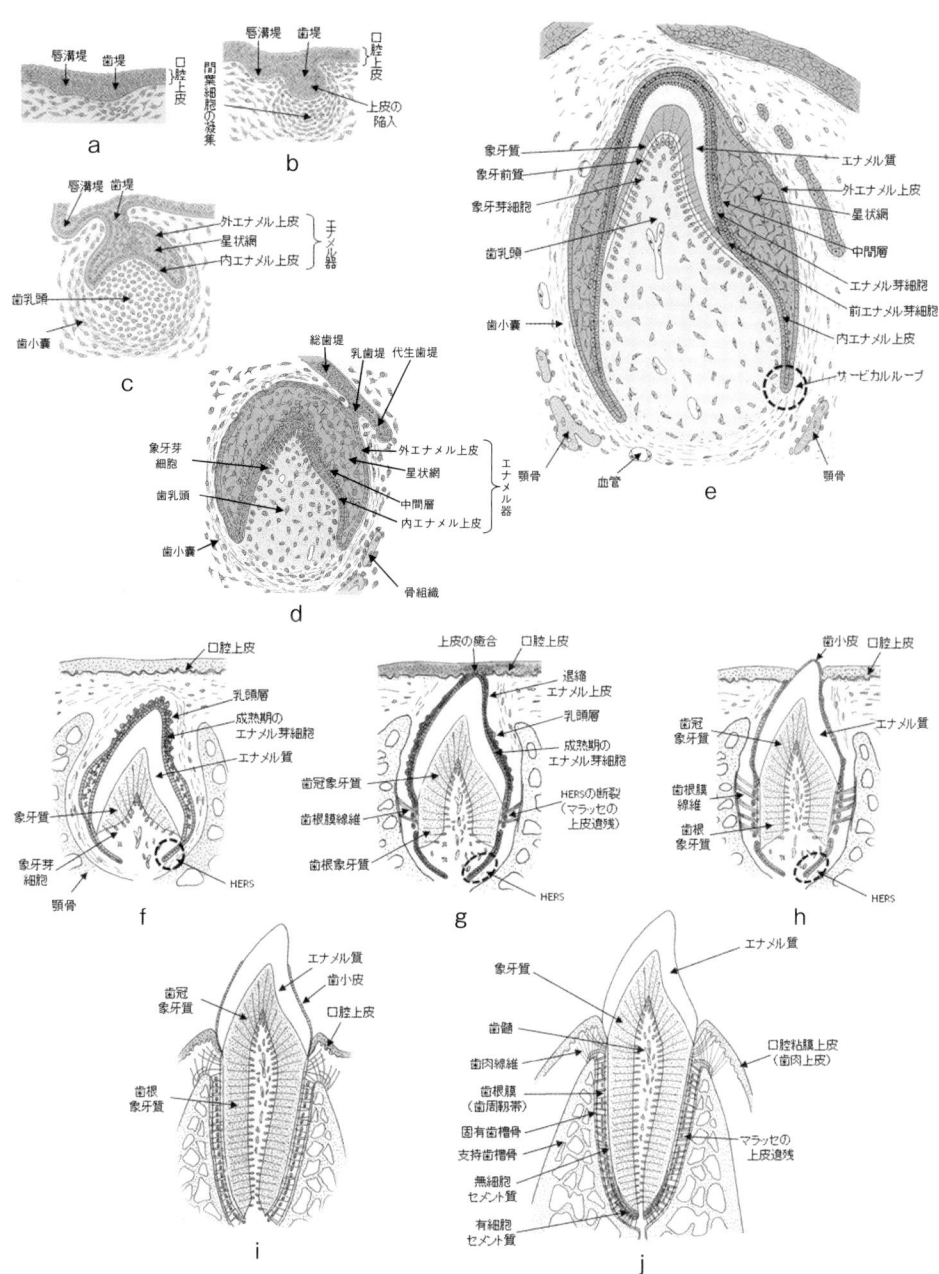

図1-1 歯の発生．ヒト切歯を例にした模式図
a〜e：歯冠形成期，f〜j：歯根形成期．各図の左側が唇側，右が舌側．細胞や組織の名称は，歯胚間葉要素を左側に，歯胚上皮要素を右側に記す．
a：開始期（または肥厚期），b：蕾状期，c：帽状期，d：鐘状期初期，e：鐘状期後期
a〜eは同縮尺で描画（栗栖ほか，1998を改変）．
f：歯根形成開始期（歯冠完成期），g：歯根伸長期（萌出開始期），h：萌出期，i：萌出完了期，j：機能期（完成歯），HERS：ヘルトウィッヒ上皮鞘．f〜jは同縮尺だが，a〜eよりも縮小して描画（f〜jは田畑原図）．

3

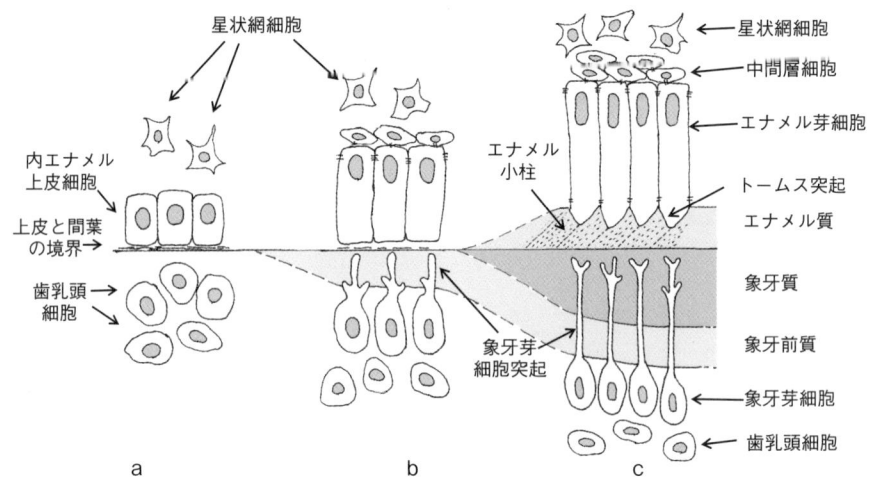

図1-2 エナメル質と象牙質の形成過程の模式図
a：象牙前質の分泌前（帽状期〜鐘状期初期），b：象牙前質の分泌形成がまず始まる（鐘状期後期〜），
c：続いてエナメル質の形成が始まる．象牙前質は石灰化して象牙質になる．この後，エナメル芽細胞はさらに分化して成熟期エナメル芽細胞となり，エナメル質の高石灰化を進める（田畑原図）

細胞には**トームス突起** Tomes' process，象牙芽細胞には**象牙芽細胞突起** odontoblastic process または**象牙線維** dentinal fiber が現れて，それぞれの基質を分泌するのと関連して，エナメル質には**エナメル小柱** enamel prism，象牙質には**象牙細管** dentinal tubule が形成される．このように，エナメル質と象牙質は，エナメル器と歯乳頭の境界（上皮と間葉の境界，将来のエナメル-象牙境）を挟んで，外側（外エナメル上皮の方向）にエナメル芽細胞が後退しながらエナメル質を，内側（歯乳頭の中心方向）に象牙芽細胞が後退しながら象牙質を分泌する．そして，最終的には釣鐘状の構造がエナメル質と象牙質で構成されるようになって歯冠が完成し，内部に残った歯乳頭由来の軟組織が**歯髄** dental pulp となる．ここまでが**歯冠形成** crown formation であり，続いて歯根をもつ動物では**歯根形成** root formation が始まる（図1-1）．歯根形成は，萌出によって歯胚がせり上がった分だけ，新たな歯根が伸長するように進むのが特徴で，歯小囊から**セメント質** cementum，**歯根膜** periodontal membrane, periodontal ligament，**歯槽骨** alveolar bone の一部が形成される．

このような歯の発生過程は，同じ硬組織でも間葉細胞のみで形成される骨や軟骨とは大きく異なり，また上皮細胞のみで形成される毛や羽毛などの角質器とも異なっている．

歯の発生の最大の特徴は，口腔上皮由来の外胚葉性の上皮細胞であるエナメル芽細胞と，神経堤由来の外胚葉性間葉細胞である象牙芽細胞が，互いに相互作用しつつ，エナメル質・象牙質という硬組織を形成する点である．すなわち，歯は発生学的に**上皮-間葉相互作用** epithelial-mesenchymal interaction の産物といえる．この点では，歯は後述するサメ類の皮小歯とも共通している（図1-3, 4）．

発生学的にみれば，歯は下垂体や副腎などの内分泌器官に類似している．すなわち，下垂体は口腔・咽頭境界部の粘膜上皮と，中枢神経の間脳の一部の結合によって形成され，

第1章 緒　論

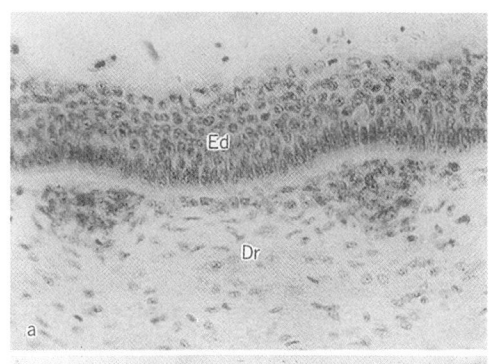
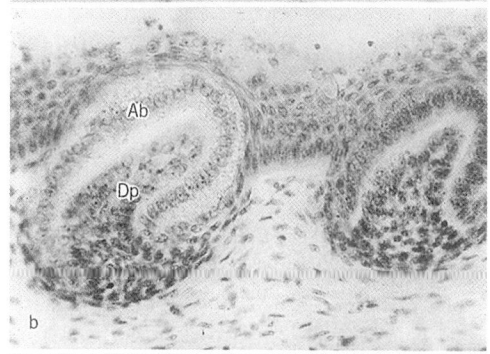
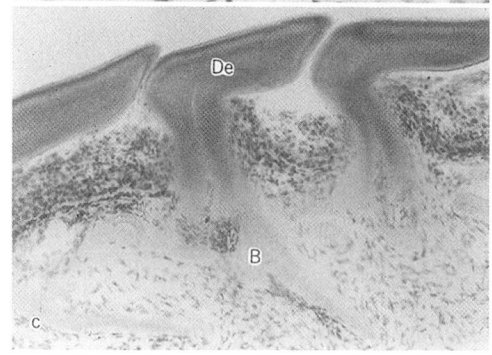

図 1-3　サメ類の皮小歯の発生．脱灰切片の H-E 染色標本
a：表皮（Ed）と下の真皮（Dr）の乳頭層に間葉細胞が集積し，それに面する表皮の基底細胞層がやや円柱形になる．×414
b：基底細胞層の上皮細胞が高円柱形のエナメル芽細胞（Ab）に分化し，歯乳頭（Dp）の間葉細胞から象牙細胞が分化して，それらの間に硬組織の形成が始まる．×414
c：完成された皮小歯．エナメロイドは脱灰されてほとんど残らないが，象牙質（De）とそれに連続して真皮中に伸びる基底部の骨様組織（B）から皮小歯が構成されている．×221

副腎も中胚葉由来の腹膜を構成する上皮（中皮）と，交感神経系に由来する神経堤細胞によって形成されるものである．

2）比較解剖学的アプローチ

　脊椎動物（門）は，無顎類・板皮類・軟骨魚類・棘魚類・硬骨魚類・両生類・爬虫類・鳥類・哺乳類の9綱に分類されている（表1-1）．このうち，棘魚類と板皮類は絶滅したグループで，この2綱を除く7綱が現生の脊椎動物である．また，板皮類以上の動物を，顎と歯をもつことから顎口類 Gnathostomata といい，おもに水中に棲み鰓呼吸を行う無顎類・板皮類・軟骨魚類・棘魚類・硬骨魚類を魚類 Pisces，おもに陸上に棲み肺呼吸を行う両生類・爬虫類・鳥類・哺乳類を四足動物または四肢類 Tetrapoda という．
　現生の無顎類であるヌタウナギやヤツメウナギは，口に上皮性の角質組織である**角質歯**をもつが，真の歯は備えていない．軟骨魚類以上のすべての動物には，歯が存在する．しかし，爬虫類のカメ類，鳥類の古顎類・新顎類，哺乳類の単孔類・鬚鯨類・貧歯類の一部などでは，歯が二次的に退化している．
　歯をもつもっとも原始的な現生の動物は，軟骨魚類である．現生の軟骨魚類，とくに板鰓類のサメ類では，歯は顎上で非常によく発達している．また，板鰓類とくにサメ類では，体表の皮膚にも歯と同様な構造物が存在し，**皮小歯** dermal denticle とか**楯鱗** placoid scale とよばれている．
　サメ類の皮小歯の発生過程（図1-3, 4）をみると，表皮の基底細胞層の上皮細胞が高円柱形のエナメル芽細胞に，真皮の乳頭層の間葉細胞が象牙芽細胞に分化し，帽状から釣鐘状の歯胚がつくられ，両細胞間にエナメロイ

表1-1 脊椎動物の分類表

脊椎動物門（Vertebrata）
　無顎綱（Agnatha）
　　異甲（翼甲）目† （Heterostraci, Pteraspida）
　　腔鱗（歯鱗）目† （Coelolepida, Thelodonti）
　　ヌタウナギ目 （Myxiniformes）
　　頭甲（骨甲）目† （Cephalaspida, Osteostraci）
　　欠甲目† （Anaspida）
　　ヤツメウナギ目 （Petromyzontiformes）
　板皮綱† （Placodermi）
　　ステンシエラ目† （Stensioellida）
　　レナニダ（堅鮫）目† （Rhenanida）
　　プチクトドゥス目† （Ptyctodontida）
　　棘胸目† （Acanthothoraci）
　　ペタリクティス目† （Petalichthyida）
　　フィロレピス目† （Phyllolepida）
　　節頸目† （Arthrodira）
　　胴甲目† （Antiarcha）
　軟骨魚綱（Chondrichthyes）
　　板鰓亜綱（Elasmobranchii）
　　　オマロドゥス目† （Omalodontiformes）
　　　フォエボドゥス目† （Phoebodontiformes）
　　　クセナカントゥス目† （Xenacanthiformes）
　　　クラドセラケ目† （Cladoselachiformes）
　　　シムモリウム目† （Symmoriformes）
　　　クテナカントゥス目† （Ctenacanthiformes）
　　　ヒボドゥス目† （Hybodontiformes）
　　　ラブカ目 （Chlamydoselachiformes）
　　　カグラザメ目 （Hexanchiformes）
　　　ネコザメ目 （Heterodontiformes）
　　　ネズミザメ目 （Lamniformes）
　　　メジロザメ目 （Carcharhiniformes）
　　　ツノザメ目 （Squaliformes）
　　　エイ目 （Rajiformes）
　　正軟骨頭亜綱† （Euchondrocephali）
　　　オロドゥス目† （Orodontiformes）
　　　エウゲネオドゥス目† （Eugeneodontiformes）
　　　ペタロドゥス目† （Pelalodontiformes）
　　全頭亜綱（Holocephali）
　　　コンドレンケリス目† （Chondrenchelyiformes）
　　　ヘロドゥス目† （Helodontiformes）
　　　メナスピス目† （Menaspiformes）
　　　コクリオドゥス目† （Cochliodontiformes）
　　　コポドゥス目† （Copodontiformes）
　　　ギンザメ目 （Chimaeriformes）
　棘魚綱† （Acanthodii）
　　クリマティウス目† （Climatiida）
　　イスクナカントゥス目† （Ischnacanthida）
　　アカントデス目† （Acanthodida）
　硬骨魚綱（Osteichthyes）
　　条鰭亜綱（Actinopterygii）
　　　軟質目† （Chondrostei）
　　　　パレオニスクス目† （Paleonisciformes）
　　　　多鰭目 （Polypteriformes）
　　　　チョウザメ目 （Acipenseriformes）
　　　全骨上目 （Holostei）
　　　　レピソステウス目 （Lepisosteiformes）
　　　　セミオノトゥス目† （Semionotiformes）
　　　　アミア目 （Amiiformes）
　　　　アスピドリンクス目† （Aspidorhynchiformes）
　　　真骨上目 （Teleostei）
　　　　オステオグロッスム目 （Osteoglossiformes）
　　　　カライワシ目 （Elopiformes）
　　　　ニシン目 （Clupeiformes）
　　　　サケ目 （Salmoniformes）
　　　　コイ目 （Cypriniformes）
　　　　スズキ目 （Perciformes）
　　肉鰭亜綱（Sarcopterigii）
　　　総鰭目 （Crossopterigii）
　　　肺魚目 （Dipnoi）
　両生綱（Amphibia）
　　迷歯亜綱† （Labyrinthodontia）
　　　イクチオステガ目† （Ichthyostegalia）
　　　分椎目† （Temnospondyli）
　　　炭竜目† （Anthracosauria）
　　空椎亜綱† （Lepospondyli）
　　　欠脚目† （Aistopoda）
　　　細竜目† （Microsauria）
　　平滑両生亜綱 （Lissamphibia）
　　　無足目 （Apoda）
　　　無尾目 （Anura）
　　　有尾目 （Urodela）
　爬虫綱（Reptilia）
　　無弓亜綱（Anaspida）
　　　杯竜目† （Cotylosauria）
　　　メソサウルス（中竜）目† （Mesosauria）
　　カメ亜綱（Testudinata）
　　　カメ目 （Chelonia）
　　双弓亜綱（Diaspida）
　　　鱗竜形下綱 （Lepidosauromorpha）
　　　　始鰐目† （Eosuchia）
　　　　ムカシトカゲ（喙頭）目 （Rhynchocephalia）
　　　　トカゲ（有鱗）目 （Squamata）
　　　主竜形下綱 （Archosauromorpha）
　　　　槽歯目† （Thecodontia）
　　　　ワニ目 （Crocodilia）
　　　　竜盤目† （Saurischia）
　　　　鳥盤目† （Ornithischia）
　　　　翼竜目† （Pterosauria）

広弓亜綱† (Euripsida)
　偽竜（ノトサウルス）目† (Notosauria)
　長頸竜目† (Plesiosauria)
　板歯目† (Placodontia)
魚鰭亜綱† (Ichthyopterigia)
　魚竜目† (Ichthyosauria)
単弓亜綱† (Synapsida)
　盤竜目† (Pelycosauria)
　獣弓目† (Therapsida)
鳥綱 (Aves)
　古鳥亜綱† (Archaeornithes)
　　シソチョウ目† (Archaeopterygiformes)
　新鳥亜綱 (Neornithes)
　　歯顎上目† (Odontognathae)
　　　ヘスペロルニス目† (Hesperornithiformes)
　　古顎上目 (Palaeognathae)
　　　ダチョウ目 (Sthruthioformes)
　　新顎上目 (Neognathae)
　　　キジ目 (Galliformes)
哺乳綱 (Mammalia)
　原獣亜綱 (Prototheria)
　　多丘歯目† (Multituberculata)
　　梁歯目† (Docodonta)
　　単孔目 (Monotremata)
　　三錐歯目† (Triconodontia)
　獣亜綱 (Theria)
　　汎獣下綱† (Pantotheria)
　　　相称歯目† (Symmetrodonta)
　　　真汎獣目† (Eupantotheria)
　　後獣下綱 (Metatheria)
　　　米州袋目 (Ameridelphia)
　　　豪州袋目 (Australidelphia)

　　真獣下綱 (Eutheria)
　　　重脚目† (Embrithopoda)
　　　束柱目† (Desmostylia)
　　　海牛目 (Sirenia)
　　　長鼻目 (Proboscidea)
　　　岩狸目 (Hyracoidea)
　　　管歯目 (Tubulidentata)
　　　ハネジネズミ目 (Marcroscelidea)
　　　アフリカトガリネズミ目 (Afrosoricida)
　　　南蹄目† (Notounglata)
　　　滑距目† (Litopterna)
　　　雷獣目† (Astrapotheria)
　　　鈍脚目† (Amblypoda)
　　　被甲目 (Cingulata)
　　　有毛目 (Pilosa)
　　　兎目 (Lagomorpha)
　　　齧歯目 (Rodentia)
　　　登木目 (Scandentia)
　　　皮翼目 (Dermoptera)
　　　霊長目 (Primates)
　　　紐歯目† (Taniodontia)
　　　裂歯目† (Tillodontia)
　　　肉歯目† (Creodonta)
　　　顆節目† (Condylarthra)
　　　真無盲腸目 (Eulipotyphla)
　　　翼手目 (Chiroptera)
　　　奇蹄目 (Perissodactyla)
　　　有鱗目 (Pholidota)
　　　食肉目 (Carnivora)
　　　鯨偶蹄目 (Cetartiodactyla)

〔†印は絶滅したグループ〕

ド（19頁参照）と象牙質が形成される．象牙質に連続して基底部の骨様組織が形成され，その基質を構成する膠原線維束は真皮中に伸長し，皮小歯を支持するようになる．硬組織の形成が進行すると，歯冠部は表皮から萌出し，表皮の上皮細胞は歯頸部を取り囲むようになる．このような発生過程は，歯堤こそ形成されないが，歯と基本的に同じである．

サメ類では，この皮小歯と同じ構造物が口腔から咽頭領域にも存在している．それらは粘膜小歯 mucous membrane denticle とよばれ，発生初期に口腔が皮膚の陥入（口窩）として形成されたときに，皮小歯の一部が口腔に入り込み，咽頭にも広がったものと考えられる（図1-5）．

また，多くの硬骨魚類では，顎骨上だけでなく，口腔と咽頭領域の多数の骨（顎弓・舌弓・鰓弓の骨格）上に大小さまざまな歯が存在している．高等動物の顎歯は，これらのうち顎骨上のものだけが捕食の機能のため残存し，発達したものである．

比較解剖学的に歯の由来をたずねると，硬骨魚類の鰓弓骨上の歯，**咽頭歯**または**鰓歯**から，軟骨魚類の粘膜小歯や皮小歯にまでいき

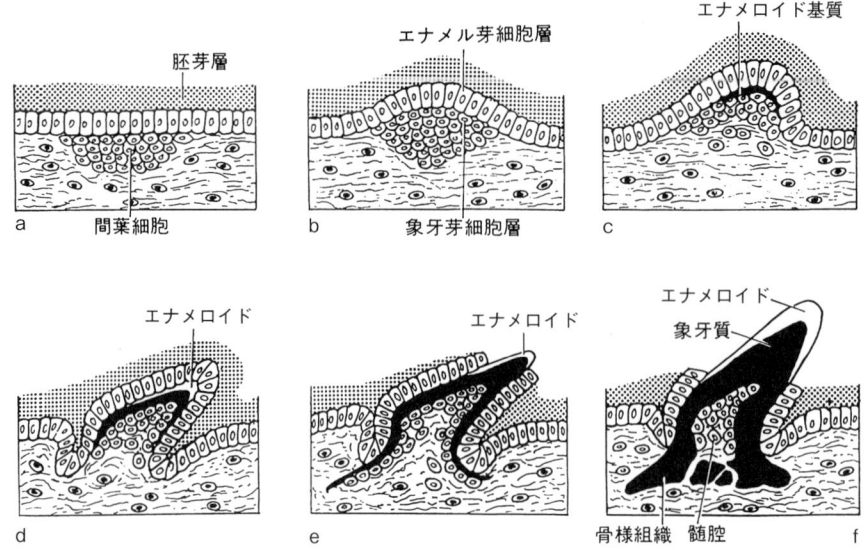

図 1-4　サメ類の皮小歯の発生の模式図（Kraus *et al.*, 1973を一部改変）

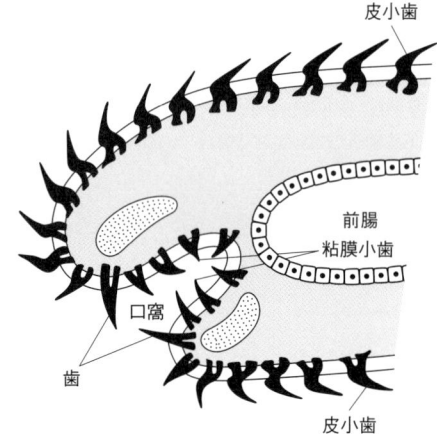

図 1-5　皮小歯から歯への進化（Peyer, 1968を改変）
口窩の陥入にともなって，体表の皮小歯が口腔の中にまくれこんでいき，粘膜小歯となる．このうち，顎上の粘膜小歯が歯となる

つく．Hertwig（1874）が，"歯はサメの楯鱗（皮小歯）から由来した"と述べたゆえんである．

3）古生物学的アプローチ

歯の起源を求めて，地層のページをめくりながら，古い地質時代（表 1-2）の化石を追

表 1-2　地質年代表（相対年代と絶対年代）

相対年代			絶対年代（百万年）
新生代	第四紀	完新世	0.01
		更新世	2.59
	新第三紀	鮮新世	5.33
		中新世	23.0
	古第三紀	漸新世	33.9
		始新世	55.8
		暁新世	65.5
中生代	白亜紀		146
	ジュラ紀		200
	三畳紀		251
古生代	ペルム紀		299
	石炭紀		359
	デボン紀		416
	シルル紀		444
	オルドビス紀		488
	カンブリア紀		542
原生代			2500
始生代			4000
冥王代			4600

第1章 緒　論

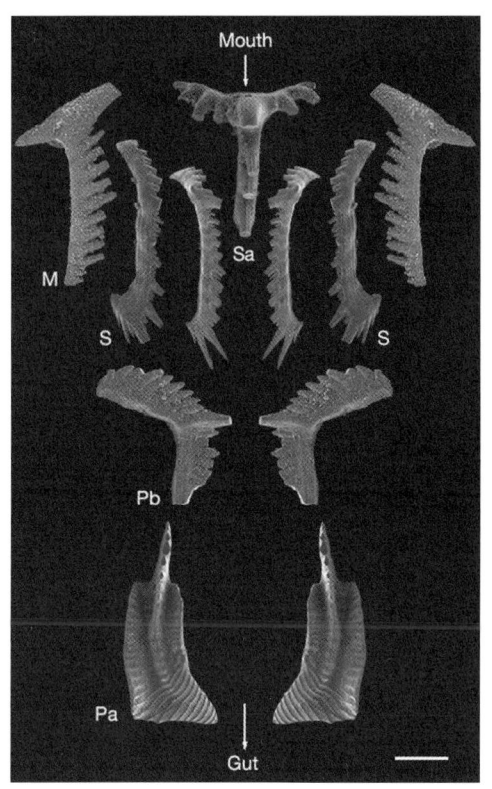

図1-6　コノドントの自然集合体（Turner *et al.*, 2010）
上が口で下が腸．コノドントエレメントは，M，Sa，S，Pa，Pbなどからなる．スケールは500μm

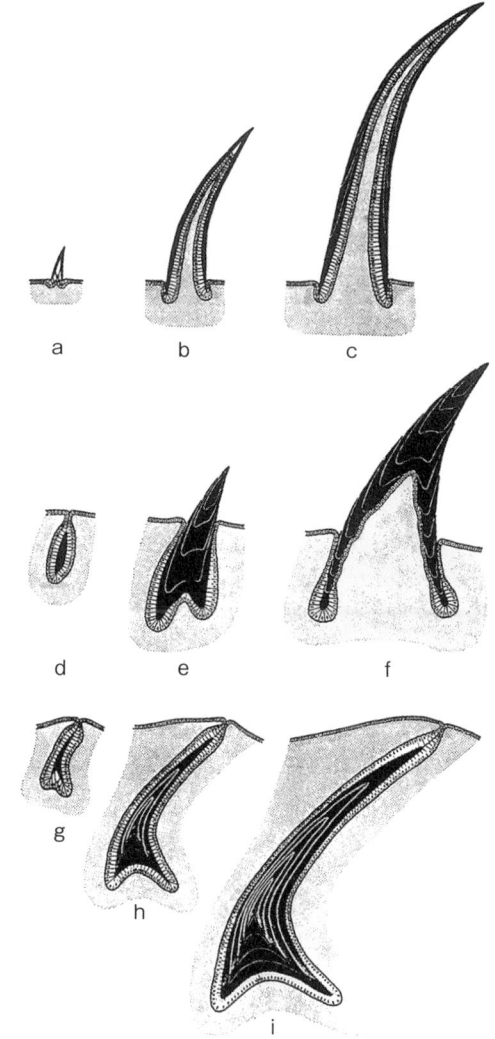

図1-7　コノドントの形成過程（Bengtson, 1976）
a〜c：原コノドント，d〜f：準コノドント，g〜i：正コノドント

求していくと，古生代初期のカンブリア紀から中生代三畳紀までの地層より発見されている**コノドント** conodontとよばれる，小さな円錐形ないし櫛形の歯に似た形の微化石にいきあたる．

コノドントは，リン灰石の針状の微結晶からなり，左右対称性の集合体（図1-6）の化石も知られていることから，海生の自由遊泳性の未知の動物の口腔の中に存在した，捕食器の一部であろうと考えられている．

コノドントの成長線様の構造を詳しく研究した結果，その形成過程の進化についてつぎのように推定されている（図1-7）．すなわち，コノドントは本来，口腔粘膜上皮または表皮の上皮細胞によって，口腔または体外に向かって形成される棘状の外骨格であった（原コノドント proconodont）．その後，発生初期には上皮細胞が深部に陥入し，粘膜内ないし皮下で硬組織が形成され，成長が進むにつれて体外に突出していくようになった（準コノドント paraconodont）．そして最後に，発生初期から完成するまで，粘膜中ないし皮下に陥入した上皮細胞によって完全に取り囲

9

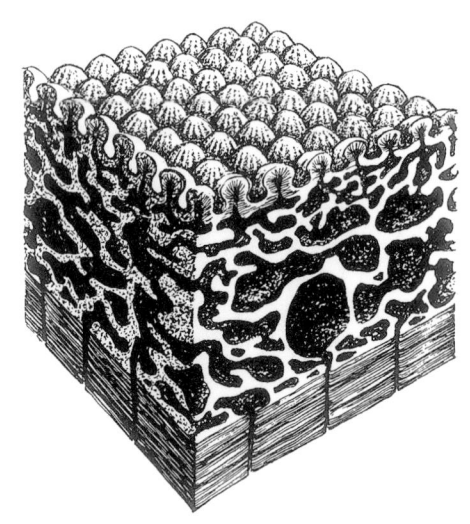

図1-8　無顎類の異甲類の皮甲の構造を示す模式図 (Halstead, 1984)
基底層は層板状アスピディン，中層は海綿状アスピディン，表層は象牙質結節からなる

まれて形成され，機能するときだけ口腔または体外に突出した（正コノドント euconodont）．これが事実とすれば，コノドントは，軟体動物の殻体や歯舌，哺乳類の毛などと同じ上皮性の硬組織ではあるが，体の内部で形成されるように変化した歯，とくにエナメル質にきわめて類似したものといえよう．

コノドントをもつ動物の化石はいくつか報告され，脊椎動物の無顎類とする説（Colbert *et al.*, 2004）もあるが，脊椎動物ではないとする説（Turner *et al.*, 2010）もあり，今後の研究が期待される．

最古の脊椎動物は，カンブリア紀前期に出現した無顎類である．無顎類の多くは，体表に骨性の**皮甲** dermal armour を備えていた（図1-8）．この皮甲の大部分は，**アスピディン** aspidin とよばれる骨様組織によって構成され，体内に侵入した過剰のカルシウムを排泄すると同時に，エネルギー源としてのリン酸を貯蔵する機能をもっていたと考えられている．

この皮甲の最表層には，象牙質からなる結節が存在した．この結節は，**象牙質結節** dentine tubercle または**歯状体** odontode とよばれる．また，彼らのなかでも皮甲をもたない腔鱗類（歯鱗類）は，象牙質からなる小鱗（こうりん）のみで体表をおおわれていた（図2-12参照）．

無顎類の皮甲の象牙質は，中心の髄腔から放射状に配列する**象牙細管**によって貫かれ，ヒトの歯の象牙質と基本的に同じ構造物である（図1-9）．象牙質は，この動物の皮膚を構成しており，感覚の受容器として機能していたとも考えられている．

また，オルドビス紀の無顎類のある種の異甲（こう）類には，皮甲の象牙質結節の表面に，ガラス様の光沢のある高度に石灰化した薄層が存在している．この薄層はエナメロイドと考えられており，その下の象牙質から伸びる象牙細管の連続によって貫かれている．

無顎類の皮甲は，その後，板皮類の皮甲や棘魚類・軟骨魚類・硬骨魚類の鱗（うろこ）として受け継がれていく．なかでも，軟骨魚類のサメ類では，前述したようにエナメロイド，象牙質，基底部の骨様組織からなる皮小歯がよく発達しており，これらは無顎類の皮甲の象牙質結節をそのままの形で受け継いだものといえる（象牙質結節の下に存在したアスピディンの厚い層は，腔鱗類のようにもともと欠如していたとも，進化の過程で退化して消失したものとも考えられる）（図2-2参照）．

こうして，組織としての象牙質，さらにエナメロイドまでもが，古生代初期に繁栄した無顎類の皮甲に由来したといえる．さらに，その下に存在したアスピディンの層から，サメ類の皮小歯や歯の基底部の骨様組織，硬骨魚類や両生類の歯足骨や顎骨，哺乳類のセメント質や歯槽骨が由来したと考えられる．そ

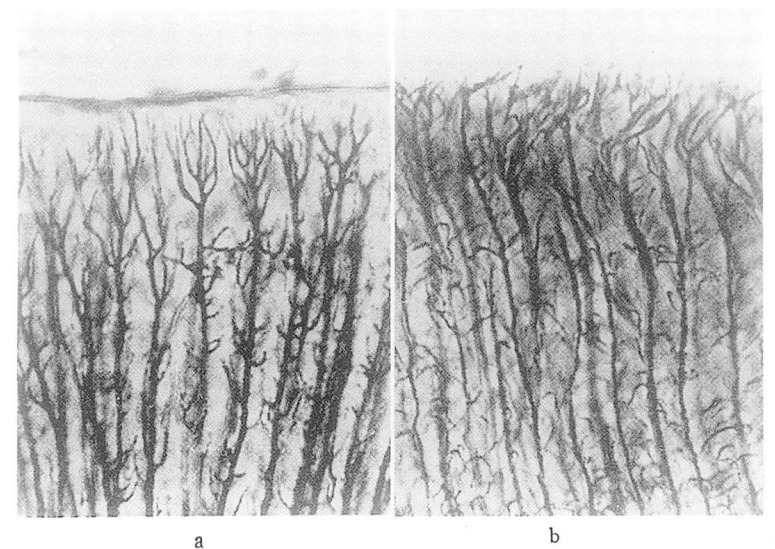

図 1-9 象牙質の顕微鏡写真（Halstead, 1984）
象牙細管の終枝と側枝を示す．a：異甲類の皮甲の象牙質，b：ヒトの歯の象牙質．×500

して，無顎類の皮甲の象牙質結節は，現在のサメ類の皮小歯と同様に，表皮の上皮細胞と真皮の間葉細胞の相互作用によって形成されたものと思われる．

古生代中期のシルル紀になると，最初に顎をもつようになった脊椎動物である棘魚類が出現する．棘魚類の歯は，体表の鱗が顎骨上で捕食の機能のために発達したもので，顎骨上の突起として形成されている．このような歯は，板皮類にもみられ，現在の板鰓類であるサメ類に受け継がれている．

無顎類は，現生のヤツメウナギの幼生でみられるように，大きな口を開けっぱなしにして広い咽頭腔に水を飲み込み，この水を鰓孔から出すときに，鰓で微生物を濾過して食べていた．このような生活をしているかぎり，無顎類は不活発な目立たない動物であった．しかし，無顎類の鰓弓軟骨の前方の一組が，強力に発達して口の周囲に張り出し，捕食のために活発に動く開閉装置としての顎を形成した．このとき，顎上に存在した皮小歯あるいは粘膜小歯が，獲物を捕らえる機能をもつようになり，大きく発達して歯（顎歯）を形成したと考えられる（図 1-10）．

こうして，捕食器としての顎と歯を獲得した顎口類となった脊椎動物は，無顎類とは比べものにならないほど活発な動物に変身した．すなわち，これまでの口に入ってくる水から微生物を鰓で濾過して食べるという受身的な状態から，餌に向かって勢いよく泳いでいき，顎と歯で大きな獲物を丸飲みにして食べることができるようになった．顎と歯の形成は，脊椎動物を積極的な活動的な動物に変身させ，その後の進化と繁栄の道を切り拓くいしずえを築いたといえよう（その後の脊椎動物と歯の進化については，第 6 章参照）．

3 歯の存在部位

哺乳類では，上顎では上顎骨 maxilla と前顎骨（前上顎骨，切歯骨）premaxilla，下顎では下顎骨 mandibule すなわち歯骨 dentary

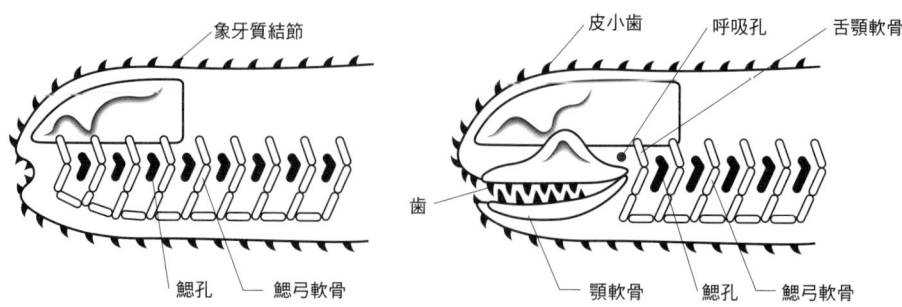

図1-10 無顎類（左）と顎口類（右）（後藤・後藤，2001）
無顎類の2番目の鰓弓軟骨が顎軟骨に変化し，3番目の鰓弓軟骨が舌顎軟骨となって顎関節に関与するため，その間の鰓孔は小さな呼吸孔になる

のみに歯が存在している．しかし，爬虫類と両生類では口腔を取り巻く顎骨以外のいくつもの骨（鋤骨，口蓋骨，翼状骨，外翼状骨，鉤状骨，夾板骨，舌骨など）にも歯が存在し，硬骨魚類ではさらに咽頭領域の鰓弓骨格上にも大小さまざまな歯が分布している．

口腔に存在する歯については，**顎歯** jaw tooth すなわち上顎歯 upper tooth, upper jaw tooth（前顎骨と上顎骨の歯）と下顎歯 lower tooth, lower jaw tooth（歯骨・鉤状骨・夾板骨などの歯）のほか，鋤骨・口蓋骨・翼状骨・外翼状骨など口腔の天井にある歯を**口蓋歯** palatal tooth とよび，舌骨上の歯を**舌歯** lingual tooth とよぶ．また，個々の骨上の歯を**鋤骨歯** vomer tooth，**口蓋骨歯** palatine tooth などということもある．顎歯は，口腔の辺縁に存在することから辺縁歯 marginal tooth ともよばれる．

硬骨魚類の咽頭に分布する歯は，**咽頭歯** pharyngeal tooth または**鰓歯** gill tooth と総称される．これらの歯のうち，咽頭骨上のもののみを咽頭歯とよび，その他の鰓弓骨上の小歯板の小さな歯は**小歯板歯** tooth platelet tooth，鰓耙骨上の微小な歯は**鰓耙骨歯** gill raker bone tooth ともよばれる．真骨類のイボダイなどでは**食道歯** esophageal tooth といわれる歯が知られているが，これは咽頭の後端がふくらんだ食道嚢に歯が存在するもので，咽頭歯の一部と考えられる．

以下は，おもに顎歯について述べる．

4 歯の形態

1）歯の形態用語

脊椎動物の歯は，円錐形の**単錐歯型** haplodont を基本にしながら，機能と関連してさまざまな形態のものがみられる．単錐歯型の歯は，**円錐歯**または**錐状歯** conical tooth, core-shaped tooth とよばれる．

機能からみると，歯は，餌に咬みつく prehension ために用いられるものと，餌とくに無脊椎動物の殻体を咬み砕く crushing ために用いられるものに分けられる．前者は鋭い円錐形をしているのに対し，後者は板状ないし臼型の形をしている．前者の代表としてシロワニ（サメ類の一種）の前歯とヒトの切歯を，後者の代表としてネコザメの側歯とヒトの大臼歯を図1-11に示す．

歯は外形のいかんにかかわらず，外から観察すると歯冠と歯根を区別することができる．一般に，**歯冠** crown of tooth はエナメロイド

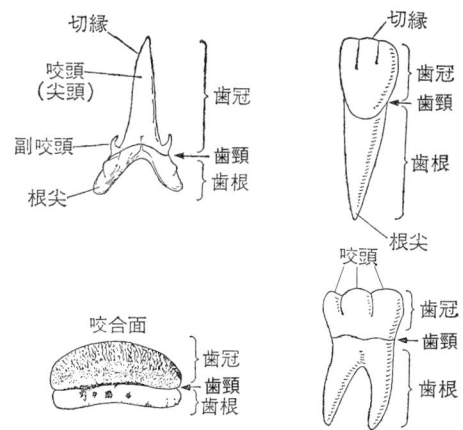

図1-11 シロワニの前歯(左上)とヒトの切歯(右上), ネコザメの側歯(左下)とヒトの大臼歯(右下)

またはエナメル質でおおわれており，顎の外に露出している．**歯根** root of tooth は，それより下方の部分で，顎の中に埋まっている．歯冠と歯根の移行する部分は**歯頸** neck of tooth といわれ，**歯頸線** cervical line として歯を線状に取り巻いている．正常な状態で植立している場合は，歯頸は歯肉によって囲まれている．

獲物を捕えたり，咬み切ったり，砕いたりするのは歯冠で，歯根は歯を顎骨に支持する役目を果たす．歯冠と歯根はその使命にふさわしい形態と構造を備えている．

ただし，歯によってはエナメロイドやエナメル質のないものがあり，また，齧歯類の切歯のように終生成長し続ける歯（常生歯）もある．また，全頭類や肺魚類では進化の過程で多数の歯が癒合して，不換性の**歯板** tooth plate を形成している．このような場合には，解剖学的に歯冠と歯根を区別することができない．また，歯が顎内に植わっている場合に，歯肉から口腔内に露出している部分を**臨床歯冠** clinical crown，歯肉の下に隠された部分を**臨床歯根** clinical root とよぶことがある．

歯冠において突出している部分を**咬頭** cusp といい，その先端を**咬頭尖**または**咬頭頂** apex of cusp, tip という．咬頭のうち鋭く突出しているものを**尖頭** cusp とよぶことがある．咬頭はただ1つの場合もあるが，2つ以上存在することもある．咬頭が2つの場合を**双頭歯** bicuspid tooth とよぶ．咬頭が3つの場合，3咬頭が近遠心方向に一列に並んでいるものを**三錐歯型** triconodont，そうでないものを**三結節歯** tritubercular tooth という．多数の咬頭をもつ歯を**多（咬）頭歯** multitubercular tooth という．多咬頭歯の場合，咬頭のうちもっとも大きなものを**主咬頭** main cusp，その他のものを**副咬頭** accessory cusp または**側咬頭** side cusp, lateral cusp という．咬頭より小さな突起または鈍円の膨隆を**結節** tubercule あるいは**小咬頭** cuspule, conule とよぶ．

歯冠には鋭い刃のような**切縁** cutting edge が発達することがある．また，切縁に**鋸歯** serrae をもつことがあり，鋸歯をもつ切縁を**鋸歯縁** serrated margin という．歯冠の表面には，**溝** groove，**窩** fossa，**小窩** pit，**隆線**または**稜** ridge，**皺襞** plicae，細い**線条** striae をみることがある．溝のうち深いものを**裂溝** fissure という．

歯根は1本の場合と，2本以上の場合がある．硬骨魚類・両生類・爬虫類の歯では，一般に歯根の先端が閉じることがなく，開いた状態のものが多い．歯根が2本以上ある歯を**多根歯** multirooted tooth とよぶ．歯根の先端が閉じているもので，突出している場合，その先端を**歯根尖**あるいは**根尖** apex of root という．根尖の末端には血管と神経が通る小さな穴が残っており，これを**根尖孔** apical foramen という．

また，歯頸近くで歯冠の一部が膨隆している場合，この部分を**歯帯** cingulum または**歯**

頸帯 cervical band という．エナメル質の小島が歯根の表面に存在している場合，これを**エナメル滴** enamel drop あるいは**エナメル真珠** enamel pearl といい，歯冠から歯根に向かってエナメル質が突出しているものを**エナメル突起** enamel process という．

2）歯の方向用語

ヒトの歯に関しては，方向用語が決められている（図1-12）．これは，哺乳類の大部分にはそのまま当てはめることができるが，爬虫類以下の動物には厳密に適用することはできない．爬虫類以下の動物では，哺乳類にある口唇，頬，口蓋，口腔前庭といった部分が未発達だからである．したがって，唇側，頬側，前庭側，口蓋側の用語は不適切であろう．しかし，これに代わる用語を使うことは混乱のもととなるので，爬虫類以下の動物でも哺乳類になぞらえて，これらの用語を用いることにしたい（図1-13）．

①前歯部の歯の口腔前庭（前方）に面した側を**唇側** labial，後歯部の歯のこれに相当する側（外側）を**頬側** buccal という．これらをまとめて**前庭側** vestibular ともいう．爬虫類以下の動物で前歯部と後歯部の区別がないものでは，いずれの語を用いてもよい．

②唇側ないし頬側の反対側は，上顎歯では口蓋のほうに向いているから**口蓋側** palatal, palatinal，下顎歯では舌に向いているから**舌側** lingual という．しかし，上顎歯でも舌側とよばれることが多い．また，舌側と口蓋側，を合わせて**口腔側** oral（または固有口腔側）とよぶこともある．前歯部では後方が口蓋側または舌側，後歯部では内側が口蓋側または舌側となる．

③歯列の上で正中部（すなわち左右の顎の

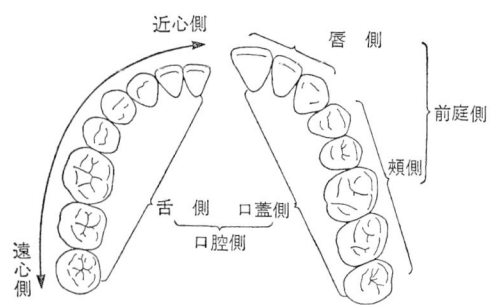

図1-12 水平面におけるヒトの歯の方向を示す模式図（藤田・桐野, 1967）
左：下顎歯列，右：上顎歯列

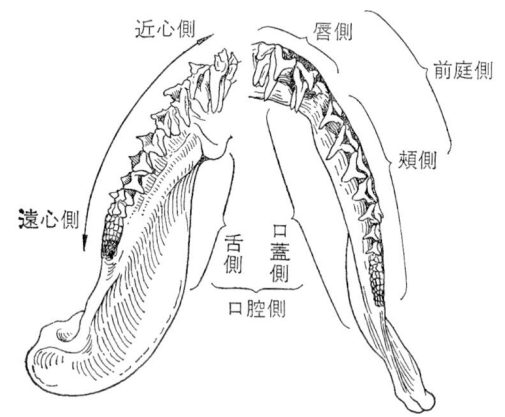

図1-13 水平面におけるシロワニの歯の方向を示す模式図（Landolt, 1947を修正）
左：下顎，右：上顎

結合部）の方向を**近心**または**近心側** mesial, medial といい，正中線と反対の方向を**遠心**または**遠心側** distal という．前歯部では内側が近心で，外側が遠心，後歯部では前方が近心で，後方が遠心となる．

④歯の歯冠の方向を**歯冠側**または**冠側** coronal，歯根の方向を**歯根側**または**根側** radical という．また，歯冠のみについては**咬頭側** occlusal ないし**切縁側** incisal と**歯頸側**または**頸側** cervical といい，歯根のみについては歯頸側または頸側と**根尖側** apical という．これらを上方 upper および下方 lower ということもあるが，この場合には，歯自身についてみると上顎歯と下顎歯とではその方向が

反対になっていることに注意しなければならない．たとえば，上方といえば上顎歯では歯根側であるが，下顎歯では歯冠側になる．

これらの方向用語に基づいて，歯冠の各方向に一定の広さの面が存在するときに，**近心面** mesial surface，**遠心面** distal surface，**唇側面** labial surface または**頬側面** buccal surface，**口蓋側面** palatal surface，**舌側面** lingual surface などとよばれる．

このうち，近心面と遠心面は両側の隣在歯の遠心面と近心面に面するので，**隣接面** proximal surface または**接触面** contact surface とよばれる．ただし，もっとも遠心の歯の遠心面を隣接面とよぶのは適当ではない．

また，板状ないし臼型の歯では，上下顎の歯を咬み合わせた際に，それぞれの対合歯の歯冠が接する面を**咬合面** occlusal surface または**咀嚼面** masticating surface という．草食動物の咬耗の激しい歯では，咬合面が本来の歯冠の表面でなく，磨滅した歯の横断面となっている場合がある．この面をとくに**磨耗面** abrasion surface または**咬耗面** attrition surface ということがある．

咬頭についても**近心咬頭** mesial cusp，**遠心咬頭** distal cusp，**頬側咬頭** buccal cusp，**舌側咬頭** lingual cusp，切縁についても犬歯のように尖頭をもつ歯では**近心切縁** mesial margin，**遠心切縁** distal margin，臼歯の歯冠の周囲を**近心縁** mesial margin，**遠心縁** distal margin，**頬側縁** buccal margin，**舌側縁** lingual margin などとよぶ．

3）歯の種類と型

顎上に並ぶ歯がすべて基本的に同じ形をしている状態を**同形歯性** homodont という．これに対し，顎上の位置によって歯の形がさま

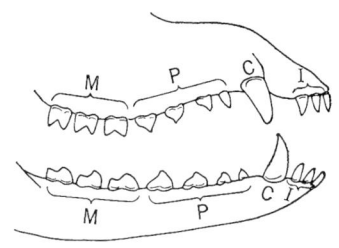

図1-14　哺乳類における歯種の区別（Romer & Parsons, 1983）
I：切歯，C：犬歯，P：小臼歯，M：大臼歯

ざまに異なっている状態を**異形歯性** heterodont という．

魚類・両生類・爬虫類では基本的に同形歯性であるが，哺乳類では異形歯性である．しかし，ネコザメ *Heterodontus*（図2-44参照）のようなある種の魚類や，アガマ科のトカゲ（図4-10参照）のような爬虫類の一部では異形歯性がみられる．哺乳類でも歯鯨類や管歯類では二次的に同形歯性になっている．

異形歯性の場合は，**歯種** tooth class の区別をすることができる．哺乳類では，上顎の前顎骨（切歯骨）に植立する歯を**切歯**（門歯ともいう）incisor，切歯骨とその他の上顎骨の間の縫合（切歯縫合）の付近に植立する歯を**犬歯** canine，犬歯より遠心の歯を**臼歯**または**頬歯** cheek tooth, buccal tooth という．臼歯のうち，近心と遠心で歯の形態が異なる場合，近心の歯を**小臼歯**または**前臼歯** premolar，遠心の歯を**大臼歯**または**後臼歯** molar とよぶ．下顎の歯でも，上顎のそれぞれの歯に対応する歯を切歯・犬歯・小臼歯・大臼歯とよぶ（図1-14）．

切歯と犬歯を合わせて**前歯** anterior tooth, front tooth，臼歯を**側歯** lateral tooth または**後歯** posterior tooth とよぶこともある．しかし，前歯は切歯の同義語として用いられる

15

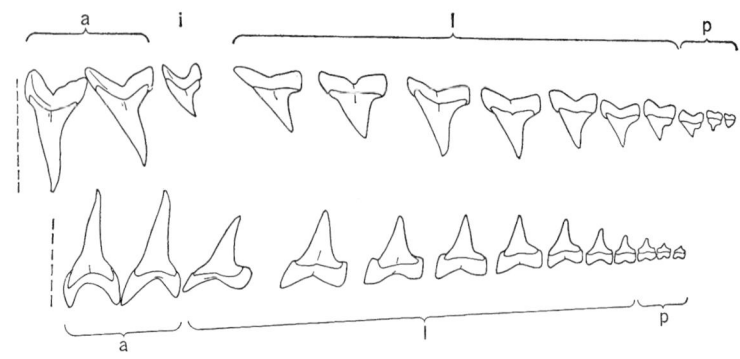

図1-15 軟骨魚類のアオザメにみられる歯種の区別（Bigelow & Schroeder, 1948を改変）
左の上下顎歯の唇側面．a：前歯，i：中間歯，l：側歯，p：後歯

こともあり，犬歯は前歯部と後歯部の接点である隅角部にあることから**隅角歯** angle tooth ともよばれる．犬歯，とくに上顎犬歯は，動物によっては眼の直下にあることから，**眼歯** eye tooth とよばれることもある．

小臼歯を臼前歯，大臼歯を単に臼歯とよぶこともあり，広義の臼歯（頬歯）と狭義の臼歯（大臼歯）を区別する必要がある．ヒトでは小臼歯と大臼歯の形態が明瞭に異なり，小臼歯は大臼歯よりも小さい．しかし，ほかの動物では小臼歯と大臼歯の形態に差異が認められない場合もあり，また，大臼歯より小臼歯のほうが大きいことも多い．小臼歯と大臼歯の区別がつかない場合は，これを臼歯（頬歯）とよぶこととする*．また，小臼歯が大臼歯より大きい場合は，小臼歯を前臼歯，大臼歯を後臼歯とよんだほうがよいとも思われるが，本書ではあくまでもヒトの歯との比較の意味から，あえて小臼歯・大臼歯の語を用いることにした．

また，魚類や爬虫類でも異形歯性の場合は哺乳類の状態になぞらえて，**前歯**，**中間歯** intermediate tooth，**後歯**または**側歯**などという（図1-15）．また，軟骨魚類では顎の正中，すなわち左右の顎軟骨の結合部にある歯を**正中歯** median tooth または**接合歯** symphseal tooth ということもある．

同じ歯種の歯が複数存在する場合，近心のものから順に，**第一切歯** first incisor・**第二切歯** second incisor・**第三切歯** third incisor，**第一小臼歯** first premolar・**第二小臼歯** second premolar・**第三小臼歯** third premolar・**第四小臼歯** forth premolar，**第一大臼歯** first molar・**第二大臼歯** second molar・**第三大臼歯** third molar とよぶ．ヒトでは，第一切歯を**中切歯** central incisor，第二切歯を**側切歯** lateral incisor とよぶことがある．ただし，哺乳類の歯の比較解剖学的な説明の場合には，基本歯式における番号でよぶことがある．たとえば，ウシでは基本歯式上の第一小臼歯は退化・消失しているので，もっとも近心の小臼歯を第二小臼歯とよぶ場合もあるので注意

---

*すべての真獣類の祖先は本来，切歯3本，犬歯1本，小臼歯4本，大臼歯3本をもっていたと考えられていることから，系統発生的に追跡することができれば，小臼歯と大臼歯を厳密に区別することは理論的には可能といえよう．また本来，小臼歯は先行する乳臼歯の脱落後に生えるが，大臼歯は乳歯列の歯で生えかわることがないことから，その動物の個体発生および系統発生が解明されるなら，大臼歯と小臼歯を区別することは理論的には可能である．

第 1 章　緒　　論

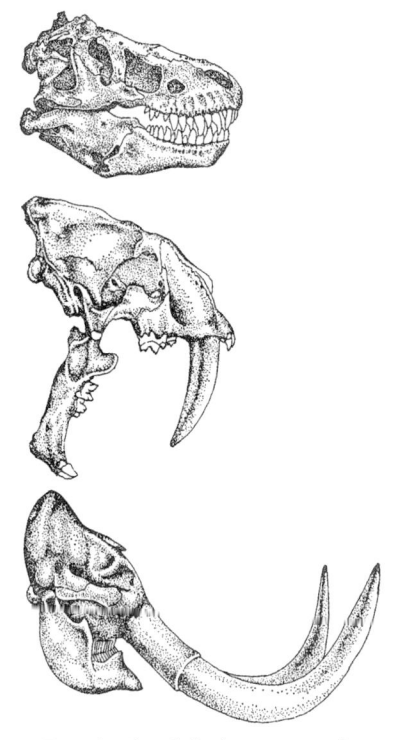

図 1-16　歯の分化 (Romer, 1966)
爬虫類では *Tyrannosaurus*（上）といえども同形歯性で切歯と臼歯の区別はない．哺乳類の食肉類では剣歯虎 *Smilodon*（中）のように犬歯が牙としてよく発達し，臼歯もはさみのような機能を果たす裂肉歯となっており，歯種の区別がみられる．草食性のマンモス *Mammuthus*（下）では，上顎の切歯が牙として大きく発達し，犬歯は欠如していて，臼歯が複雑な咬合面をもつ大きな皺襞歯型となっている

を要する．

とくに哺乳類では，いくつかの特殊な形態の歯がみられる（**図 1-16**）．切歯や犬歯が口腔から外へ向かって大きく長く発達したものを**牙** fang, tusk という．食肉類やイノシシの犬歯，長鼻類の切歯，変わったものでは鯨類のイッカク *Monodon* の上顎左側切歯などがある．更新世の剣歯虎 *Smilodon* と現生のセイウチの上顎犬歯は，もっとも大きく発達した犬歯の牙といえる．また，更新世のマンモス *Mammuthus* の上顎切歯と現生のイッカクの上顎左側切歯は，もっとも大きく発達した切歯の牙といえよう．一般に，上顎の犬歯または切歯が牙になっているものが多いが，原始的な長鼻類では上下顎の切歯がともに牙になっているもの，*Deinotherium* のように下顎切歯が牙として発達しているものもある．哺乳類以外にはヘビ類の毒牙が知られている．

一生の間，歯冠が形成され続け，歯根が形成されない歯を**常生歯** continuously growing tooth または**無根歯** rootless tooth という．齧歯類・兎類や長鼻類の切歯，ある種のネズミやビーバーの臼歯などがその例である．ただし，齧歯類の切歯では舌側にセメント質が形成され，常生歯ではあるが無根歯ではないとされている．

哺乳類の臼歯には，食性に応じてさまざまなタイプの歯がみられる（**図 1-17**）．基本型は短い歯冠と歯根をもつ**短冠歯型**（低冠歯型，低歯冠型ともいう）brachyodont で，虫食性・雑食性・肉食性の動物（食虫類・翼手類・霊長類・食肉類など）にみられる．このうち食肉類では，臼歯は咬頭が鋭い三角形を呈し，肉を切り裂くのに適した**切断歯型**または**鋭縁歯型**（稜状歯型，切縁歯型ともいう）sectorial, secodont となっている．なかでも，上顎のもっとも遠心の小臼歯と下顎のもっとも近心の大臼歯がとくに強大となり，鋏のように対咬して肉を切り裂くのに適した**裂肉歯** carnassial teeth となっている．

草食性に適応して進化した齧歯類・長鼻類・奇蹄類・偶蹄類では，セルロース質の硬い植物線維をすりつぶすために歯の咬耗が著しくなり，歯冠長（高）の長い歯を発達させている．短冠歯型より歯冠が長（高）く，咬合面が磨滅すると顎骨内に埋もれていた歯冠が順次萌出してくる歯を**長冠歯型** drycodont または**長（広）髄歯型** taurodont という．ま

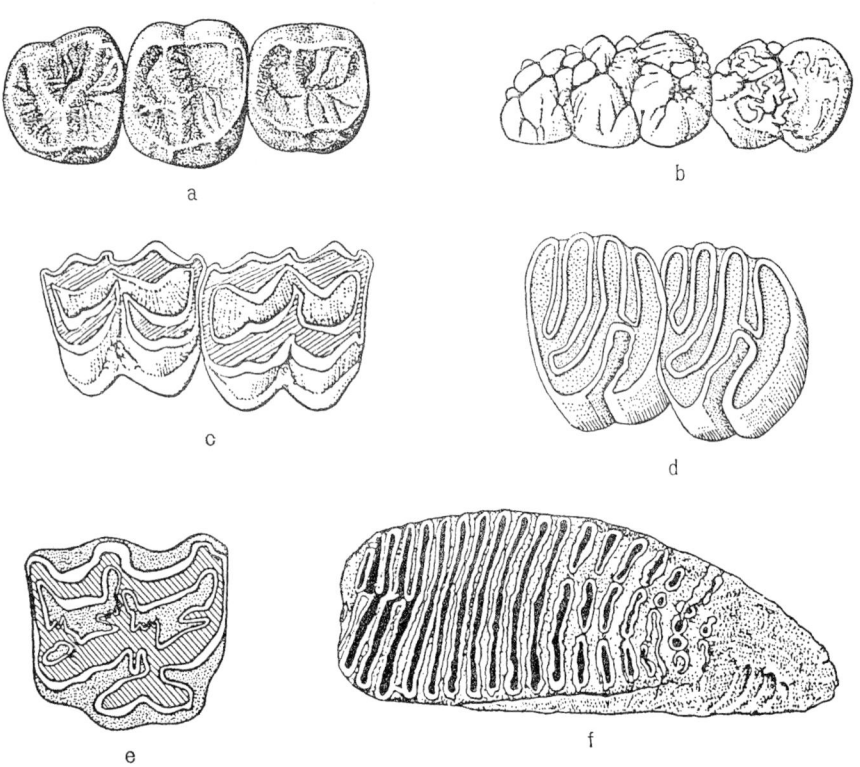

図1-17 哺乳類の大臼歯の咬合面にみられる型
a：短冠（鈍頭）歯型（オランウータンの上顎大臼歯），b：鈍頭歯型（イノシシの上顎第二・第三大臼歯），c：月状歯型（アカシカの上顎第二・第三大臼歯），d：稜縁歯型または皺襞歯型（アメリカビーバーの上顎第一・第二大臼歯），e：稜縁歯型（ウマの上顎大臼歯），f：多稜歯型，皺襞歯型または板状歯型（マンモスの上顎第三大臼歯）（a～dはVaughan, 1978, eはRomer, 1966, fはMüller, 1970）

た，一生の大部分の間，歯冠が形成され続け，歯が磨滅してもその機能を保持し，のちに歯根がつくられる歯を**高冠歯型**（高歯冠型，高位歯型，長冠歯型ともいう）hypsodont, hypselodont, zygodontという．ウマの臼歯はその典型である．高冠歯型からさらに進化したのが，先に述べた終生形成され続ける常生歯である．齧歯類のネズミ類の大臼歯では，短冠歯型・高冠歯型・常生歯型の3つの型が認められている（図5-5参照）．

草食動物の臼歯は，咬合面にエナメル質の稜が発達している．このような歯を**稜縁歯**
型（稜状歯型，皺襞歯型，畝状歯型，横堤歯
型，櫛状歯型ともいう）lophodontという．
稜縁歯型のうち，長鼻類にみられるように，頬舌方向の稜の数が2つのものを**二稜歯型** bilophodont, 3つのものを**三稜歯型** trilophodont, 4つのものを**四稜歯型** tetralophodont, 5つのものを**五稜歯型** pentalophodontという．3つ以上のものをまとめて**多稜歯型** polylophodontということもある．

稜線歯型のうち，ヒツジやシカの臼歯のように稜が半月形をつくるものを**月状歯型**（半月歯型ともいう）selenodontという．また，齧歯類や長鼻類にみられる咬合面に頬舌方向に多数の稜が配列するものを**皺襞歯型** ptychodont または**板状歯型** elasmodont とよぶ．一方，イノシシやクマの臼歯ように多数の小さな円錐形の咬頭をもつ歯を**鈍頭歯型**または**丘状歯型**（鈍丘歯型ともいう）bunodont という．ヒトや類人猿の臼歯も鈍頭歯型である．また，これらを組み合わせて，**鈍頭切断歯型** bunosectorial，**鈍頭月状歯型** bunoselenodont，**月状稜縁歯型** selenolophodont などとよばれる．マンモスの大臼歯は，草食動物の稜縁歯型の進化の極としての多稜歯型ないし皺襞歯型の典型といえよう．

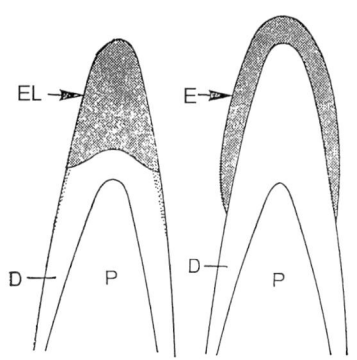

図1-18 魚類のエナメロイド（左）と哺乳類のエナメル質（右）(Keil, 1966)
EL：エナメロイド，E：エナメル質，D：象牙質，P：歯髄

5 歯の組織と支持様式

歯は基本的に**エナメロイド** enameloid または**エナメル質**（琺瑯質）enamel，**象牙質** dentine, dentin および**歯髄** dental pulp で構成されている．また，歯は，歯を支持するための**歯周組織** periodontium によって取り囲まれており，その一部は歯の硬組織にも含まれている（軟骨魚類の歯根部の骨様組織や哺乳類のセメント質など）．

1）エナメロイドとエナメル質

かつては，歯冠の外層を構成する高度に石灰化したリン灰石 apatite の微結晶からなる硬組織をすべてエナメル質とよんでいた．エナメル質の特徴は，その形成過程で有機基質の大部分が脱却されてしまい，比較的大きなリン灰石の微結晶が密に石垣状に沈着することである．したがって，酸でエナメル質を脱灰するとほとんど溶解する．ドイツ語の"Schmelz（エナメル質）"は，schmelzen（溶解する）という動詞から由来しているという．

エナメル質様組織は魚類の鱗と歯の表層にも存在しているが，両生類以上の動物の歯のエナメル質とは，組織学的・発生学的性質が異なるものである（図1-18）．魚類のエナメル質様組織は，間葉性エナメル質 mesenchymal enamel，硬象牙質 durodentine，硝子象牙質 vitrodentine，中胚葉性エナメル質 mesodermal enamel，とくに鱗のエナメル質はガノイン質（硬鱗質）ganoin などとよばれてきたが，本書では**エナメロイド**とよぶことにする．

エナメロイドの特徴は，①間葉細胞（おもに象牙芽細胞）と上皮細胞（おもにエナメル芽細胞）がともに関与して形成される，②基底膜の歯乳頭（間葉）側に求心的に形成される，③基質はコラーゲンまたはコラーゲンと非コラーゲン性タンパク質からなる，④高度に石灰化しているが，象牙細管の延長によって貫かれることが多い，⑤象牙質との境界はエナメル-象牙境ほど明瞭ではない，などである（図1-19）．

これに対し，両生類（最近の研究では硬骨魚類の総鰭類と肺魚類）以上の歯は，**エナメル質**をもっている．エナメル質の特徴は，①おもに上皮細胞（エナメル芽細胞など）に

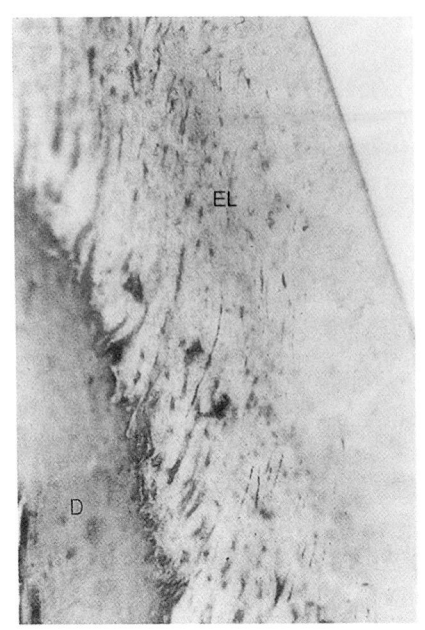

図1-19 ドチザメの歯のエナメロイド．縦断面研磨標本のヘマトキシリン染色．×505
EL：エナメロイド，D：象牙質

よって形成される，②基底膜のエナメル器（上皮）側に遠心的に形成される，③基質はエナメルタンパク質（アメロゲニン，エナメリンなど）からなる，④高度に石灰化しているが，エナメル紡錘 enamel spindle やエナメル細管 enamel tubule を含むこともある，などである（表6-2参照）．

硬骨魚類や哺乳類の一部（アルマジロなど）には，エナメロイドあるいはエナメル質を欠く歯をもつものがみられる．また，ガーパイクなどの硬骨魚類の歯では，歯冠部にエナメロイド，歯の側壁部にはエナメル質が存在するものがある．長鼻類の切歯や鯨類の歯では，エナメル質は先端にわずかに存在するのみであり，齧歯類の切歯では唇側面のみにエナメル質が存在し，舌側面には存在しない．哺乳類などでも，エナメル-象牙境や歯根象牙質最表層にエナメロイドの薄層が存在するという説もある．

哺乳類のエナメル質では，リン灰石の微結晶の束からなる**エナメル小柱** enamel rod, enamel prism が発達している．このようなエナメル質を**小柱エナメル質** prismatic enamel とよび，両生類や爬虫類の**無小柱エナメル質** aprismatic enamel と区別している（図1-20, 21）．したがって，エナメロイドとエナメル質は表1-3のように分類される．また，多くの魚類や有袋類・食虫類などにみられる象牙細管の延長やエナメル細管を含む組織は，**有管エナメロイド** tubular enameloid または**有管エナメル質** tubular enamel とよばれる（図1-22）．さらに，一部の真骨類の歯や齧歯類の切歯では，エナメロイドまたはエナメル質に鉄が沈着し，黄褐色を呈している．このようなエナメル質を**着色エナメロイド** pigmented enameloid または**着色エナメル質** pigmented enamel という．

エナメル質には，さまざまな**成長線** incremental line が認められることが多い．また，象牙細管の突起や延長，さらにエナメル芽細胞の突起と象牙芽細胞の突起が結合して形成されるエナメル細管を含むこともある．また，萌出直後のエナメル質の表面は，**歯小皮** dental cuticle でおおわれていることが多いが，やがて咬耗により消失する．一部の哺乳類では，エナメル質の表面に歯冠セメント質が存在している．

2）象牙質と歯髄

象牙質は，歯を構成するもっとも基本的な硬組織であり，エナメル質やセメント質を欠く歯はあっても象牙質のない歯は存在しない．発生学的には歯乳頭から形成され，象牙質を形成した後に残された歯乳頭の部分を歯髄とよび，**歯髄腔** pulp cavity を満たしている．

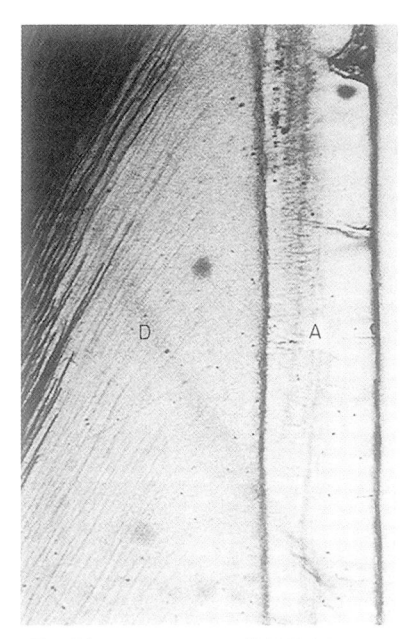

図1-20 ナイルワニの歯の無小柱エナメル質（Berkovitz *et al.*, 1978）. 縦断面研磨標本. ×130
A：無小柱エナメル質, D：象牙質

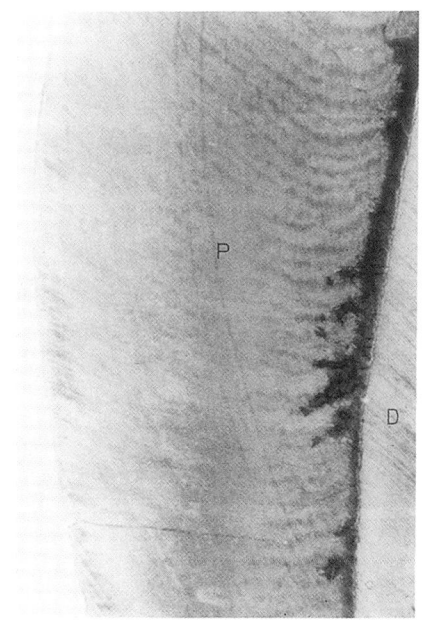

図1-21 ヒトの歯の小柱エナメル質 縦断面研磨標本のヘマトキシリン染色. ×40
P：小柱エナメル質, D：象牙質

表1-3 エナメロイドとエナメル質の分類と分布

エナメロイド		無顎類（異甲類の一部）の皮甲, 軟骨魚類・条鰭類の歯と鱗, 総鰭類・肺魚類の鱗
エナメル質	無小柱エナメル質	総鰭類・肺魚類・両生類・爬虫類・鳥類・一部の哺乳類の歯
	小柱エナメル質	哺乳類・一部の爬虫類の歯

ゾウの牙はよく発達した象牙質で構成されていることから，その名がつけられた．

象牙質は，象牙芽細胞によって形成される．象牙芽細胞は，象牙質を形成しつつ象牙質中にその突起を残していく．象牙質の形成完了後は，象牙芽細胞の細胞体は歯髄の最表層に存在し，そこから長い細胞突起を象牙質中に伸ばしている．この象牙芽細胞の突起を含む管を**象牙細管** dentinal tubule という．このような象牙質の構造は，象牙質に生きた組織としての性質を失わせないでおいて，しかも十分な堅固さを与えるためのものと考えられる．同時に，象牙細管の存在は象牙質に鋭敏

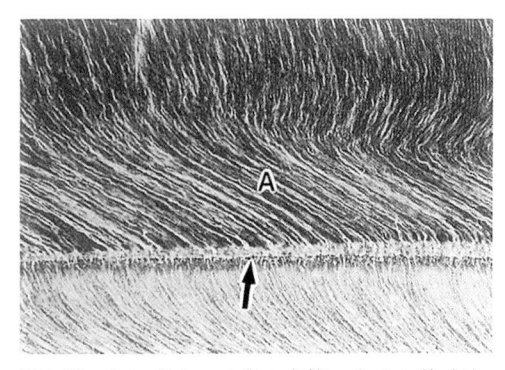

図1-22 カンガルーの歯の有管エナメル質（A）（Berkovitz *et al.*, 1978）. ×97
矢印はエナメル-象牙境を示す

な知覚を与えるものとなっており，この組織が原始脊椎動物の皮膚として形成されたことを裏づけている．

象牙質と歯髄は歯乳頭から形成され，象牙質を形成した象牙芽細胞は歯髄表層にとどまり，その突起を象牙質中に伸ばしている．このことから，象牙質と歯髄は切り離すことのできない組織で，**象牙質-歯髄複合体** dentine-pulp complex という．

象牙細管は，多くの魚類ではエナメロイド中にも進入しているが，ほかの動物では一般に**エナメル-象牙境** dentino-enamel junction から歯髄腔における象牙質の表面まで存在している．その経過中に多数の側枝を出し，また末端は数本の終枝に分かれている（図1-9参照）．象牙細管は途中で2本ないし数本に分岐することもある．

象牙細管は，はじめは象牙芽細胞の突起で満たされているが，その後，細管内に二次的に石灰化が起こる．象牙細管内に二次的に形成された部分は，**管周象牙質** peritubular dentine とよばれ，きわめて石灰度が高いのが特徴である．これに対し，象牙細管の間を埋めている象牙質の大部分を**管間象牙質** intertubular dentine といい，コラーゲン上にリン灰石の微結晶が沈着したものである．管周象牙質の形成が進んで，象牙細管の内部が閉鎖し，半透明性を示すようになった象牙質を**透明象牙質** transparent dentine という．これは象牙質が硬化した結果である．

象牙質と歯髄との境界に存在する未石灰化のコラーゲンからなる象牙質基質を**象牙前質** predentine という．象牙質中の未石灰化ないし低石灰化の部分を**球間象牙質** interglobular dentine という．

哺乳類では，歯根の完成以前に形成された象牙質を**原生象牙質**または**第一象牙質** primary dentine といい，歯根完成後に加齢などにより歯髄内の全域にわたって追加形成される象牙質を**第二象牙質** secondary dentine という．さらに，齲蝕や咬耗などの刺激によって歯髄内の当該部分に限局して追加形成される象牙質を**修復象牙質** reparative dentine または**第三象牙質** tertiary dentine という．修復象牙質は細管の配列が不規則で，細胞を含むことが多い．修復象牙質に対し，原生象牙質は髄周象牙質 circumpulpal dentine ともよばれ，その外側に外套象牙質 mantle dentine を区別することもある．象牙質には，さまざまな**成長線** incremental line が発達している．

以上のような構造の象牙質は，**真正象牙質** orthodentine または**細管象牙質** tubular dentine とよばれ，無顎類の皮甲の象牙質結節から人類の歯まで，すべての脊椎動物に普遍的に認められている．これに対し，一部の動物にはさまざまな種類の象牙質が存在しており，いろいろな名称が与えられている．

無顎類の頭甲類の皮甲には，骨からなる結節によって構成されているものがあり，この骨の中には互いに連絡し合った骨細管をもつ骨細胞腔が存在している．結節の表層では，細管が表面に対して垂直方向に配列している．別の頭甲類の皮甲には，この細管が長くなって象牙質に似た構造を示すようになっている（図1-23）．この組織は，**中象牙質** mesodentine とよばれ，骨から象牙質に似た組織が並行的に進化してきた例と考えられている．

また，板皮類の節頸類には，皮甲の結節や歯が**半象牙質** semidentine とよばれる硬組織で構成されているものが知られている（図1-24）．これは明らかに象牙質の一種である．

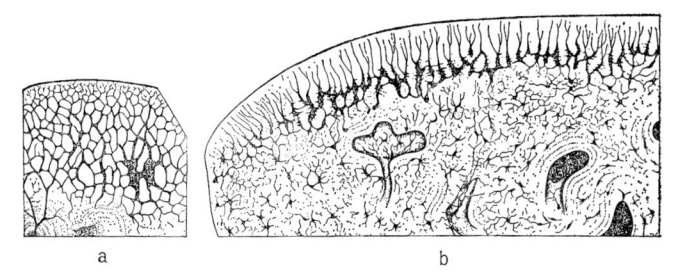

図1-23 頭甲類の皮甲にみられる中象牙質（Ørvig, 1967）
a：デボン紀後期の *Cephalaspis* の皮甲の結節．×280
b：シルル紀の *Dartmuthia* の皮甲の結節．×196

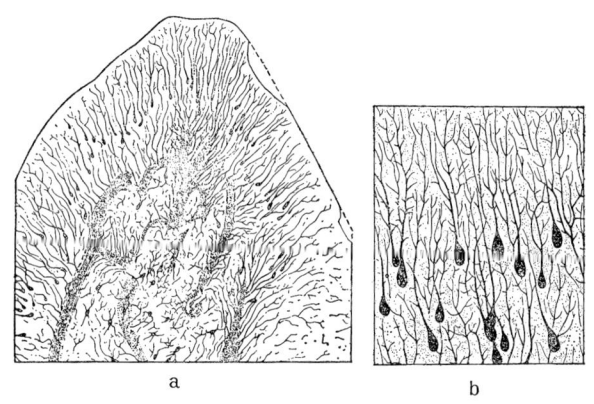

図1-24 節頸類の歯の半象牙質（Ørvig, 1967）
デボン紀の *Phlyctaenaspis*．bはaの拡大図．a：×71，b：×286

半象牙質は，象牙芽細胞の漸次的な後退により形成され，細い側枝をもつ象牙細管が発達している．しかし，真正象牙質と異なり，細胞自身が基質中に埋めこまれ，**象牙細胞** odontocyte になっている．

象牙質は魚類の鱗にも存在し，**コスミン質** cosmine とよばれる．コスミン質は，真正象牙質から構成され，原始的な総鰭類の鱗でよく発達している．

ネズミザメ類，サワラ，カワカマス，肺魚類，ツチクジラの象牙質内層，シロネズミの切歯の先端部には，**骨様象牙質** osteodentine または**梁柱象牙質**（りょうちゅう）trabecular dentine とよばれる象牙質が知られている（図2-6, 46参照）．多数の不規則な髄腔を含む組織で，個々の髄腔から細管が基質中に進入している．

ヒトなどの修復象牙質も，骨様象牙質で構成されていることが多い．骨様象牙質の形成は，歯の硬組織を急速に形成するための手段とも考えられる．

また，サケ科の魚類などでは象牙細管などの構造物をもたない均質・無構造の**均質象牙質** homogeneous dentine が知られている．

真正象牙質の特殊なものとして，**皺襞象牙質** plicidentine がある（図2-6, 43, 48, 91, 3-8, 9, 4-25, 5-101参照）．皺襞象牙質は，トビエイ，ガーパイク，総鰭類，両生類の迷歯類，爬虫類のオオトカゲや魚竜類，哺乳類のツチブタなどの歯に知られている．歯髄腔が水平方向ないし垂直方向に多数分岐し，それぞれの細長い歯髄腔ごとに放射状に象牙細管が発達している．1本の歯髄腔とその周囲の放射

表1-4 象牙質の種類と分布

真正象牙質（細管象牙質）	無顎類の皮甲，魚類の鱗と歯，両生類・爬虫類・鳥類・哺乳類の歯
皺襞象牙質	トビエイ・ガーパイク・総鰭類・迷歯類・オオトカゲ・魚竜類・ツチブタの歯
骨性象牙質	アミアの歯
半象牙質	節頸類の皮甲と歯
骨様象牙質（梁柱象牙質）	ネズミザメ類・サワラ・カワカマス・ツチクジラなどの歯
均質象牙質	アユ・マスの歯
脈管象牙質（血管象牙質）	タラ・メルルーサ・フクロオオカミ・ツチクジラなどの歯
葉板象牙質	ハクレンの咽頭歯
岩様象牙質	肺魚類の歯板

状の象牙細管からなる円柱形の構造を**象牙質単位** denteon, dentinal osteon という（骨の骨単位またはオステオン，すなわちハバース系に相当する構造）．象牙質単位は，トビエイでは咬合面に垂直方向に配列しているが，総鰭類などでは中央の細い歯髄腔から放射状に，すなわち水平方向に分岐している．皺襞象牙質は，歯の構造を強化するための力学的構造と考えられる．

脈管象牙質または**血管象牙質** vasodentine は，象牙質内に血管を有するもので，血管は歯髄から象牙質内に進入し，ふたたび歯髄にもどる．条鰭類のタラ科などのほか，哺乳類のフクロオオカミやツチクジラの外層の象牙質に知られている．脈管象牙質には，象牙細管をもつものともたないものがある．象牙芽細胞の分化の程度が低く，細胞間の結合が弱いために，歯乳頭の血管を避けて後退した結果，血管が象牙質内に残されたものと考えられる．

このほか，全骨類のアミアの歯には，真正象牙質中に骨細胞 osteocyte が埋入した，**骨性象牙質** osteal dentine が存在することが知られている．また，コイ科のハクレンの咽頭歯には，象牙質の中に板状の低石灰化帯が規則的に組み込まれた**葉板象牙質** lamellar dentine（原記載は lamellardentin）が報告されている（小寺ほか，2006）．さらに，肺魚類の歯板には高度に石灰化した**岩様象牙質** petrodentine が，板皮類や軟骨魚類の歯や歯板には同様に石灰化度の高い**プレロミン** pleromin という硬組織が知られている．

以上述べた象牙質の種類をまとめると，**表1-4**のようになる．

なお，歯髄は一種の結合組織であり，最表層には象牙芽細胞層があり，神経・血管・リンパ管を含み，さまざまな間葉細胞と線維や細胞間質から構成されている．まれに，独立した石灰化粒である**髄石** pulp stone または**象牙質粒** denticle をもつこともある．歯髄は，小孔によって歯の周囲の軟組織と連絡しており，そこは血管や神経の通路となっている．

3）歯周組織と歯の支持様式

歯は顎上でさまざまな様式により支持されている（図1-25）．歯を支持する組織を**歯周組織** periodontium, periodontal tissue と総称する．歯周組織は発生学的には，歯小嚢に由来する歯足骨・セメント質・歯根膜・歯槽骨と口腔粘膜の一部である歯肉から構成されている．

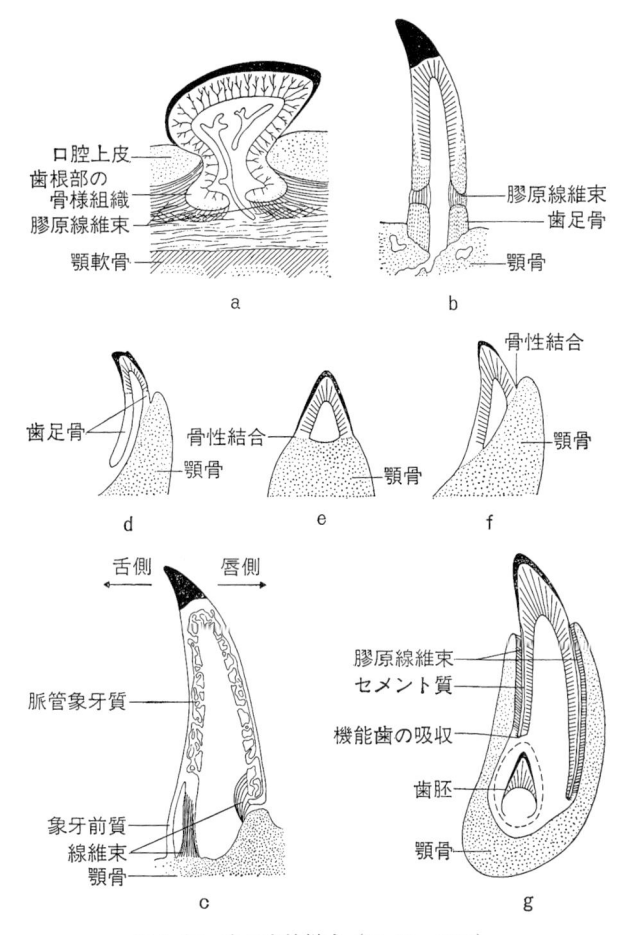

図1-25 歯の支持様式 (Shellis, 1981)
a：サメ類の線維性結合，b：真骨類の歯足骨性結合，c：メルルーサ（タラ類）の蝶番性結合，d：両生類の歯足骨性結合，e：爬虫類の端生性骨性結合，f：爬虫類の側生性骨性結合，g：ワニ類の槽生性結合

　軟骨魚類では，歯は象牙質と連続する歯根部の骨様組織から伸びる膠原線維束によって，口腔粘膜固有層中に支えられている*．この歯根部の骨様組織は，歯乳頭の下に存在した間葉細胞と象牙芽細胞に連続する細胞によって形成されることから，哺乳類の歯根部象牙質とセメント質の両方の性質を兼ね備えた組織と考えられる．このような歯の支持様式を **線維性結合** ないし **線維結合** fibrous attachment という．軟骨魚類では，歯は顎軟骨とは直接結合せず，顎軟骨を取り巻く線維性結合組織層と口腔粘膜固有層中に支持されている．

　硬骨魚類以上の動物では，顎骨や鰓弓骨が形成されるため，歯はその基底の骨に何らかの様式で結合する．歯の象牙質の下端と基底の骨が膠原線維束で連結される **線維性結合** と，歯の形成過程で象牙質と基底の骨が癒合する

＊膠原線維束のうち，骨やセメント質中に進入している部分をシャーピー線維 Sharpey's fiber という．

骨性結合ないし骨結合 ankylosis がみられる。多くの魚類・両生類・爬虫類の歯は，基本的にこのどちらかである。骨性結合のうち，顎骨縁の稜上に結合するものを**端生** acrodont，顎骨縁のやや舌側に結合するものを**側生**（面生ともいう）pleurodont とよんでいる。

　多くの硬骨魚類や両生類では，歯と顎骨との間に**歯足骨** pedicle, pedicel とよばれる小さな骨が介在している。このような結合様式を**歯足骨性結合** pedicellate attachment とよぶ。歯足骨は，一方で歯の象牙質と，もう一方で顎骨と，線維性結合ないし骨性結合している。

　タラ・アンコウなどの条鰭類の前歯では，歯は顎骨と骨性結合しないで，歯根の舌側に弾力性をもつ強力な線維が発達しており，獲物を捕らえるとこの線維が収縮して歯を舌側に90度近く傾ける。このような特殊な結合様式を**蝶番性結合** hinged attachment という。

　爬虫類の一部（ワニ類や槽歯類など）では，歯は顎骨にあいた**歯槽** socket とよばれる穴の中に入り込み，歯根の表面に**セメント質** cementum が形成され，セメント質と顎骨とは膠原線維束で結合されている。このような結合様式は**槽生性結合**または**槽生** thecodont attachment, socketed attachment とよばれ，後述する哺乳類にみられる釘植と同様な状態である。

　哺乳類では，歯は顎骨の歯槽中に植立し，セメント質と**歯槽骨**が歯根膜を介して，歯根膜主線維によって結合されている。この支持様式を**釘植** gomphosis という（図1-26）。これは，咀嚼の際に歯に加えられた力に対応した，歯と顎骨との堅固でかつ弾力性をもつ結合様式である。しかし，激しい歯の咬耗を補うために，草食性の哺乳類では高冠歯型

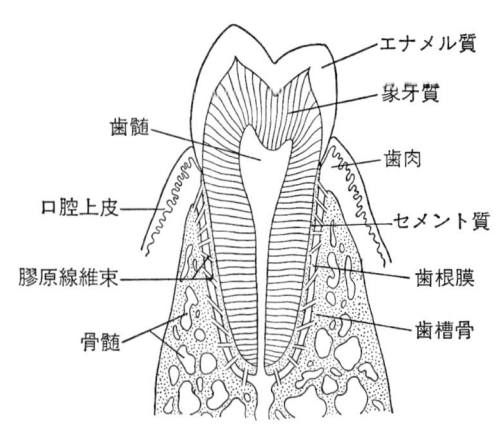

図1-26　哺乳類（ヒト）の歯の釘植（藤田，1957）

の歯あるいは常生歯をもつことはすでに述べた通りである。このような動物，すなわち兎類・長鼻類・奇蹄類・偶蹄類では，歯冠のエナメル質の表面にもセメント質が形成されている。

　哺乳類の歯におけるセメント質は，本来歯の支持の役割をもつものであるが，歯の形態や機能が二次的に特殊化するのにともない，その位置・構造・役割を変化させたと考えられる。すなわち，位置的には**歯根セメント質** root cementum と**歯冠セメント質** crown c., coronal c., 組織学的には**無細胞セメント質** acellular c. と**有細胞セメント質** cellular c., 機能的には**支持セメント質** supporting c. と**充填セメント質** filling c. に分けられる。

　セメント質は歯小嚢の間葉細胞から由来した**セメント芽細胞** cementoblast によって，歯根部象牙質の表面に遠心的に形成される。形成中に細胞が基質中に埋入したものを有細胞セメント質とよび，**セメント細胞** cementocyte，それを入れる**セメント小腔** cementum lacuna，および**セメント小管** cementum canaliculus を合わせた**セメント小体** cementum corpuscle を有している。セメント細胞は形態的に骨細胞とよく似ているが，多数の

表1-5 セメント質の分類（村木，1958）

機能による分類	位置による分類	組織による分類
支持セメント質	歯根セメント質	無細胞セメント質
		有細胞セメント質
	歯冠セメント質の冠周セメント質	無細胞セメント質
		有細胞セメント質
充填セメント質	歯冠セメント質の充填セメント質	有細胞セメント質

突起（セメント細管）を歯根膜の方向に偏って伸ばしている．

　支持セメント質は，シャーピー線維を有して歯の支持の機能を果たすもので，歯根セメント質のほか，歯冠セメント質の**冠周セメント質** pericoronal cementum もこれに属する．支持セメント質には無細胞セメント質も有細胞セメント質もみられる．これに対し，充填セメント質は歯冠のみに存在し，咬頭や稜の間の凹みを満たし，咬合面に凹凸を与え，食物をすりつぶすのに適した状態をつくり出している．充填セメント質は有細胞セメント質からなり，血管を含んでいるが，シャーピー線維は欠いている．

　なお，テンジクネズミの臼歯には歯冠セメント質に2種類の特殊なセメント質が存在している．すなわち，充填セメント質としての**軟骨様セメント質** cartilage-like cementum と，支持セメント質としての小さな半球状の**セメント真珠** cementum pearl である．

　以上に述べたセメント質の分類を表1-5にまとめた．無細胞性にしろ有細胞性にしろセメント質は，組織学的には骨の一種と考えられ，その由来は軟骨魚類の歯の歯根部骨様組織，さらに無顎類の皮甲の骨様組織であるアスピディンまでたどることができる．

　口腔粘膜のうち，歯の周囲の部分を**歯肉** gingiva, gum という．歯肉は，重層扁平上皮からなる粘膜上皮と，線維性結合組織からなる粘膜固有層によって構成されている．粘膜固有層には，歯を支持する膠原線維束が存在している．上皮のうち，歯に接する部分を**付着上皮** junctional epithelium とよび，歯胚のエナメル上皮に由来し，歯に密着して歯頸を取り囲んでいる．

6　歯の交換

　魚類・両生類・爬虫類の歯では，機能歯に続いて数代の歯胚が用意されており，一生の間に何回，あるいは何十回，何百回となく生えかわる．このような歯の性質を**多生歯性** polyphyodont という（図6-9参照）．

　これに対し，哺乳類では歯は一生に1回しか生えかわらないし，全く生えかわらないものもある．1回生えかわるものは生歯が2度あることから**二生歯性** diphyodont，1回も生えかわらないものは生歯が1度であるから**一生歯性** monophyodont という（図6-9参照）．たとえばヒトでは，切歯・犬歯・小臼歯は二生歯性で，大臼歯は一生歯性である．

　歯が生えかわるということは，ほかの器官にみられない特異な性質であるように思われる．しかし，第2項で述べたように歯が原始脊椎動物の皮膚に由来すること，歯，とくにエナメロイドやエナメル質の本来の役割が体内の過剰なカルシウムを排泄することであったことを考えれば，歯の交換は当然のこととといえよう．事実，無顎類の皮甲の象牙質結節や原始的な硬骨魚類の皮骨の結節は，古い結節の上に新しい結節がつぎつぎと形成されていたことが知られている（図1-27）．

　ギンザメ類や肺魚類など一部の魚類には，多数の歯が癒合して**歯板** tooth plate が形成

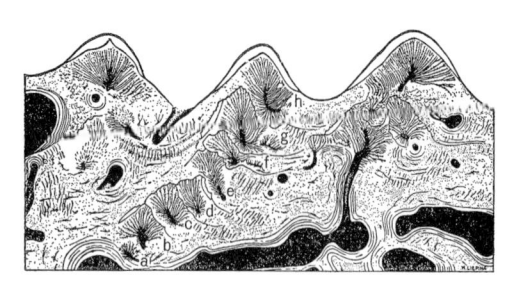

図1-27 三畳紀の軟質類 *Scanilepis* の皮骨（Ørvig, 1967）
古い結節が磨耗を受けると，その上に新しい結節がつぎつぎと形成されてきたことが示されている．ここではa～hまで，8代もの結節が認められる．×58

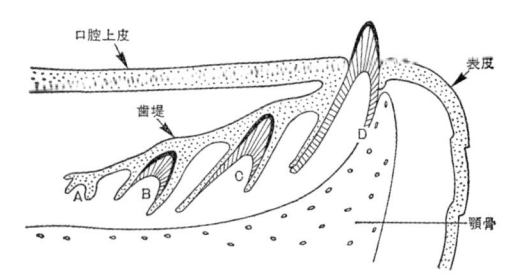

図1-28 側生性のトカゲ類の歯の発生過程（Poole & Shellis, 1976）
A～C：各発育段階の歯胚，D：機能歯

されている．この歯板は，一部の哺乳類の常生歯のように，生涯にわたって形成され続ける．

軟骨魚類や両生類，爬虫類などでは，機能歯の舌側で口腔上皮から板状の歯堤が顎深部に向かって陥入し，その先端に初期歯胚が形成され，数代の歯胚が歯堤と結合して唇舌的に配列している（図1-28）．軟骨魚類のサメ類では，とくに歯の交換が活発で，顎軟骨を取り巻く線維性結合組織層に沿って，エスカレーターに乗せられたように歯が回転しながらつぎつぎに萌出し，顎の唇側端において脱落する．このような歯の交換様式を**車輪交換**（または車軸交換，回転繰り出し型交換）とよぶ（図2-32参照）．

真骨類では，さまざまな歯の交換様式が知られている．サケ科では，歯堤が形成されず，口腔上皮の一部が帽状ないし釣鐘状に陥入してエナメル器をつくり，その内部が歯乳頭となり，そこに歯の硬組織が形成される．このような歯の形成過程は，サメ類の皮小歯の形成と同じ型である（図1-3，4参照）．多くの真骨類では，口腔上皮から索状の歯堤が個々に陥入し，その先端にそれぞれ歯胚が形成される．歯堤の陥入位置は，口腔前庭の底部，機能歯の舌側または唇側などさまざまで，ニザダイでは機能歯の舌側と唇側において，1代おきに交互に陥入する．オキナメジナでは，帯状の歯堤から索状の歯堤が扇状に陥入し，その先端に数代の歯胚が結合している．

爬虫類のワニでは，発生初期には板状の歯堤が口腔上皮と連続しており，その先端に初期歯胚が形成される．しかし，成体では歯堤の大部分が口腔上皮との連絡を失って，顎の遠心端のみで口腔上皮と結合した索状歯堤が，機能歯の歯根舌側深部を顎の近遠心方向に配列している．初期歯胚は歯堤と結合しているが，発育にともなって唇側に移動し，歯堤との連絡を失う．歯胚は機能歯の歯根舌側面を吸収しつつ機能歯の直下に進入し，機能歯の脱落後，萌出する（図1-25g）．

哺乳類では，発生初期に板状の歯堤が口腔上皮から陥入し，その先端に歯胚が形成される（図1-1参照）．この歯胚は蕾状期歯胚とよばれ，帽状期歯胚を経て鐘状期歯胚になると，本来の歯堤から離れて結合橋によって歯堤と連絡されるようになる．その後，歯堤は口腔上皮との連絡を失い，結合橋も消失する．本来の歯堤の先端には，代生歯胚が形成され，歯堤は退化して上皮真珠となり，やがて消失する．乳歯の萌出後，代生歯胚はその舌側深部で発育し，乳歯の歯根が吸収されて脱落したのちに萌出する．

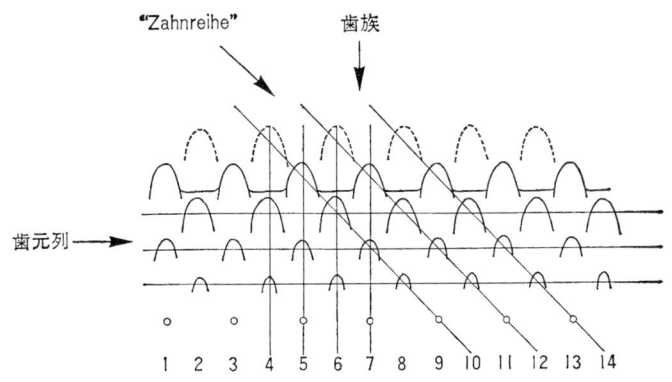

図1-29 多生歯性の動物の歯の配列（Osborn, 1971）
点線は脱落した先行歯を示す．番号は顎の正中からの歯の順位を示す．
歯の大きさは発育段階を表している．歯の列には，歯元列・歯族・"Zahnreihe" が認められる

したがって，爬虫類や哺乳類の大部分では，歯胚は前代の機能歯の深部に位置し，歯の交換は垂直方向に行われる．このような歯の交換様式を**垂直交換** vertical mode of replacement という．

これに対し，長鼻類や海牛類の臼歯では，前方（近心）の臼歯の後方（遠心）からつぎつぎと新しい臼歯が生えてきて，先に生えた前方の臼歯は顎骨の前端から脱落していく．このように顎の後方（遠心）から前方（近心）に向かって歯が水平方向に交換していく様式を**水平交換** horizontal mode of replacement という．現生のアジアゾウやアフリカゾウでは，片顎片側で6本の歯（3本の乳臼歯と3本の大臼歯）が顎骨の後方からつぎつぎと萌出し，前方に移動し，脱落する．海牛類のマナティーでは，8〜10本の臼歯がつぎつぎと水平交換する．

7 歯の数と配列

その動物の1個体に存在する歯を全部まとめて，**歯群**または**歯系** dentition という．

歯の数は，動物によりある範囲で一定している．多いものは真骨類で，口腔から咽頭の骨上にナマズでは約9,000本，ブルーギルでは30,000本，オオクチバスでは100,000本以上の微細な歯をもっている．板鰓類のジンベエザメでは，上下顎に各310列に並び，各列には10〜15本の歯が存在し，合計3,600本ほどの歯をもっている例がある．また，歯の交換の活発な例として，トラザメが10年間に約2,400本の歯を使用したのちに脱落した記録がある．

多生歯性の動物では，歯は顎上に近遠心方向に配列するだけでなく，唇舌方向にも並んでいる（図1-29）．この場合，近遠心方向の歯の列を**歯元列** odontostichos といい，唇舌方向の並びを**歯族** tooth family という．歯元列は同一世代の歯の列であり，歯族は交換系列の歯の列をさしている．歯族は並列して並ぶこともあるが，隣接のものが半世代ずつずれて交互に配列していることも多い．交互に配列する場合，近心唇側方向から遠心舌側方向に向かう歯の列を "Zahnreihe"（歯列）とよぶことがある．

動物の歯の数を表す方法に**歯式** dental formula がある．多生歯性の動物の歯を発生学

的に表現すれば，つぎのようになる．

$$_xD\cdots\cdots_0D\cdots\cdots_xD=\dfrac{\begin{array}{c}_x1\ _x2\ _x3\ _x4\ _x5\cdots\cdots_xn\\ \vdots\ \vdots\ \vdots\ \vdots\ \ \ \vdots\\ _21\ _22\ _23\ _24\ _25\cdots\cdots_2n\\ _11\ _12\ _13\ _14\ _15\cdots\cdots_1n\\ _01\ _02\ _03\ _04\ _05\cdots\cdots_0n\end{array}}{\begin{array}{c}_01\ _02\ _03\ _04\ _05\cdots\cdots_0n\\ _11\ _12\ _13\ _14\ _15\cdots\cdots_1n\\ _21\ _22\ _23\ _24\ _25\cdots\cdots_2n\\ \vdots\ \vdots\ \vdots\ \vdots\ \ \ \vdots\\ _x1\ _x2\ _x3\ _x4\ _x5\cdots\cdots_xn\end{array}}$$

または簡単に $_xD=\dfrac{_x1\ _x2\ _x3\ _x4\ _x5\cdots\cdots_xn}{_x1\ _x2\ _x3\ _x4\ _x5\cdots\cdots_xn}$

ある動物のある時期での歯の数は，形態学的歯式（みかけの歯式）として，上の式の中のその時点で存在している歯のみをあげればよい．

多生歯性でも，異形歯性の場合は，歯種を前歯（a），中間歯（i），側歯（l），後歯（p）などの記号で表現することができる．したがって，歯式もつぎのように表現される．

$$D_0\cdots\cdots_xD=\dfrac{\begin{array}{c}_xa\ _xi\ _xl\ _xp\\ \vdots\ \vdots\ \vdots\ \vdots\\ _2a\ _2i\ _2l\ _2p\\ _1a\ _1i\ _1l\ _1p\\ _0a\ _0i\ _0l\ _0p\end{array}}{\begin{array}{c}_0a\ _0i\ _0l\ _0p\\ _1a\ _1i\ _1l\ _1p\\ _2a\ _2i\ _2l\ _2p\\ \vdots\ \vdots\ \vdots\ \vdots\\ _xa\ _xi\ _xl\ _xp\end{array}}$$

または簡単に $_xD=\dfrac{_xa\ _xi\ _xl\ _xp}{_xa\ _xi\ _xl\ _xp}$

たとえば，図1-15のアオザメの歯式は，$D=\dfrac{\text{aaillllllppp}}{\text{aaillllllppp}}$ と表される．これを簡略化して，$a\dfrac{2}{2}i\dfrac{1}{1}l\dfrac{7}{8}p\dfrac{3}{3}\times 2=\dfrac{26}{26}=52$ としたり，さらに数だけにより $\dfrac{2173}{2083}\times 2=52$ とも表現

できる．

以上は顎上に歯が左右対称に配列していることを前提にしているが，下顎に正中歯（m）の存在するカグラザメの場合は，

$$D=\dfrac{\text{pppppppppplllllllllaa|aalllllllllppppppppppp}}{\text{ppppppppppplllll|m|llllllppppppppppp}},$$

または数のみで $\dfrac{9\ 9\ 2|2\ 9\ 9}{10\ 6|1|6\ 10}$ と表す．

哺乳類の場合，先行する歯を**乳歯** milk teeth, deciduous teeth または**先行歯** predecessor teeth といい，これに代わって生えてくる歯を**代生歯** successional teeth といい，さらに乳歯列の後方に生えてくる大臼歯を**加生歯** accessional teeth とよぶ．加生歯は代生歯とともに生涯機能を営むことから，両者を合わせて**永久歯** permanent teeth という．大臼歯は発生学的には乳歯列に属するが，形態学的には永久歯列に含められる．乳歯と加生歯（大臼歯）を**第一生歯** first dentition の歯，代生歯を**第二生歯** second dentition の歯という．

哺乳類の歯を記号で表現する場合，乳歯はローマ字の小文字で表し，乳切歯は i（または di），乳犬歯は c（dc），乳臼歯は m（dm または dp）とする．永久歯はローマ字の大文字で表し，切歯は I，犬歯は C，小臼歯は P，大臼歯は M とする．また，個々の歯を記号で示すときは，ローマ字と数字を組み合わせて，第一切歯を I_1，第三小臼歯を P_3 などと表す．さらに，上顎の歯の場合は数字を上に，下顎の歯の場合は数字を下につけて，たとえば上顎第二大臼歯を M^2，下顎第三大臼歯を M_3 と表現することもある．ただし，臨床家は乳歯をアルファベットの大文字で A, B, ……E と，永久歯をアラビア数字で 1, 2, ……8 と表現する．さらに，ヒトの歯のコンピューターなどに用いられる表示法と

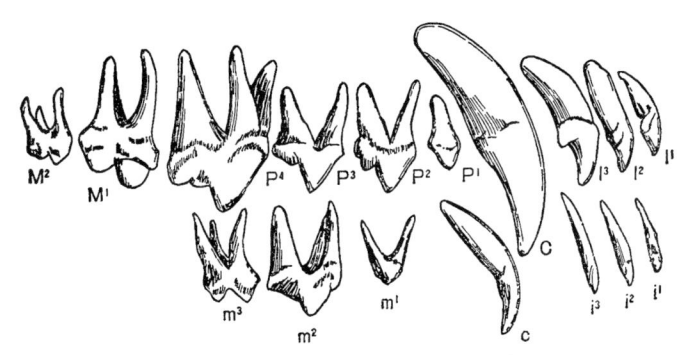

図1-30 イヌの上顎歯（Tomes, 1882）
乳歯列（下）と永久歯列（上）を表す

して，FDI方式という歯の位置と歯種を2桁の数字で示す方法があるが，詳細はヒトの歯の解剖学の教科書を参照されたい．

したがって，真獣類の基本歯式は発生学的歯式としてつぎのように表現される．

$$D = \frac{\begin{array}{c}I\ I\ I\ C\ P\ P\ P\ P\\i\ i\ i\ c\ m\ m\ m\ m\ M\ M\ M\end{array}}{\begin{array}{c}i\ i\ i\ c\ m\ m\ m\ m\ M\ M\ M\\I\ I\ I\ C\ P\ P\ P\ P\end{array}}$$

また，乳歯列と永久歯列に分けて，乳歯列を $i\frac{3}{3}c\frac{1}{1}m\frac{4}{4}\times 2=32$,

さらに $\frac{3\ 1\ 4}{3\ 1\ 4}\times 2=32$ と表し,

永久歯列を $I\frac{3}{3}C\frac{1}{1}P\frac{4}{4}M\frac{3}{3}\times 2=44$,

さらに $\frac{3\ 1\ 4\ 3}{3\ 1\ 4\ 3}\times 2=44$ と表現する．この際，右側の32と44は乳歯と永久歯の歯の総数を示す．

たとえば，イヌの歯式は $i\frac{3}{3}c\frac{1}{1}m\frac{3}{3}=28$, $I\frac{3}{3}C\frac{1}{1}P\frac{4}{4}M\frac{2}{3}=42$ となる（図1-30）．

このような方法で，すべての哺乳類の歯の種類と数を表現することができる．しかし，哺乳類のなかには歯の個体発生も，基本歯式からの系統発生も解明されていないものが少なくない．そのような場合でも，形態学的歯式（みかけの歯式）を記録することはでき，資料と研究を積み重ねることにより，真の歯式である発生学的歯式を明らかにできる．

なお，哺乳類では歯の種類と数はさまざまに変化している．犬歯は肉食動物では大きく発達するが，草食動物では退化し，欠如するものも多い．臼歯は草食動物では大きく発達している．草食動物では，前歯部と臼歯部の間に**歯隙**(しげき) diastema とよばれる大きな間隙があることが多い．

8 歯の機能

歯は，第2項で述べたように無顎類の皮甲の象牙質結節に由来している．無顎類の皮甲は，外界の刺激を受け取る感覚の受容器としての機能と，体内の過剰なカルシウムを排泄する役割をもっていたと考えられる．もちろん，後には体の防御にも役立ったであろう．このような歯の本来の機能は，哺乳類の歯まで，陰になり日向になりながら引き継がれている．すなわち，感覚器としての機能はわれわれの象牙質の鋭い知覚として受け継がれ，排泄機能はいろいろな動物のエナメロイドやエナメル質への鉄やフッ素などの沈着，歯の

脱落や咬耗として継承されている.

歯は,顎の辺縁で獲物を捕捉するために発達した器官である.捕食器としての鋭い歯は,肉食の動物で発達している.一方,硬い無脊椎動物の殻体や植物の果実の殻を咬み砕いて食べる動物では,板状ないし臼状の歯や,多数の歯が癒合して形成された歯板が発達している.また,微生物食に適応した動物では歯は退化し,かわりに鰓耙 gill raker や鯨鬚(くじらひげ) baleen などの濾過器が発達している.また,歯にかわる捕食器として嘴や角質歯を発達させている動物もある.

ヘビ類のなかには,獲物や敵を倒すために,唾液腺の変化した毒腺から伸びる毒管を含む**毒牙** poison fang を発達させているものがある.毒牙が突き刺さると注射器のように毒が注入され,獲物や敵を倒す.

哺乳類では,歯の形態分化が著しく起こり,切歯と犬歯は獲物を捕らえる機能,臼歯はそれを咬み切ったり,咬み砕いたり,磨りつぶしたりする役割をもっている.すなわち,哺乳類では歯の役割が捕食器だけでなく,口腔内での食物の消化,つまり咀嚼 mastication するための咀嚼器として機能するようになっている.咀嚼した食物を飲み込む(嚥下)ときも,歯は重要な役割を果たしている.すなわち,下顎歯と上顎歯を咬み合わせて飲み込んでおり,咬み合わせずに飲み込むことは大変困難である.また,長鼻類の切歯は牙として長く発達し,草や木の根を掘り起こすのに用いられる.

いろいろな動物では歯に性差がみられる.イノシシやニホンザルの犬歯,アジアゾウの切歯などは,オスではよく発達しているのに,メスではかなり小さい.これは,歯がオス同士の闘争の武器として用いられるためと考えられる.イッカクの上顎左側切歯も,メスをめぐってオス同士が闘争するための武器として使用される.アカエイでは,繁殖期のオスは交尾のためメスの胸鰭に咬みつくために尖った歯をもつようになる.

ヒトでは,言語の発達にともない発音にも歯が関係している.歯音([t], [d], [n], [θ], [ð] など)の発音には歯,とくに上顎の前歯が重要な役割をもっている.また,歯は顔の審美的な要素として,重視されている.

また,人類は旧石器時代以来,動物の歯をさまざまな道具として用いてきている.サメ類の歯を矢じり(鏃)として用いたり,ヒヒやイノシシの犬歯をナイフとして使ったり,マンモスの切歯でビーナス(女性の裸像)をつくったりした.また,ゾウの切歯は象牙 ivory として,現在なお装身具や装飾品,工芸品の材料とされている.また,マンモスの臼歯が楽器として用いられた例も知られている.

ある種の動物の歯は,"竜骨(りゅうこつ)"や"竜歯"として漢方薬の材料に使われている.これに化石のゾウの臼歯やイッカクの切歯などが用いられる.鎮静剤や強壮剤として使用されているが,その効果は疑問視されている.また,サメの歯化石はそれを含むグアノ(海鳥の糞化石)とともに,化学肥料の原料として用いられている.

さらに,歯は歯科医師にとっては治療の対象であるし,法医学においても被害者の身元確認のための個体識別の重要な対象とされている.また,歯は医学・歯学・獣医学だけでなく,人類学・動物学・古生物学・遺伝学などにおいても,重要な研究対象とされている.

〔後藤　仁敏〕

第2章 魚類の歯

1 概説

1）魚類の進化と系統

魚類 Pisces とは，鰓呼吸を行う水生の脊椎動物の総称で，無顎類 Agnatha，板皮類 Placodermi，軟骨魚類 Chondrichthyes，棘魚類 Acanthodii，硬骨魚類 Osteichthyes の5綱からなっている．これらは，古生代から現在まで，さまざまな種類に分かれて進化してきた（図2-1）．

このうち，第1章で述べたように無顎類には顎と歯がなく，歯をもつ最古の動物はシルル紀に出現した棘魚類である．しかし，歯と同じ組織学的構造物は古生代初期の無顎類の

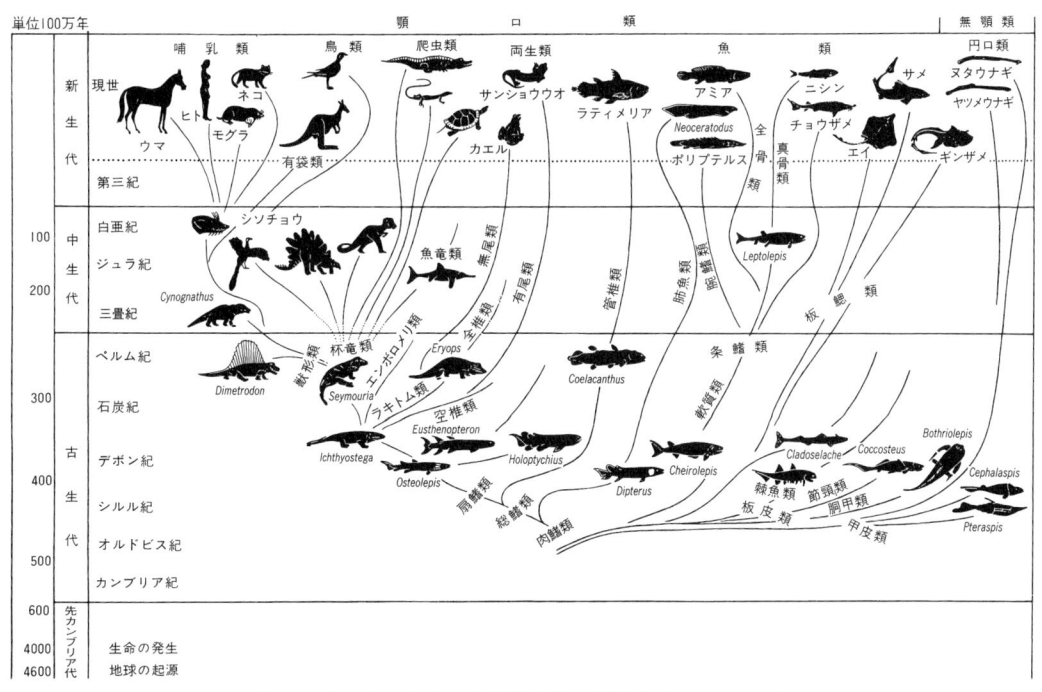

図2-1 魚類を中心とした脊椎動物の系統図（Jarvik, 1980）

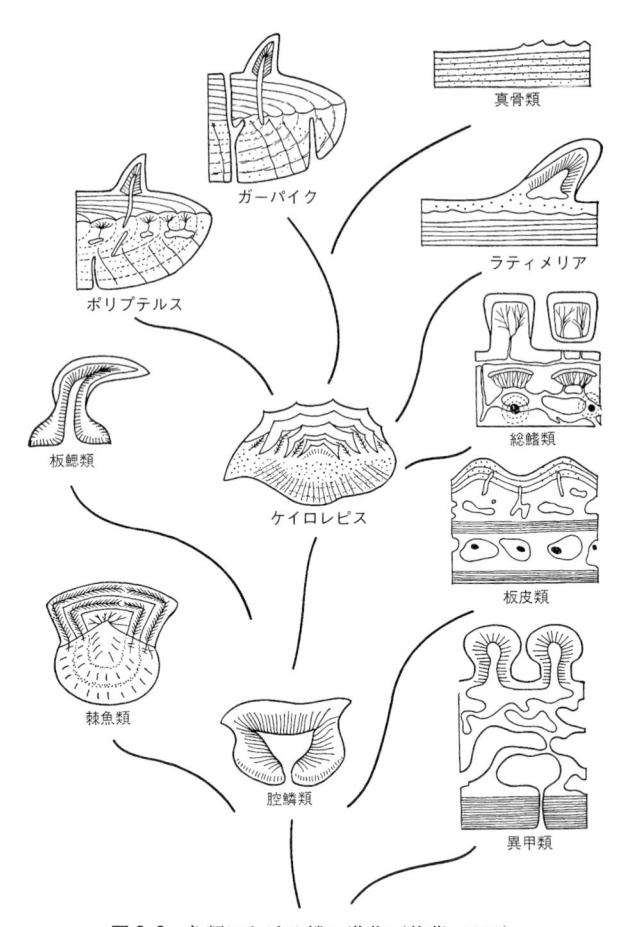

図2-2 魚類における鱗の進化（後藤, 1982）

外骨格の皮甲にみられ，それはその後の魚類の進化のなかで，さまざまに姿を変える鱗や皮骨として受け継がれてきている（図2-2）.

最古の脊椎動物の化石は，中国のカンブリア紀前期の地層から発見されている．それは，現生のヤツメウナギ類やシルル紀の欠甲類に似た細長い動物である．オルドビス紀中期の地層からは，保存状態のよい異甲類の化石がボリビアとオーストラリアで発見されている．

無顎類は，オルドビス紀を経て，シルル紀後期からデボン紀前期に栄えた．初期には海生であったが，のちに淡水にも移行して繁栄した．彼らの大部分は，体表に骨性の外骨格である皮甲をもつことから，"甲皮類 Ostracodermi" と総称されている．この皮甲の表層部は，象牙質 dentine からなる結節で構成されていた．口には顎も歯もなく，水流とともに入ってくる微生物を鰓で濾過して食べていたと考えられる．

無顎類の大部分はデボン紀後期には絶滅したが，現生のヤツメウナギとヌタウナギの仲間のみは，広い海洋で寄生生活などの特殊な生活様式をとることにより生き残ることができた．

無顎類の一部から，シルル紀中期に棘魚類が進化したと考えられる．棘魚類は，無顎類の鰓弓骨格の一部が能動的に動く口の開閉器として分化した顎をもつ最初の脊椎動物であ

る．その鱗は，層板状の象牙質からなる複雑な構造を示している．棘魚類のなかには強力な顎と歯をもち，大型の捕食者として当時の淡水域に栄えたものもあるが，後期のものでは歯を失い，プランクトン食になった仲間が多く，古生代末には絶滅している．

シルル紀後期からデボン紀初期には，さまざまな種類の板皮類が出現し，淡水域および海水域に栄えた．外骨格として骨性の皮甲をもっていたが，その表層の結節は象牙質より骨に近い構造物からなっていた．板皮類は，頭部の骨板に癒合した上顎と，やはり骨板からなる下顎をもち，その上に骨板の縁が変化した歯板を備えていた．さまざまなグループに分かれて進化したが，なかには全長 6 m に達する大型の肉食魚もいる．板皮類は，デボン紀末にはほとんど滅びた．

デボン紀後期には，現在の軟骨魚類の先祖が出現している．軟骨魚類は，体表をエナメロイド enameloid と象牙質からなる皮小歯 dermal denticle（または楯鱗 placoid scale）でおおわれ，非常によく発達した顎と歯をもち，古生代・中生代・新生代を通して広い海域（一部は淡水域）に，おもに肉食魚として栄えてきている．このうち板鰓類は，大部分が肉食性で鋭い三角形の歯をもっているが，海底の有殻無脊椎動物を食べるのに適した，臼歯型や板状の歯を備えているものもいる．全頭類も基本的に肉食魚であるが，現生のギンザメなどではいくつもの歯が融合して歯板が形成されている．

デボン紀には現在の魚類の主流を占める硬骨魚類が出現している．もっとも原始的な硬骨魚類は，条鰭類の軟質類の *Cheirolepis* という，デボン紀の淡水性の遊泳性肉食魚である．その鱗は，表層のエナメロイド（ガノイン質または硬鱗質 ganoin ともいう），中層の象牙質（コスミン質 cosmine ともいう），基底層の骨（イソペディン isopedin ともいう）の3層からなる複雑な構造をもつ．*Cheirolepis* の仲間はパレオニスクス類 Palaeonisciformes とよばれることから，このようなタイプの鱗をパレオニスクス鱗 palaeoniscoid scale という．

軟質類の現生種として，多鰭類のポリプテルス *Polypterus* とチョウザメ類が知られている．ポリプテルスは，腕鰭類ともよばれるが，パレオニスクス鱗をもつ唯一の現生魚である．

条鰭類は，古生代型の軟質類から，中生代型の全骨類，現代型の真骨類と進化してきた．全骨類の多くは，現生のガーパイク *Lepisosteus* のように象牙質の層が退化して，エナメロイドが発達したガノイン鱗 ganoid scale をもっている．真骨類では，エナメロイドの層も退化して，骨だけからなる骨鱗 bony scale となっている．

硬骨魚類のもう一つの系統は，肉鰭類で，総鰭類と肺魚類からなっている．鼻から口に通じる内鼻孔をもち，対鰭の内部骨格をもつ，陸上生活を目指した両生類に進化したグループである．総鰭類も肺魚類も，原始的なものは象牙質の発達したコスミン鱗 cosmoid scale からなっていたが，現生の肺魚では骨鱗に退化している．総鰭類でもデボン紀後期の *Eusthenopteron* などでは骨鱗になっている．唯一の現生総鰭類のラティメリア *Latimeria* では，骨質層の上に多数の歯状突起（エナメロイドと象牙質からなる）をもつ大きな円形の鱗がある．

2）歯の形態と機能

棘魚類の歯は，無顎類の異甲類の皮甲の最表層を構成していた象牙質結節が顎骨上で発達したものと考えられる．棘魚類の歯は，象牙細管の発達した真正象牙質 orthodentine からなり，顎骨と骨性結合している．このような歯は捕食器として有効に機能したと思われる．

これに対し，板皮類の歯は象牙質が発達せず，外骨格を構成する骨板の縁が肥厚して突出した骨の突起として形成された歯板であり，きわめて未分化なものである．

歯が捕食器として十分に発達するのは，軟骨魚類以上の動物である．軟骨魚類では，骨性の外骨格をもたないかわりに全身の体表が歯と同じ構造をもつ皮小歯（または楯鱗）でおおわれ，同じ構造物は口腔から咽頭領域まで粘膜小歯 mucous membrane denticle として分布している．歯は，これらの皮小歯または粘膜小歯が顎上で摂食装置としての機能を果たすために，とくに分化し発達したものと考えられる．

硬骨魚類では，鱗がパレオニスクス鱗・ガノイン鱗・コスミン鱗・骨鱗へと分化する一方で，歯は口腔から咽頭領域に広く分布し，エナメロイド（一部エナメル質）と象牙質からなる構造を維持している．硬骨魚類の歯は，軟骨性骨格から遊離して植立している軟骨魚類の歯や粘膜小歯とは異なり，本来の軟骨性骨格の周囲に形成された膜性骨（皮骨）や，それらと粘膜との間に形成された小さな骨板上に，骨性結合により植立している．そして，軟骨魚類では顎歯のみが歯として機能し，食性の変化にともなってさまざまな形態分化を行っているのに対し，硬骨魚類では，口腔から咽頭にかけての広い領域の骨ないし小骨片上の歯が，基本型である円錐形の状態からさまざまな程度に形態分化を引き起こしている．顎上に歯をもたず，複雑な咬合面をもつコイの咽頭歯 pharyngeal tooth は，そのもっとも特殊化した例といえよう．

このように魚類の歯は基本的に同形歯性であるが，さまざまな程度で異形歯性化がみられる．また，一生の間に何回も生えかわる多生歯性であるが，ギンザメ類や肺魚類のように生えかわることのない歯板を形成するものも認められる．

3）歯の組織構造

(1) 魚類のエナメロイド

魚類の歯は，形態的にさまざまに分化しているだけでなく，組織構造にも多様性が認められる．基本的には，外層を構成するエナメロイド enameloid というエナメル質に似た組織と内層を構成する真正象牙質からなるが，エナメロイドを欠くもの，さまざまな構造の象牙質からなるものなどがみられる．

エナメロイドと考えられる硬組織は，すでにオルドビス紀の無顎類である異甲類の皮甲にある象牙質結節の表層に認められている．同様な硬組織は，ほかの無顎類では知られていないが，シルル紀の棘魚類の鱗や，デボン紀の板皮類の皮甲にも認められている．また，軟骨魚類の皮小歯と歯，原始的な硬骨魚類の鱗や歯ではよく発達している．

魚類の鱗や歯のエナメロイドは，古くからエナメル質とも象牙質ともつかない硬組織として，中胚葉性エナメル質 mesodermal enamel，硝子象牙質 vitrodentine，硬象牙質 durodentine，間葉性エナメル質 mesenchymal enamel などともよばれてきた．しかし，

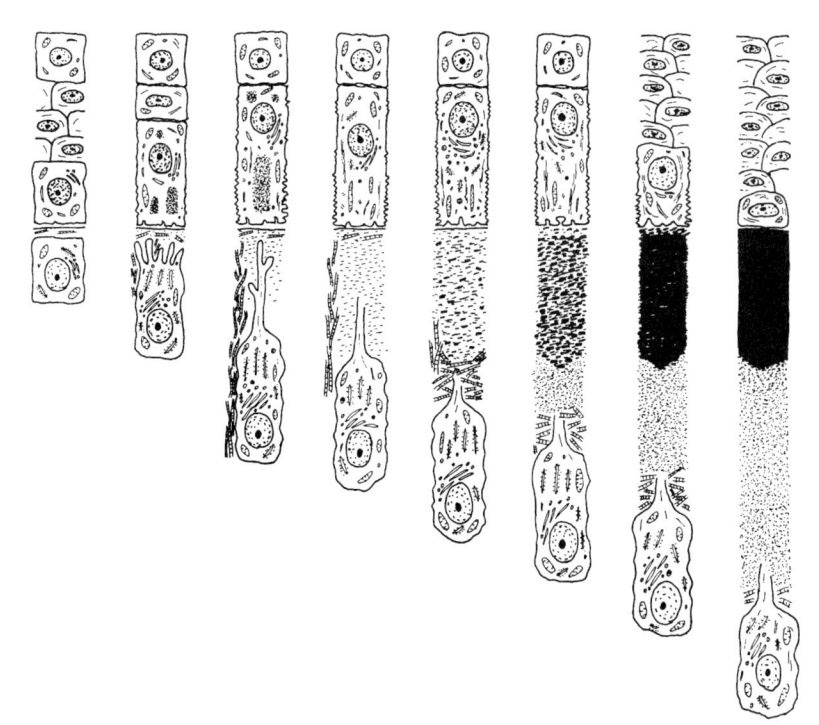

図2-3 魚類（サメ類）の硬組織の形成過程を示す模式図（後藤，1976）
硬組織の形成は，まずコラーゲンと小管状構造物からなるエナメロイド基質の形成から始まり，エナメロイド基質が全層にわたって形成された後に，コラーゲンからなる象牙前質の形成が始まる．エナメロイドに結晶形成が起こり，石灰化が進行するとともに，象牙質も将来のエナメロイド-象牙境の位置から石灰化していく．象牙質形成が完了する時期には，エナメロイドも完全に成熟する

最近の研究により，つぎのような性質をもつことが明らかにされた．

すなわち，①基底膜の歯乳頭側，つまり間葉領域に，求心的に形成される．②その基質は間葉由来のコラーゲンと非コラーゲン性タンパク質からなり，象牙芽細胞の突起を含む．③微結晶の成長は不揃いに起こり，最終的には哺乳類とほぼ同程度の大きさとなり，石垣状に密に沈着する．④したがって，その形成には，歯胚の間葉性要素（象牙芽細胞と歯乳頭細胞）と上皮性要素（エナメル芽細胞と外エナメル上皮細胞）がともに関与する．⑤微結晶は，フッ素リン灰石または水酸リン灰石からなる，という特徴をもつ（図2-3）．

このような性質の硬組織について，哺乳類などの歯胚の上皮性要素がおもに関与して，エナメル器の側に遠心的に形成されるエナメル質に対して，間葉領域に間葉細胞と上皮細胞によって形成されることから，エナメル質に似てはいるがエナメル質ではない組織として，エナメロイドとよぶことにしたい．

魚類のエナメロイドには，さまざまなタイプがみられる．硬骨魚類のエナメロイド基質中には，上皮由来とも思われる小管状構造物が認められるものと，それがみられずにコラーゲンのみからなるものが知られている．微結晶の大きさもさまざまで，鉄やフッ素を含むものも多い．トビエイやネコザメのエナメロイドでは，歯の表面に垂直方向に微結晶が平行に配列しているが，ほかの多くの板鰓類で

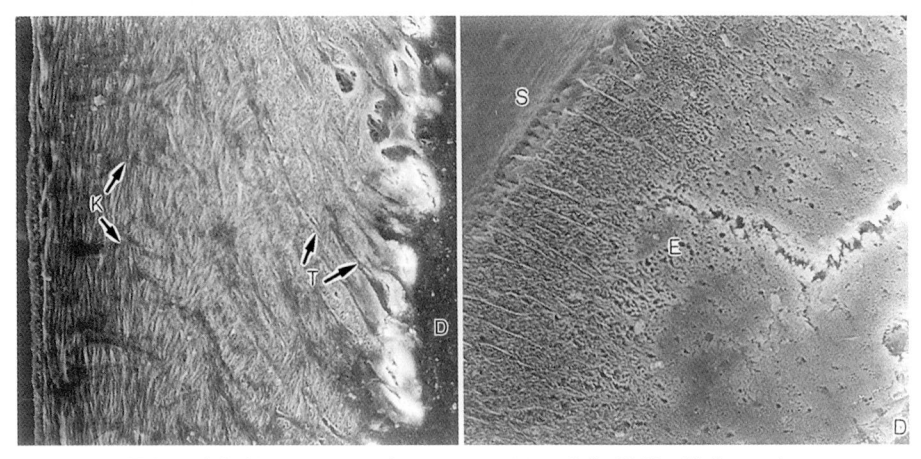

図 2-4　板鰓類のドチザメの歯のエナメロイドの走査電顕像（後藤，1978）
左：近遠心的縦断面　×390，右：横断面　×600
E：エナメロイド，D：象牙質，K：隔壁状の微結晶束，T：象牙細管の延長，S：歯の表面

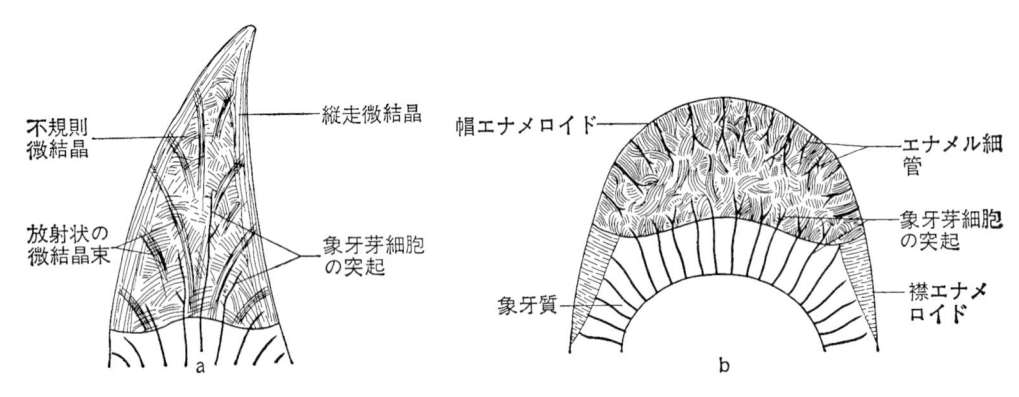

図 2-5　硬骨魚類の歯のエナメロイドの構造（Shellis, 1981）
a：帽エナメロイドのみをもつタイプ，b：帽エナメロイドと襟エナメロイドをもつタイプ

は，最表層・表層・深層で微結晶の配列が変化し，表層にはコルフの線維上に微結晶が沈着してできた隔壁状構造がみられ，深層は密に交錯するコラーゲン線維束に沿って沈着した微結晶の束からなっている（図 2-4）．

また，硬骨魚類の条鰭類では，歯の尖頂部のみに帽子状にエナメロイドが存在するものが多く，**帽エナメロイド** cap enameloid とよばれる．しかし一部の条鰭類では，それとは別に歯の側壁部に同様な高度に石灰化したエナメロイドの層をもつものがあり，これを襟（えり）**エナメロイド** collar enameloid とよぶ．帽エナメロイドは，各種方向に錯綜して配列する微結晶の束からなり，象牙芽細胞の突起を含むことが多く，時にエナメル細管をもつという．これに対し，襟エナメロイドは歯表に垂直方向に平行に配列する微結晶からなり，細管をもたない（図 2-5）．

一方，最近の研究により，硬骨魚類のなかでも総鰭類や肺魚類には，上皮性のエナメル質 enamel が存在することが明らかにされている（図 2-92, 95, 97参照）．また，条鰭類の

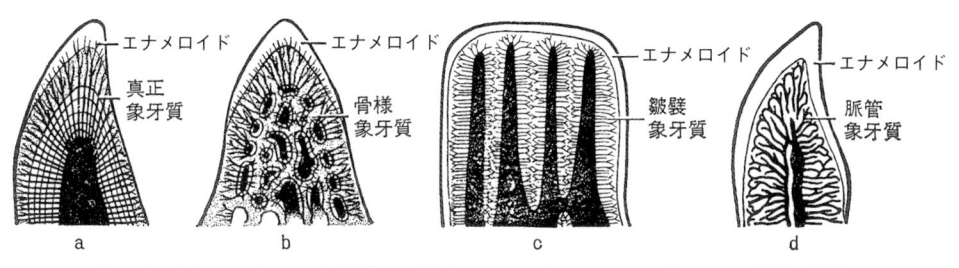

図 2-6 魚類にみられる象牙質の4型（a, b, d は Halstead, 1984. c は後藤, 1978)
a：真正象牙質, b：骨様象牙質, c：皺襞象牙質, d：脈管象牙質

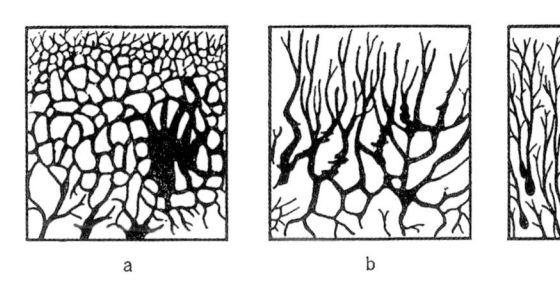

図 2-7 中象牙質と半象牙質（Halstead, 1984）
a：細管によって互いに連結している原始的な中象牙質, b：象牙質様の細管をもつ進化した中象牙質,
c：典型的な象牙細管と基質中に埋入された象牙芽細胞を含む半象牙質

ガーパイクなどでは，歯の尖頂部に帽エナメロイドをもつ一方で，側壁部には襟エナメロイドではなくエナメル質をもつことが明らかにされている．この事実は，エナメル質の進化を考えるうえで，きわめて興味深い．

(2) 魚類の象牙質

魚類の象牙質はきわめて多様である．真正象牙質は，すでに多くの無顎類の皮甲の最表層に認められるが，棘魚類・軟骨魚類・硬骨魚類の歯に広く分布している（図 2-6a）．

しかし，無顎類の頭甲類の皮甲には骨からなる結節をもつものがあり，この骨には互いに連結し合う骨細管をもつ骨細胞が含まれる．結節の外縁部では，細管が表面に対して垂直方向に配列している．後期の頭甲類では，この最外層の細管が非常に長くなり，象牙質に似た構造を示すようになる．このタイプの硬組織は**中象牙質** mesodentine とよばれ，象牙質とは別に，骨から進化してきた独特な組織と考えられている（図 2-7a, b）．

一方，板皮類の節頸類の皮甲の結節には，細い側枝をもつ典型的な象牙細管を有する象牙芽細胞が硬組織中に挿入された，**半象牙質** semidentine とよばれる硬組織が知られている．半象牙質は象牙質の一種ではあるが，象牙芽細胞が硬組織中に埋入した象牙細胞 odontocyte をもつ点が特徴である（図 2-7c）．

板鰓類のネズミザメ類は，不規則に分岐した多数の髄腔をもつ骨様象牙質 osteodentine （梁柱象牙質 trabecular dentine ともいう）からなる歯をもっている（図 2-6b）．また，トビエイ類は歯髄腔が垂直方向に分岐し，それぞれの髄腔ごとに放射状に象牙細管の発達した象牙質単位 denteon の集合した皺襞象牙質 plicidentine をもっている（図 2-6c）．

全骨類のガーパイクやデボン紀の総鰭類は，歯髄腔が水平方向に分岐した皺襞象牙質を有する．

このほか，真骨類には，象牙細管のない均質無構造の均質象牙質 homogeneous dentine や，象牙細管の発達が悪くて内部に血管を含む脈管象牙質 vasodentine（図2-6d），コイ科のハクレン Hypophthalmichthys の咽頭歯には，板状の低石灰化帯が規則的に組み込まれた葉板象牙質（図2-70参照），全骨類のアミア Amia にみられる骨細胞を含む骨性象牙質 osteal dentine などが認められる．

また，板鰓類の Ptychodus の臼歯型の歯や，全頭類のギンザメの歯板，肺魚類の歯板などの象牙質中には，高度に石灰化したプレロミン pleromin または岩様象牙質 petrodentine という特異な硬組織が知られている．ギンザメのプレロミンは，リン酸カルシウムでもリン灰石でもなくて，フィトロッカイト whitlockite からなり，間葉細胞のみによって形成される．プレロミンと岩様象牙質は，貝殻などを咬み砕くために歯質を硬くする必要から発達した，特殊な硬組織と考えられる．

2　無顎類（綱）

1）概　説

無顎類 Agnatha は古生代初頭に出現した最古の脊椎動物である．口には顎も歯もなく，口から広い咽頭腔に水を吸い込み，鰓孔（えらあな）から水を出すときに，微生物を濾過して集めて食べていた．腸管は，呼吸と摂食を行う鰓腸よりなる前半部と，消化と吸収を行う小腸からなる後半部から構成されており，胃や大腸は発達していない．鼻孔は1個で下垂体窩と

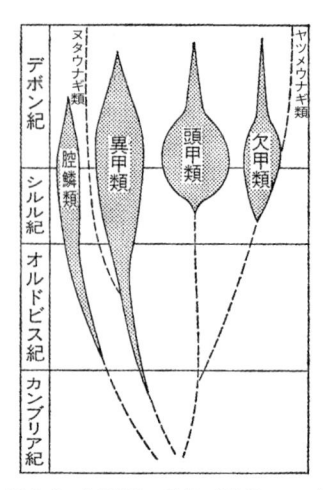

図2-8　無顎類の系統（後藤，1984）

共通で頭頂にあり，内耳は二半規管からなる．対の鰭（ひれ）はなく，脊索は生涯残り，軟骨は頭部と鰓腸の周囲以外にはほとんど発達しない．

おもに水底にすみ，たまに水中を泳ぐ不活発な動物である．

2）甲皮類

古生代前期に栄えた無顎類は，骨性の皮甲 dermal armour をもつことから甲皮類 Ostracodermi と総称される．甲皮類は，異甲類・腔鱗類・頭甲類（こうこう）・欠甲類（けっこう）に分けられ，カンブリア紀からデボン紀後期まで栄えた（図2-8）．

異甲類 Heterostraci は翼甲類 Pteraspida ともよばれ，最古のグループで，初期のものは小さな多角形の骨板がモザイク状に並んでいたが，後期のものでは，大型の骨板の周りに小型の鱗状板の並ぶ複雑なものに変化している．皮甲は，象牙質結節 dentine tubercle（歯状体 odontode ともいう）からなる表層，海綿骨に似た梁柱からなる中層，層板状の骨様組織からなる深層の3層からなっている（図1-8参照）．表層の象牙質は，哺乳類の歯の象牙質と基本的に同じ構造を示す（図2-9,

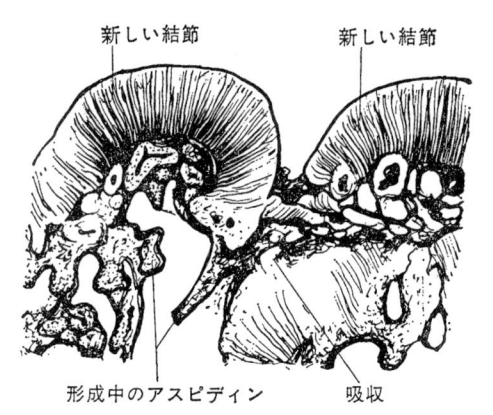

図 2-9 異甲類の皮甲の表層の断面（Halstead, 1984）
表面が磨耗した古い象牙質結節の上に新しい象牙質結節が形成されている

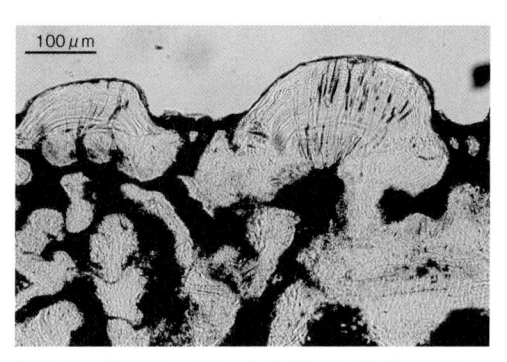

図 2-10 異甲類の皮甲の象牙質結節（後藤, 1993）
オルドビス紀の異甲類 Astraspis の皮甲の象牙質結節．基部はアスピディンからなる

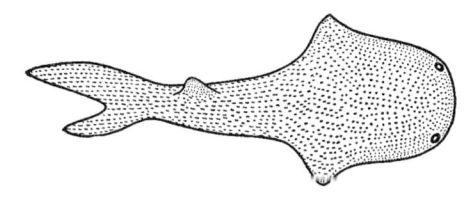

図 2-11 シルル紀の腔鱗類 Thelodus scoticus の背面 ×0.7（Traquair, 1899）

10, 図 1-9 参照）．象牙質には成長線が認められる．この結節は，磨耗によって新しい結節がその上に形成されることが知られている．中層と深層を構成する骨様組織は，アスピディン aspidin とよばれ，骨や象牙質に分化する以前の原始的な硬組織と考えられている．

腔鱗類 Coelolepida は歯鱗類 Thelodonti ともいわれ，骨性の皮甲をもたず，板鰓類の楯鱗に似た小鱗が全身に分布している（図 2-11）．その構造は，中心の髄腔から放射状に象牙細管が配列する典型的な象牙質である（図 2-12）．現在のサメ類の楯鱗は，腔鱗類の小鱗を直接受け継いだものといえよう．

頭甲類 Cephalaspida は骨甲類 Osteostraci ともよばれ，甲皮類のなかでもっとも栄えたグループである．頑丈な皮甲をもち，扁平な頭部は頭甲という大きな骨板でおおわれ，胴体も背腹に細長い多数の骨板で保護されていた．頭部の後ろに左右に突出した対鰭様の構造を備え，ある程度の遊泳能力をもっていたと考えられる．皮甲の表層には，中象牙質とよばれる骨とも象牙質とも異なる特異な硬組織をもつ（図 2-7a, b）．

欠甲類 Anaspida は，背腹に細長い骨板でおおわれていたものと，鱗が非常に薄いか，全く退化しているものがいた．

3）現生の無顎類

現生の無顎類であるヤツメウナギ類 Petromyzontiformes とヌタウナギ類 Myxiniformes は，"円口類 Cyclostomata" とも総称されるが，別系統のものであるとされている．すなわち，ヤツメウナギ類は頭甲類または欠甲類から，ヌタウナギ類は異甲類から由来したと考えられている（図 2-8 参照）．

ヤツメウナギ類とヌタウナギ類は，体表に皮甲をもたず，幼生では水とともに口に入れる泥の中の微生物を鰓でこしとって食べる．成体になると，口に角質歯 horny tooth という上皮性の捕食器がつくられる．ヤツメウナギ類は，この角質歯でほかの魚の皮膚に吸いつき，血液と体液を吸って栄養とする寄生生

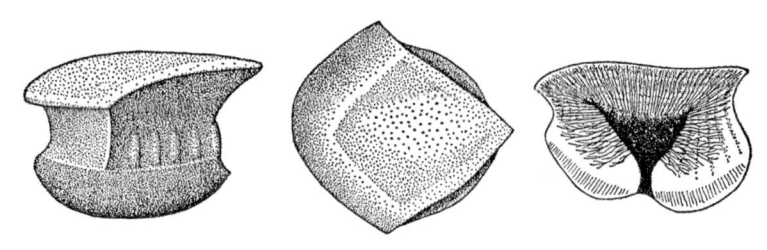

図 2-12 腔鱗類の *Thelodus parvidens* の小鱗の側面（左），上面（中），断面（右）×60（Gross, 1966）

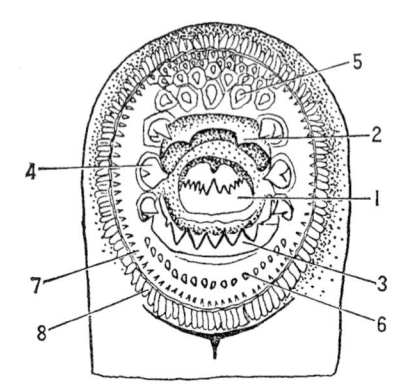

図 2-13 カワヤツメの口腔（松原，1963）
1：前舌歯板，2：上口歯板，3：下口歯板，4：内側唇歯，5：上唇歯，6：下唇歯，7：周辺歯，8：口縁の小乳頭様総状物

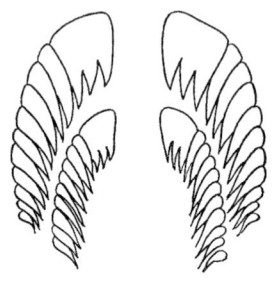

図 2-14 クロヌタウナギ *Eptatretus atami* の角質歯（松原，1963）

活をする．ヌタウナギ類は，角質歯を使って魚体内に侵入してその肉や内臓を食べる．

ヤツメウナギ類のカワヤツメ *Lethenteron japonicum* では，口は円形を示し，短い小乳頭様総状物でふちどられている．口腔内には先端が鋭い棘状の角質歯が多数配列している．口腔の周縁には，多数の小さな周辺歯が一列に配列している．周辺歯の内側で口腔の上方には，15～21本の単尖頭の上唇歯が存在し，それらは内方ほど大型の歯となっている．周辺歯の内側で口腔の両側には，二尖頭の大型の内側唇歯が各側に3本ずつ一列に配列している．周辺歯の内側で口腔の下方には，18～23本の単尖頭の下唇歯が一列に配列している．さらに，上唇歯の内側には二尖頭の上口歯板が，下唇歯の内側には6～7の尖頭を

もつ下口歯板が存在している．また，下口歯板の後方には多尖頭の前舌歯板が前後2列に配列している（図 2-13）．

また，ヌタウナギ類では，口蓋に1本の中央歯をもち，突出させることのできる舌の前端に，左右各2列に櫛歯状に並ぶ角質歯が存在している（図 2-14）．

角質歯の断面を観察すると，その部分の口腔上皮が肥厚して，上皮内で細胞の周期的な角化が起こっていることが認められる（図 2-15）．したがって，角質歯は，上皮細胞と間葉細胞とが関与して石灰化によって形成される歯とは全く異なるもので，爪・角鱗・羽毛・毛・クチバシなどと同じ角質組織 keratinous tissue に属するものである．

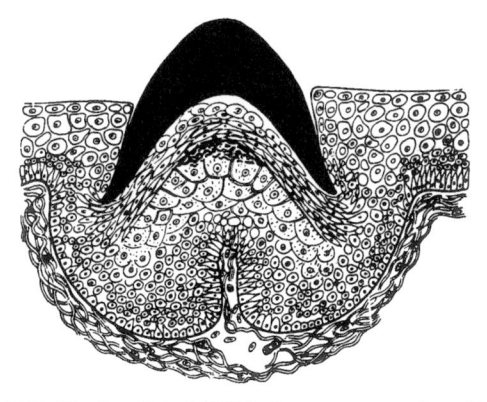

図 2-15 ヤツメウナギ類の *Petromyzon marinus* の角質歯の断面 (Peyer, 1937)

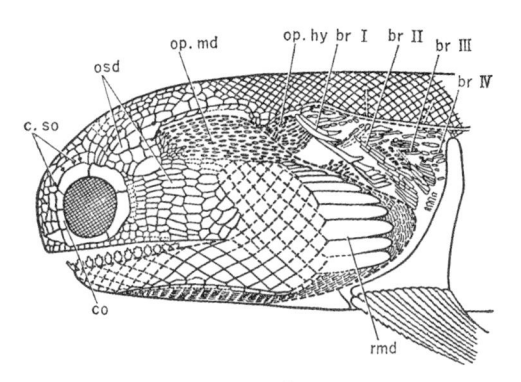

図 2-16 デボン紀前期の棘魚類 *Climatius reticulatus* の頭部 (Watson, 1937)
c.so：眼窩上管の孔，osd：皮骨，op.md：顎鰓蓋，op.hy：舌鰓蓋，br Ⅰ-Ⅳ：鰓弓の皮骨と鰓蓋，co：囲眼窩輪，rmd：顎条

3 棘魚類（綱）

1）概説

棘魚類 Acanthodii はシルル紀後期に無顎類の一部から進化した顎と歯をもつ最古の脊椎動物である（図 2-16）．

棘魚類以上の脊椎動物を，無顎類に対して，顎口類 Gnathostomata という．サメ類に似た体形を示すことから，棘鮫類ともよばれ，背部や腹部に多数の棘状の鰭をもつことに，その名が由来している．以前は軟骨魚類と近縁と考えられていたが，近年は内骨格に骨をもち，鰓蓋をもつことから，硬骨魚類に近いとされている．

3～5対の鰓弓をもち，その前方に舌弓と顎弓をもつ．顎弓は，上顎をつくる口蓋方形軟骨と下顎をつくる下顎軟骨（メッケル軟骨）からなる．舌弓は舌顎軟骨などいくつかの軟骨からなり，顎弓が後方に伸び出したために，舌顎軟骨は脳頭蓋と口蓋方形軟骨の間に介在するようになり，両者を連結する機能をもつようになっている．しかし，顎弓と舌弓との間には完全な鰓孔が存在する．後期のものでは，舌弓や鰓弓の骨に長い鰓耙をもつ．原始的な種類では，舌弓と各鰓弓に鰓孔をおおう小さな鰓蓋があった．しかし，それらのなかで舌弓の鰓蓋がもっとも大きい．後期のものでは，舌弓の鰓蓋がさらに大きく，すべての鰓孔をおおっている．多数の対鰭をもち，胸鰭と腹鰭との間に多いものでは6対もの対鰭を備えている．これらの対鰭は，背鰭や臀鰭と同様に，強い棘で支えられている．棘は，全身をおおう鱗の変化したもので，象牙質様の構造を有する．

棘魚類の鱗は小さな菱形を呈し，全身に密に存在している．鱗の構造は複雑で，歯冠部では象牙質が同心円状に数層配列し，基底部は血管と線維を含む骨様組織からなり，おそらく一生の間，成長し続けたと思われる（図 2-17）．

棘魚類は，クリマティウス類 Climatiida，イスクナカントゥス類 Ischnacanthida，アカントデス類 Acanthodita の3グループに分かれて，シルル紀からペルム紀まで淡水域に生息した（図 2-18）．

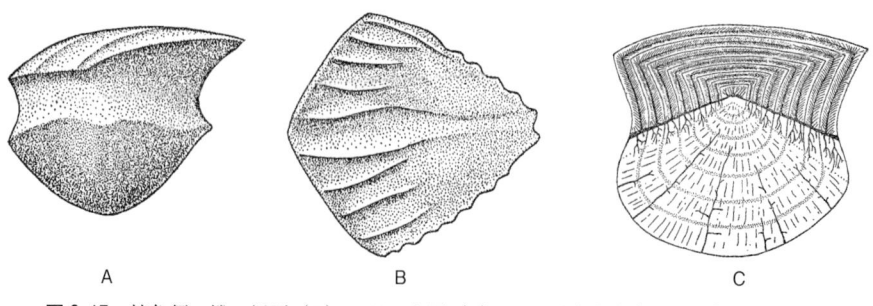

図2-17 棘魚類の鱗の側面（A）×60，上面（B）×60，断面（C）×76（Gross, 1966）

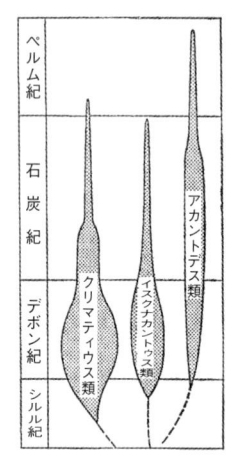

図2-18 棘魚類の系統（後藤，1984）

2）歯の形態

棘魚類のうち，アカントデス類の顎には歯がなく，かわりに鰓に長い鰓耙をもつことから，プランクトン食であったと思われる．

クリマティウス類のClimatiusでは，下顎のみに多咬頭性の歯をもつ（図2-16）が，上顎に歯をもつものもいる．また，顎上だけでなく鰓弓上に歯をもつものも知られている．

棘魚類の歯は，3つのタイプに分けられる．第1の型は，単咬頭または多咬頭の歯が顎軟骨の周囲の結合組織上に植立しているものである．第2の型は，いくつもの咬頭が渦巻き状に連続したもので，これも顎軟骨周囲の結合組織上に植立している．第3の型は，顎軟骨の周囲に膜性骨としての顎骨が形成されており，歯はこの顎骨に骨性結合しているものである．

第1の型では，クリマティウス類のCli-matiusは，主咬頭の両側に1〜2対の副咬頭をもつ．イスクナカントゥス類のGomphonchusなどは鋭い主咬頭の両側に1対の副咬頭をもち，Dolidusなどでは2つの大型の咬頭と3〜4の小型の咬頭からなる歯をもつ（図2-19a, c, g, h）．

第2の型の歯は，らせん状に巻いており，成長にともなって舌側に新しい咬頭が付加されていくものと考えられる．クリマティウス類のNostolepisなどでは，6つの咬頭が並んでいる．Climatiusでも5〜7の咬頭をもつ歯が知られている．イスクナカントゥス類のIschnachanthusやGomphonchusでは，下顎の正中に大型の渦巻き状の歯をもち，その両側にやや小型の渦巻き状の歯を有する（図2-19b, d, e, f）．

第3の型の歯は，イスクナカントゥス類にみられ，歯は顎骨と骨性結合し，顎骨は上顎では口蓋方形軟骨，下顎では下顎軟骨により支えられている．これらの歯は生えかわることはなく，前方に新しい顎骨が付加されるごとに追加されると考えられている．イスクナカントゥス類は，この強力な顎と歯で，大型の肉食魚として栄えたと思われる（図2-19i, j, k）．

第2章 魚類の歯

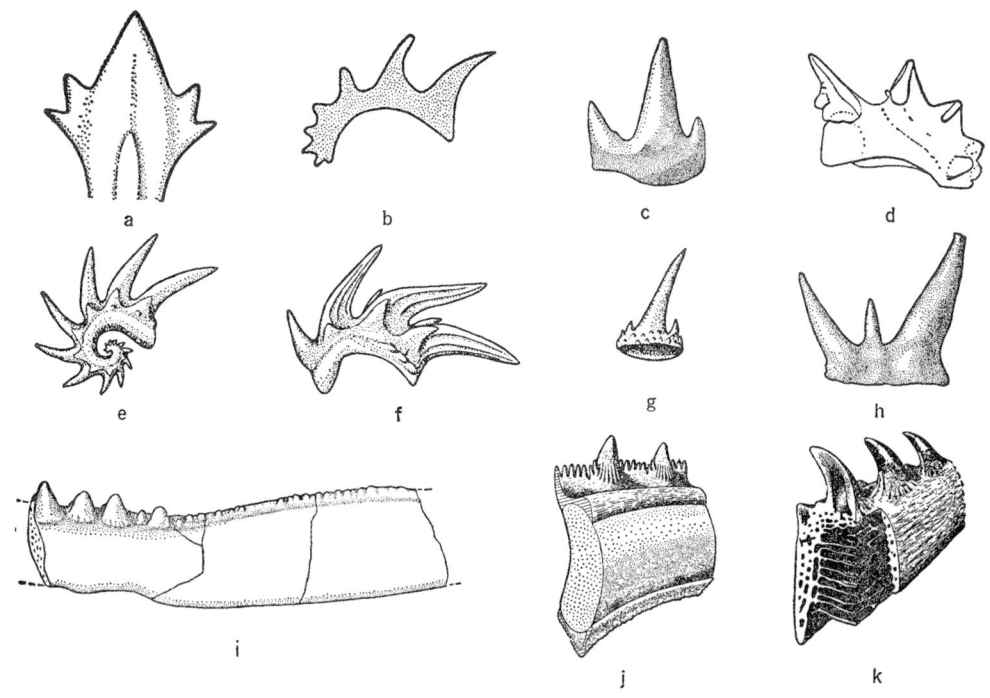

図 2-19 棘魚類の歯（Denison, 1979）
a〜c：*Climatius reticulatus*，a：×22，b：断面 ×11，c：×22，d：*Nostolepis striata* ×28，
e〜g：*Gomphonchus sandelensis*，e，f：×13，g：×19，h：*Doliodus problematicus* ×6，
i：*Gomphonchus* sp. 左下顎の唇側面 ×6.1，j：*Xylacanthus grandis* の下顎 ×0.38，k：*Atopacanthus* sp. の顎骨 ×5.7

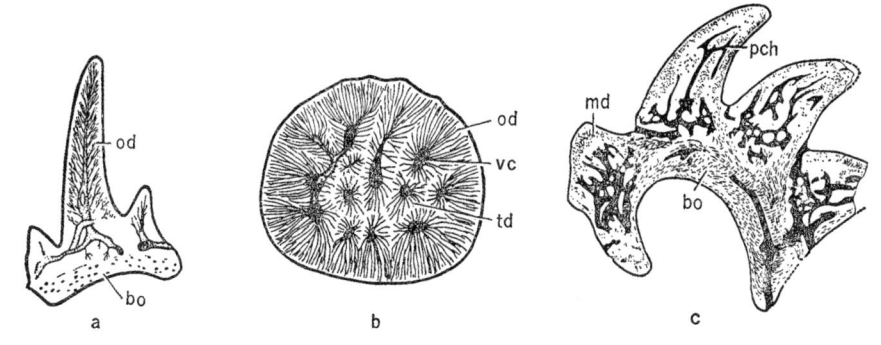

図 2-20 棘魚類の歯の構造（Denison, 1979）
a：*Gomphonchus* sp. の縦断面 ×47，b：同横断面 ×47，c：*Nostolepis* sp. の縦断面 ×28
bo：骨様組織，md：中象牙質，od：真正象牙質，pch：髄腔，td：骨様象牙質，vc：血管腔

3）歯の構造

歯の表面にはエナメロイドは確認されていない．歯の外層は一般に真正象牙質からなり，中央の髄腔から放射状に象牙細管が配列している．一部に骨様象牙質をもつもの，中象牙質からなるものもある．歯の基底部は骨様組織からなり，有細胞性のものと無細胞性のものが知られている（図 2-20）．

45

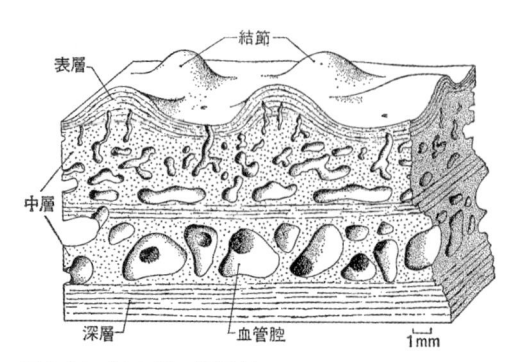

図 2-21 板皮類の胴甲類の *Bothriolepis canadensis* の皮甲の構造（Moy-Thomas & Miles, 1981）

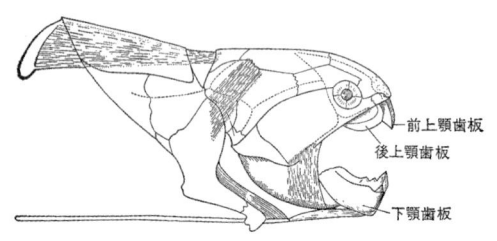

図 2-23 デボン紀後期の節頸類 *Dunkleosteus terrelli* の頭部の骨格（Heintz, 1931）

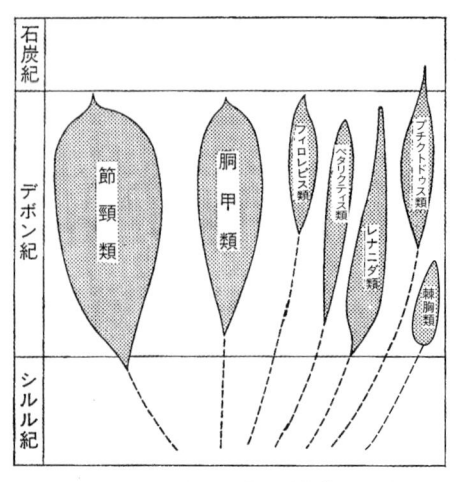

図 2-22 板皮類の系統（後藤, 1984）

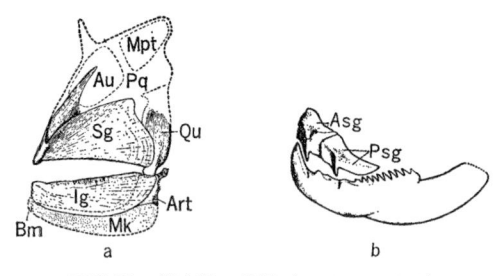

図 2-24 板皮類の歯板（Denison, 1978）
a：プチクトドゥス類の *Rhynchodus eximius* ×0.3,
b：節頸類の *Hadrosteus rapax* ×0.22
Au：自口蓋骨, Art：関節骨, Bm：底下顎骨, Ig：下顎歯板, Mk：下顎軟骨, Mpt：後翼状骨, Pq：口蓋方形骨, Qu：方形骨, Sg：上顎歯板, Asg：前上顎歯板, Psg：後上顎歯板

4 板皮類（綱）

1）概　説

　板皮類 Placodermi は，骨性の下顎と頭部に癒合した上顎をもち，頭部と胸部に大きな皮甲を備え，胸鰭と腹鰭をもつ．体の後方部には皮甲がなく，しだいに細長い尾に終わっている．一般に，背腹に扁平なものが多く，底生で水底の小動物を食べていたと思われる．

　板皮類の皮甲は，層板状の骨からなる表層と基底層，およびそれらの間に介在する多数の血管腔を含む中層から構成されている（図2-21）．表層には結節状の隆起があるが，節頸類 Arthrodira 以外では象牙質様の構造はない．節頸類では，象牙芽細胞が硬組織中に埋入された半象牙質とよばれる構造物から

なっている．また，レナニダ（堅鮫）類 Rhenanida は現在のサメ類の楯鱗に似た鱗をもつ．

　頭蓋・鰓弓骨・脊柱などの内骨格の大部分は軟骨からできており，鰓は頭部の骨板の後方に開口していたと思われる．

　板皮類はシルル紀後期に出現し，デボン紀には節頸類，胴甲類 Antiarcha, フィロレピス類 Phyllolepida, ペタリクティス類 Petalichthyda, レナニダ(堅鮫)類, プチクトドゥス類 Ptychtodontida, 棘胸類 Acanthothoraci などに分かれて栄えたが，デボン紀末に

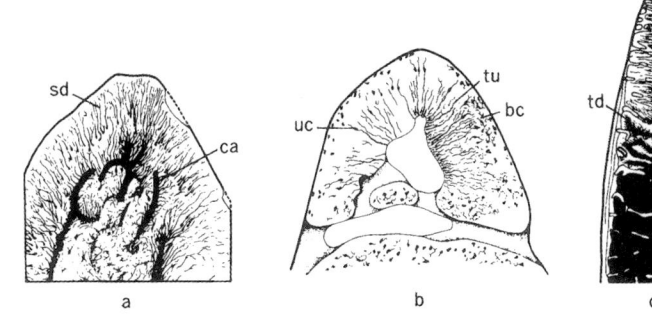

図 2-25　板皮類の歯の構造（Denison, 1978）
a：節頸類の *Phlyctaenaspis* sp. の歯の縦断面　×48，b：節頸類の *Pachyosteus bulla* の歯の縦断面 ×43，c：プチクトドゥス類の *Rhynchodus* sp. の歯板の辺縁部の縦断面　×9.6
bc：骨細胞腔，ca：血管腔，od：真正象牙質，sd：半象牙質，td：骨様（梁柱）象牙質，tu：象牙細管，uc：単極性細胞の細胞腔

はほとんど絶滅している（図 2-22）．

2）歯と歯板の形態

　板皮類では，一般に 1 本ずつ独立した歯は形成されず，顎骨の辺縁が突出したもので，顎軟骨上に形成された膜性骨（皮骨）からなる顎の骨板ないし歯板が，顎と歯の機能を果たしている（図 2-23）．ただし，フィロレピス類とペタリクティス類には，このような骨性の顎や歯板はない．また，原始的な種類では，口蓋方形軟骨と下顎軟骨上に，小さな歯状突起をもつのみである．

　節頸類・胴甲類・プチクトドゥス類では，よく発達した膜性骨の顎骨ないし歯板を有する（図 2-24）．プチクトドゥス類は，上顎と下顎に各 1 対の歯板をもち，それらは顎軟骨により支えられている．上顎歯板は上方への突起をもつ．

　節頸類は，ほかの板皮類と異なり，2 対の上顎歯 1 板を備えている．前上顎歯板は脳頭蓋の篩骨部につき，後上方に突起をもっている．後上顎歯板も前方が前上顎歯板の後縁につき，上方は自口蓋骨に付着している．下顎歯板は，前方で前上顎歯板と咬み合い，その部分は溝状にくぼんでいる．

　節頸類では，餌を食べるときに下顎を下げるだけでなく，頭部と胸部の骨板の間の関節により，頭部の骨板を上向きに動かして大きな口を開けることができた（図 2-23）．デボン紀後期には，全長 6 m に達する巨大な肉食魚が出現している．

3）歯の構造

　板皮類の歯にはエナメロイドがなく，一般に半象牙質で構成されているが，それは外層の真正半象牙質 orthosemidentine と内層の梁柱半象牙質 trabecular semidentine からなっている．まれに，硬組織中に細胞体の埋入した部分が認められるが，多数の象牙細管が歯髄腔まで伸びているものもみられる．

　しかし，原始的な板皮類では，真の象牙質である真正象牙質と骨様象牙質からなる歯をもつものもいる．プチクトドゥス類では，歯の外層が真正象牙質，内層が骨様象牙質からつくられている（図 2-25）．

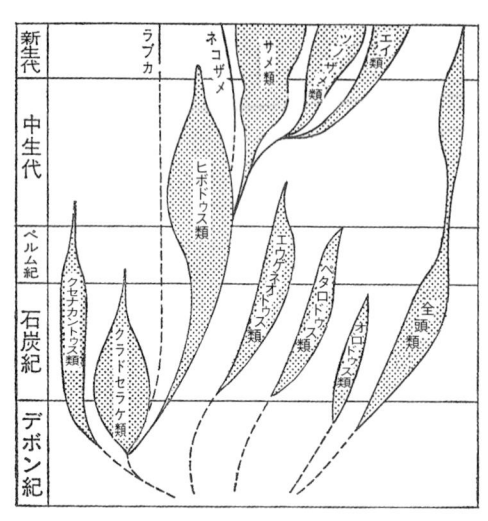

図2-26 軟骨魚類の系統（後藤，1984）

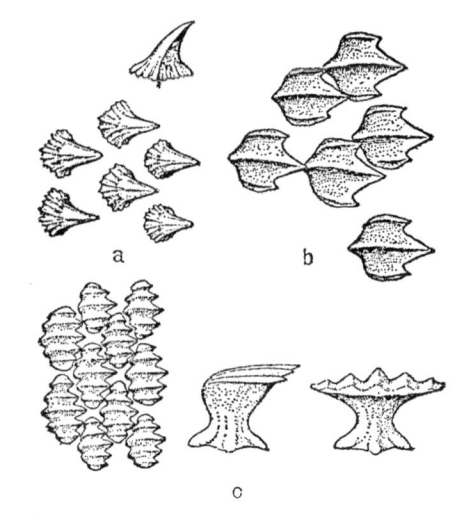

図2-27 皮小歯（楯鱗）の3型（Bigelow & Schroeder, 1948）
a：単尖頭型（ウバザメ *Cetorhinus maximus*）
b：三尖頭型（カグラザメ *Hexanchus griseus*）
c：五尖頭型（シュモクザメ *Sphyrna bigelowi*）

5　軟骨魚類（綱）

1）概　説

　軟骨魚類 Chondrichthyes は，板皮類がきわめて多様な形態を示しているのに対し，原始有顎脊椎動物としての基本的な個体体制をもつ魚類の1グループである．すなわち，よく発達した顎をもち，胸鰭と腹鰭の2つの対鰭をもち，内骨格はすべて軟骨からなるが，外骨格として体表に皮小歯（または楯鱗）をもっている．

　軟骨魚類はデボン紀前期に出現し，おもに板鰓類と全頭類に分かれて進化し，現在でも海洋中に広く繁栄している．ただし，古生代のオロドゥス類，エウゲネオドゥス類，ペタロドゥス類は，板鰓類でも全頭類でもない正軟骨頭類に分類されている．板鰓類では現生のサメ類とエイ類，全頭類はギンザメ類で代表される（図2-26）．

　上下顎はよく発達し，舌弓が顎弓と脳頭蓋の関節に介入して，舌弓と顎弓との間の鰓孔

図2-28 皮小歯の走査電顕像（後藤，1978）
右上：現生のドチザメの皮小歯　×30，その他：三畳紀の皮小歯化石　×60〜80

は呼吸孔になっている．5〜7対の鰓孔をもち，肺や鰾はない．両顎には歯がよく発達している．

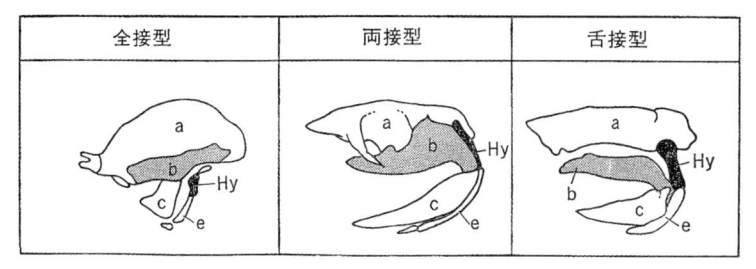

図 2-29 軟骨魚類における脳頭蓋と口蓋方形軟骨との関節様式（Müller, 1966）
a：脳頭蓋，b：口蓋方形軟骨，c：下顎軟骨，Hy：舌顎軟骨，e：舌軟骨

外骨格をつくる皮小歯は種類によってさまざまな形態を示すが，基本的には歯冠・頸部・基底部の3部からなる（図2-27, 28）．歯冠はエナメロイド・象牙質・髄腔からなり，基底部は象牙質と連続する骨様組織からなり，膠原線維束により真皮中に支えられている（図1-3, 4参照）．現在のサメ類では，歯冠が単尖頭のものから5つ以上尖頭のものまである．皮小歯と同じ構造物は，粘膜小歯として口腔から咽頭の粘膜にも存在する．また，背鰭にともなう棘，エイ類の尾棘，ノコギリザメやノコギリエイの吻歯，ヒボドゥス類のオスの頭棘（とうきょく）は，皮小歯の変化したものである．

軟骨魚類における脳頭蓋と口蓋方形軟骨の関節様式には，つぎの3種類がある（図2-29）．すなわち，口蓋方形軟骨と舌顎軟骨の両方が脳頭蓋と関節する両接型 amphistyl，舌顎軟骨を介してのみ脳頭蓋と関節する舌接型 hyostyl，および口蓋方形軟骨が脳頭蓋と癒合して舌顎軟骨は関与しない全接型 autostyl である．板鰓類では両接型と舌接型が，全頭類では全接型がみられる．

2）板鰓類（亜綱）

(1) 板鰓類の進化と系統

板鰓類 Elasmobranchii の進化は，デボン紀からペルム紀末まで栄えたクラドドゥス段階，石炭紀から白亜紀末まで栄えたヒボドゥス段階，ジュラ紀から現在まで栄えている現代型段階に分けられている（図2-30）．このうち，クラドドゥス段階での側枝として淡水性のクセナカントゥス類がある．また，ヒボドゥス段階の遺存種として，現生のラブカ・ネコザメ・カグラザメ類がある．現代型段階は，サメ類・ツノザメ類・エイ類の3グループに分かれて放散している，というものである．

この3段階を通して，板鰓類の進化にはつぎのような傾向が認められる（図2-31）．

①鼻の発達により脳頭蓋が前方に突出する一方で顎が短縮化し，口が腹側に開口するようになる（このことから，板鰓類は横口類 Plagiostomi とよばれることがある）．

②上顎をつくる口蓋方形軟骨と脳頭蓋との間に舌顎軟骨が介在するようになり，いわゆる両接型から舌接型に変化する．

③脊索の周囲で椎体がいろいろな様式で石灰化する（椎体の石灰化様式から，サメ類を星椎類，ツノザメ類を環椎類とよぶことがある）．

④対鰭の骨格構造が分化する．

⑤食性の変化にともなって，体が巨大化したり，扁平化するなど多様になる．

(2) 板鰓類の歯の一般的特徴

i）歯の一般形態

板鰓類の歯は，基本的に個々の大きさは異

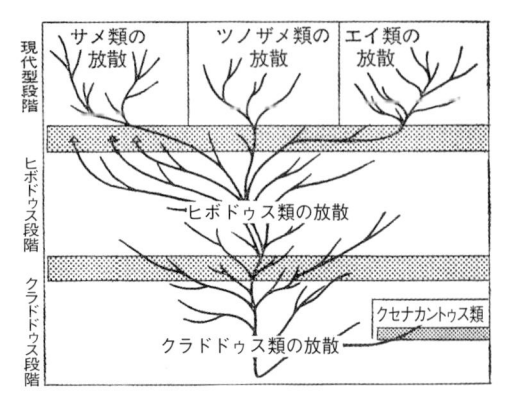

図 2-30　板鰓類の進化の 3 段階 (Schaeffer, 1967)
左上の三角形は，ラブカ・ネコザメ・カグラザメ類を示す

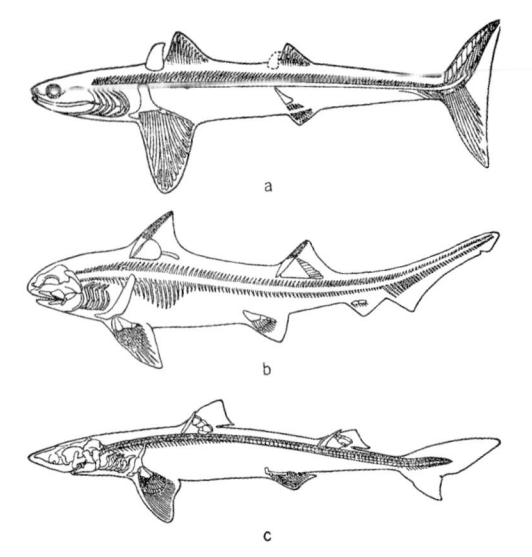

図 2-31　板鰓類の骨格系にみる進化 (Schaeffer, 1967)
a：クラドセラケ類の *Cladoselache* sp.，b：ヒボドゥス類の *Hybodus* sp.，c：ツノザメ類の *Squalus* sp.

なるが，ほぼ同じ形をした同形歯性で，普通，数十から数百本，ジンベエザメでは3,600本の歯が顎上に配列している．これらの歯は，一生の間に何回も生えかわる多生歯性で，機能歯の舌側（内側）深部には常に数代の歯胚が用意されている．顎上で近遠心的に配列した歯の並びを歯（元）列といい，唇舌的な歯の並びを歯族という．歯の交換様式は独特な車輪交換で，もっとも唇側（外側）の機能歯が使い古されて脱落すると，舌側の歯が順次エスカレーターに乗せられたように回転しながら萌出し，唇側に移動してくる（図 2-32）．歯の支持様式は，膠原線推束によって顎軟骨を取り巻く結合組織層中に支えられる線維性結合である．

同形歯性といっても，歯の大きさと形態は上下顎，顎の近遠心方向で，さまざまな程度で異なっている．一般に，近心の歯ほど大きく，遠心に向かうにつれて小さくなる．また通常，上顎の歯のほうが下顎の歯よりも大きく，数も多い．顎上の位置によって，正中歯・前歯・中間歯・側歯・後歯などが区別できる場合（図 2-33）もあり，ネコザメ類

（図 2-44 参照）のように前歯と後歯で形態に大きな違いをみるなど，さまざまな異形歯性化が認められることもある．

歯は，歯冠と歯根が区別される．歯冠は表層がエナメロイドからなり，口腔中に露出している．歯根は口腔粘膜に埋まっており，骨様組織から構成されている．歯冠と歯根の移行部を歯頸といい，歯を帯状に取り巻いている．歯冠の歯頸に近い部分がとくに帯状に膨隆している場合，この部分を歯頸帯ないし歯帯とよぶ（図 2-34）．

歯冠においては普通，咬頭が突出しており，その先端を咬頭尖または咬頭頂という．咬頭は，ただ 1 つの場合もあるが，3 つ以上存在するものが多い．このような歯を多咬頭歯とよび，咬頭のうちもっとも大きなものを主咬頭，そのほかのものを副咬頭または側咬頭とよぶ．副咬頭のうち，近心側のものを近心副

第 2 章　魚類の歯

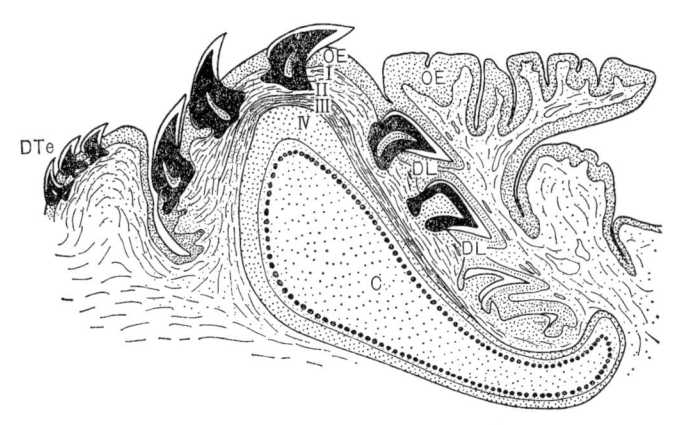

図 2-32　サメ類の顎の唇舌的縦断面の模式図（後藤，1978）
C：顎軟骨，DL：歯堤，DTe：皮小歯，OE：口腔粘膜上皮，Ⅰ～Ⅳ：線維性結合組織層第 1 層～第 4 層

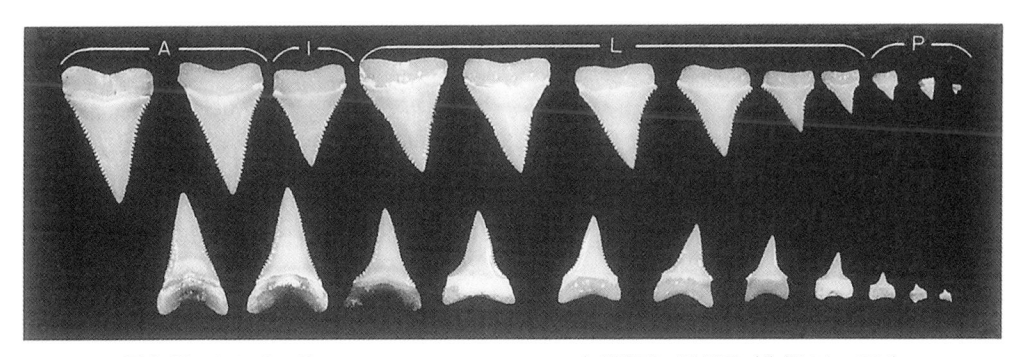

図 2-33　ホホジロザメ *Carcharodon carcharias* の左側歯列の唇側面（後藤ほか，1984）
A：前歯，I：中間歯，L：側歯，P：後歯

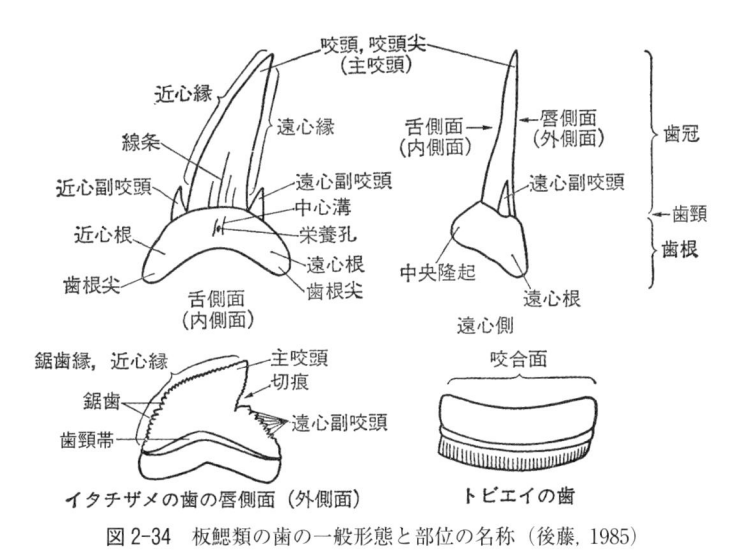

図 2-34　板鰓類の歯の一般形態と部位の名称（後藤，1985）

51

咬頭，遠心側のものを遠心副咬頭という．咬頭は，一般に遠心に傾く．

歯は，唇側面（外側面）と舌側面（内側面）の2面を区別することができる．一般に唇側面は平面をなし，舌側面は凸面を示す．ネコザメの後歯やトビエイの歯は，臼型ないし板状で広い咬合面を備えている．

歯冠の唇側面と舌側面の境界は一般に刃のような鋭い切縁となっており，咬頭尖によって近心縁と遠心縁に二分される．遠心縁には，しばしば深い切痕をみることがある．切縁には，鋸歯（きょし）をもつことがある．歯冠の表面に細い線条や皺襞（しゅうへき）をみることもある．

歯根は，角ばった長方形をなすものと，近遠心両方向に伸びて二分され，その先端が歯根尖として突出するものがある．後者の場合には，近心根と遠心根が区別できる．歯根の舌側面の中央が高まって中央隆起となるもの，またそこに垂直方向の中心溝や，小さな栄養孔が存在するものもある．

ⅱ) 歯の構造と形成過程

板鰓類の歯を構成する硬組織は，歯冠の表層をつくるエナメロイド，歯冠の内側の大部分をつくる象牙質，および歯根をつくる骨様組織の3部に分けられる（図2-35）．歯冠の象牙質と歯根の骨様組織は連続しており，その境界はさほど明瞭ではない．象牙質の中心には，血管を含む軟組織からなる管状の歯髄が存在し，それは歯根部の骨様組織中の多数の髄腔に連続し，歯根舌側面中央の栄養孔から，歯の周囲の組織へと移行している．歯は，歯根部の骨様組織と顎軟骨を取り巻く線維性結合組織層とを結ぶ膠原線維束，および歯頸部を取り巻く付着上皮によって，顎上に支えられている．

顎の唇舌的縦断面を観察すると，機能歯の

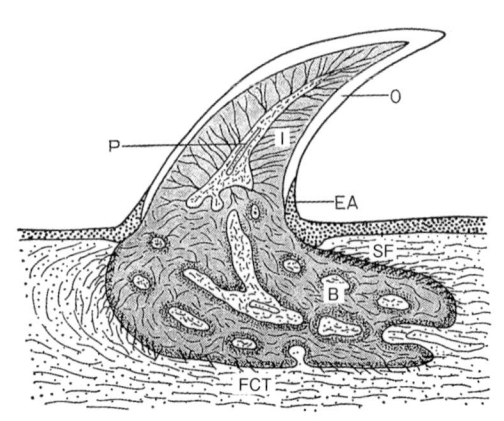

図2-35 ラブカの歯の組織構造（後藤・橋本，1976）
O：エナメロイド，I：象牙質，B：歯根部の骨様組織，P：歯髄，EA：付着上皮，SF：膠原線維束，FCT：線維性結合組織層

舌側で口腔上皮が顎軟骨に沿って舌側深部に陥入し，板状の厚い歯堤を形成している（図2-32）．歯堤の先端で歯胚が形成され，歯胚は発育しつつ，歯堤に連結したまま唇側表層に移動する．歯の硬組織形成は，まずエナメロイド基質の形成から始まり，それが全層にわたって形成されると，続いて象牙前質が形成される．エナメロイドに結晶沈着が起こり，石灰化が進行するとともに，象牙質でも石灰化が始まる．象牙質の形成に引き続いて，歯根部の骨様組織が歯乳頭の下に形成される（図2-3参照）．

歯の硬組織形成がほぼ完了する時期になると，歯胚は唇側に回転して萌出し，機能歯となる．機能歯は，顎の辺縁に沿って回転しつつ唇側に移動し，顎の唇側端にある陥凹部に達すると，歯根部が上皮内に押し上げられ，膠原線維束が切断されて歯は脱落する．

板鰓類の歯冠の外層はエナメロイドとよばれ，爬虫類や哺乳類のエナメル質とは性質の異なるものである．

また，板鰓類の歯の歯根を構成する骨様組

第2章 魚類の歯

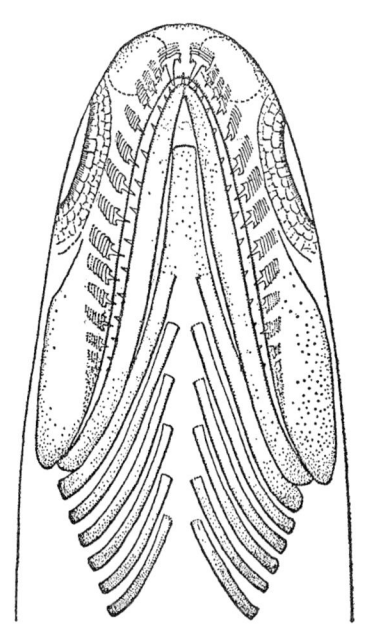

図2-36 クラドセラケ類の *Cladoselache fyleri* の頭部腹面観の模式図（Dean, 1909）

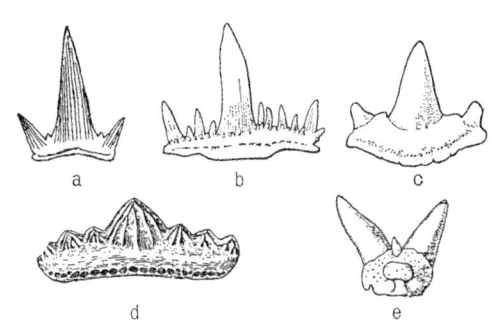

図2-37 クラドドゥス段階の板鰓類の歯
a：*Cladoselache*（Dean, 1909），b，c："*Cladodus*"（St John & Worthen, 1875），d：*Protacrodus*（Gross, 1938），e：*Orthacanthus*（Гликман, 1964）

織は，哺乳類の歯根象牙質とセメント質の両者の性質を併せもつ，未分化な硬組織であるといえる．さらに，歯の主要な構成要素である象牙質には，後述するように真正象牙質・骨様象牙質・皺襞象牙質の3型がみられ，きわめて変異に富んでいる．このように，板鰓類の歯は未分化な硬組織からなるという原始的な性質をもつ一方で，捕食に必要な歯をつぎつぎと萌出させる車輪交換という特殊な交換様式を発達させている．

(3) クラドドゥス段階

古生代デボン紀に出現したクラドセラケ類 Cladoselachiformes では，顎が前後に長くて放物線形を示し，口が頭の先端近くに開いている（図2-36）．顎上に多数の歯が配列しているが，各歯族間の間隙が広いのが特徴である．*Cladoselache fyleri* では，上下顎とも片側に約12の歯族をもち，各歯族は6〜7本の歯からなる．下顎には正中歯が存在する．

歯の形態は，クラドドゥス型といわれる多咬頭歯で，主咬頭の両側に1対から数対の副咬頭をもつ（図2-37）．歯冠部には皺襞が発達するものが多い．おそらく，*Cladoselache* のような三咬頭性の歯を基本型とし，五咬頭性や七咬頭性の歯が発達したものと考えられる．また，*Protacrodus* ではすでに咬頭が低くなり，咬合面の発達がみられる．一方，クセナカントゥス類 Xenacanthiformes の *Xenacanthus* や *Orthacanthus* では主咬頭（中心咬頭）が退化して小さくなり，逆に副咬頭（側咬頭）が大きく，切縁には鋸歯が発達しているものもいた．

クラドセラケ類の歯には薄いエナメロイドが存在し，象牙質は象牙細管の発達した外層（真正象牙質）と，多数の髄腔を含む内層（骨様象牙質）からなり，内層は歯根部の骨様組織に移行している（図2-38）．一方，クセナカントゥス類では，中央の歯髄腔から象牙細管が放射状に配列する真正象牙質をもつ（図2-39）．象牙質には成長線がよく発達している．エナメロイドはきわめて薄く，切縁ではやや発達している．

現生のラブカ *Chalamydoselachus anguineus* は，クラドセラケ類の特徴を残した遺存種とされているが，長い放物線形の顎，顎

53

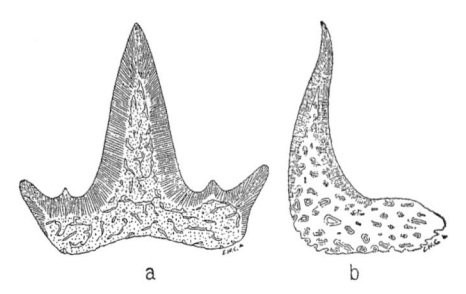

図 2-38 クラドセラケ類の "*Cladodus*" の歯の組織構造（Claypole, 1895）
a：近遠心的縦断面，b：唇舌的縦断面

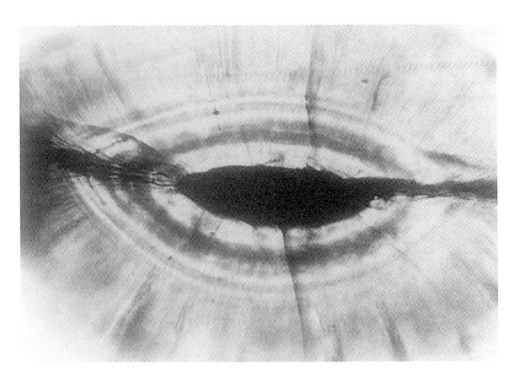

図 2-39 クセナカントゥス類の *Xenacanthus texensis* の歯化石（北アメリカ産，ペルム紀）の水平的横断面（原図）×33.2

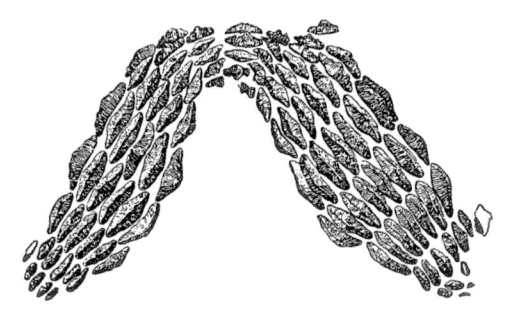

図 2-40 ヒボドゥス類の *Acrodus annigiae* の歯列（Zittel, 1918）

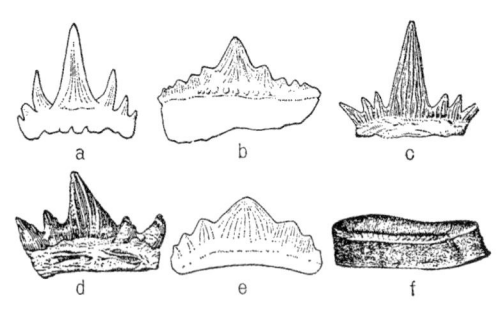

図 2-41 ヒボドゥス段階の板鰓類の歯
a, b：*Hybodus*（Woodward, 1889），c：*Ctenacanthus*（Moy-Thomas, 1936），d：*Goodrichthys*（Moy-Thomas, 1936），e：*Acrodus*（Woodward, 1889），f：*Asteracanthus*（Zittel, 1918）

上での歯の配列様式，三咬頭性の歯の形態は，*Cladoselache* にきわめてよく似ている．歯の内部構造は，エナメロイドからなる外層と，中心の歯髄から放射状に象牙細管の走る象牙質，および歯根部の骨様組織からなっている（図 2-35 参照）．

(4) ヒボドゥス段階

ヒボドゥス類 Hybodontiformes では，クラドセラケ類に比べて顎がやや短くなり，顎の形態は半円形に近くなっている（図 2-40）．したがって，各歯族間の間隙は狭くなり，顎上に歯が密接して配列している．

歯の形態は，基本的には多咬頭性のクラドドゥス型であるが，有殻軟体動物食に適応して，*Acrodus* のように咬頭が低くなり，ついには *Asteracanthus* のように板状の平坦な咬合面をもつものもある（図 2-41）．咬頭には，皺襞（しゅうへき）や小窩が発達するものが多い．また *Ptychodus* では，皺襞の発達した半球状ないし板状の低い咬頭を備えている．

Hybodus の歯（図 2-42）は，薄いエナメロイドにおおわれ，象牙質は象牙細管の発達した真正象牙質からなる薄い外層と，髄腔が複雑に分岐した骨様象牙質（未分化な皺襞象牙質とも考えられる）からなる内層からなり，内層は歯根部の骨様組織に移行している．また *Acrodus* の歯は，薄いエナメロイドでおおわれ，象牙質は薄い真正象牙質の外層と，歯冠の大部分をつくるやや未分化な皺襞象牙

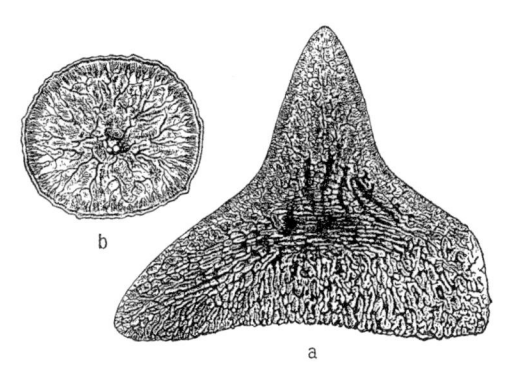

図 2-42 ヒボドゥス類の *Hybodus mougeoti* の歯の組織構造（Agassiz, 1833～1845）
a：近遠心的縦断面, b：歯冠部の水平的横断面

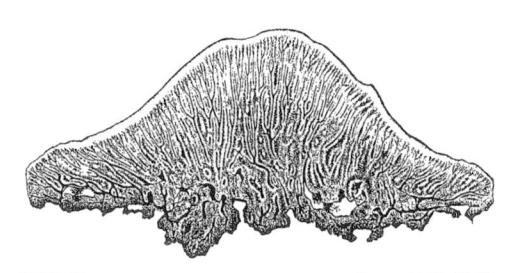

図 2-43 *Ptychodus mammilaris* の歯の組織構造（Agassiz, 1833～1845）

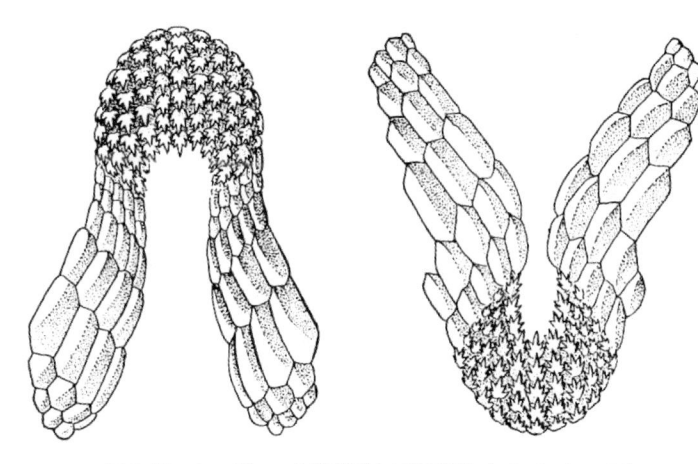

図 2-44 ネコザメの上顎歯列と下顎歯列（Nikoliskii, 1982）

質から構成されている．*Asteracanthus* の歯は，きわめてよく発達した皺襞象牙質から構成されている．さらに，*Ptychodus* の歯は薄いエナメロイドでおおわれ，よく発達した皺襞象牙質からつくられている（図 2-43）．*Ptychodus* のエナメロイドと象牙質の間に，プレロミンが存在するともいわれる．*Polyacrodus* の歯は真正象牙質をもつことが明らかにされている．

ヒボドゥス類の遺存種といわれる現生のネコザメ類 Heterodontiformes は，サザエやカキを常食にしている．顎の形態は V 字形に近く，歯は密に配列しており，後歯は敷石状に並んでいる．歯の形態は前歯と後歯で異なり，前歯は高い主咬頭と 1 対の副咬頭をもつが，後歯は直方体で，多数の小窩や近遠心方向の隆線の発達した広い咬合面をもつ（図 2-44）．歯の構造も前歯と後歯で異なり，前歯はやや厚いエナメロイドと骨様象牙質からなるのに対し，後歯はエナメロイドと，やや発達した皺襞象牙質から構成されている．エナメロイドは，歯表に垂直方向に微結晶が配列する表層と，微結晶の束が各種方向に錯綜する深層に区別されている．

また，現生のカグラザメ類 Hexanchiformes は，ラブカにも似た特徴を示す原始

図2-45 オオハザメ *Carcharocles megalodon* の歯化石．北アメリカ産，中新世

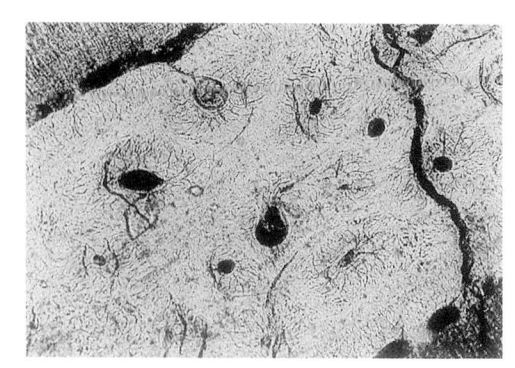

図2-46 骨様象牙質からなるアオザメ *Isurus oxyrinchus* の歯の横断面 ×49

的なサメの遺存種と考えられている．やや長い放物線形の顎をもち，歯の形態は上下顎，前歯と後歯でかなり異なっている．下顎の前歯に，唇舌的に扁平で近遠心的に長い多咬頭性の歯をもつことが特徴である．歯の構造は，やや厚いエナメロイドと，真正象牙質，歯根部の骨様組織からなっている．

(5) 現代型板鰓類

白亜紀以降，世界の海洋に栄えた板鰓類で，現生の約500〜800種の大部分が現代型段階である．その分類方法にはさまざまな説があるが，ここでは便宜的にいくつかのグループに分けて述べる．

ネズミザメ類 Lamniformes は，顎がやや長くて歯列弓は放物線形を示し，並列型に歯が配列している．歯の形態は，一般に肉食に適応して鋭い切縁と尖頭を備えている．前歯・中間歯・側歯・後歯が区別されることが大きな特徴である（図1-15, 2-33参照）．白亜紀以後，大きな主咬頭と1対の副咬頭をもつネズミザメ *Lamna* 型の歯を基本形とし，細い咬頭をもつ仲間（ミツクリザメ *Mitsukurina* やオオワニ *Odontaspis*），副咬頭の退化した仲間（*Orthacodus* やアオザメ *Isurus*），切縁に鋸歯が発達した仲間（*Squalicorax* やホホジロザメ *Carcharodon*）などが分化したと思われる．なかでも中新世のオオハザメ *Carcharocles megalodon* は史上最大の肉食魚で，高さ15cmに達する巨大な鋸歯縁をもつ三角形の歯で有名である（図2-45）．プランクトン食に適応したウバザメ *Cetorhinus* は，微細な円錐形の退化型の歯をもつ．ネズミザメ類の歯では，骨様象牙質がきわめてよく発達している（図2-46）．歯冠部の骨様象牙質と歯根部の骨様組織は移行的で，明瞭な境界は認められない．

メジロザメ類 Carcharhiniformes は，短い半円形の顎をもち，隣接する歯が互いに半世代ずつずれるという交互型の配列をした歯を示す．歯は一般に三角形を示し，切縁には鋸歯が発達しているものが多い．上下顎または下顎だけに小型の正中歯をもつほかは，歯種はほとんど区別できない．種数が多い割には，歯の形態にさほど大きな違いのないことが特徴である．新生代第三紀以後，世界の海に栄え始め，現在なお種分化の過程にあるもっとも現代的な進化した肉食性のサメと考えられる．歯の構造では，真正象牙質がよく発達し

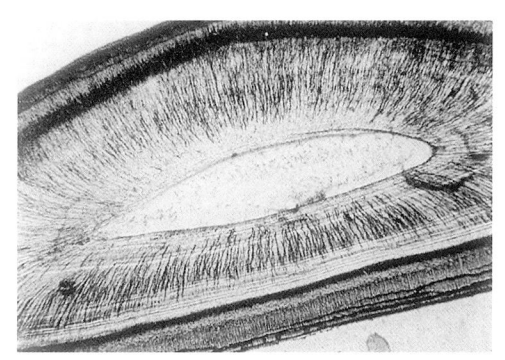

図2-47 真正象牙質からなるメジロザメ *Carcharhinus* sp. の歯の横断面 ×23

図2-48 皺襞象牙質からなるトビエイ *Myliobatis* sp. の歯化石（中新世，北アメリカ産）の横断面 ×49

ている（図2-47）．中心の管状の歯髄から放射状に象牙細管が走行している．歯根部の骨様組織との境界は明瞭である．メジロザメ類に近縁なトラザメ類やドチザメ類の歯は，象牙細管の発達はメジロザメ類よりはよくないが，同様に真正象牙質からなっている．しかし，ヒレトガリザメ *Hemipristis* 属のうち，新第三紀の *H. serra* は真正象牙質をもつが，現生のカマヒレザメ *H. elongata* は骨様象牙質をもつことが明らかにされている．

ツノザメ類 Squaliformes は，短い半円形ないし開いたV字形の顎をもち，歯は交互型に配列している．切縁の鋭い三角形の歯をもち，歯種の区別は明瞭でない．ヨロイザメ類では，下顎に歯根が長いペン先型の歯をもつ．歯冠の切縁には鋸歯が存在する．一般に，真正象牙質をもっている．

エイ類 Rajiformes は，ツノザメ類から進化して体が扁平化した仲間と考えられている．一般に顎はきわめて短く，交互型に密接に配列する小さな臼型の歯をもつが，トビエイ類のトビエイ *Myliobatis* やウシバナトビエイ *Rhinoptera* では，敷石状に並ぶ平坦な咬合面をもつ大型の板状の歯を備えている．サカタザメ類のシノノメサカタザメ *Rhina* では，

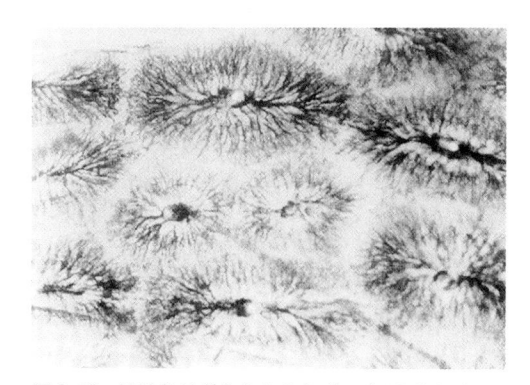

白亜紀の *Ptychodus* に似た皺襞の発達した菱形の歯をもつが，歯の構造は異なり，真正象牙質からなっている．ほかのエイ類でも，歯は一般に真正象牙質から構成されるものが多いが，トビエイ類ではよく発達した皺襞象牙質からつくられている（図2-48）．トビエイ類の歯は，硬い殻をもつ無脊椎動物を食べるのに適応したものと考えられる．アカエイ *Dasyatis* では，多数の小型の臼型の歯を備えているが，繁殖期のオスは交尾の際にメスの胸鰭に咬みつくために尖った形態の歯をもつようになる．

なお，現代型段階の板鰓類の歯では，歯冠の表層は厚いエナメロイドから構成されている．そのエナメロイドは，薄い光沢のある最表層，微結晶が平行に配列している中層，微結晶が各種方向に交錯して配列している深層に区分される（図2-4参照）．

以上に述べた板鰓類の進化における歯の形態と構造を総括すると，図2-49のようになる．

3）全頭類（亜綱）と正軟骨頭類（亜綱）

(1) 歯の形態と配列

全頭類 Holocephali は，上顎をつくる口蓋方形軟骨が脳頭蓋と癒合し（全接型の顎），

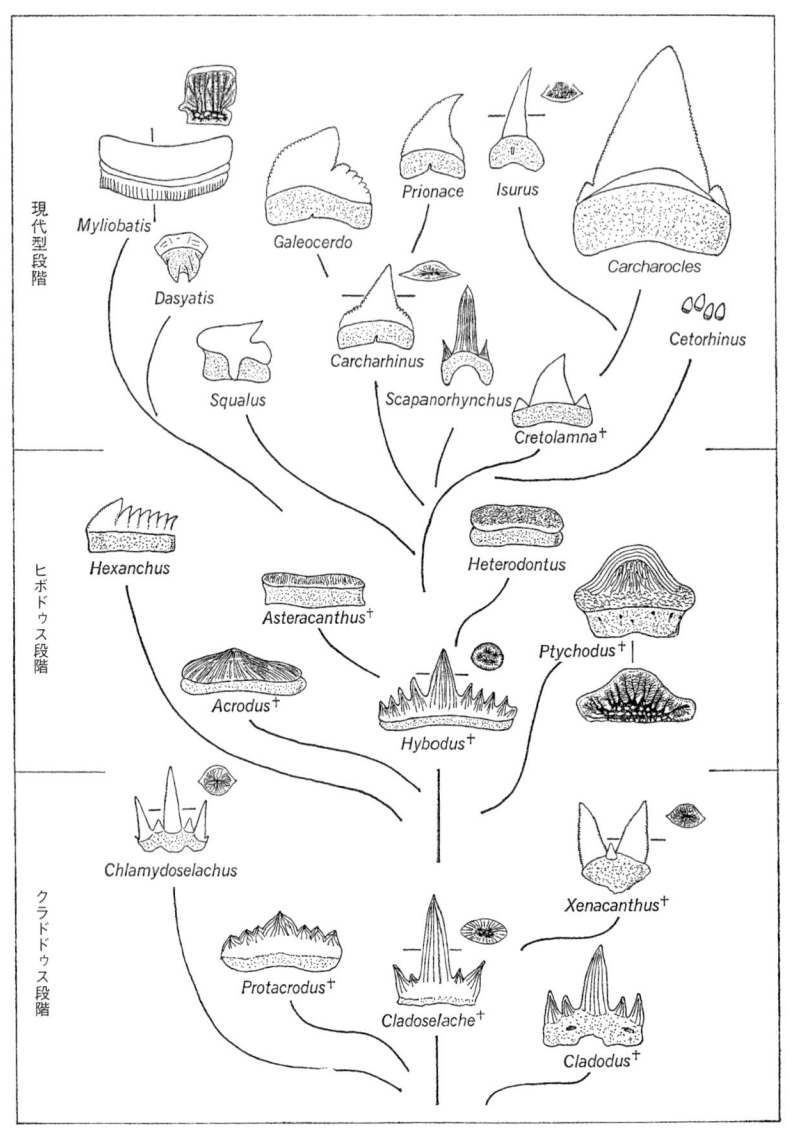

図 2-49 板鰓類における歯の形態と構造の進化についての一仮説（後藤, 1985）
†は絶滅した属を示す

鰓孔が鰓蓋によっておおわれ，皮小歯（楯鱗）が退化的であることによって板鰓類と区別される．しかし，古生代の軟骨魚類では頭部の軟骨化石は乏しく，分類については諸説がある．

本書では，イニオプテリクス類・コンドレンケリス類・ヘロドゥス類・コポドゥス類・コクリオドゥス類・メナスピス類・ギンザメ類を全頭類とした．一方，オロドゥス類・エウゲネオドゥス類・ペタロドゥス類を正軟骨頭類 Euchondrocephali とした（図 2-26 参照）．

全頭類のもっとも原始的なグループと考えられているイニオプテリクス類 Iniopterygia は，顎軟骨上に板鰓類と同様な円錐形の単咬

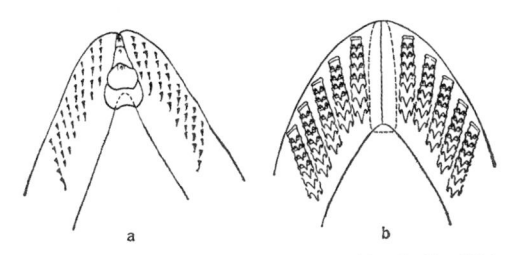

図2-50 石炭紀のイニオプテリクス類の歯列の復元 (Zangerl & Case, 1973)
a：*Iniopteryx rushlaui*, b：*Promexyele peyeri*

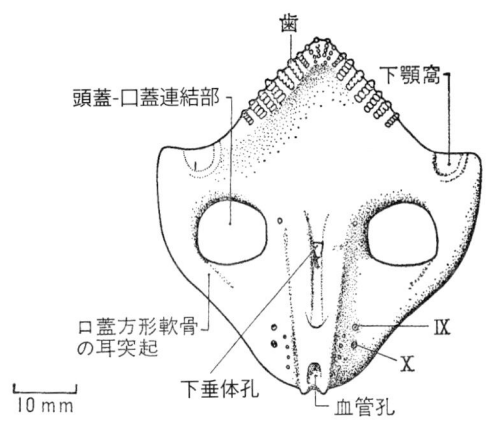

図2-51 石炭紀のヘロドゥス類の *Helodus simplex* の頭蓋軟骨の腹面 (Patterson, 1965)

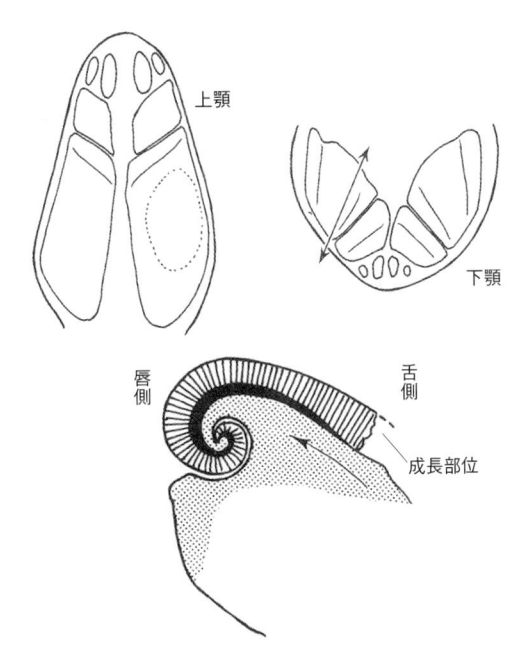

図2-52 石炭紀のコクリオドゥス類 *Cochliodus contortus* の上顎歯板と下顎歯板（上の2図）と下顎の断面（下の図）(Zangerl, 1981)

頭または三咬頭性の歯をもち，各歯族に5～7本の歯が並び，それらの歯族が近遠心的に多数配列していた（図2-50）．これらの歯は，板鰓類のようにつぎつぎと生えかわったものと考えられる．また，顎の正中の左右の顎軟骨の接合部には，すでに渦巻き状の歯族が存在していた．

石炭紀のコンドレンケリス類 Chondrenchelyiformes の *Chondrenchelys problematica* は，両顎に2対の大きな歯板と，その前に数対の小さな歯板が並んでいる．体表には小型の単尖頭の皮小歯が存在した．

石炭紀のヘロドゥス類 Helodontiformes では，上顎の各側に9列の歯族をもち，各歯族は5本の歯で構成されている（図2-51）．歯の交換はゆっくり行われたと考えられる．

石炭紀のコクリオドゥス類 Cochliodontiformes の *Cochliodus contortus* は，上顎に1個の大きな歯板とその前に数個の小さな歯板をもち，下顎に2～3個の大きな歯板をもつ（図2-52）．上顎の小歯板は，ヘロドゥス型の歯が癒合したものと考えられており，これらの歯板は舌側に新しい硬組織が形成されつつ唇側に移動し，渦巻き状を示すように成長した．

石炭紀のメナスピス類 Menaspiformes の *Deltopthychius* では，上顎には前部に2対の小さな歯板，後部に1対の大きな歯板をもち，下顎には1対の大きな歯板をもっている（図2-53）．背面には多数の鱗や棘が存在した．

現在のギンザメ類 Chimaeriformes は，ジュラ紀以降知られており，上顎には1～3対の歯板，下顎には1対の歯板をもっている（図2-54, 55）．これらの歯板は多数の歯が癒

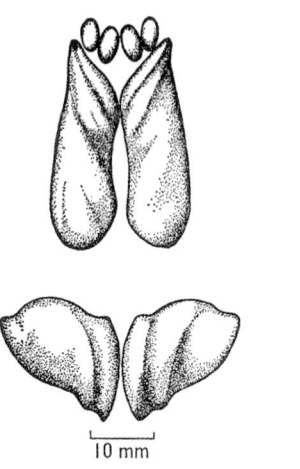

図 2-53 石炭紀のメナスピス類の *Deltoptychius armigerus* の歯板の復元（Patterson, 1965）

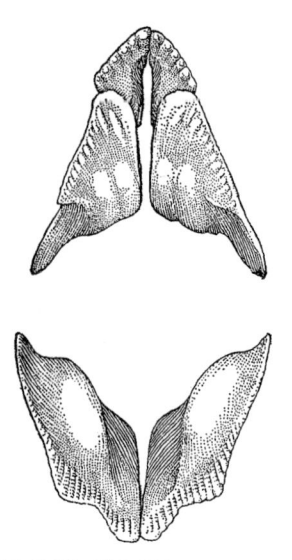

図 2-54 現生のギンザメ *Chimaera cubana* の上顎と下顎の歯板（Bigelow & Schroeder, 1953）

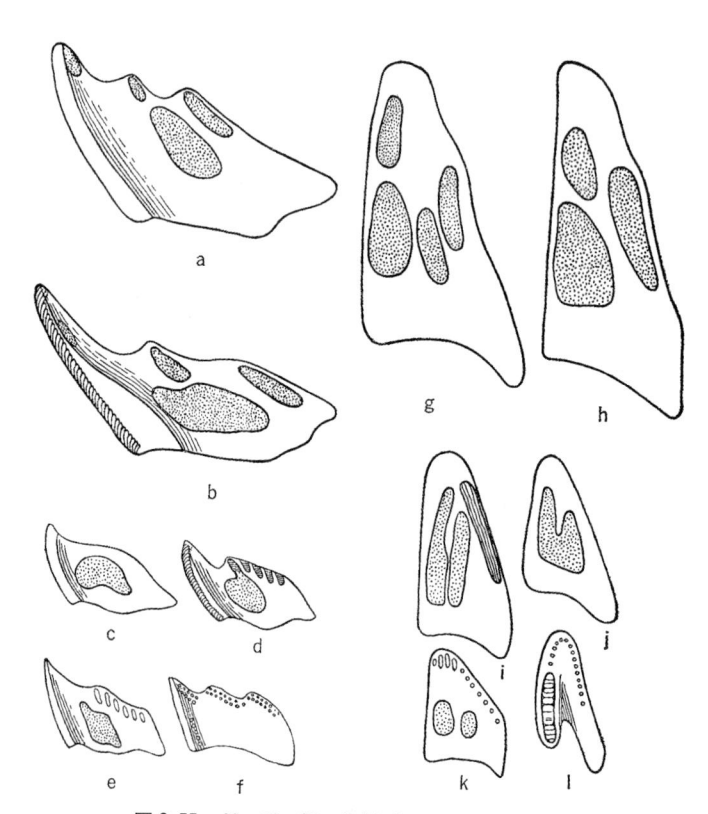

図 2-55 ギンザメ類の歯板（Woodward, 1892）
a〜f：下顎歯板の内側面，g〜l：上顎歯板．a, g：*Ischyodus*，b, h：*Edaphodon*，c, j：*Callorhynchus*，d, i：*Elasmodus*，e, k：ギンザメ *Chimaera*，f：*Elasmodectes*，l：*Ganodus*

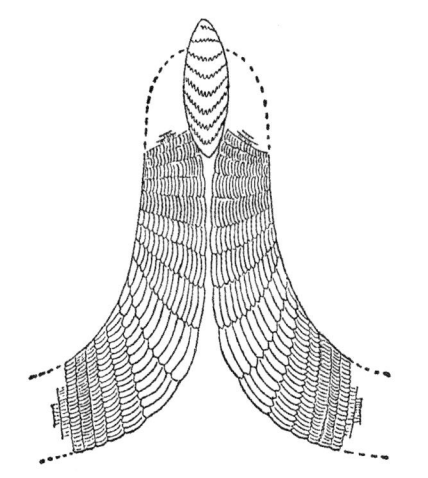

図2-56 石炭紀のエデストゥス類 *Agassizodus variabilis* の下顎歯列（Nielsen, 1932）

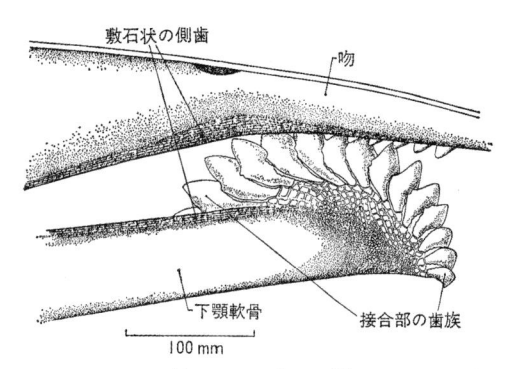

図2-57 ペルム紀のエデストゥス類 *Sarcoprion edax* の頭部先端の復元図（Nielsen, 1952）

図2-58 *Helicoprion bessonowi* の接合部の歯族（Karpinsky, 1899）

合したもので，生涯を通じて形成され続ける．コポドゥス類 Copodontiformes は，弓なりの四角形の歯だけが知られている．

正軟骨頭類エウゲネオドゥス類 Eugeneodontiformes のエデストゥス類 Edestoidea は，軟骨魚類のなかでも，もっとも歯の特殊化が進んだグループである．上下顎の正中の接合部に1列の湾曲した歯族をもち，その両側に低い歯冠をもつ小さな側歯を備えることが特徴である．石炭紀の *Agassizodus* では接合部に大きな歯族をもち，その両側に敷石状の側歯をもっている（図2-56）．またペルム紀の *Sarcoprion* は，下顎の先端に扇形に十数本の大型の歯が正中に一列に並び，上顎にも数本の小型の歯が正中に一列に並んでいた（図2-57）．

さらに，ペルム紀の *Helicoprion* では，接合部の歯族の歯が脱落せず，左右の下顎軟骨の間に渦巻き状に50本ほどの歯が並んだ歯族が形成されている（図2-58）．歯は近遠心的に扁平のペン先形を示し，鋭い切縁には鋸歯が発達している．近年の研究によれば，この渦巻き状の歯族は下顎軟骨の接合部に存在し，上顎にある同様の小さな歯族と対咬して，貝殻などを切断するのに用いられたと考えられている（図2-59）．

オロドゥス類 Orodontiformes は低い咬頭の歯をもっていた．ペタロドゥス類 Petalodontiformes は近遠心的に扁平で，細長い歯が多数配列している（図2-60）．三角形の歯冠には，鋭い切縁に鋸歯が発達するものが多い（図2-61）．

(2) 歯の構造

全頭類や正軟骨頭類の歯の構造は，板鰓類にみられるものと基本的に同様である．外層は薄いエナメロイドからなり，内層は真正象牙質や骨様象牙質から構成されており，基底層は骨様組織からなっている．

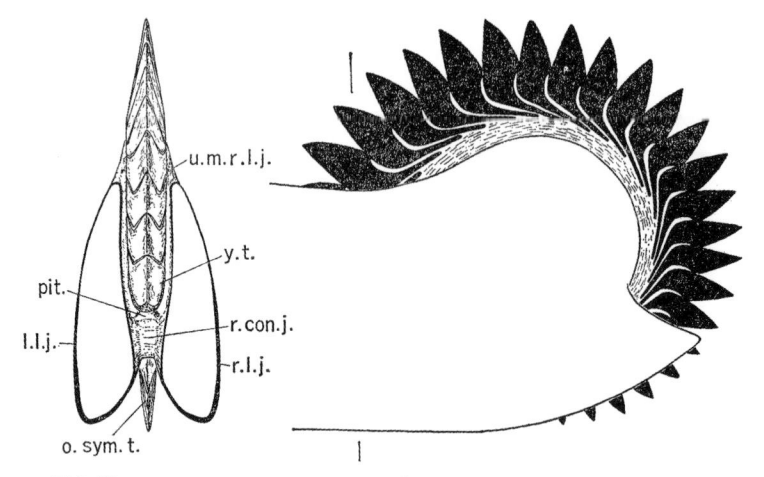

図 2-59 *Helicoprion ferrieri* の下顎の復元図（Bendix-Almgreen, 1966）
右は右側面，左は右の線の位置での前頭断面　×0.28
l.l.j.：左下顎軟骨，o.sym.t.：腹側に位置する古い接合歯，pit.：新しい歯が形成される凹み，
r.con.j.：左右の下顎軟骨の後方接合部，r.l.j.：右下顎軟骨，u.m.r.l.j.：右側の下顎の上縁，
y.t.：接合歯のもっとも若い歯

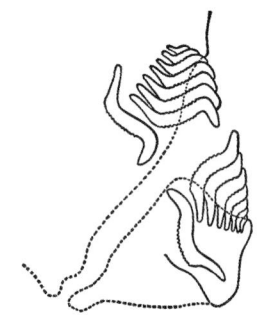

図 2-60 ペルム紀のペタロドゥス類 *Janassa bituminosa* の前歯部の唇舌的断面（Jaekel, 1899）

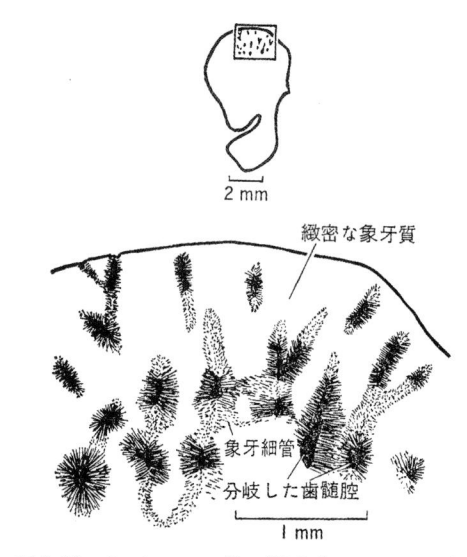

図 2-62 *Orodus* sp. の歯の断面（Zangerl, 1981）

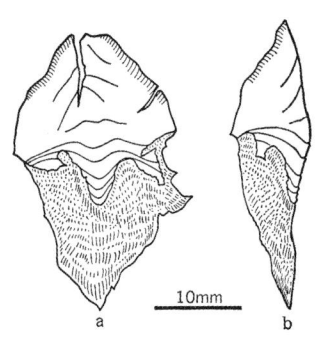

図 2-61 日本産のペルム紀のペタロドゥス類 *Petalorhynchus* sp. の歯化石（後藤, 1984）
a：舌側面，b：隣接面

　低い歯冠をもつ *Orodus* では，歯髄腔が不規則に分岐した皺襞象牙質（図 2-62），*Agassizodus* の側歯では，トビエイ類と同様な咬合面に垂直方向に配列した歯髄腔の分岐をもつ典型的な皺襞象牙質からなっている．
　一方，多数の歯が癒合して形成された歯板

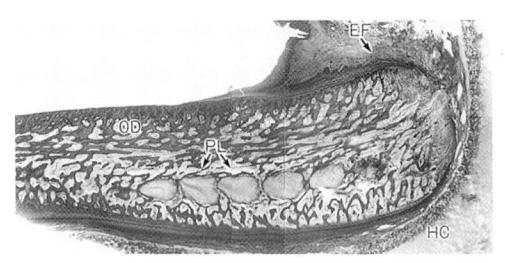

図 2-63 ギンザメの上顎歯板の縦断（矢状断）脱灰切片．セロイジン包埋．H-E染色 ×29（石山巳喜夫氏提供）
OD：骨様象牙質，PL：プレロミン，HC：顎軟骨を構成する硝子軟骨，EF：歯堤状に陥入した上皮組織

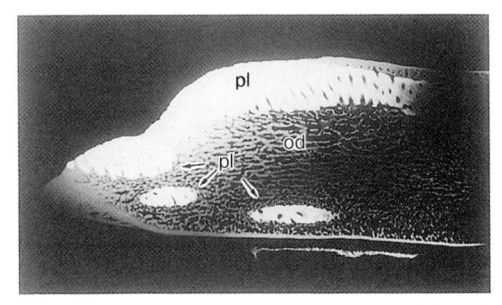

図 2-64 ギンザメ *Chimaera phantasma* の歯板の近遠心的断面．研磨標本のマイクロラジオグラム像（石山ほか，1984）
od：骨様象牙質，pl：プレロミン

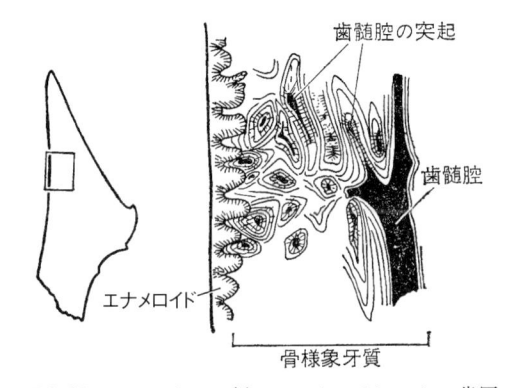

図 2-65 ペタロドゥス類 *Petalodus ohioensis* の歯冠の断面（Zangerl, 1981）
右は左の四角形の部分の拡大 ×18

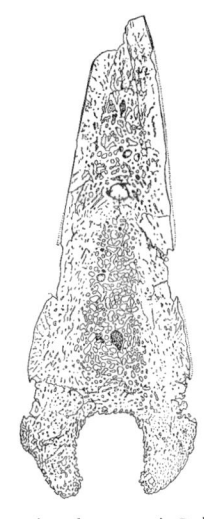

図 2-66 *Helicoprion bessonowi* の歯の前頭断面（Karpinsky, 1899） ×2.4

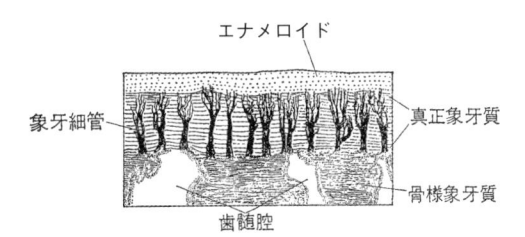

図 2-67 *Helicoprion ferrieri* の歯冠表層部の構造（Bendix-Almgreen, 1966） ×289

をもつ古生代のコクリオドゥス類では，咬耗により血管を含む象牙質が露出して，歯の表面に多数の小孔が観察されるようになる．これを有管象牙質 tubular dentine ともよぶ．現生のギンザメでは，歯板の本体は骨様象牙質からなるが，そのなかに高度に石灰化したプレロミンが多数列をなして並んでいる（図2-63, 64）．プレロミンは間葉細胞によって形成され，フィットロッカイトからなる硬組織である．歯板は遠心端でたえず形成されており，近心では磨耗により削られている．

ペタロドゥス類の歯は，薄いエナメロイドと骨様象牙質から構成されている（図2-65）．エウゲネオドゥス類の *Helicoprion* の歯は，薄いエナメル質と真正象牙質および歯の大部分を構成する骨様象牙質からなっている（図2-66, 67）．

（後藤　仁敏）

6　硬骨魚類（綱）

1）条鰭類（亜綱）

(1) 概説

　条鰭類 Actinopterygii には肺魚類や総鰭類などの肉鰭類を除いたすべての硬骨魚類が含まれ，つぎのような特徴を備えている．

　①外鼻孔が2個ある．
　②第5番目の鰓弓骨は下咽頭骨に変化し咽頭歯が植立している．
　③対鰭は原鰭ではなく，各鰭条はよく発達してほぼ平行に並ぶ条数と同数の支持骨で担われる．

　条鰭類は軟質類 Chondrostei，全骨類 Holostei および真骨類 Teleostei に大別される．歴史的にみれば，軟質類・全骨類・真骨類の順に栄えてきた．軟質類はデボン紀から三畳紀に繁栄したが，多鰭類とチョウザメ類を除いては三畳紀の末にほとんど絶滅した．ついで，ジュラ紀から白亜紀にかけて全骨類が繁栄したが，その後衰退して現在ではガーパイクとアミアが生存しているにすぎない．真骨類は三畳紀からジュラ紀に進化し始め，白亜紀には多系統に分化・繁栄し，現在に至っている．

(2) 歯の役割，形態，分布および数

　通常，魚類の口腔には，特殊な場合を除いて歯が存在する．餌を捕獲したり保持するのに高等脊椎動物のように四肢を用いることはなく，もっぱら口にのみ頼っている．魚類の食性は，プランクトン食 strainer，草食 grazer，肉食 predator，寄生 parasite などに分類されているが，歯の形態（形状，数，分布状況および結合様式など）は餌の大きさや硬さなどの性状と関係している．

　水底の小さな有機物やプランクトンのように小さい餌を摂食する場合には，把握したり保持したりするための特別の器官は不用で，吸引機構と，餌を水と分離する器官，すなわち細長い多数の鰓耙を備えていることで摂食の目的を達することができる．このグループにはイワシ類やコノシロ類など多数が含まれる．極端な例としては，プランクトンを常食するために，タツノオトシゴやヨウジウオのように吸引機構や鰓耙が発達し，歯を失っている場合もある．

　餌が大きくて，しかも機敏な場合には，捕獲したものが口から逃亡することを防がねばならない．このときには，歯が捕獲器として重要な機能を果たすことになる．これらの歯は，大きさ，形態，配列などによってつぎのように区分される（表2-1）．微小な歯が多数群在する絨毛状歯 villiform tooth，ハケ状歯 brush tooth または剛毛状歯 setiform tooth，さらに犬歯状歯 caniniform tooth や円錐歯 conical tooth などで，これらは通常，歯の尖頭部を咽頭方向に傾けて，一度口腔に入った餌を逃さないようにしている．マエソやアンコウのように，餌を飲み込むときには犬歯状歯が咽頭方向に倒れ，さらに餌生物を突き刺して，餌が逃げようとしても歯は起立して，口腔からの逃亡を防いでいる例もみられる．この場合，歯は蝶番性結合をしていて，口の外方向に倒れることはない．

　さらに大きな魚類や哺乳類を捕食する場合には，摂餌の際に餌動物に咬みついて肉塊として切り裂く目的のために著しく発達した切歯状歯 incisoriform tooth が備わっている．これにはピラニアなどが含まれる．また，岩石に強く付着している貝類，サンゴポリープ，

表 2-1　条鰭類の歯の形態と食性の関係

魚種名	歯の形態	食性
海産魚　アイゴ	切歯状歯	海藻
アカダイ	粒状歯	甲殻類，軟体動物，ヒトデ類
アンコウ	犬歯状歯	大型魚
イシダイ	ナイフ状の歯板	甲殻類，軟体動物，棘皮動物
カワハギ	切歯状歯	甲殻類，貝類
サンマ	円錐歯	プランクトン
タチウオ	犬歯状歯	小型動物
ブダイ	嘴状歯，敷石状歯	サンゴの小枝，石灰藻類
マダイ	後歯は臼歯状歯	カニ類，貝類，ゴカイ類，エビ類
マフグ	ナイフ状の歯板	甲殻類，軟体動物，棘皮動物
淡水魚　アユ（成魚）	櫛状歯	着生藻類
イワナ	円錐歯，犬歯状歯	昆虫，小動物
ウナギ	円錐歯	小動物
オオクチバス	円錐歯	昆虫，魚類
カムルチー	円錐歯	小動物
カワスズメ	小型ノミ状歯	藻類，小甲殻類
ピラニア	切歯状歯（3尖頭）	大型魚，獣類
コイ科	口腔に歯を欠くが，咽頭に臼歯状の咽頭歯がある	藻類，昆虫，小動物など

石灰質の藻類などを餌とする場合にも切歯状歯が口部前面に発達し，これでかじり取る（アオブダイ，カワハギなど）．さらに，餌が有殻軟体動物のように硬い場合には，それらを咬み砕くために臼歯状歯 molariform tooth，粒状歯 granular tooth が並んだモザイク状歯 mosaic teeth，敷石状歯 pavement teeth が備えられている（マダイなど）．これらのほかに，フグやイシダイでみられるように，多数の小歯が骨の中に埋もれて，全体として押し切りのような歯板を形成し，顎が嘴状を呈する場合もある．餌を咬み切るのに都合がよいようである．

魚類の歯は，口腔および咽頭を構成する多数の骨上に植立している（図 2-68）．すなわち，上顎縁—前顎骨（前上顎骨）・上顎骨，下顎縁—歯骨，口蓋中央部—鋤骨（頭部・柄部），口蓋側面—口蓋骨・翼状骨，舌弓部—咽舌骨，鰓弓部—基鰓骨・上咽頭骨・下咽頭骨などの骨の上に歯が植立している．これらのほか，イボダイ・メダイなど数種魚類においては，食道を両側から挟むように食道嚢が存在し，その内面にも歯を有する．魚類の歯の分布領域はきわめて広く，顎—口腔—鰓腔（咽頭）—食道嚢に存在することになる．しかし，これらの骨のすべてに同時に歯を有することはなく，魚種によってその分布はさまざまである．餌の種類や生活環境条件などさまざまな要因の影響を受けて，長い歴史の間に魚種によって特異的な歯の形態や分布様式を示すようになった．このような結果から，歯群（または歯系）dentition は重要な分類形質の1つと考えられている．歯の分布範囲の狭い例としてコイ科がある．コイ科では口腔に歯はなくて，第5鰓弓から発達した下咽頭骨上に特殊化した咽頭歯 pharyngeal tooth がみられるにすぎず，対応する上咽頭骨上には角質から構成される咀嚼板が構築されてい

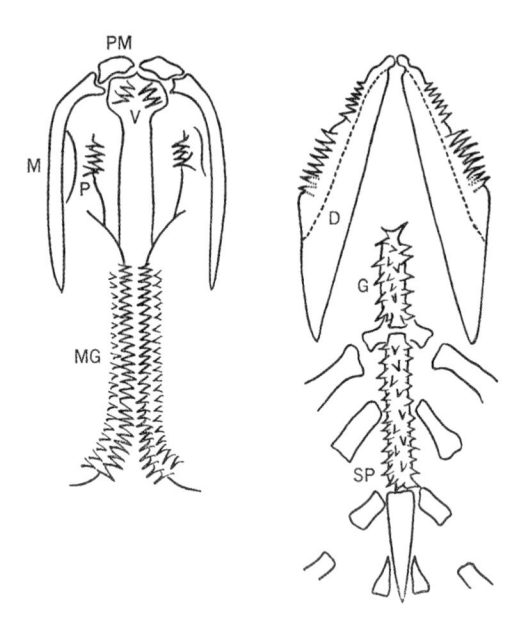

図2-68 アユの稚魚の口部（上顎および下顎）の有歯骨および歯の分布（駒田, 1980）
PM：前顎骨, M：上顎骨, V：鋤骨, P：口蓋骨, MG：中翼状骨, D：歯骨, G：咽舌骨, SP：基鰓骨

る．このような場合には，哺乳類（たとえばヒト）と同じように，歯の配列を歯式で示し，分類形質に用いられることがある．

一方，アユでは分布領域が広く，前顎骨，上顎骨，鋤骨，口蓋骨，中翼状骨，歯骨，咽舌骨，基鰓骨，および上・下咽頭骨上に存在するほか，上顎の吻部には門歯が存在している．また，アユでは稚魚期と成魚期では食性の変化に対応して歯の分布領域が異なる．このように成長にともなって歯の分化が変化することがときどきある．各魚種の口腔内における歯の分布・形成は，孵化後成長にともなって徐々に進行し，卵黄吸収が完了して栄養を外界に求める頃には，ほぼ成魚と同じ分布様式を形成する場合が多い．しかし，魚種によっては，食性および摂取方法を反映して，卵黄吸収後も長期間にわたり歯をもたない場合（アユなど）もある．

歯の数は，哺乳類と比較すると著しく変異に富んでいる．歯数は前述した歯の形態と深く関係しており，一般的に，大型化し，形の特殊化した歯をもつ魚類では少なく，微小で単純な型の歯を有する魚類では多い．口腔に歯をもたないコイ科では特殊な型の咽頭歯が合計8〜30本植立している．モンガラカワハギでは前顎骨上に7本，歯骨上に4本程度存在しているにすぎない．一方，口腔および咽頭の骨上に著しく多数の微小な歯を有する魚類もある．たとえばナマズ類では約9,000本，また河床の着生藻類を削り取るアユの顎骨上の櫛状歯 comb-like teeth を構成する板状歯（分離小歯 denticle）は合計1,500〜2,000本にも達する．さらに，現在，社会的に問題とされている外来魚のブルーギルでは約30,000本，オオクチバスでは50,000〜60,000本も植立している．なお，これに鰓耙歯を加えると10万本を超える．各魚種間で歯数差だけでなく，同一魚種内においても変異は著しい．同じ体長のワカサギの鋤骨歯は2〜20本の間で変異し，アユでは生活環境の違い（海産アユ・湖産アユ）によっても差が生じ，変異の幅も大きい．チョウザメ類の成魚には歯がないが，仔魚期には歯が存在する．サケ科では産卵期に達すると歯胚の形成が鈍り，鋤骨歯を欠く場合もみられる．

歯の大きさも魚種によってさまざまである．また，同一魚体においても上顎と下顎で歯の大きさが異なる場合や，同じ顎骨上でも前部と後部では異なる場合がある．カムルチーのように大形歯が等間隔に植立して，その周辺に小型歯が群在する場合もある．さらに，タイ類では同一顎骨上でも前方では犬歯状歯であるが，後方では粒状歯であり，しかも中央部のものがほかの歯より大きい場合もみられる．これらの魚類の歯は，体長の伸長にとも

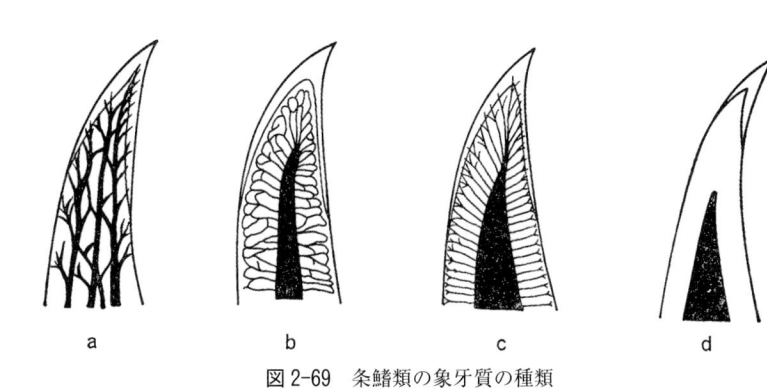

図 2-69 条鰭類の象牙質の種類
a：骨様象牙質，b：脈管象牙質，c：真正象牙質，d：均質象牙質

なってほぼ終生伸長し続ける．

　サケ科，メダカ，アユなどの成魚においては，オスの歯はメスのものに比べて大きく，また，チョウチンアンコウのオスはメスに外部寄生するため咬着する歯が発達している．このように一部の魚種では歯の大きさや分布様式に性差が認められる．

(3) 歯の硬組織

　魚類の歯は通常 2 種の硬組織，すなわち象牙質とエナメロイドおよび軟組織である歯髄 dental pulp から構成されている．量的にはエナメロイドは薄膜状か，歯の先端部をわずかにおおうようにかなり制限されている．加えて，歯を下部の骨に付着させる組織があり，これらは骨様組織であったり，結合組織であったりする．

ⅰ) 象牙質

　象牙質は動物体の特定の場所に存在し，脊椎動物の歯や軟骨魚類・板皮類および無顎類などの外骨格の構成組織である．象牙質は象牙芽細胞により歯乳頭中に求心的に形成される．従来，魚類の歯や鱗における象牙質は，驚くほど多様性に富んでいるために，それぞれで特殊な名称がつけられてきたが，現在では整理して象牙質をつぎの 4 型に区分している．すなわち，骨様象牙質，脈管象牙質，真正象牙質および均質象牙質である（図 2-69）．それぞれの特性は以下の通りである．

　骨様象牙質は，象牙質中に多数の髄腔および細胞体を有するもので，梁柱(りょうちゅう)象牙質ともよばれ，骨の組織によく似た構造を呈する．その形成についてはさまざまな考え方がある．象牙質形成時に象牙芽細胞は一様に退却を始める．この際の後退方向が細胞によりまちまちで，互いに交錯したり，途中で中止したりする．その結果，象牙芽細胞の突起および細胞体自体が不規則に埋め込まれる場合が生じる．このように，骨組織と同様に細胞体が埋め込まれていることから，この象牙質を骨様象牙質という．この例はフグ・カツオ・スマなどにみられる．また，骨単位 osteon のような構造が歯髄表面に 1 個または数個形成され，この骨組みに沿って硬組織形成が進行する場合がある．この硬組織形成は中央の歯髄腔を中心に進行し，この管腔は象牙芽細胞，血管，結合組織を含んでおり，骨の髄腔を満たすものと同じである．これは，カワカマスで観察されている．さらに，カマス・マグロ・ムツなどでは，歯髄腔に相当する部位が，歯の長軸に平行な骨梁によって満たされている．この骨梁の間隙，すなわち髄腔は骨芽細胞，血管，結合組織で満たされており，前述

のカワカマスの場合に似ている．以上のように，骨様象牙質の形成および類型は多様であり，不統一な要素が多いが，骨組織に似た構造を呈するという点では共通である．

脈管象牙質は，象牙質中に血管を有することからこのようによばれている．脈管象牙質の基質は均一である．血管象牙質ともよばれる．象牙芽細胞は極度に分極化し，円柱状となって歯髄腔壁に配列する．この象牙芽細胞は細胞突起を基質分泌面に出している．十分に発達した脈管象牙質は，歯髄から発して象牙質内へ放射状に入り込む血管を有している．これらの血管は小管内を通るが，この小管は象牙質内で分岐し，その分岐は互いに吻合している．この脈管象牙質の発達程度はさまざまで，歯髄腔の全面を取り巻いている場合（タラ科）や下半分に限局されている場合（カレイ科）などがある．これら脈管象牙質がよく発達しているタラ科やカレイ科の骨組織は，無細胞性であるために，体液中のCaやPイオン濃度の平衡状態を維持するための流動が簡単ではない．この動的平衡を補うために脈管象牙質がその一役を担っているのかもしれない．脈管象牙質は，タラ科（マダラ・メルルーサ *Merluccius*），カレイ科のほか，サケ・ベニマス・カワハギ・ニザダイなどでも観察されている．1歯あたりの血管の本数は魚種によって異なり，また血管の直径も魚種によって10〜50μmの範囲を変動する．

真正象牙質は均質層をなし，歯髄から放射状に象牙細管が出て象牙質の全層を貫いており，細管象牙質ともよばれている．その基質は均一で，石灰化も均一に起こる．象牙芽細胞は極端に分極化され，円柱状を呈し，その細胞体は常に歯髄表層に存在し，象牙質の全層を貫いているのは細胞突起である．すなわち，象牙細管を形成することになる．基本的に，哺乳類の真正象牙質と同じ構造である．この象牙質は，象牙細管の走行の仕方によって3つの型に区分する場合がある．

①原始型：細管の太さが不規則で側枝が多い．

②中間型：細管は規則正しく象牙質の全層を貫通する．

③進歩型：象牙細管が高度に石灰化した管周象牙質で取り囲まれる．

多くの魚類にみられる真正象牙質は，通常中間型に属する．

以上の3型のほかに，つぎのような象牙細管を有する象牙質もみられる．

皺襞象牙質は，現生のガーパイクなどにおいてみられ，放射状に分岐した歯髄ごとに放射状に象牙細管が発達する．

均質象牙質は，形成された象牙質が無構造で均質であることから名付けられた．ホンサバ・ゴマサバ・マス・アユなどでみられる．

真正象牙質中に骨細胞が埋入されている様相の骨性象牙質はアミアにみられる．

特殊な象牙質として，コイ科のハクレンの咽頭歯に，象牙質の中に板状の低石灰化帯が規則的に組み込まれた葉板象牙質 lamellar dentine（図2-70）が知られている（小寺ほか，2006）．

象牙質の類型を**表2-2**に示した．

ii）エナメロイド

下等脊椎動物におけるエナメル様組織に関する用語・定義は，象牙質の場合に比較してより一層混乱している．魚類の場合には，その有機基質は間葉性の象牙芽細胞分泌物質が主体であるが，上皮性エナメル芽細胞の分泌物を含むともいわれ，哺乳類の上皮性エナメル質に比べてその形成過程は複雑である．し

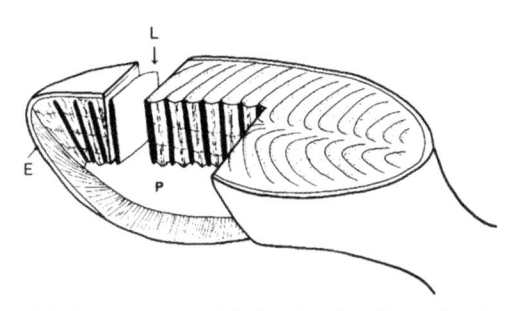

図2-70 ハクレンの咽頭歯の葉板象牙質（小寺ほか，2006）
E：エナメロイド，P：歯髄，L：低石灰化帯
上面の楕円形の咬合面は未咬耗ではエナメロイドがおおう（尖端側に示す），咬耗を受けると（基部側）黒色で示すLの低石灰帯が咬合面に現れ，小隆線となって特有の紋様が現れる

かし，完成されたものは鉱物質98％以上の高石灰化物であることや，歯の表層をおおっていることから，哺乳類のエナメル質にきわめて似ている．最近はエナメル質様物質，すなわちエナメロイドや間葉性エナメル質という用語が多く用いられているが，本書ではエナメロイドとよぶことにした．なお，哺乳類のエナメル質の鉱物質は，水酸リン灰石 hydroxyapatite であるのに対して，魚類ではフッ素リン灰石 fluorapatite である場合が多い点で異なっている．

魚類の歯の外層を構成するエナメロイドが，歯の全表層を占めるほどに発達している場合（マダイ・クロダイ・カワハギ・フグ・カワスズメなど），歯冠の先端部に限局して存在する場合（マサバ・マグロ・カツオ・ボラ・ボウズハゼ・マスなど），さらに全く欠いている場合（ベニマス・マスノスケ）もあり，魚種によりその分布領域は変異に富んでいる．このほか，歯の先端部に帽子状に帽エナメロイドをもつ場合，歯の側壁部に襟エナメロイドをもつ場合（タイ・ベラ・カワカマス・ウナギなど）もある．

魚類のエナメロイドは，その組織構造から

表2-2 条鰭類の象牙質の種類

真正象牙質	均質象牙質
タイ	マス
イシダイ	ホンサバ
ブダイ	ゴマサバ
コイ	カレイ
オイカワ	アユ
カワムツ	脈管象牙質
アブラハヤ	タラ
ソウギョ	サケ
タナゴ	ベニマス
トウマルヒガイ	マダラ
カマツカ	メルルーサ
フナ	カワハギ
マスノスケ	ニザダイ
イシガレイ	骨様象牙質
メバル	マフグ
サバ	ゴマフグ
アマダイ	クサフグ
マダイ	カツオ
イトヨリ	カマス
ベラ	マグロ
スズキ	ヒラメ
ウマヅラカワハギ	スマ
ポリプテルス	ムツ
葉板象牙質	カワカマス
ハクレン	

有管エナメロイド tubular enameloid，線維性エナメロイド fibrous enameloid および均質エナメロイド（無構造エナメロイド）homogeneous enameloid に区分される場合がある．有管エナメロイドをもつ例は多く，イシダイ・ブダイ・マダイ・カンダイ・カワハギなどにみられ，均質エナメロイドはサバ・カツオ・マス・ムツなどでみられる．魚類の歯は円錐形できわめて小さい場合が多く，歯の外層におけるエナメロイドの存在またはその性状についての研究は困難をきわめている．なお，条鰭類でもガーパイクなどでは，歯の先端部にはエナメロイドがあるが，側壁部には上皮性のエナメル質が存在するとされている（Ishiyama et al., 1999）．

(4) 支持様式

　魚類の歯はさまざまな方法で口腔および咽頭領域の骨に付着している．大部分の魚類では，歯の下部に位置する骨の頂上に付着する端生性骨性結合や線維性結合が主体である（図2-71）が，特殊な例として歯根部を歯槽様の凹みに入れる槽生性結合もみられる．魚類の歯と骨との結合にはさまざまな様式があって，通常，歯は直接骨には付着しないで，別個の石灰化中心をもつ骨様組織が両者間に介在したり，結合組織によって結合されたりする．この場合，下部の有歯骨はその付着面に突起または隆起を形成している．

　魚類の歯の付着はさまざまな方法で行われ，基本的に4型に分類することができる（図2-72）．

　①線維性結合 fibrous attachment：歯根端と下部の骨の間に線維が存在し，両者間にはかなりの距離がある．

　②蝶番性結合 hinged attachment：靱帯により歯根部は下部の骨と結合され，可動性がある．

　③骨性結合 ankylosis：下部の骨と骨性癒着し，固定されている．

　④槽生性結合 thecodont attachment：下部の骨の浅い溝にはまり込む．

　骨性結合の場合には，歯と骨の間に象牙質と骨組織の中間型を呈する別個の骨様組織が形成されることが多い．これを歯足骨 pedicle または付着骨 bone of attachment とよんでいる．しかし，象牙質，歯足骨，骨の3者はやがて結合して，互いの境界は不明瞭となることが多い．この骨性結合の歯が脱落するときには，歯足骨の部位で吸収されるが，その後，新しい歯の形成が進むと，歯足骨はふたたび新しく形成される．なお，線維性結

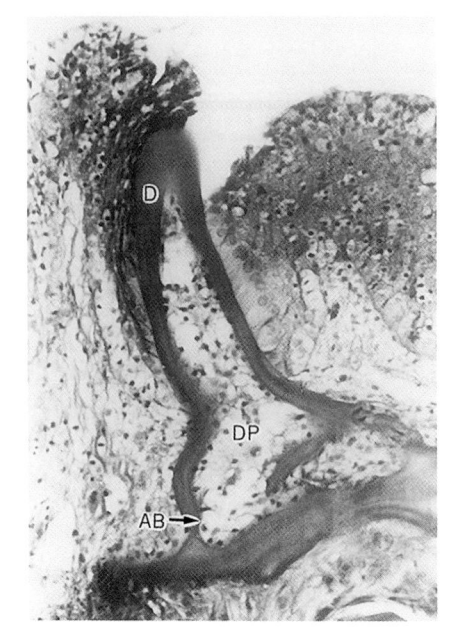

図2-71　アユの咽舌骨歯の組織像（駒田，1978）
D：象牙質，DP：歯髄，AB：付着骨（歯足骨）

合に分類される場合にも，ハコフグのように象牙質の形成に続いて歯足骨が形成され，歯足骨と下部の骨とが線維性結合する例がある．これらを歯足骨性結合 pedicellate attachment とよぶこともある．魚類でもっとも普遍的にみられるのは骨性結合である．しかし，形成初期には歯の基底部と下部の骨との間に結合組織が介在していて，しばらくその状態が維持されるが，歯の成長が完了すると最終的には骨性結合をする例も多い（カレイ科・ニベ科など）．一方，アンコウやマエソなどの歯では，典型的な蝶番性結合をしている（図2-86, 87参照）．歯に一定方向の力が加わると（餌を飲み込もうとしたとき），蝶番のように一定方向—咽頭・食道方向—に倒れ，力が取り除かれると歯はふたたびもとの位置に戻る．さらに，歯は靱帯とは反対側で顎骨と強力な接合点をもっているため，捕らえた餌が逃亡しようとしたときには，靱帯との共同作業によって歯が垂直方向よりも前方へ倒

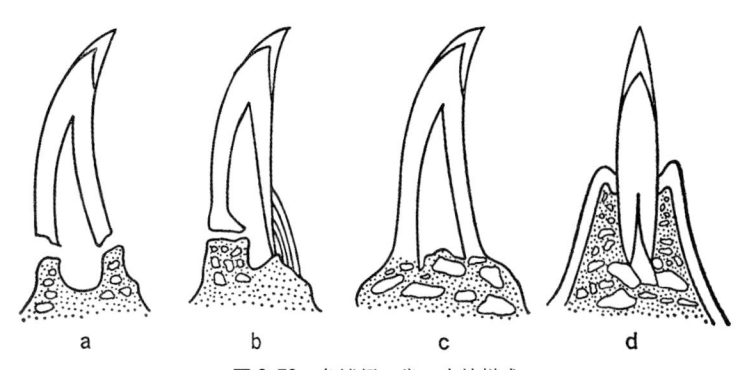

図 2-72 条鰭類の歯の支持様式
a：線維性結合，b：蝶番性結合，c：骨性結合，d：槽生性結合

れないようにして逃亡を防いでいる.

これらの支持様式は，同一魚種においても成長にともなう食性の変化を反映して変わることがある．アユでは稚魚期のプランクトン食の時代は，円錐歯は下部の骨と骨性結合している．しかし，成魚期の河床着生藻類食になるときに形成される板状歯（削る機能をもつ）は，結合組織内に配列し，顎骨と湾曲した細長い骨でゆるやかな骨性結合をしている．その結合状態をみる限り，機能的にも線維性結合と考えざるをえない．また，カマスやベラでは，歯の付着面を大きくし，しかも顎骨の溝にはまり込んで，硬い餌をとるときの圧力を分散させて衝撃を少なくするために，いわゆる槽生性結合となっている．この場合，歯槽は哺乳類でみられるように深いものではなく，溝はきわめて浅い．そしてそれらの歯は周辺の骨と骨性結合していたり，線維性結合したりとさまざまである．すなわち，この骨にある溝を歯槽とみなさなければ，歯は骨性結合か線維性結合のいずれかに分類されることになる．

われわれに身近な数種の魚類の歯の結合様式を表 2-3 に示した．

(5) 咽頭歯および咽頭咀嚼板

多くの魚類においては，鰓弓上に多数の微

表 2-3 条鰭類の歯の支持様式の類型

線維性結合	蝶番性結合
マスノスケ	アンコウ
ベニマス	マエソ
カワハギ	タラ
アユ（櫛状歯）	マハゼ
サケ	ツチホゼリ
骨性結合	トラウツボ
マス	キンカジカ
ヒラメ	カマキリ
メナタガレイ	オニカジカ
サバ	ホウボウ
カツオ	オニオコゼ
マグロ	アセメカサゴ
アユ（円錐歯）	タケノコメバル
アマゴ	クロイソ
イワナ	トゲハスズキ
ワカサギ	ブリ
ニジマス	カンパチ
ヘダイ	ギス
タイ科	ウナギ
ニベ科	ブルーギル
カレイ科	オオクチバス
ボラ	コクチバス
ミズウオ	槽生性結合
コイ科	ベラ（線維性結合）
ウツボ科	カマス（骨性結合）
アミア科	鱗骨類（骨性結合）
鱗骨類	カムルチー（骨性結合）
多鰭類	

小な歯が配列している．そのなかでも短小化の著しい第 5 鰓弓は下咽頭骨 lower pharyngeal からなり，歯を有することが多い．こ

れら咽頭歯はコイ科およびドジョウ科で発達が顕著で，外形，大きさ，数および配列の様式はそれぞれの種類で特異的であるために，1つの重要な分類形質として用いられている．

コイ科の口腔に歯は存在しない．コイ科では1～3列の咽頭歯を有し，ドジョウ科では1歯列存在する．コイ科では中央歯列がもっとも歯数が多く，しかも大きい．歯式によって歯列数と歯数が表現されることがある．たとえばコイの歯式は，1・1・3—3・1・1または，

$$
\begin{array}{cccccc}
 & & A1 & A1 & & \\
C1 & B1 & A2 & A2 & B1 & C1 \\
 & & A3 & A3 & &
\end{array}
$$

で表される．左右の各側に3歯列あり，中央歯列に3本，他側の2歯列に1本ずつ植立していることを示している（図2-73）．しかし，魚種によっては左右が対称でない場合もみられる（オイカワ1～2・3～4・4(5)—3～4・3・1，カマツカ2(1)・5(3)—4～5・2）．また，個体変異もみられる．一方，これらの歯の形，とくに歯冠の先端部の形状はさまざまであり，食性を反映していることや系統の観点で興味がもたれる．

一般的に，歯を有する下咽頭骨は，対応する上咽頭骨の歯に対合して機能する．コイ科では上咽頭骨に歯がなく，代わりに底後頭骨 basioccipital の咽頭突起上に咀嚼板 masticating plate を形成してその目的を果たしている．この咀嚼板は，咽頭突起をおおう上皮が角化して形成された角質層で構成されており，これら下部の骨と咀嚼板の間には結合組織の基底層があり，咀嚼板自身は弾力性を有している．ドジョウ科では咀嚼板は形成されずに，角質の乳様突起または肥厚した粘膜である角質板が下咽頭骨歯に対応している．な

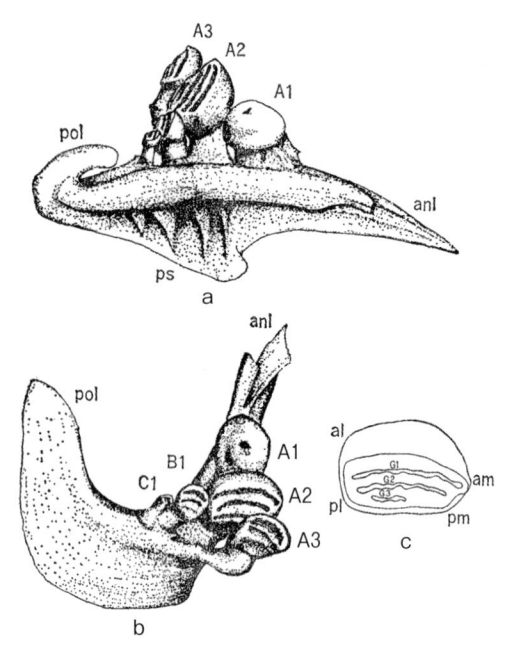

図 2-73　コイ成魚の咽頭骨と咽頭歯（小寺，1982）
a：右咽頭骨の外側面観，b：左咽頭骨の上面観，c：A2歯の咬合面観
anl：前枝，pol：後枝，ps：有孔面，am：前内側隅角，pm：後内側隅角，al：前外側隅角，pl：後外側隅角，G1～3：咬合面溝

お，コイ科における最初の咽頭歯の形成は孵化前であり，この時期には針状を呈しており，決して機能しているようにはみえない．そして，これらは数回の交換後に成魚の特徴的な形態をした咽頭歯となる．魚類全般をみたとき，時として咽頭歯の発達は顎歯の発達と反比例しているように思われる．すなわち，顎歯の発達しているものでは咽頭歯の発達が不良であり，またその逆の場合もある．

(付)「**食道歯**」

魚種によって，咽頭の後端に存在する食道嚢 esophageal sac に歯を有する場合がある．食道嚢は咽頭の直後の膨大部として左右1対の腎臓形，または前後方向の長楕円体の形をしている．食道嚢の内面にはポリープ状やヒ

ダ状の突起があり，その突起の内側のさまざまな形の骨上に微細な円錐形の歯が配列している．これらの歯を「食道歯 esophageal tooth」とよんでいるが，食道に存在する歯ではなく，咽頭の一部である食道嚢に存在する歯で，咽頭歯の一部である．食道歯の発生および組織は，咽頭歯や顎歯と同じである．食道歯は，イボダイ・マナガツオ・メダイ・ハナビラウオなどにみられる．

(6) 歯の交換

魚類の歯は多生歯性であり，一生の間に何回も生えかわる．一般に，古い歯の近くで口腔上皮から歯堤が索状に陥入して，その先端に新しい歯胚が形成される．歯胚が大きく成長すると，古い歯の歯髄へ通ずる血管を圧迫するようになる．その結果，古い歯の歯髄は神経とともにゆっくりと萎縮していく．一方，破骨細胞は歯の基底部で歯足骨を吸収し，そのために歯は些細な物理的衝撃によって脱落する．

餌を口部・歯系によって捕獲して生活する魚類において，歯が脱落することによってその機能を果たせなくなっては生きていくことができない．カマス科では脱落は1つおきの歯で起こり，ワカサギでは脱落歯のすぐ後方で歯胚が形成される率が非常に高い．これらを歯列全体としてみれば，常に機能が果たせるようになっている．歯の脱落・形成の時期や頻度は，季節によって影響される場合や成長段階に深く関連している場合がある．たとえば，ウナギ科では幼魚の歯は変態期にいっせいに脱落し，歯がない期間が存在する．アユでは3～4月の河川遡上期前期に顎上から歯が脱落し始める．ワカサギでは若魚期に歯の脱落頻度が高い．アユやワカサギは一年でその一生を終えるが，産卵期を迎えてもなお顎骨上に歯胚の形成が継続されている．この場合，一般的に若魚期よりはかなり歯の交換が不活発であるが，なかには活発さが維持されているものもいる．これらは年を越して2年魚として生息するグループであろうと推測されている．

通常，魚類においては，口腔の骨上に多数の微小な歯が群をなして植立しているが，この場合には発育段階の異なる歯が機能歯として列をなして植立している．なお，ごく一部の歯槽を形成する魚種（ブダイなど）では，新しい歯が古い歯を歯槽の外へ押し出す様式で交換するものもある．

(7) 歯の摂餌適応

魚類の歯の形態，分布，数，大きさなどは種類によって著しく変異に富んでいる．これら魚類の摂餌器は，餌となる動物の進化に対応してさまざまに分化したと考えられる．

魚類の食性はつぎのように分類されている．微小プランクトンを食する，すなわち，微小プランクトンを濾過する―イワシ類・コノシロ類，遊泳中に丸飲みする―マグロ類・メカジキ類・ブリ類，吸い込む―タツノオトシゴ類・ヤガラ類などでは，著しく微細な歯が痕跡的に存在するか，または欠如している．

大型魚を食する底生魚―エソ類・ウツボ類・カマス類・タチウオ類・アンコウ類などや中下層魚―ミズウオ・ワニトカゲギス・ヤリエソ・ミツマタエソなどでは，犬歯状の鋭い歯が発達している．

岩などに付着している貝類などを食い切る場合には，餌は逃亡しないため切歯状歯が適している．フグ類やカワハギ類では嘴状歯または切歯状歯が発達している．さらに岩などに固着している貝類やフジツボなどを咬みちぎり砕くには，臼歯状歯または半球状の粒状

歯が適しており，イシダイでよく発達している．マダイやオオカミウオの顎後方の歯も臼歯状で，すりつぶすのに用いられる．

また，咽頭歯の形状も食物の性状と深い相関がある．一般に，肉食性のものは鉤状であり，草食性のものは臼歯状である．ベラの咽頭歯は癒合して板状を呈し，カニ類や貝類を砕くのに都合がよい．ツノガレイの歯は臼歯状で貝類を，ブダイでは敷石状で海藻をそれぞれ食するのに適している．

しかし，魚類全般からみれば，餌の形や種類と歯の形の間に明瞭な相関関係はあまり認められない．これは，魚類の食性がかなり広いことに関係しているように思われる．すなわち，魚類では餌の種類がさまざまであるため，単に歯のみならず，消化管および消化腺，感覚器官においてもさまざまな程度に適応現象がみられる．

歯が特殊化し，さらにその食性の範囲が限定されている場合には，両者間でかなりの相関関係がみられる．われわれの身近な魚類でその例をみると表2-1に示した通りである．

(8) 数種の魚類の歯

条鰭類において，その食性を反映し，種・属の特性をかなり明瞭に示している身近な数種の魚類の歯について述べる．

ⅰ) 軟質類（上目）-チョウザメ類

軟質類 Chondrostei のチョウザメ目 Acipenseriformes の口は小さくて下方に位置し，横に開口している．一般に歯は存在しないといわれている．しかし，同じ仲間の体長14cm程のヨーロッパ産のコチョウザメ *Acipenser ruthenus* では口蓋部および咽頭起部に微細な小歯が2列ずつ植立し，その歯の発生様式は軟骨魚類の皮小歯と同様であるといわれている．けれども，これらの小歯はいずれも粘膜によって歯冠部がおおわれており，外観上は萌出することなく機能しない様相を呈している．さらに，成魚では小歯の存在は確認されていない．これらのことから，コチョウザメの歯は幼魚期にのみ形成される一過性のものであり，機能しないものとも考えられる．現在のところ，日本周辺に産するチョウザメでは歯の存在は報告されていない．

ⅱ) 全骨類（上目）―アミア

全骨類 Holostei アミア目 Amiformes のアミア *Amia calva* の歯の最大の特徴は，多数の小歯群中に大型の円錐歯が混在していることである．前顎骨・下顎骨・鋤骨・口蓋骨上に歯が分布している（図2-74）．

咽頭の歯は，口腔の歯より小型で円錐形を呈し，鰓弓骨格上に骨からやや遊離している無数の小さい骨片上に群生する．これらの骨片は，鰓弓面の頂上で鰓弓長軸に沿って並ぶ骨片（歯板），鰓耙骨，それらの間に散在する小歯板に分けられるが，鰓弓により，また同じ鰓弓内でも，大きさ・配列・分布密度に違いがある．骨片は，咽頭骨と角鰓骨上のものが発達しており，第三咽鰓骨では多数の骨片が外側から内側へ扇状に広がって一団となり，そこに植立する歯は大きく，先端を食道側に向けている．第五角鰓骨上とそれにはさまれた正中部に，前後に並び，やや大型の多数の骨片に植立する歯も，同様に先端を食道側に向けている．

歯の構造は，口腔の歯も咽頭領域の歯も基本的に同様で，エナメロイド・象牙質・歯髄からなり，骨性結合により基底の骨に植立する．エナメロイドは，深層部に象牙細管の延長を含む．象牙質は，象牙細管に直交して配列する"骨細胞"を含む骨性象牙質である．

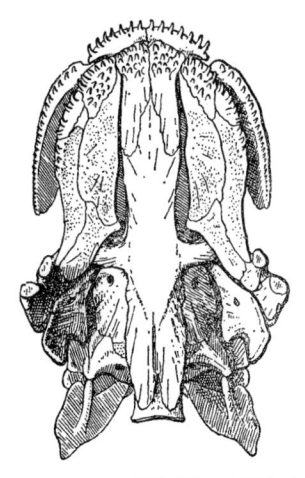

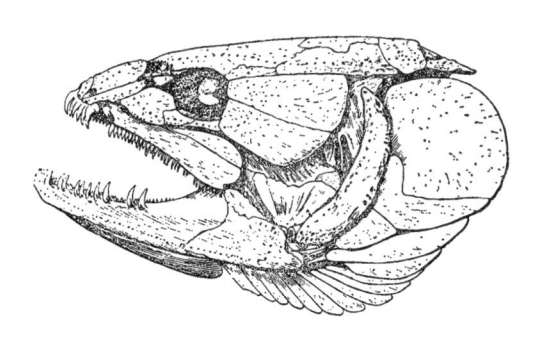

図 2-74 アミア *Amia calva* の頭部の腹面と側面（Goodrich, 1909）

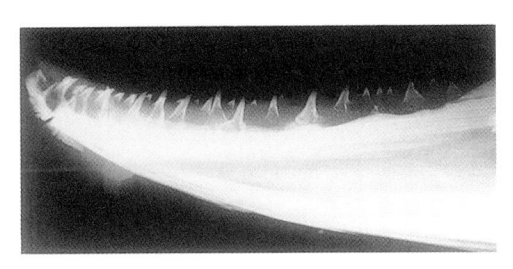

図 2-75 ニジマスの若魚の歯骨のエックス線写真
歯胚と機能歯（歯骨と骨性結合する）がみられる

iii）真骨類（上目）

①サケ科

真骨類 Teleostei サケ目 Salmoniformes サケ科 Salmonidae の口腔における諸形質, すなわち骨の形・大きさ・歯の分布・歯数などはかなりの幅で変異し, 種類によって重複もしている. これらのことから, サケ科はまだ形質分化が十分に進行していないともいえる. 一方では, これらの諸形質は重要な分類形質の1つとなっている. 前顎骨, 上顎骨, 鋤骨（頭部・柄部）, 口蓋骨, 歯骨, 咽舌骨, 上下咽頭骨および鰓耙骨上に円錐形の歯が存在している. これらの歯は最終的には基底の骨と骨性結合をする（図 2-75）. 歯冠部は鋭く尖り, 咽頭・食道方向に向いている.

これらの歯ではエナメロイドは観察されず, 象牙質は象牙細管を有さない均質無構造の均質象牙質である. しかし, 先端表層部では象牙質が石灰化度を増している（この層をエナメロイドと称することもある）. 孵化後1〜2週間で歯胚が形成され始め, 卵黄吸収の完了するころに成魚とほぼ同じ分布を示す. これらの歯のなかで属や種の特性をよく表すのは, 口蓋骨および鋤骨の形態ならびにこれらの骨上における歯の配列状態である. なお, 顎歯の大きさに性差もみられる（図 2-76）.

②アユ

キュウリウオ目 Osmeriformes キュウリウオ科 Osmeridae のアユ *Pecoglossus altivelis* では, 稚魚期（動物プランクトン食）と河川へ遡上後の成魚期（河床着生藻類食）の歯は, 基本的に異なる. 稚魚期の歯は捕獲機能を有し, 鋤骨, 口蓋骨, 中翼状骨, 歯骨, 咽舌骨, 基鰓骨, 上下咽頭骨上に分布し, その形態は円錐形で歯冠は鋭く尖って咽頭方向に傾いている. これらの歯は基部の骨と骨性結合している. 歯の形成は体長20〜25mmに達した頃に開始され, 体長40〜45mmで完成する. しかし, 体長50〜55mmに達すると早くも鋤骨・口蓋骨・歯骨上の円錐歯が脱落し始める

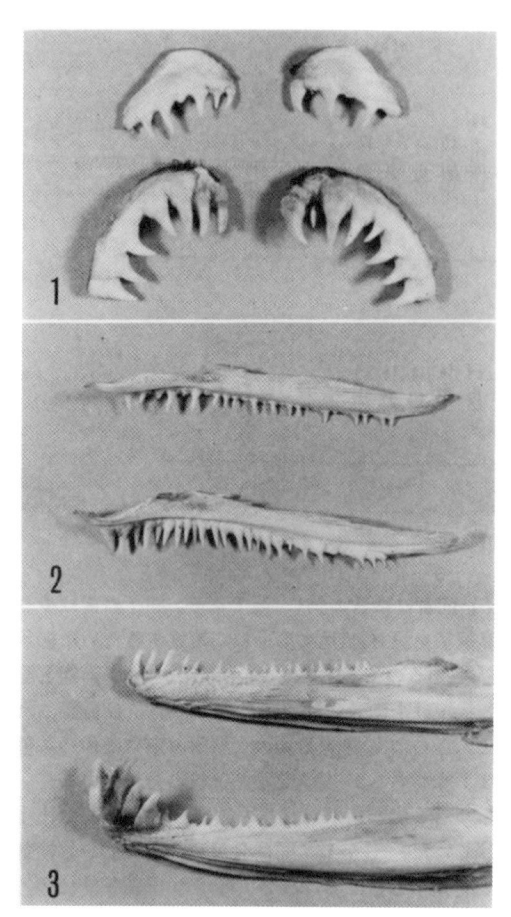

図 2-76 サケ成魚の前顎骨歯 (1), 上顎骨歯 (2), 歯骨歯 (3) (すべて, 上がメス, 下がオス)

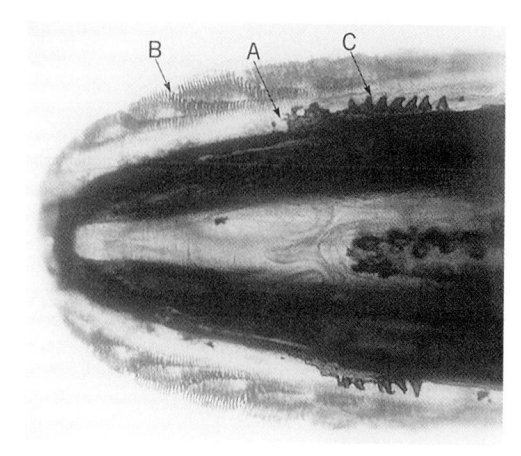

図 2-77 アユの稚魚の下顎で歯が稚魚型から成魚型へ移行する状態
A：歯骨歯の前方の小型歯群が脱落中, B：成魚型櫛状歯, C：歯骨歯の後方の大型歯群

(図 2-77). この脱落時期は海産アユと湖産陸封アユの間で異なり, 前者は後者よりも早く脱落する.

　一方, 成魚型歯系の櫛状歯の歯胚形成は, 体長約25mmの頃に上下顎の外側で始まり, その開始時期は稚魚型歯系の場合とあまり差はない. しかし, その萌出はかなり遅れ, 体長40mm以上に達した頃, 歯列前方から開始される. 稚魚型歯系の歯骨歯は1歯列状に配列するが, 前方の小型歯群と後方の大型歯群に大別される. 前方の小型歯群における歯胚形成は, 前・後部で早く, 両側から中央に向かって進行する. しかし, 後方の大型歯群では小型歯群後部側から順次後方へ進行する.

　一方, 前方の小型歯群の脱落は, 前方から順次歯足骨および歯骨上縁の吸収によって起こるが, 大型歯群では基底部歯足骨のみの吸収で, 脱落が規則正しく後方へ進行する. この場合, 脱落が大半完了しても大型歯群の最後端では歯胚の形成がみられる. しかし, 脱落後は決して円錐歯の形成は行われない. その後, 歯骨ではふたたび骨形成が進行して, 成魚型の大型で強力な顎となる.

　成魚型歯系の櫛状歯は歯骨, 前顎骨および上顎骨の外側縁の結合組織中に形成され, おのおのの歯列ははじめのうちは顎骨に交差する状態に配列している. しかし, やがて平行に並び, 岩石上の藻類を削るのに適した配列をするようになる. 櫛状歯は, 25〜30本の板状歯 (分離小歯) で構成される歯列が, 上顎で左右に13〜15歯列, 下顎で左右に12〜14歯列配列することによって形成される (図2-78〜80). 顎上ほぼ中央に位置する歯列の歯がもっとも長い. これらの一部は石灰化した索状構造物で骨と結ばれるが, その距離は

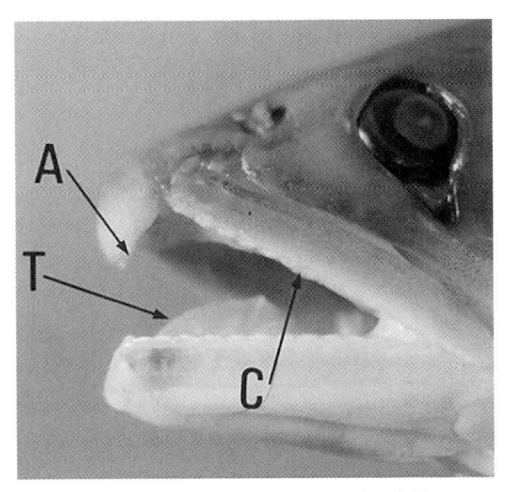

図2-78 アユ成魚の口部・歯系の状態
A：門歯，C：櫛状歯（藻類を食む），T：舌唇（削った藻類を食道へ送り込む）

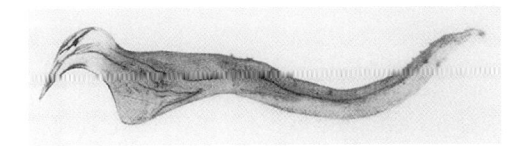

図2-80 アユの櫛状歯を構成する板状歯（分離小歯）
全歯長2.5mm，左が歯冠部，萌出部長0.2mm

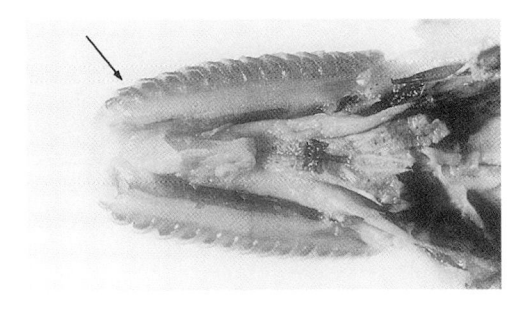

図2-79 アユの成魚の上顎（上）と下顎（下）
口腔底に，削り取った藻類を食道方向へ送るための舌唇が発達している．矢印は櫛状歯を示す

遠く，基本的には線維性結合といえる．櫛状歯によって藻類を削る際に口は開かれる．そのとき靭帯の働きで，口腔底に発達したアユ特有の舌唇が起立する．そして，藻類を削り取ったのち閉口すると舌唇は後方へ倒れ，藻類（餌）は咽頭部へ送られる．この舌唇は体長60〜70mmの頃に口腔内に形成され始め，櫛状歯がほぼ完成する頃と同じくして完成し，口腔底全面をおおうようになる．この頃には咽舌骨や基鰓骨上の歯は外部からはみえなくなる．上下顎ともに左右の顎骨は前端部で分離している．顎骨自体に可動性があり，藻類を削り取るのに好都合である．上顎前端にある肉唇の内側下縁には7〜13本のサジ状の門歯が横1列に植立しているが，脱落・消失している場合も多い．これらの歯は均質象牙質が主体で，その外層はやや高度に石灰化しており，この層をエナメロイドと称することもある．

③ワカサギ

ワカサギ *Hypomesus transpacificus* は，分類上，アユに著しく近く，同じキュウリウオ科に属する．

ワカサギの口部—咽頭を構成する骨格のうち，前顎骨，上顎骨，鋤骨，口蓋骨，中翼状骨，歯骨，基鰓骨，舌咽骨，さらに咽頭骨上に小さな円錐歯が植立している．これらの歯系は，稚魚期のアユときわめてよく似た分布を呈し，さらにその構成要素もエナメロイド，象牙質，歯髄でも同じである．本種はアユと異なり，その食性は成長にともない小型から大型の水生動物に変化するが，一生を通じて動物食であり，アユのように動物食から植物食に大転換することはない．このことに関連して，歯系も稚魚期〜成魚期を通じて歯を交

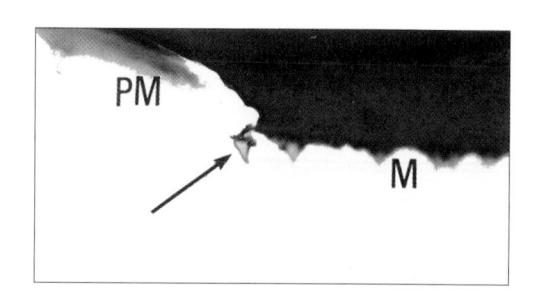

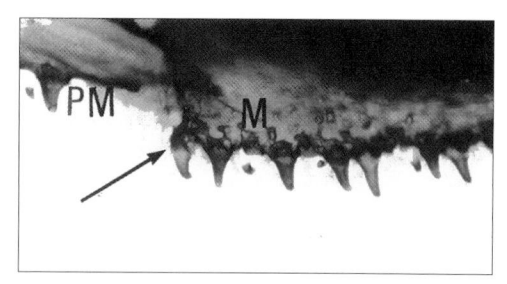

図2-81 ワカサギの上顎骨歯の脱落状況
M：上顎骨，PM：前顎骨歯，矢印：脱落中の歯

換しながら連続的に変化する．しかし，ワカサギの稚魚期の上顎骨上の歯の脱落は，例外的に歯の基部を含めた下部骨の吸収により前方から後方へと順次進行する（図2-81）．この事象は，アユの稚魚における場合と同様であり興味深い．アユでは，この時期には顎骨が直線化，大型化し，歯系の形態も河床の岩石上の着生藻類を食べるのに適した櫛状歯に変化する．すなわち，この時期を境に顎骨も歯系も転換するのである．ワカサギの場合には，顎骨を稚魚型の湾曲したものから大型・強化したものにして，大型の餌物を獲得するのに適した状態へ転換しており，アユとよく似た様相を呈する．

なお，大半のワカサギは1年で一生を終えるが，一部は2年魚へ生き残るものがいる．これらの越年ワカサギは成熟期に達しても，歯胚の形成速度は減少することなく維持される．

④アジメドジョウ

アジメドジョウ *Niwaella delicate* はコイ目 Cypriniformes ドジョウ科 Cobitidae に属し，コイ科魚類と同様に口腔に歯を有さず，歯は咽頭にのみ存在する．本種は，主として中部地方の山岳地帯の大・中河川に生息しており，餌は河床の岩石に付着する藻類で，これらを口唇により剥ぎ取って食する．このために，口唇部は著しく角化が進行し，肥厚している．下咽頭骨上における歯の歯胚の形成は，孵化後20日ごろから開始され，30日齢に達すると下咽頭骨と骨性結合する歯も出現し，さらにその後，歯の数は増加し分布域も拡大する．歯胚の形成にやや先んじて，咽頭歯に対応する上咽頭部で上皮の肥厚が始まり，表層の細胞は角化が進行し，角質板が形成されるようになる．この角質板と上咽頭骨の突起の間には横紋筋が介在している．

歯の先端部は下層より石灰程度の高い層，エナメロイドでおおわれており，その下部は象牙質と歯髄から構成されている．咽頭歯は一側の下咽頭骨上に12〜13本で，その歯列の近位部は小型歯で，遠位部は大型歯で構成され，若魚期には後者は前者の1.7〜1.9倍の長さで，成魚期に至ると約1.4倍となる．これらの歯は先端部を咽頭方向に湾曲させて植立している．左右下方から咽頭歯列，そして上部からは角質板により咽頭周囲を取り囲み，摂餌機能を果たしていると思われる．一般に藻類食といわれる本種における咽頭歯の役割は，稚魚期〜成魚期を通じて，着生藻類のみならず，ユスリカ類なども日常的に捕食することにあると思われる．

⑤ウナギ

ウナギ目 Anguilliformes ウナギ科 Anguillidae のニホンウナギ *Anguilla japoni-*

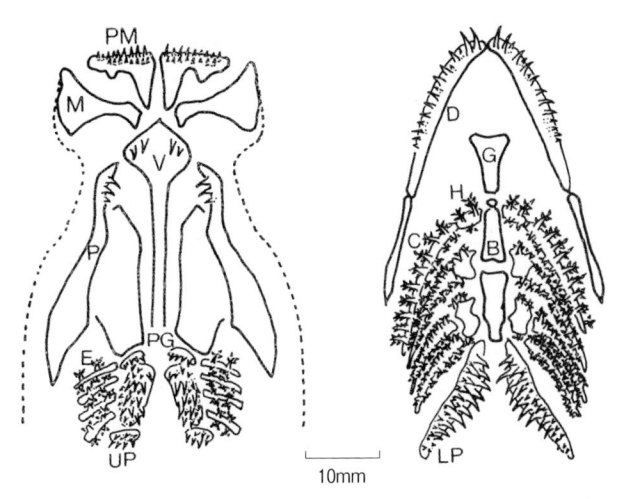

図 2-82　ブルーギル成魚の上顎（左）および下顎（右）の歯の分布状態
B：基鰓骨，C：鰓骨，D：歯骨，E：上鰓骨，G：基舌骨，H：下鰓骨，LP：下咽頭骨，M：主上顎骨，P：口蓋骨，PM：前顎骨，UP：下咽頭骨，V：鋤骨

ca の幼魚期（変態前）には顎骨上に円錐歯（幼歯とよばれている）が形成されているが，全長52～60mm の変態期にはこれらの歯は脱落する．その後，シラス期にはふたたび顎骨上に小歯が形成される．なお，この変態期は絶食状態にある．小歯はウナギの口腔の上顎骨，歯骨，鋤骨，および咽頭骨上に形成される．これらの小歯は3月上旬に日本列島に接近する体長50～60mm に達したシラスウナギの顎骨上に出現し始めるが，まだ大半が歯胚の状態でその数も少ない．しかし，河川を溯上し始める5月以後は，同じ体長でも歯は大型化し，その数も急激に増加する．

小歯の先端はエナメロイドでおおわれ，その下に象牙質と歯髄が位置し，それぞれの歯の先端は咽頭方向に強く傾いている．形成初期は線維性結合であるが，いずれ最終的には下部の骨と骨性結合をする．ウナギの幼魚期の顎歯の存在，脱落，そしてふたたび形成されるという変化は，動物プランクトンの摂取，絶食期（変態），そして河川への溯上後は小型動物摂食という食生活の変化を反映している．

⑥ブルーギル

スズキ目 Perciformes サンフィッシュ（バス）科 Centrarchidae のブルーギル *Lepomis macrochirus* は，近年日本に移入され，各地の河川や湖沼で著しく増加している外来魚の代表である．ブルーギルの成魚における口部—咽頭領域の前顎骨，歯骨，鋤骨，口蓋骨，下鰓骨，角鰓骨，鰓耙骨，咽頭骨さらに上・下咽頭骨上には小さな円錐歯が絨毛状に植立している（図2-82）．体長90～100mm の未成魚では口腔と咽頭に約30,000本もの小歯が確認されている．そしてこれらの小歯の長さは植立している場所によってさまざまで，最大は咽頭骨歯で約1.0mm，最小は鰓耙歯でその1/6～1/4程度である．歯の形成は体長8～10mm の頃に開始されるが，上・下咽頭歯がもっとも早い．

歯の構造は，歯の先端部を帽子状におおうエナメロイド，象牙質，歯髄からなり，下部

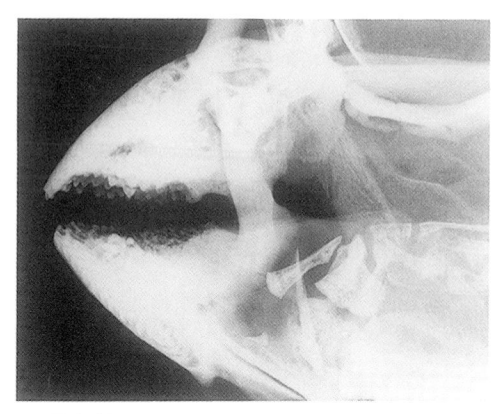

図 2-83 イシダイの上下顎のエックス線写真 嘴状を呈する

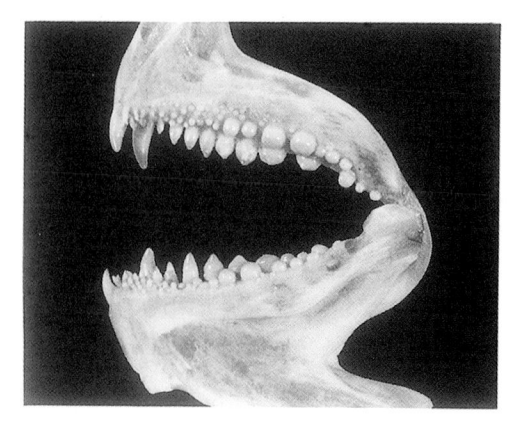

図 2-84 マダイの若魚の上下顎 顎骨上の位置によって歯の形が著しく異なる

の骨との固定様式は典型的な蝶番性結合である．その形態は細長いやや針状の円錐形をなし，歯の尖端部を咽頭方向に傾けている．

ブルーギルは一般的に小動物などの肉食を中心とした雑食性であるが，口部・歯系は口腔と咽頭腔を取り囲むようにびっしりと配列し，その食性に対応している．しかし，巻貝類などをも丸飲みすることもあり，その食性の広さには興味がもたれる．

⑦イシダイ

スズキ目イシダイ科 Oplegnathidae のイシダイ *Oplegnathus fasciatus* では，上下顎ともに嘴状の歯板が形成され，突出している（図 2-83）．上下顎に多数の歯が層をなして配列している．これらの歯は顎骨中に内包されて歯板となり，最前端の歯が萌出して機能する．萌出歯は成魚においては臼歯状であるが，稚魚期には小さくて鋭い犬歯状を呈している．これは，食性の変化を反映している．すなわち，稚魚期にはプランクトン（橈脚類）を食するが，その後雑食性となり，成魚期に達すると軟体動物や棘皮動物など硬い餌を食べるようになる．エナメロイドはよく発達しており，内層は真正象牙質で，顎骨と骨性結合している．

⑧スズキ

スズキ目スズキ科 Percichthyidae のスズキ *Lateolabrax japonicus* の歯は相対的に小さく，あまり発達していない．しかし，歯数は著しく多く，微小な円錐歯が密在している．前顎骨と下顎骨上には幅広い歯列，そして口蓋骨上には細長い歯列が形成される．鋤骨の前部では歯列が横走し，翼状骨の前外側では散在している．さらに，歯列は鰓弓や上・下咽頭骨上にも存在している．上顎における歯は前方のものが後方のものより大きく，鋤骨・口蓋骨上の歯は小さく均等である．また下顎歯は上顎歯よりも尖っていない．これら小歯の先端は咽頭・食道方向に向いており，餌を捕らえたり押しつぶしたりする．歯は下部の骨と線維性結合しているが，その固定は強固である．

⑨マダイ

スズキ目タイ科 Sparidae のマダイ *Chrysophys major* では，上顎骨および歯骨の前部に位置する歯は犬歯状であるが，中央部から後方部の歯は粒状または臼歯状を呈している（図 2-84）．前者は岩石などに付着している餌をかじりとるのに役立ち，後者は殻をつぶすのに用いられる．魚類では珍しく，

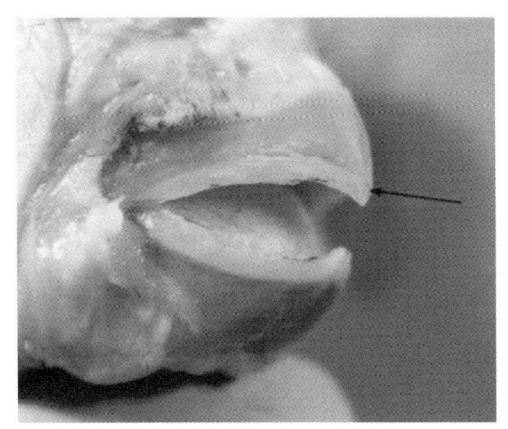

図 2-85　トラフグの歯
矢印は歯板（上下顎に左右 2 枚）．多数の顎歯を顎骨が包み込むように内蔵して歯板を形成する

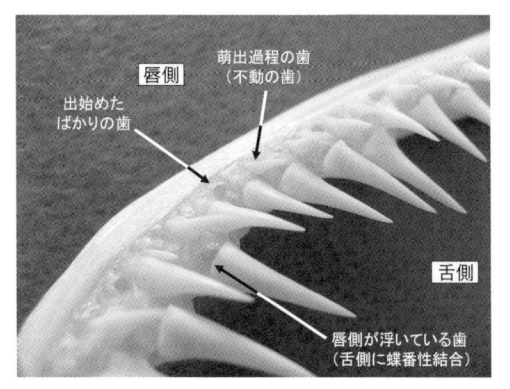

図 2-86　アンコウの歯の蝶番性結合（田畑原図）

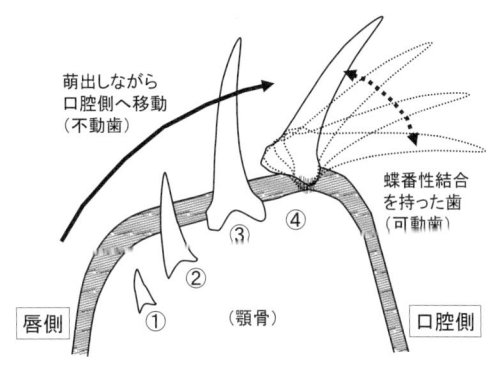

図 2-87　アンコウの歯の交換（田畑原図）

それぞれで機能分化がみられる．

⑩ トラフグ

フグ目 Tetraodontiformes フグ科 Tetraodontidae のトラフグ Fugu rubripes では，上下顎に左右 1 枚ずつ計 4 枚の歯板が形成されている（図 2-85）．これは露出した顎骨の内部に小歯を包み込んだもので，それぞれの小歯は厚いエナメロイドと薄い象牙質からなる．イシダイの歯板によく似ているが，顎骨の発達がより顕著であり，強力な切縁を呈する．

⑪ アンコウ

アンコウ目 Lophiiformes アンコウ科 Lophiidae のアンコウ Lophius litulon とアンコウ目チョウチンアンコウ科 Himantolophidae チョウチンアンコウ Himantolophus groenlandicus は，魚食性に適した歯系の代表である．

アンコウでは，前顎骨・歯骨・口蓋骨および咽頭骨上に歯が存在している．歯の形態は長く伸びた牙状で，先がとがりやや咽頭方向に湾曲している．歯の大きさおよび支持様式はさまざまである．口蓋骨歯，鋤骨歯および咽頭歯は下部の骨と骨性結合している．前顎骨歯や歯骨歯のうち外側部に位置する歯もまた骨性結合している．しかし，その他の歯，とくに下顎の後方部の牙状歯は，高く形成された歯槽突起縁に靱帯で結合されて，典型的な蝶番性結合をしている（図 2-86, 87）．捕らえた魚は決して逃がさない様相がわかる．

同じ仲間のチョウチンアンコウのオスの体長は，メスの 1/3〜1/13 の大きさで，メスに外部寄生生活をしている．このオスは，変態初期に上下顎前端部に数本の歯を別に形成する．その後，この歯の基底部は，吻部に上顎歯板 upper denticula および下顎前端に下顎歯板 lower denticula を形成する．一方では，前顎骨および歯骨上の歯を失う．こうして，

変態が終わる頃にはオスの顎歯は上下顎歯板のみとなる．オスはこの歯板によってメスの体に咬着して，その後は完全な外部寄生生活を送る．

（駒田　格知）

2）肉鰭類（亜綱）

肉鰭類 Sarcopterygii（内鼻孔類 Choanichthyes ともいう）は，条鰭類と並び硬骨魚類を構成する2つの大きな群の1つである．肉鰭類に属するものの多くは化石種で，デボン紀以降に認められる．現在ではきわめて少数種しか生息せず，生きている化石として知られている．しかし，肉鰭類から両生類が分化したと考えられており，脊椎動物の進化史の上では重要な位置を占めている．総鰭類 Crossopterygii と肺魚類 Dipnoi に二分される．

この類に属するものの歯の表層には，哺乳類のエナメル質と相同な上皮性エナメル質が認められ，肉鰭類はエナメル質の系統発生をたどるうえでも重要な位置を占めると思われる．体は円鱗，あるいは肉鰭類に特徴的なコスミン鱗でおおわれている．

(1) 総鰭類（目）

総鰭類の体の構造はきわめて両生類に近く，ここから両生類が分化したと考えられている．大きく扇鰭類 Rhipidistia（骨鱗類 Osteolepida ともいう）と管椎類 Coelacanthida に分類されるが，オニコドゥス類 Onychodontiformes を別にすることがある．

ⅰ）扇鰭類（亜目）

扇鰭類に属するものはすべて絶滅種で，デボン紀からペルム紀に生息した．そのほとんどが大型の淡水魚である．顎縁と，口蓋の鋤骨・口蓋骨・外翼状骨などに鋭く尖った円錐

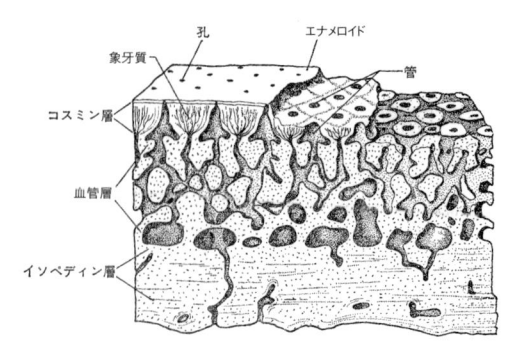

図 2-88　扇鰭類の *Megalichthys hibberti* の外骨格の構造を示す模式図（Goodrich, 1907）

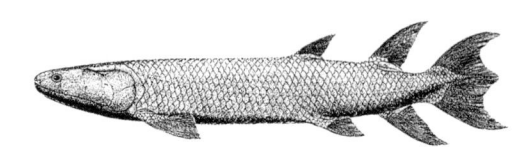

図 2-89　*Eusthenopteron foordi* の復元図（Jarvik, 1980）

歯をもち，牙状の歯もあることから，貪欲な肉食魚であったと考えられる．歯の断面には両生類の迷歯類にみられるような皺襞象牙質からなる迷路構造があることが多い．ただし，これを平行進化とする見解もある．

初期の扇鰭類である *Osteolepis* は，完全に骨化した頭蓋と，鋭く尖った多数の歯をもっていた．歯の断面に迷路構造はみられない．体表は菱形のコスミン鱗におおわれていた．コスミン鱗は骨（イソペディン）からなる基底層の上を，象牙質からなるコスミン層と薄いエナメロイドがおおっているもので，初期の肉鰭類に特有な形質である（図 2-88）．

Osteolepis より後に出現した *Eusthenopteron*（図 2-89）は，さまざまな点で両生類の祖先となるべき特徴をもっており，短い距離なら陸上を歩くこともできたと考えられている．大きな牙状の歯と小型の円錐歯を多

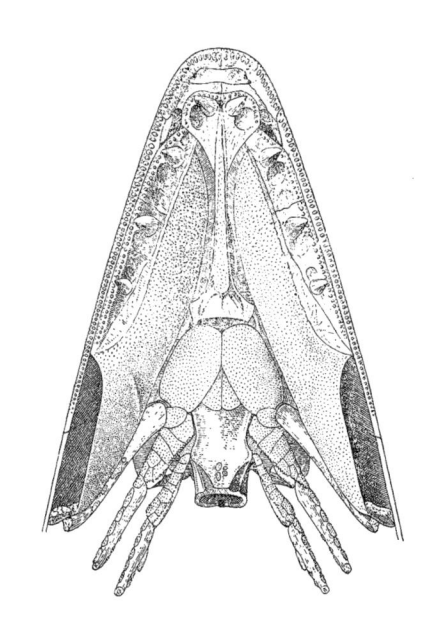

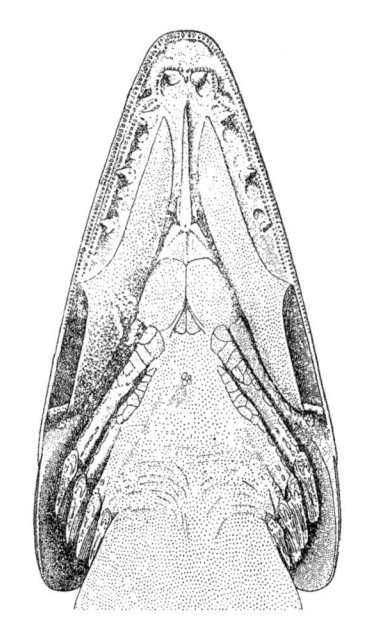

図 2-90　左：*Eusthenopteron foordi* の頭蓋の下面，右：口腔と咽頭の上面の復元図（Jarcik, 1980）

数備えていた（図 2-90）．歯は骨に癒合し，横断面に迷路構造が認められる皺襞象牙質からなる（図 2-91）．口蓋の歯は初期の両生類と同様に，交互に交換したと考えられている．体表はコスミン層のない円鱗によっておおわれていた．

ホロプティキウス類の下顎前端部には，各1列のS字状の大型歯と数列の小型歯からなる1対の渦巻き構造があった．この類の歯の断面には，ほかの扇鰭類よりはるかに複雑な迷路構造が認められる．

ⅱ）管椎類（亜目）

一方，管椎類は進化のわき道へそれたものと考えられており，総鰭類のなかでも特殊化した群とされている．デボン紀に出現し，中生代に栄えたが，現在でもラティメリア属の2種 *Latimeria chalumnae* と *L. manadoenss* が生き残っている．管椎類は保守的で，もっとも古い種ともっとも新しい種の間の違いは頭蓋の骨化程度といわれ，ラティメリアは貴

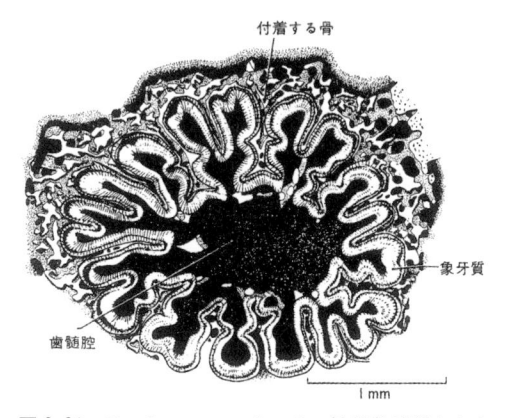

図 2-91　*Eusthenopteron foordi* の皺襞象牙質からなる歯の横断面（Schultze, 1969）

重な生きている化石である．

管椎類では全般に頭蓋を構成する骨がかなり退化し，歯もそれにともなって退化している．歯の形は単純な円錐形で，断面の迷路構造もみられない．体表は歯状の結節や隆線をもつ円鱗でおおわれる．

現生のラティメリアについては，1938年の最初の発見以来さまざまな研究が行われている．口腔内や鰓弓上には，比較的小型で単純

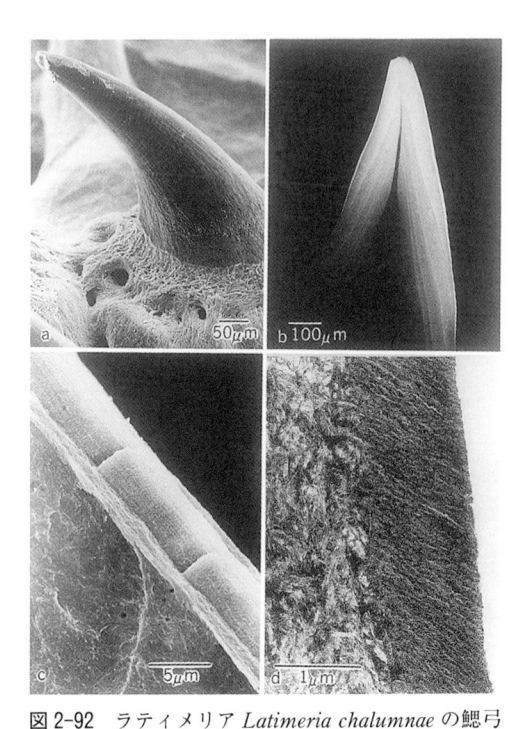

図 2-92 ラティメリア *Latimeria chalumnae* の鰓弓の歯
a：歯の全体像（走査電顕像），b：マイクロラジオグラム像（小寺春人氏提供），c：エナメル質と象牙質（走査電顕像），d：エナメル質と象牙質（透過電顕像）

な形の円錐歯が多数存在する（図 2-92）。歯は歯足骨を介して骨と癒合している。成魚における歯の交換は遅いらしく，歯胚はきわめて少ない。

歯の表層には薄いエナメル質が存在する。その厚さは最大で約 9 μm である。エナメル質は，条鰭類にみられるエナメロイドではなく，両生類や爬虫類と同じ上皮性エナメル質からなり，成長線と考えられる多数の並行条がみられ，その走り方は高等脊椎動物のエナメル質の成長線と基本的に同じである。

象牙質は多数の細管を有する真正象牙質で，ここにも成長線と考えられる並行縞が多数認められる。

（笹川　一郎）

(2) 肺魚類（目）

肺魚類はデボン紀中期に出現し，デボン紀後期から石炭紀前期にかけて，もっとも繁栄した。肺魚類はディプテルス類 Dipterida とケラトドゥス類 Ceratodontida に分けられ，後者が現生種を含んでいる。現生肺魚類は 3 属に分類され，いずれも南半球の大陸に生息している。オーストラリアハイギョ *Neoceratodus* はオーストラリアに，アフリカハイギョ *Protopterus* がアフリカに，ミナミアメリカハイギョ *Lepidosiren* が南アメリカに，それぞれ分布している。このなかで，*Neoceratodus* は三畳紀に生息していた *Ceratodus* の直系の子孫とされ，現生種のなかではもっとも原始的な形態を保持しているといわれている。

現生肺魚類の歯は，口蓋と下顎に存在する発達した歯板と，鋤骨に植立する 1 対の小歯板からなる（図 2-93）。このような歯の特殊化は，その系統発生上かなり初期からみられるが，化石種のなかには分離した小歯を顎縁に有するものもあった。

歯板は，その特異な形態にもかかわらず，一般の歯の発生と同様に上皮と間葉の相互作用により発生が開始する。しかし，歯板発生で特徴的なのは一つの歯板が一つの歯胚から成長するのではなく，はじめは複数の歯胚として発生が始まり（図 2-94），成長の過程でそれらが癒合して一つの歯板を形成する。いったん形成された歯板は，交換することがないようであり，どの発育段階の標本を観察しても，その徴候は認められない。このことは鋤骨の小歯板についても同様である。したがって，歯板は成長および改造を続けながら，生涯にわたり機能するものと思われる。

歯板の基本構造は，軟エックス線撮影法に

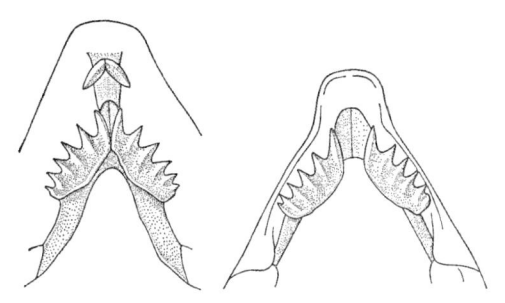

図2-93 現生のオーストラリアハイギョ *Neoceratodus forsteri* の歯板（Peyer, 1968）
左：口蓋歯板と鋤骨小歯板（前方部），右：下顎歯板

図2-94 現生のミナミアメリカハイギョ *Lepidosiren paradoxa* の幼魚における発生中の歯板（矢印）の組織像（van Gieson染色）

より明瞭に示される．それによると，歯板は歯冠部と歯根部に大別され，歯板中央部には歯髄腔が存在する（図2-95）．歯根部は一様に，海綿状の骨様象牙質によって構成され，歯冠部はおもに緻密な骨様象牙質と，これよりずっと石灰化度の高い岩様象牙質 petrodentine（Lison, 1941）によって構成されている．最近，岩様象牙質の硬さを計測したCurrey & Abeysekera（2003）は，その硬さが哺乳類のエナメル質内層に匹敵することを報告している．岩様象牙質は組織構造も石灰化度も，条鰭類や板鰓類の歯を構成しているエナメロイドに酷似するが，その発生様式は後者とは異なる特殊な硬組織である．すなわち，岩様象牙質の発生は象牙芽細胞のみによって行われ（図2-96），その発生に上皮細胞が関与しない．岩様象牙質の発生を電顕的に観察したIshiyama & Teraki（1990）は，形成細胞である象牙芽細胞にエナメル芽細胞にみられるような分泌と吸収という二相性の細胞機能が存在することを指摘している．したがって，この二相性の細胞機能によって，岩様象牙質はエナメロイドなみの高石灰化度を，上皮細胞の関与なしに獲得できるものと考えられる．

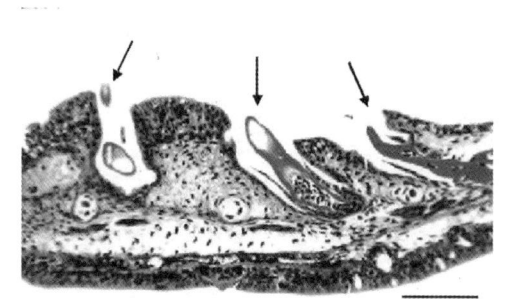

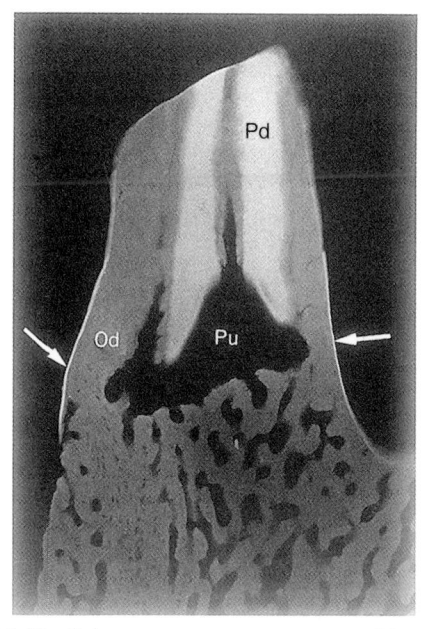

図2-95 現生のミナミアメリカハイギョの歯板のマイクロラジオグラム像（縦断）（石山・小川, 1983）
歯板中央部に歯髄腔（Pu）が存在し，歯冠部の外側は薄いエナメル質（矢印）によっておおわれている．
Od：骨様象牙質，Pd：岩様象牙質　×25

さらに，歯板の先端部の最表層（咬合面を除く）には，高石灰化組織である岩様象牙質の石灰化度をさらに上回る高石灰化層が存在する（図2-95の矢印）．本層の性質については相異なる2つの見解があった．本層がほかの多くの魚類にみられるエナメロイドに相当

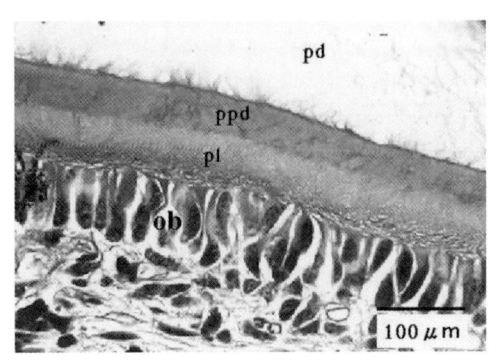

図2-96 ミナミアメリカハイギョの岩様象牙質の形成部位の組織像(azan染色)(Ishiyama & Teraki, 1990)
象牙芽細胞(ob)の細かく分岐した突起の層(pl)と,すでに成熟し脱灰により溶解した岩様象牙質(pd)との間に,コラーゲン線維からなる幼若基質(ppd)が存在することに注目

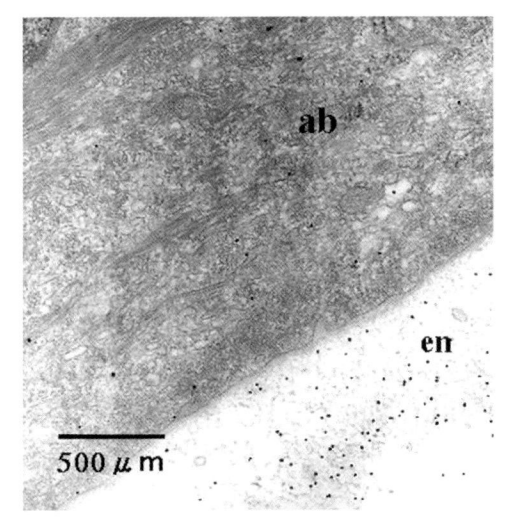

図2-97 ミナミアメリカハイギョのエナメル質発生部位のアメロゲニン免疫組織化学(protein A-gold法)(Ishiyama et al., 1994)
反応がエナメル質基質(en)に特異的にみられる.
ab:エナメル芽細胞

するという説と(Smith, 1977；Kemp, 1979),両生類以上の四足動物にみられるエナメル質に相当するという説である(石山・小川,1983).近年,組織学的観察手段が光学顕微鏡から電子顕微鏡に移行するにつれ,本層がエナメル質であることが明らかになってきた.近年では,免疫組織化学的解析により,エナメル質の主要タンパク質であるアメロゲニンが基質タンパク質として含まれていることが証明され(図2-97),本層がエナメル質であることは,疑う余地のないところとなった.総鰭類と同様に,肺魚類にも上皮性エナメル質をもつ種類があるということは,エナメル質の進化という観点からも,両生類と肉鰭類の連続性が示唆され,比較解剖学的に非常に興味深い事実である.

(石山　巳喜夫)

第3章 両生類の歯

1 概説

両生類 Amphibia は，陸上生活をするようになった最初の四足動物（四肢類）Tetrapoda で，体重を支えるために魚類に比べて骨柱と四肢の骨格が発達している．しかし，卵には羊膜がないため，産卵は水中か湿地で行われる．幼生期は鰓呼吸であるが，成体になると肺呼吸および皮膚呼吸に変わるもののほか，幼生期の形態や機能を生涯維持する種類がある．

最古の両生類は古生代デボン紀より知られているが，つぎの石炭紀とペルム紀に栄えた．

現在の両生類は，化石両生類に比べて高度に特殊化したものと考えられている．化石両生類に認められた皮膚の鱗や骨板は，現存の両生類では存在しない．

両生類の系統と分類については，種々の議論があり，おおまかな分類についても一致しない（図3-1）．化石両生類を迷歯類（亜綱）と空椎類（亜綱）に分ける．現生種は平滑両生類（亜綱）Lissamphibia とよばれ，無足類（目），有尾類（目），無尾類（目）の3目22科に分類され，日本ではこのうち，無尾類の6科，有尾類の3科が生息している．

初期の両生類は，顎や口蓋にとがった円錐形の歯を有している．また，痕跡的な歯が鰓弓にもあったという（Schmidt & Keil, 1971）．これらの歯の横断面は，象牙質が歯髄腔側に複雑に折れ曲がり，迷路構造を示すものが多く，このような歯をもつ化石両生類を迷歯類とよぶ．

現生の有尾類では上下顎，口蓋に歯を有するが，無尾類では上顎，口蓋などに歯をもつものと，全く歯をもたないもの（コモリガエル科とヒキガエル科）とがある．これらの歯は，種類によって植立状態や外形がやや異なる．

有尾類の歯は，左右の顎骨（上下顎）上に近心から遠心に向かって1列に並ぶものが多いが，メキシコサンショウウオ *Ambystoma mexicanum* などの種では数列に並ぶものもある．口蓋での配列は一定しておらず，種類によって異なり，いくつかのタイプに区別される（図3-2）．

歯の長さは50〜500μmで，いずれも同形歯性である．この歯の外形は，単錐歯型のものと二咬頭性のものがあり，これらはいずれも，顎骨に付着している歯足骨を介して舌側に傾斜し，湾曲している例が多い．

有尾類の変態する種類では，幼生期は単咬

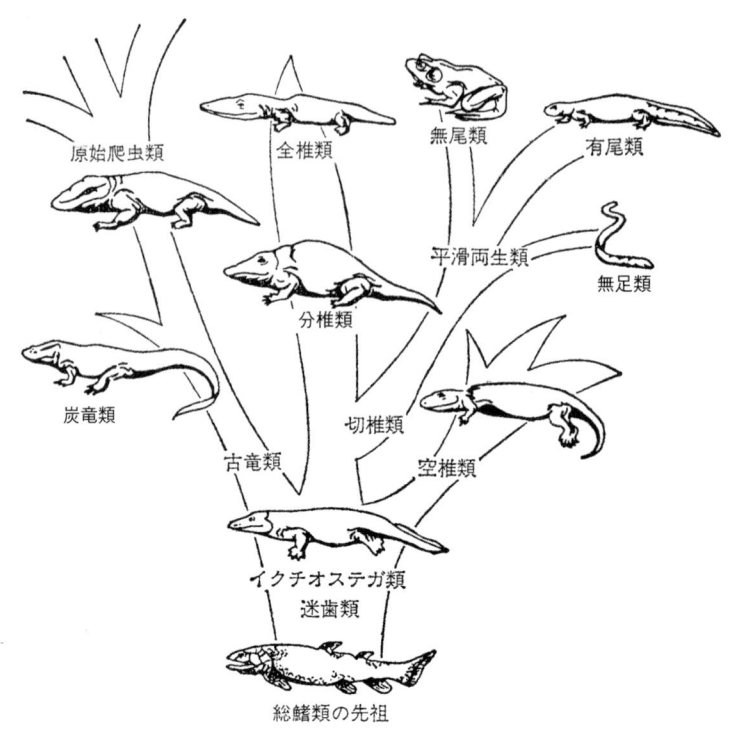

図 3-1　両生類の系統樹の一例（Romer & Parsons, 1983）

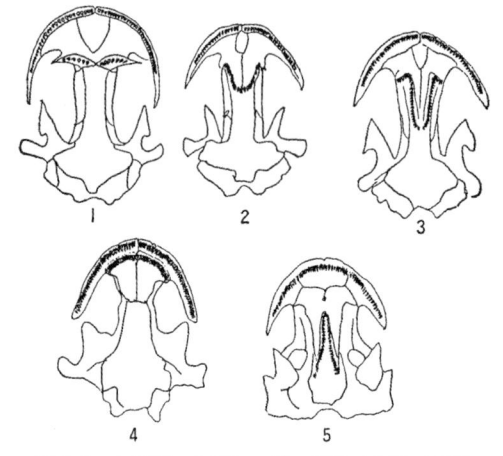

図 3-2　有尾類の上顎と口蓋の歯列（佐藤, 1977）
1：ハコネサンショウウオ，2：トウキョウサンショウウオ，3：ブチサンショウウオ，4：オオサンショウウオ，5：アカハライモリ

頭の円錐歯であるが，成体では二咬頭性の双頭歯に置き換わるものが多い．

これに対して無尾類では，幼生期は角質歯で，変態後に双頭歯が出現してくる．

歯の植立様式は，歯槽がないため顎骨に付着する端生（性）acrodont，あるいは側生（性）pleurodont である．また，化石両生類のなかには，骨の凹みに歯が位置している槽生（性）thecodont の例もある．これらの多くは歯足骨を介して植立している．歯足骨と歯との接合部の石灰化度は弱いか，あるいは石灰化していないことが多く，ここから歯が脱落することが多い．

歯の発生は，多生歯性であるために，つぎの歯胚が機能歯の舌側の顎骨陥凹部に位置して，通常2〜3世代が歯堤の唇側に結合して並んでいる（図 3-3）．

歯胚は，内・外エナメル上皮2層からなるエナメル器と，哺乳類に比べて大型で少数の細胞からなる歯乳頭によって構成される．星状網や中間層を欠き，内エナメル上皮細胞がエナメル芽細胞に，それに面する歯乳頭の細

胞が象牙芽細胞に分化し，象牙芽細胞は象牙質中に細胞突起を伸ばしつつ後退する．

石灰化は象牙質から先に起こる．メキシコサンショウウオの歯の石灰化過程において，カルシウムの沈着，アルカリフォスファターゼや酸性フォスファターゼの活性レベルから，哺乳類と類似した生化学的結果を示している（Wistuba *et al.*, 2003）．

有尾類の幼生では，魚類の歯と同じエナメロイドが歯冠部に存在する．一方，無尾類の幼生には真歯はみられず，角質歯が存在する（**図 3-4**）．同様に無尾類の幼生は，成体とは異なる形態と配列を示し，特有な歯をもつ．

光学顕微鏡による観察では，成体の機能歯は，歯の先端の表層にあって染色性をあまり示さないエナメル質と，その内層のエオジン，

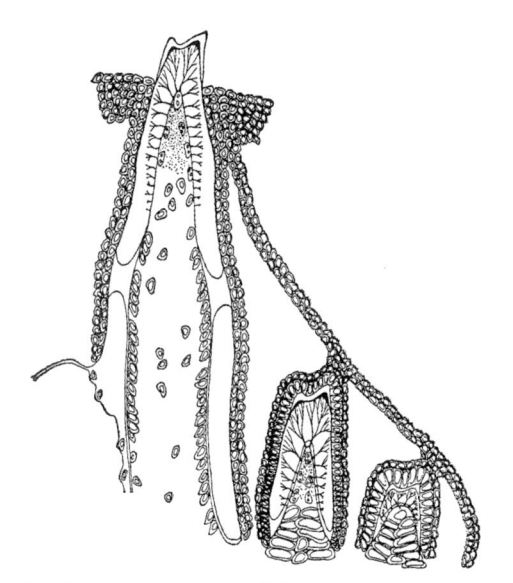

図 3-3 アカハライモリの機能歯と後続歯胚（川崎，1971）

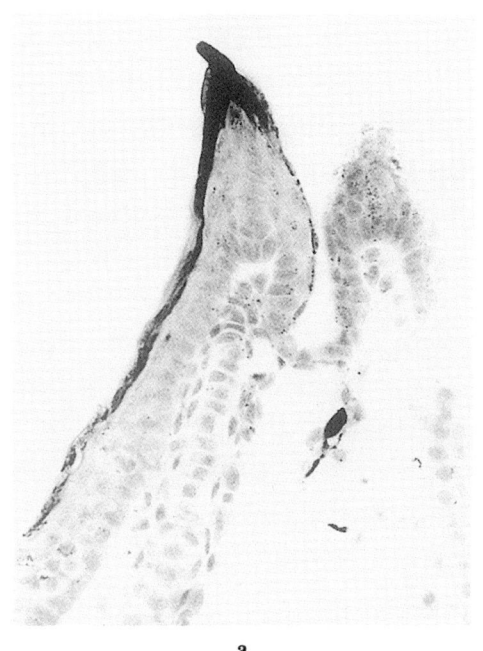

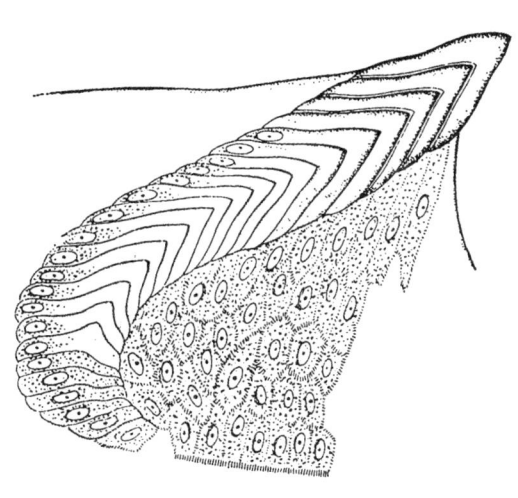

図 3-4 無尾類の幼生の角質歯（Peyer, 1937）
a：ウシガエルの幼生の下顎唇舌的断面．右が唇側．扁平な細胞が重積し先端は角化層を形成している．H-E 染色　×200
b：アカガエルの一種の幼生の角質歯

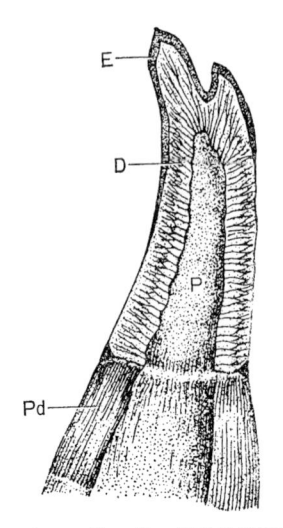

図3-5 イモリの一種の歯の唇舌的縦断面（Peyer, 1937）
E：エナメル質，D：象牙質，P：歯髄，Pd：歯足骨

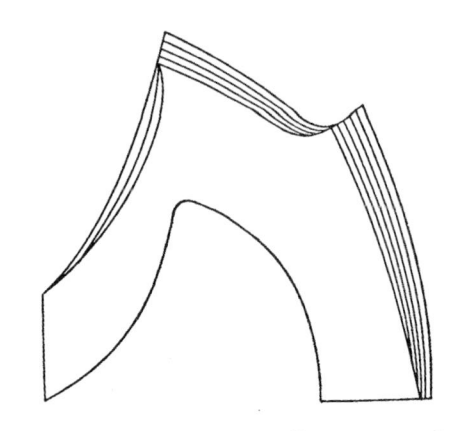

図3-6 両生類のエナメル質にみられる成長線（Schmidt & Keil, 1971）

フクシンなどに好染する象牙質から構成され，象牙質が歯の大部分を占める（図3-5）.

歯髄には象牙芽細胞，線維芽細胞，リンパ球，大食細胞などがあり，これらは哺乳類と比べて数は少ないが，やや大きな細胞である.

成体のエナメル質は，上皮性の無小柱エナメル質で，哺乳類の並行条に相当する成長線が観察される（図3-6）. 有尾類のイモリやオオサンショウウオなどでは，エナメル質の一部に鉄を含んでいる部分があり，ここは赤褐色から黄色を呈する.

象牙質は大部分が真正象牙質で，細管構造をもつ. 迷歯類の象牙質は著しく迷路状に入り組んでいるので，とくに皺襞象牙質 plici-dentine とよばれる.

歯足骨は象牙質と顎骨との間に介在し，細管構造をもたないことから象牙質と区別されるが，内・外エナメル上皮によって誘導された象牙芽細胞により形成される.

（佐藤　巖・笹川　一郎）

2　迷歯類と空椎類

1）迷歯類（亜綱）

迷歯類 Labyrinthodontia はデボン紀に出現し，石炭紀から三畳紀にかけて繁栄して，ジュラ紀には姿を消した初期の両生類である. 歯の横断面は迷路構造を示すという大きな特徴があり，迷歯類の名もこれに由来している. また，堅牢な頭蓋をもつことから，ほかの化石両生類とともに堅頭類 Stegocephalia として一括されることもある. イクチオステガ類（目）Ichthyostegalia，分椎類（目）Temnospondyli，炭竜類（目）Anthracosauria などに分類される.

イクチオステガ *Ichthyostega* など，初期の迷歯類は総鰭類の扇鰭類に似たところが多く認められ，歯の植立位置や構造についても共通する点が多い. しかし，四肢や脊柱は著しく発達し，新たな体制に到達している. また，この迷歯類の炭竜類から爬虫類が進化したと考えられている.

迷歯類の歯は鋭い円錐歯で，しばしば大き

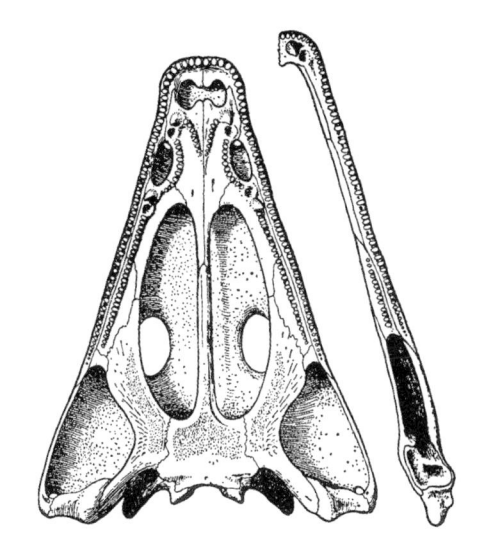

図 3-7 三畳紀の迷歯類 *Benthosuchus sushkini* の頭蓋の下面と，右下顎骨の上面（Bystrow, 1938）

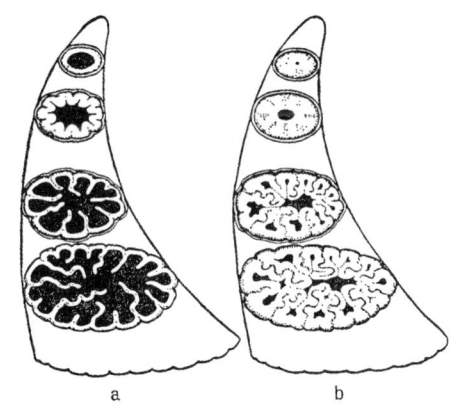

図 3-8 迷歯類の *Benthosuchus* の歯の各部の横断像（Bystrow, 1938）
a：比較的若い歯，b：完成した歯

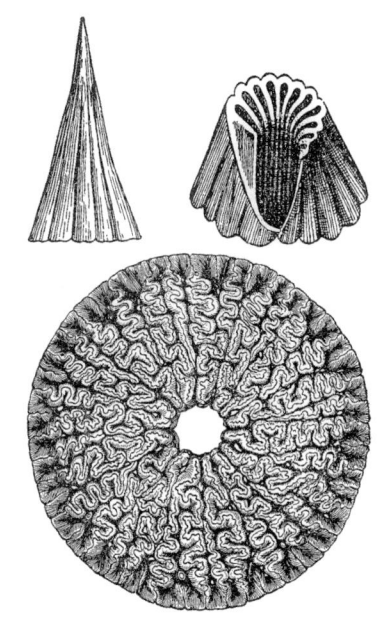

図 3-9 上：迷歯類の *Archegosaurus* の歯（Zittel, 1923），下：*Mastodonsaurus* の歯の横断面（Peyer, 1937）
きわめてよく発達した皺襞象牙質からなる

な牙状の歯と小型の歯が混在した歯列が形成される．このような歯の形から，肉食であったと考えられている．前顎骨から上顎骨にかけて歯が存在し，上顎顎縁の歯列が形成される．一方，歯骨の歯によって下顎顎縁の歯列が形成されるが，鉤状骨にも歯がある場合は下顎の内側にも歯列が形成される．口蓋では鋤骨や口蓋骨から外翼状骨にかけて歯列が形成され，ここには大きな牙状の歯があることが多い（図 3-7）．

この大きな牙状の歯は多くの場合，交互に交換する歯と対をなしている．また，口蓋の骨は小型で半球状の歯を多数そなえ，サメ肌様を呈することもある．咽頭（鰓弓）にも痕跡的な歯が出現することがあるという．

歯の多くは端生性あるいは側生性の植立様式をとり，歯足骨で骨に癒合している．しかし大型の歯では，歯がさまざまな深さの凹みに入り込んで連結している原槽生（性）subthecodont, protothecodont も認められる．

迷歯類の歯の多くは爬虫類と同様な交換をすると考えられ，歯足骨と歯の基底部が吸収されることにより，歯の脱落が起こる．

迷歯類の歯の基底部表面には，多くの顕著な縦溝がみられる．この部位を横断すると，扇鰭類（図 2-91 参照）でもみられたように象牙質が複雑に歯髄腔側へ折れ曲がり，迷路構造を呈している．もっとも複雑な場合では

歯髄腔がいくつもの小室に分けられている．Tomes (1898) はこのような象牙質を皺襞象牙質として，ほかの象牙質から区別した．一方，先端側では迷路構造は不明瞭となり，歯髄腔の横断像も円形に近くなる（図3-8, 9）．

迷歯類の歯の表面は，明瞭に区別される薄いエナメル質によっておおわれている．エナメル質は象牙質の折れ曲がりに沿ってさほど内部に入り込んではいない．

歯髄腔側に複雑に折れ曲がりながら突出している象牙質の中で，その中央部分はほかの象牙質とは少し異なり，偏光顕微鏡ではやや明るい部分として区別される．この部分はエナメル質ともセメント質ともいわれてきたが，現在は象牙質の一部と考えられ，そのなかでも最初に形成される部分である．一方，象牙質のほかの部分は，歯髄腔側から多数の細管が進入しているのが認められ，歯の成長にしたがい，中央部分に付加されている．

2）空椎類（亜綱）

空椎類 Lepospondyli は石炭紀からペルム紀にかけて生息した両生類の一群であるが，多系統である可能性が強い．迷歯類に由来するらしい．欠脚類（目）Aistopoda，細竜類（目）Microsauria などに分類される．

糸巻状の椎骨をもち，一般的に体は細長く，四肢は貧弱か，あるいは全くない．鋭い歯をもつが，迷路構造がみられないので迷歯類とは区別される．扁平で側方に張り出した特徴的な頭部をもつ Diplocaulus などが代表的である．

（笹川　一郎）

3　無尾類（目）

無尾類 Anura は，肋骨や尾がなく，後肢が発達して跳躍に適するカエル類の仲間である．最初のカエル類はジュラ紀に出現する．それ以前の三畳紀にいたカエル類の祖先型である Trisdobatrachus は，肋骨をもち，尾も少し残っている．

日本産の現生の無尾類は，ヒキガエル科 Bufonidae，スズガエル科 Discoglossidae，アマガエル科 Hylidae，アカガエル科 Ranidae，アオガエル科 Rhacophoridae，ヒメアマガエル科 Brevicipitidae の6科からなり，外形，骨格，歯，舌などの形質を基準にして分類されている．これらは，幼生と成体で形態が著しく異なり，幼生期には一般に"オタマジャクシ"とよばれ，鰓や鰭をもち水中生活を営むが，変態後には鰓や鰭が消失し，皮膚呼吸や肺呼吸に変わり，水陸両用あるいは陸上生活となり，"カエル"とよばれるようになる．幼生期には，口腔内壁に上皮の角化した角質歯が存在する．

アカガエル科のウシガエル Rana catesbeiana の幼生（図3-10）では，口腔の外側部には頭巾状の上唇と下唇があり，上唇の左右側端には哺乳類の舌の茸状乳頭に類似した上皮性の非角化の突起が多数密集して，乳頭状唇突起群を形成する．口腔内には上唇では唇側に1列，頬側部で左右側端に平行な3列の角質歯が配列している．ここにある多数の歯は先端がヌードルスプーン様の8～10個の櫛状を呈し，その外形全体がスプーン状の特異な形態を示す（図3-11）．さらに，口腔内方には鳥類の嘴に似た角質層の半月堤があり，この堤の辺縁に鈍丘状，結節状あるいは扁平

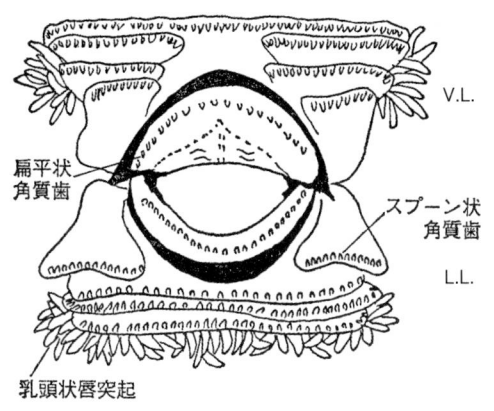

図3-10 ウシガエルの幼生の口
V.L.：上唇，L.L.：下唇

図3-11 ウシガエルの下唇にある櫛をもつスプーン状の角質歯の走査電顕像（唇側面）
×1,300．右上は唇側面 ×1,200

状の角質歯が1列に配列している．下唇にも，上唇同様の角質歯が存在するが，配列状態はやや異なり，乳頭状唇突起群は下唇に1列に配列している．有櫛スプーン状角質歯は下唇に平行な3列，それに続く口腔内方側で1列の歯列を示す．さらに，口腔のもっとも内方にある嘴状堤には，前述の角質歯が1列配列している．これらのうち乳頭状唇突起は，表面に微小堤模様をもつ非角化層からなるが，ほかは角化層からなる歯である．幼生期の角質歯の配列は，種類によりいろいろな型がみられる（渡辺，1987）．

変態後期には，頭蓋の退化現象や発達が著しく，上顎では，軟骨性の上顎突起が消失し，一方，前顎骨，上顎骨，口蓋骨，鋤骨が骨化する．下顎では，下唇軟骨からメッケル軟骨，さらに，歯骨，角骨，関節骨が骨化し，この後に歯胚が出現する．このメッケル軟骨の残存はカエル特有で，先端が骨化する以外は軟骨のままで外側に歯骨などが形成され，哺乳類のものとは著しく異なる．この時期には，歯は上顎と口蓋のみに認められ，下顎には存在しない（2億3000年前にはカエル類の多く

は歯が消失）．歯の外形はいずれも二咬頭性の同形歯である．歯の外形は円錐形で，その先端の舌側と唇側にはやや突出する咬頭があり，それぞれ舌側に傾斜するが，舌側咬頭がやや大きく，突出度も大である（図3-12）．

これらの歯は，前顎骨と上顎骨にあり，左右両側に1列の歯列を形成する．さらに，口蓋骨では，上顎の前歯部の歯列に平行して歯が配列している．

このようなウシガエルの歯の形態や配列は，アカガエル科のトノサマガエル *Rana nigromaculata* の場合と類似している．

歯の組織構造は，幼生期の角質歯では最外層が上皮の角化層であるが，その下部は非角化層で扁平な細胞が重積し，その周囲は粘膜固有層からなる（図3-4参照）．それに対して，成体期には有尾類と類似したエナメル質

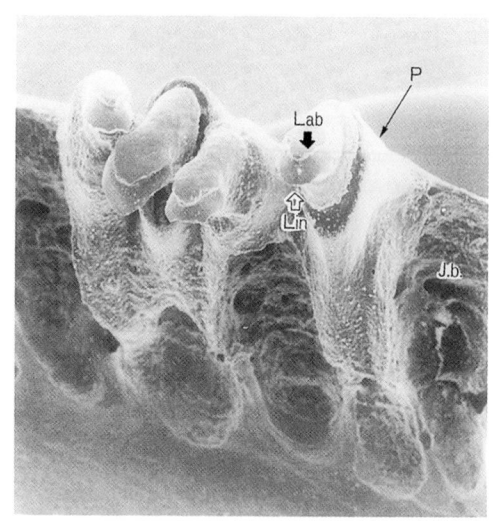

図3-12 ウシガエルの成体の歯 ×51
舌側観：顎骨に歯足骨を介して舌側傾斜を示す歯を認め，舌側と唇側の2咬頭をもち，舌側咬頭が大きく突出している．歯の基部には窩がみられる
P：歯足骨，J.b.：顎骨，Lin（白矢印）：舌側咬頭，Lab（黒矢印）：唇側咬頭

図3-13 ウシガエルのエナメル-象牙境付近の走査電顕像 ×5,000
エナメル質は微結晶の束が重積して成長線を形成している．D：象牙質，E：エナメル質，矢印：成長線

と象牙質からなるが，エナメル質では有尾類よりやや肥厚し，構造も異なる．

　トノサマガエルやウシガエルのエナメル質は，歯冠の先端で著しく肥厚しているが，基底部ほど薄くなっている．その微細構造は，針状の微結晶が多数集合して束となり，これが重積して層状構造を呈する．歯の縦断像では，エナメル質全体にヒトの歯にみられる成長線，すなわち並行条のような構造が認められる．エナメル質は無小柱エナメル質である（図3-13）．

　象牙質は真正象牙質からなる．この象牙質は，歯の表層側に向かうほど石灰化度が高い．歯足骨は一般に円錐台で，その舌側下部は開口し，血管，神経の進入をみる．この歯足骨は互いに下部で接合し，顎骨に強固に付着する場合が多く，石灰化が進み，骨化している．

　両生類でも，エナメル芽細胞が分泌するエナメル質の基質タンパク質として，エナメリン enamelin やアメロゲニン amelogenin の存在が知られているが，エナメリンの発現はエナメル質形成開始直前に，アメロゲニンの発現は内エナメル上皮細胞の分裂終了直後に認められる．

　このうちアメロゲニンについて，アカガエル科のヒョウガエル *Rana pipiens* の歯胚から採取されたアメロゲニンの遺伝子配列が，哺乳類のマウスのアメロゲニンと比べ45％，ピパ科 Pipidae のアフリカツメガエル *Xenopus laevis* とは66％の高い相同性があることが知られている（Toyosawa *et al.*, 1998, Wang *et al.*, 2005）．これらのことから，両生類のエナメル芽細胞は遺伝学的にも哺乳類のエナメル芽細胞に近い存在であると考えられる．

4　有尾類（目）

　有尾類 Urodela は，かつては空椎類から進化したといわれたが，現在では迷歯類由来とする説や，無尾類と共通な祖先とする考えなどがあり確定していない．日本産化石有尾類は新生代第三紀に出現している．現在，日本ではサンショウウオ科 Hynobiidae，オオサンショウウオ科 Cryptobranchidae，イモリ科 Salamandridae の3科が知られている．

　有尾類は，顎骨（上下顎）と口蓋（鋤骨，口蓋骨）の各部に歯が配列し，歯の数も種類により異なっている．これらのことから，佐藤（1983）は，各種類での歯の存在部位と歯数を表現するために歯式を考案した（表3-1）．

　つぎに，3科についてそれぞれの歯の配列や外形をみることにする．サンショウウオ科では，ハコネサンショウウオ，カスミサンショウウオ，キタサンショウウオなどがある．これらの歯の配列や外形は類似している．ハコネサンショウウオやトウキョウサンショウウオでは，歯は前顎骨，上顎骨，鋤骨，歯骨の各部に存在しており，それぞれ左右両側に1列に配列している．外形全体は円錐形で，口腔舌側内方に湾曲し，先端には唇側咬頭とそれよりやや大きい舌側咬頭の2咬頭をもち，基底側は付着部に向かって太くなっている（図3-14）．

　イモリ科のアカハライモリ，シリケンイモリ，イボイモリでは，歯は顎骨の左右両側に近心から遠心に向かって配列し，口蓋（鋤骨）で正中よりに唇側から口腔内方へ，平行に1列に配列している．また，その外形は全体的に不正円錐形で，先端には扁平，あるいは円錐状の2咬頭をもつ．具体的には，アカハライモリは円錐状の2咬頭（図3-15）で，シリケンイモリとイボイモリは，舌側咬頭が円錐状で唇側咬頭が扁平状である（図3-16）．アカハライモリには咬頭基部に貧弱な小結節群をもつ特異な歯も存在する．これらは，いずれも口腔舌側内方に傾斜している．

　オオサンショウウオ科のチュウゴクオオサンショウウオの歯は，顎骨ではほかの科と同様な配列を示すが，口蓋（鋤骨）では，前顎骨のやや口腔内方の部位に前顎骨の歯列と平行して，前歯部にのみ認められる．また，歯は以上述べた両生類のなかでもっとも大きく，その長さは約 $500\mu m$ である．歯の外形はほかの科と比較して特異な形を示し，舌側の咬頭は扁平で突出し，唇側咬頭が重なり合う形を呈している（図3-17）．

　歯の配列は，変態する種類と終生鰓呼吸する種類ではやや異なる．変態する種類では，幼生期には上下顎の臼歯相当部は数列に配列しているが，変態直前に退化減少し，変態後には1列となる．これに対して，変態しない種類のメキシコサンショウウオでは，終生，下顎の歯が左右両側に2列に配列している．

　双頭歯をもつのは，ほとんどが変態する種類で，変態前後においてその外形は著しく異なる．すなわち，ハコネサンショウウオでは変態前は円錐歯で，成長にともないその長さを増し，変態直前に顎骨陥凹部に埋伏している次代の歯胚が双頭歯に変わる（図3-18）．変態後は，すべて双頭歯に置き換わり，加えて，その大きさを増す．それに対して終生鰓呼吸する種類のほとんどは，終生，単頭歯であるが，トラフサンショウウオ科 Ambystomidae のメキシコサンショウウオのように，先端周囲にやや貧弱な小結節が数個並んでいる特異な円錐歯もある（図3-19）．

表3-1 有尾類の歯式と歯数

Pal.：口蓋骨　　P.M.：前顎骨　　Max.：上顎骨　　Man.：下顎骨（歯骨）

	Pal.	Pal.	
Max.	P.M.	P.M.	Max.
	Man.	Man.	

各科の歯数は口蓋で特色があり，イモリ科では，一般に口蓋で多く，ほかでは少ない傾向にある．

1. イモリ科（Family Salamandridae）

アカハライモリ
（*Cynops pyrrhogaster*）

	52	52	104
28-30 | 14-15	14-15 | 28-29	84-89
48-49	48-49	96-98

シリケンイモリ
（*Cynops ensicauda*）

52-56	54-58	108-114
26-28 | 13-14	13-14 | 26-28	78-84
54-58	54-58	108-116

2. サンショウウオ科（Family Hynobiidae）

ハコネサンショウウオ
（*Onychodactylus japonicus*）

12-13	12-14	24-27
26-28 | 13-14	13-14 | 26-28	78-84
41-48	41-48	83-96

ハコネサンショウウオ・東北型
（*Onychodactylus j.* Touhoku type）

7-10	8-11	15-21
21-26 | 12-15	11-14 | 22-26	66-81
33-43	33-41	66-84

トウキョウサンショウウオ
（*Hynobius tokyoensis*）

16-10	16-11	32-21
27-16 | 13-8	12-8 | 28-19	80-51
36-27	36-26	72-53

3. トラフサンショウウオ科（Family Ambystomidae）

メキシコサンショウウオ
（*Ambystoma mexicanum*）

56	56	112
27 | 38	38 | 26	129
55	54	109
50	50	100

4. オオサンショウウオ科（Family Cryptobranchidae）

チュウゴクオオサンショウウオ
（*Andrias davidianus*）

26-30	26-30	52-60
62-64 | 12-14	12-14 | 62-63	148-155
74-76	75	149-151

歯数については，前述のように同じ種類ではほぼ一定している．変態するものでは，変態前は成長にともないその数が増すが，変態直前には逆に減少し，変態後にはほぼ成体に近い数となる．成体では一般に，これらの歯数は上顎より下顎のほうが多く，オスよりメスに多い傾向にある．

幼生期の歯の特色として，アカハライモリ

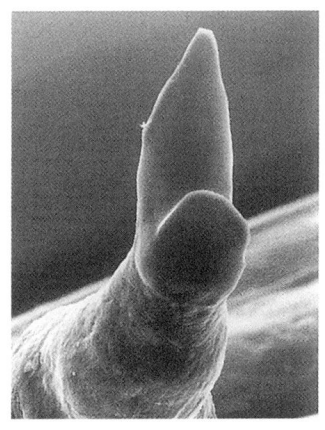

図3-14 ハコネサンショウウオの歯（舌側観） ×340

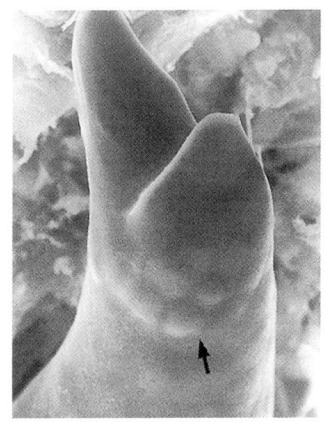

図3-15 アカハライモリの歯（舌側観） ×700
矢印は小結節を示す

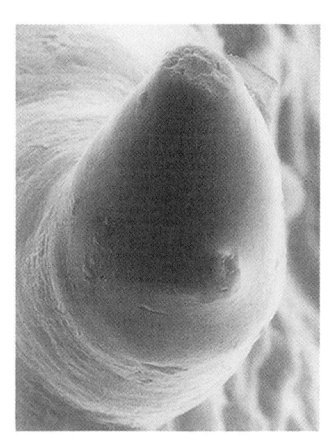

図3-16 イボイモリの歯（舌側観） ×1,200

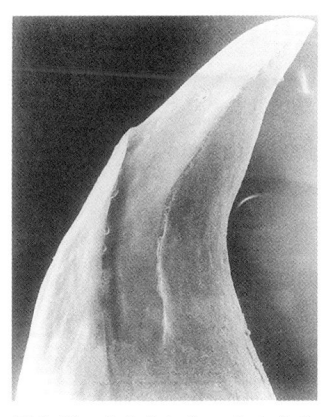

図3-17 オオサンショウウオの歯（頰側観） ×100

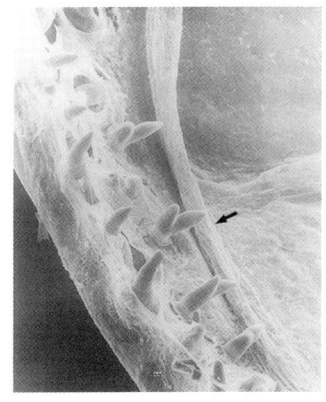

図3-18 ハコネサンショウウオの変態期の歯 ×140
変態後期に唇側にある円錐歯の舌側に次世代歯としての双頭歯が萌出している．矢印は双頭歯を示す

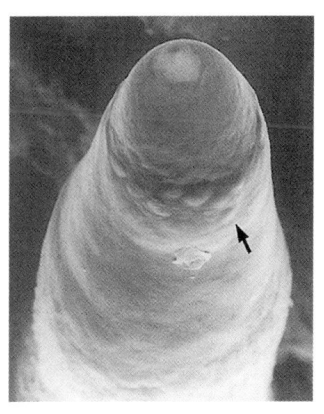

図3-19 メキシコサンショウウオの歯（舌側観） ×380
矢印は小結節を示す

では帽エナメロイドが幼生期に存在することが知られているが，このエナメロイドにはコラーゲンやコンドロイチン硫酸塩が存在することから，象牙質と同じ由来の基質であると考えられている．

有尾類の歯の組織構造は基本的に無尾類と同じである．エナメル質は薄い無小柱エナメル質で，象牙質は象牙細管の発達した真正象牙質である．

成体のエナメル質の構造では，水酸リン灰石の針状の微結晶が歯軸に対して平行，あるいは放射状に配列する帯状構造として認められ，その配列とエナメル質の厚さは種類により異なっている（図3-20）．

歯足骨は細長い円筒形を呈し，顎骨との付着は弱く，骨化も劣っている場合が多い．

カエル類　　トノサマガエル（a）　　ウシガエル（a）　　アマガエル（a）

イモリ類　　イボイモリ（b）　　シリケンイモリ（b）　　アカハライモリ（a）

サンショウウオ類　　ハコネサンショウウオ（a）　　トウキョウサンショウウオ（b）　　キノボリサンショウウオ（b）

オオサンショウウオ類　　チュウゴクオオサンショウウオ（a）　　アメリカオオサンショウウオ（c）　　オオトラフサンショウウオ（b）

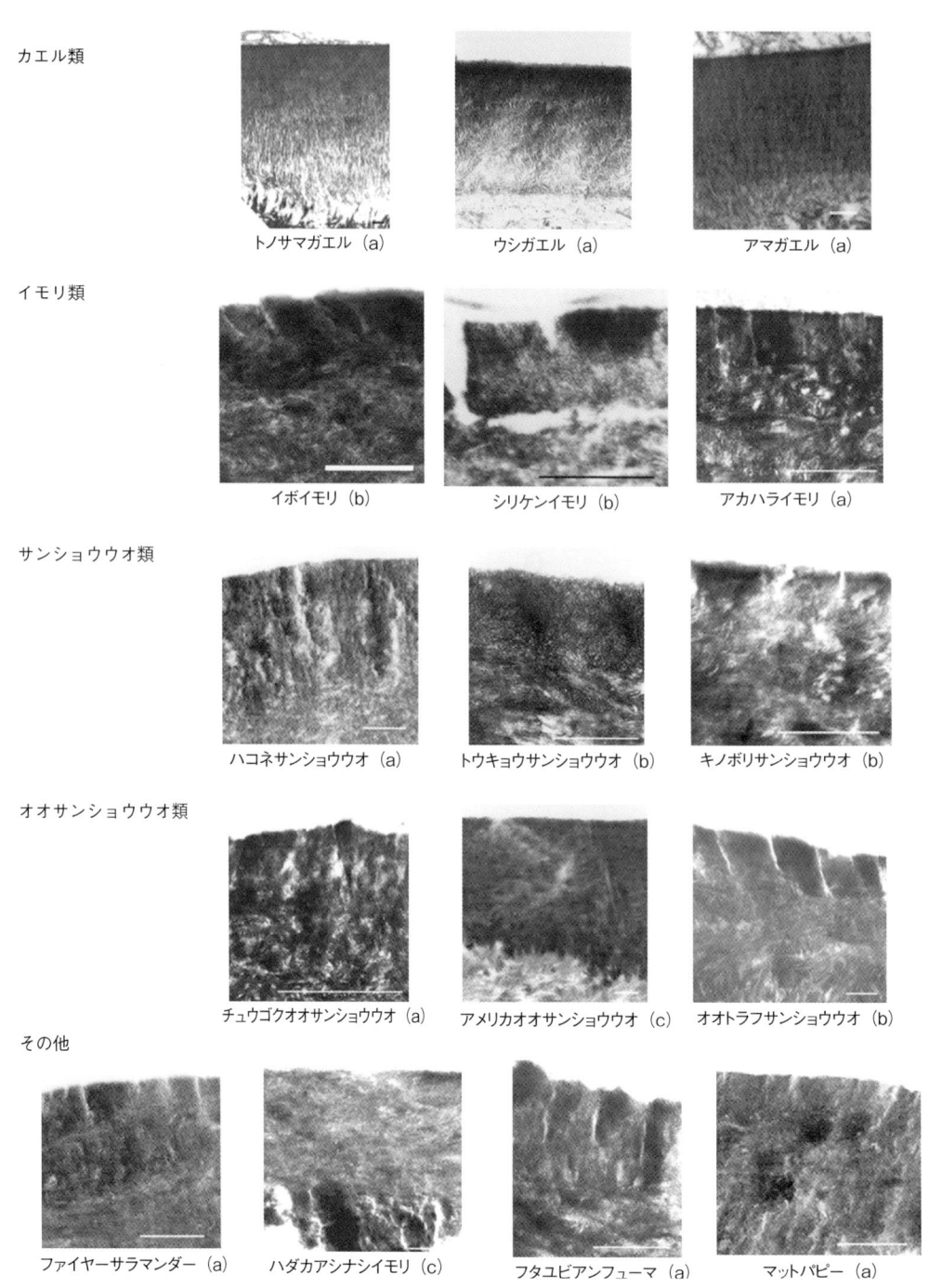

その他　　ファイヤーサラマンダー（a）　　ハダカアシナシイモリ（c）　　フタユビアンフューマ（a）　　マットパピー（a）

図3-20　両生類のエナメル質の微細構造（透過電顕像）
aタイプ：針状結晶が歯の長軸に対し直角に配列するもの，bタイプ：放射状に配列するもの，cタイプ：平行するものに大別される　スケールは0.5μm

（佐藤　巌）

第4章 爬虫類の歯

1 概説

1）爬虫類の特徴と系統

爬虫類 Reptilia は石炭紀に出現し，ペルム紀を経て中生代に大繁栄した．現在も多数の爬虫類が生息しているが，中生代に栄えた数に比べればわずかである．卵殻のある有羊膜卵や角化した皮膚をもつことなどが特徴で，陸上生活に完全に適応した最初の脊椎動物である．爬虫類は両生類の迷歯類の炭竜類から

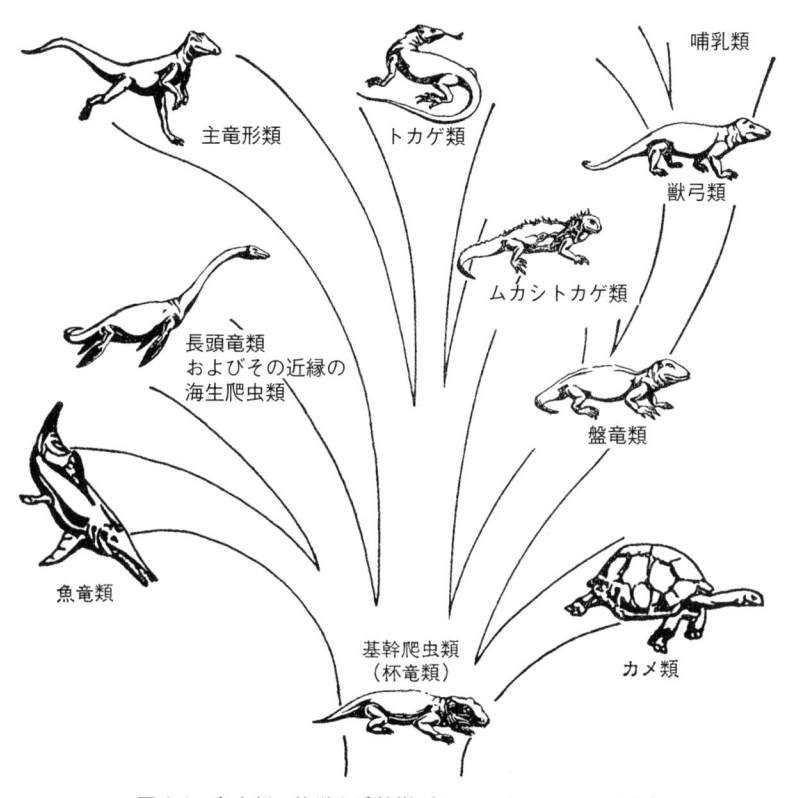

図4-1 爬虫類の簡単な系統樹（Romer & Parsons, 1983）

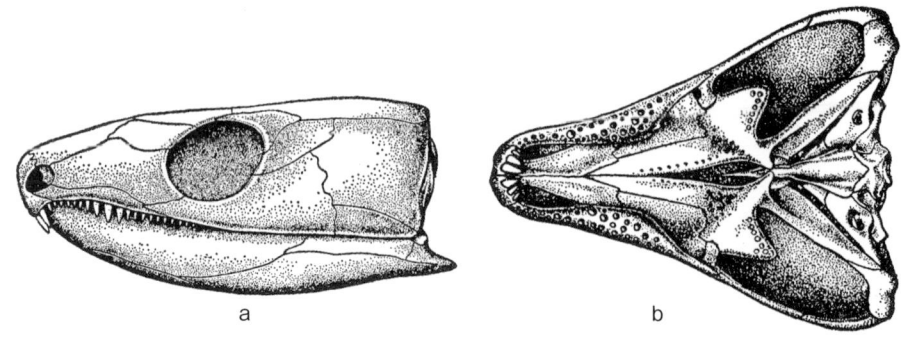

図 4-2 杯竜類の *Captorhinus*（ペルム紀）の頭蓋（Romer, 1956）
a：側面，b：下顎を除いた頭蓋の口蓋面

進化し，また獣弓類から哺乳類が，主竜類の獣脚類から鳥類が進化したと考えられている（図4-1）．

爬虫類の頭蓋は迷歯類の形態から大きく変化し，口を閉じ，食物を圧砕する機能が発達した．この変化との関連で側頭窓が重要な構造であるとともに，分類形質にもなっている．分類については疋田（2002）を参考にした．

2）歯の位置・形態・数

歯は，上顎（前顎骨と上顎骨）と下顎（歯骨）の顎縁に存在し，さらに鋤骨，口蓋骨，翼状骨，外翼状骨などの口蓋の骨にも存在することが多い（図4-2）．まれに鉤状骨にも歯があり，下顎内側の歯列が形成されることもある．

歯の形態は，一般に単錐歯型のものが多いが，さまざまな形態が認められ，多様な食性と機能の分化をうかがい知ることができる．詳細は各論に譲るが，たとえば，肉食のものでは鋭い円錐歯や，扁平でそりかえったナイフ様の歯が多く，しばしば近心縁と遠心縁に切縁が形成される．切縁には鋸歯をもつものもある．草食のものでは，多数の歯が密集する特徴的な歯列がみられることがある．さらに，哺乳類の祖先にあたる獣弓類のなかには，圧砕と同時に咀嚼も可能な多咬頭歯をもつものも存在した．爬虫類の歯は一般的には同形歯性であるが，種々の程度で異形歯性化が認められる．とくに獣弓類では異形歯性が一般的で，切歯・犬歯・臼歯の区別が生じていた．鱗竜形類のなかには，一生のうちに歯の形が変化する例もある．

歯の数も形態同様に多様で，全く歯のないものから，1つの歯列に500本もの歯をもつものまである．

3）歯の支持様式と交換

歯の支持様式は，側生（性）pleurodontあるいは端生（性）acrodontが多い．しかし，ワニ類や"恐竜"を含む主竜形類や魚竜類などの多くには，槽生（性）thecodontが認められる．

側生と端生の場合，歯は歯足骨で骨に結合するが，槽生の場合は歯が歯槽に深くはまり込み，歯根の表層にセメント質が存在し，歯根膜を介して顎骨と結合する．

初期の爬虫類には，歯が比較的浅い歯槽に植立する原槽生（性）subthecodont, protothecodontがみられる．この原槽生が，前述の3つの支持様式の基本型と考えられている（図4-3）．

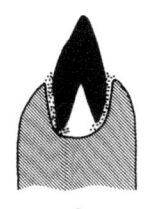

図 4-3 歯の支持様式を示す模式図（Edmund, 1969）
a：原槽生性結合，b：槽生性結合，c：端生性骨性結合，d：側生性骨性結合

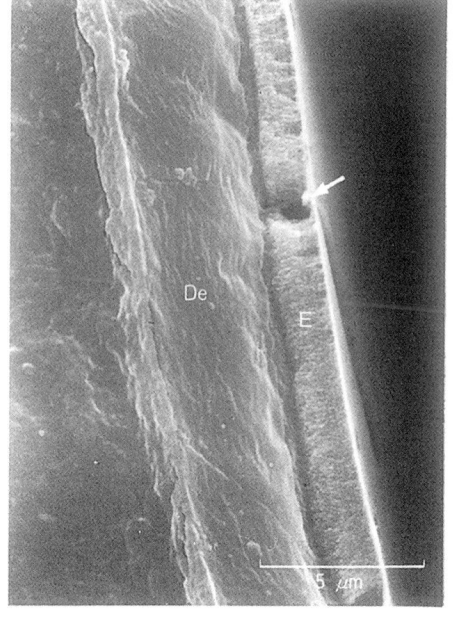

図 4-4 ヤマカガシの歯のエナメル質（E）と象牙質（De）の走査電顕像
エナメル質内には間隔の狭い成長線と，ところどころに矢印のような細管が認められる

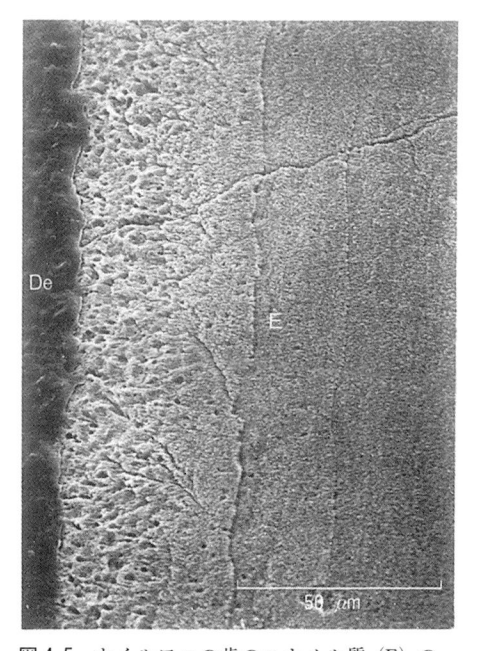

図 4-5 ナイルワニの歯のエナメル質（E）の走査電顕像（De：象牙質）
エナメル質の深層側 1/3 には多数の細管が認められる

爬虫類の歯はつぎつぎと交換が起こる多生歯性である．たとえば，ワニ類のある種では 50 世代以上が連続して交換するといわれている．しかし，端生の歯の場合はほとんど，あるいは全く交換しない．

（笹川　一郎）

4）歯の組織構造

(1) エナメル質

現生種のみならず化石種においても，爬虫類のエナメル質は無小柱エナメル質であるというのが共通の特徴である（ただし後述のトカゲ類のトゲオアガマ *Uromastyx* は唯一の例外的存在）．その発達の程度は，ヘビ類のようにわずか 0.5〜4.0μm の厚さのものから（図 4-4），ワニ類のように 100μm を超える厚さのものまで（図 4-5），さまざまである．共通の性質として，いずれの種類のエナメル質にも成長線（並行条）およびエナメル葉板様の構造が認められる．さらに，ムカシトカ

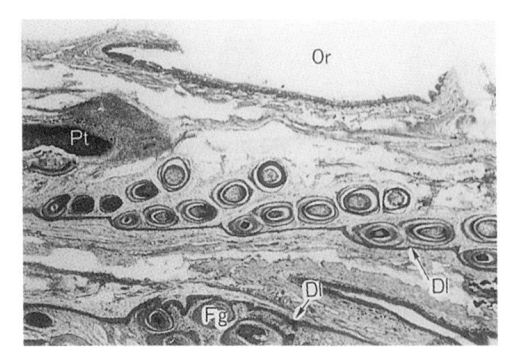

図4-6 セグロウミヘビの口蓋歯列の光顕像（水平断，H-E染色）×33
Or：口腔，Dl：歯堤，Pt：翼状骨，Fg：毒牙の歯胚

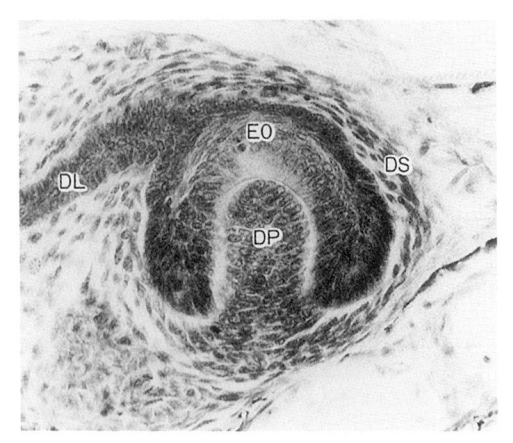

図4-7 セグロウミヘビの帽状期歯胚（H-E染色）×300
DL：歯堤，EO：エナメル器，DP：歯乳頭，DS：歯小嚢

ゲおよび一部のトカゲ類では，エナメル質内に細管構造が存在し，またワニ類ではこれが深層部に局在しており，エナメル紡錘に相当するともいわれている（図4-5）．

エナメル質の構成要素である水酸リン灰石の微結晶は，エナメル-象牙境に対しほぼ垂直方向に，かつ互いに平行に配列している．しかし，爬虫類のなかでも単弓類のエナメル質では，微結晶の配列に一定の規則性をもった例が現れ，偏光頭微鏡下で縞状に観察される．Poole（1956）はこの構造に対し，偽小柱 pseudo-prism という名称を提唱している．

(2) 象牙質

爬虫類の象牙質は，そのほとんどが象牙細管を含む真正象牙質である．ただし，トカゲ類のオオトカゲや魚竜類は，歯の基底部に皺襞(しゅうへき)象牙質を有することが知られている．

(3) セメント質と歯根膜

セメント質および歯根膜は，槽生性結合という支持様式を獲得した種類において，はじめて存在する組織である．現生爬虫類ではワニ類だけに認められる．一方，阿部（2004）は，ワニのセメント質の微細構造を詳細に研究し，基本的な構造は哺乳類とほとんど変わらないことを明らかにした．また，歯根膜もよく発達しており，オキシタラン線維の存在も報告されている（Soule, 1967）．

5）歯の発生

爬虫類の歯の発生様式は，いくつかの点で哺乳類と異なる．わずかの例外的存在を除けば，ほとんどの種類が多生歯性であるため，機能歯の舌側には何世代かの歯胚が形成されている．ヘビ類やトカゲ類の場合，機能歯の舌側には4～5世代にわたる歯胚が配列している．1列の歯族 tooth family は共通の歯堤から分かれた枝とみなすことができる（図4-6）．また，1列の歯族の各歯胚が，歯堤より分枝した上皮索により連結している．

歯胚の組織構造は，ヘビ類やトカゲ類を例にとれば，一般に哺乳類のものに比べて単純である．しかし，歯胚の構成要素は哺乳類とほぼ変わらず，内・外エナメル上皮と，星状網からなるエナメル器，歯乳頭および歯小嚢で構成されている（図4-7）．また，象牙質とエナメル質の発生順序も哺乳類と同様で，

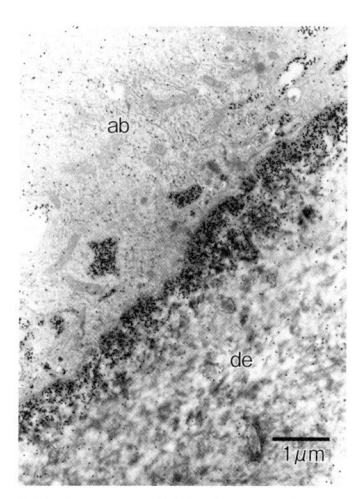

図4-8 ワニの歯胚のアメロゲニン免疫組織化学（protein A-gold法）
すでに石灰化した象牙質（de）の外側に，エナメル芽細胞（ab）による活発なエナメル質基質形成が認められる

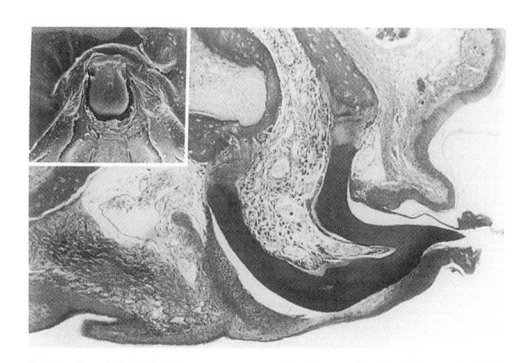

図4-9 孵化直前のシマヘビの胚の卵歯（H-E染色）×53
左上は同時期（孵化1日前）の走査電顕像 ×24

象牙質の形成がやや先行する．エナメルタンパク質の主要成分であるアメロゲニンの免疫組織化学の所見（図4-8）でも，哺乳類のエナメル質との共通性が認められ，爬虫類と哺乳類との系統発生的近縁さがうかがわれる．一般に，エナメル芽細胞にトームス突起は形成されないので，エナメル質は無小柱である．また，これはエナメル質の厚さが薄いことに関連するものと思われるが，哺乳類の歯胚に比べて星状網の領域がかなり狭い．

最近，先駆的な分子生物学的研究により，爬虫類と両生類の無尾類における歯の発生関連遺伝子群のいくつかの塩基配列が明らかになり，それぞれの系統発生的近縁性が分子のレベルで解析できるようになったが，詳細は第6章で述べる．

6）卵　歯

卵生の爬虫類においては，孵化する際，一過性に上顎の吻端部に歯または角質突起を有する．これらは，孵化する際に卵殻および胚膜を破るために用いられる．この歯は"egg tooth"とよばれ，ヘビ類とトカゲ類にみられる．一方，角質突起は"egg caruncle"とよばれ，ワニ類，カメ類およびムカシトカゲに存在する．一般に，わが国においては，"egg tooth"も"egg caruncle"もともに卵歯という名称でよばれることが多いが，正しくは"egg tooth"のみが卵歯である．

卵歯は，真正象牙質で構成された真歯であり，構造的にも発生的にも顎歯と異なる点はほとんどない（図4-9）．ただし，ヘビ類やトカゲ類の顎歯が多生歯性であるにもかかわらず，卵歯は一生歯性である．また，顎歯が骨性結合で顎骨に植立するのに対し，卵歯は線維性結合で前顎骨に植立する．卵歯は孵化直後に脱落するため，孵化1日前の個体において，すでに歯髄内に破歯細胞の出現をみる．卵歯は，卵性哺乳類であるハリモグラにも存在する．

2　無弓類（亜綱）

無弓類 Anaspida は眼窩の後方にある穴，すなわち側頭窓のないグループの総称で，杯

竜類とメソサウルス類からなる（カメ類も無弓類に含むことが多いが，本書では独立させた）．杯竜類は古生代石炭紀から中生代三畳紀まで生息し，メソサウルス類は古生代ペルム紀に生息した．なお，メソサウルス類には側頭窓が存在したとする説もあるが，その他の形質から通常は無弓類に分類される．

1）杯竜類（目）

爬虫類の進化系統に関しては諸説あるが，この杯竜類 Cotylosauria がもっとも原始的な爬虫類であることは疑いの余地がない．一般的に，カプトリヌス形類 Captorhinomorpha とプロコロフォン類 Procolophonia に分けられる．カプトリヌス型類の歯は，通常，先端のとがった円錐形で，歯列中央部には犬歯化しつつある歯が存在した（図4-2参照）．この歯は迷路構造を呈し，両生類の迷歯類の名残りをとどめていたようである．これらの歯の形態からみて，カプトリヌス形類は肉食動物であったと推測されている．一方，プロコロフォン類は頬舌方向に5〜7本の長い遠心部の歯（頬歯）を有し，近心部の歯には切歯型の徴候が現れている．これらの形態から草食動物であったことが推測されている．また，大部分の杯竜類の歯の支持様式は原槽生性であった．

Peyer（1968）によれば，これら杯竜類の歯の組織構造は，その後の爬虫類のそれとほとんど異なるところがないとされている．

2）メソサウルス類（目）

メソサウルス類 Mesosauria は体の種々の形質からみて，水中生活を行っていたと考えられている．伸長した頭部の両顎には細長い歯が多数並び，魚を捕らえるのに適していた．

3　カメ類（亜綱）

カメ亜綱 Testudinata はカメ目 Chelonia のみからなる．かつては無弓類に含まれたが，近年は双弓類とする説もある．カメ目は，プロガノケリス類，潜頸類，曲頸類の3つの亜目に大別され，このうち潜頸類と曲頸類は現生種を含んでいる．

現生のカメ類は約200種あり，すべて歯を失って，高度に角質化した嘴がそれに置き換わっている．カメ類が系統発生上，はじめから歯をもたなかったのではなく，三畳紀の *Proganochelys* は歯をもっていたことが知られている．また Rose（1892）は，現生のアオウミガメ *Chelonia midas* の個体発生の初期に，歯堤が形成されることを報告しているが，これについては今後，再検討を要する．

4　鱗竜形類（下綱）

鱗竜形類 Lepidosauromorpha は，側頭窓が2つある双弓類（亜綱）Diaspida のうちの一群である．

1）始鰐類（目）

始鰐類 Eosuchia は非常に原始的な鱗竜形類で，トカゲ類やヘビ類を含む有鱗類がこのグループから派生したとされている絶滅群である．一般に，上下顎と口蓋部に歯をもち，このうち顎歯の支持様式は原槽生性である．ほとんどの種類の歯は単純な円錐歯であるが，若い時期の *Tanystropheus*（広弓亜綱の原始竜目に分類されることもある）の遠心部の顎歯は，三咬頭性であったことが知られている．

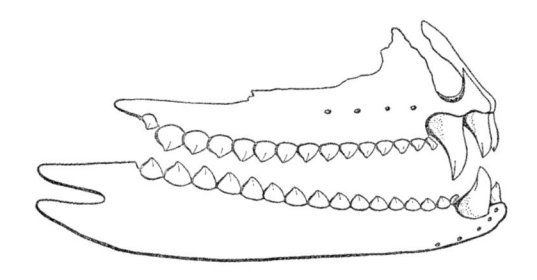

図4-10 アガマ科のトゲオアガマのオスの上下顎歯列（Cooper *et al*., 1970）

2）ムカシトカゲ（喙頭）類（目）

ムカシトカゲ（喙頭）類 Rhynchocephalia は三畳紀に繁栄したが，現在ではニュージーランドの小島に生息するムカシトカゲ *Sphenodon punctatum* だけが残存しているにすぎない．ムカシトカゲの外部形態は，現生のトカゲ類によく似ているが，側頭窓が2つあることで明瞭に区別される（現生のトカゲ類は1つ）．

ムカシトカゲは顎骨のほかに，口蓋骨と鋤骨にも歯をもっている．本種の歯の交換は独特で，ある発育段階になると交換しなくなることが知られている．歯の支持様式は端生性であり，エナメル質内には象牙質から進入する多くの細管が存在する．

3）トカゲ（有鱗）類（目）

トカゲ（有鱗）類 Squamata は現在もっとも繁栄している爬虫類で，6,000種以上にも及んでいる．トカゲ類（亜目）とヘビ類（亜目）に分類され，前者がより原始的であるとされている．

(1) トカゲ類（亜目）

トカゲ類 Lacertilia は，一般に前顎骨，上顎骨，歯骨に歯をもっている．また，イグアナ類の一部のものでは，口蓋骨にも歯が認められる．ほとんどの種類の歯は，同形歯性および多生歯性で，支持様式は端生性か側生性である．また，組織学的特徴としては，いずれも薄い無小柱エナメル質と真正象牙質から構成される（現生のオオトカゲ *Varanus* は歯根部に皺襞象牙質をもつ）．これらがトカゲ類の歯の共通した性質である．

しかし，アガマ科のトカゲ類はいくつかの点で，前述の共通した性質があてはまらない異形歯性の歯列をもつことが知られている（図4-10）．わが国に生息する唯一のアガマ科のトカゲであるキノボリトカゲ *Japalura polygonata* の歯を観察すると，歯列の前方部，すなわち前顎骨および上顎骨の近心部に円錐歯をもち，このうち上顎骨の近心部のものは"犬歯"状に発達している（図4-11）．これらの円錐歯の遠心すなわち後方には，小型の三錐歯が片側に約十数本存在する．同様の歯

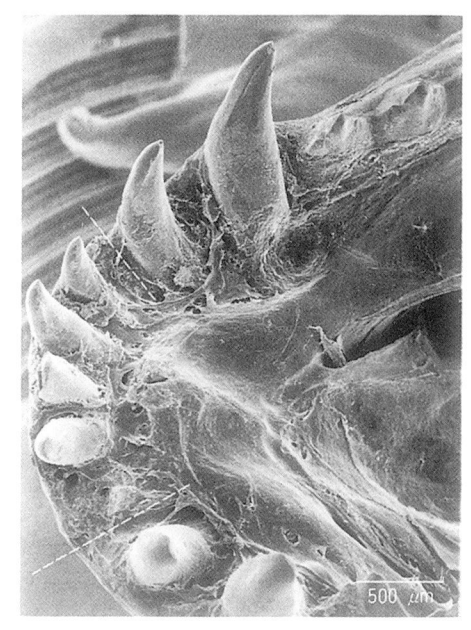

図4-11 キノボリトカゲの上顎前歯部の走査電顕像
白点線は上顎骨と前顎骨の縫合部を示す

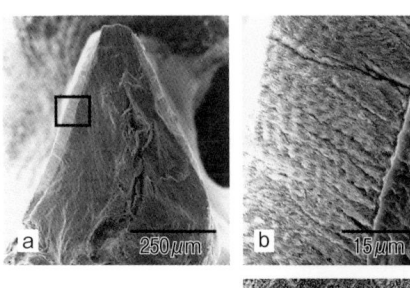

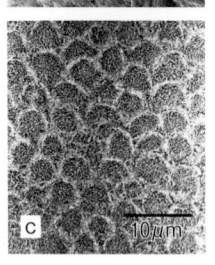

図4-12 マリトゲオアガマ *Uromastyx maliensis* の歯の走査電顕像
a：縦断破折面の低倍率，b：高倍率，c：エナメル質の接線断面．エナメル小柱はエナメル-象牙境から表面に向かい直線的に配列し，半円形の横断面を呈するものが多くみられる

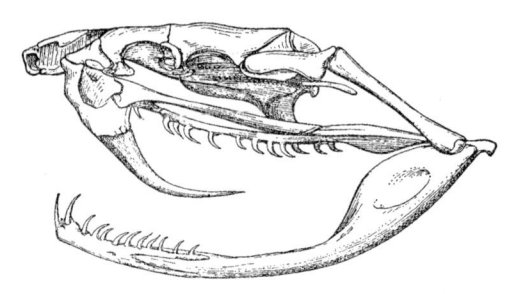

図4-13 マムシ *Agkistrodon* の頭蓋の側面（Peyer, 1937）
上顎に大きな毒牙をもつ

の形態分化は下顎歯列においても認められる．

これらの歯の支持様式は，円錐歯がすべて側生性で，三錐歯が端生性である．また，歯の交換については，円錐歯がゆっくりと交換するのに対し，三錐歯は全く交換の徴候を示さない．三錐歯の最遠心部のものには，二次的な欠損がほとんど認められないことから，顎の成長にともない新しい歯が遠心方向に付加されていることがうかがえる．

さらに，同じアガマ科のトゲオアガマ *Uromastyx* は，一生を通じていずれの歯も交換せず，驚くべきことに爬虫類にもかかわらず，小柱エナメル質をもつことが報告されている（Cooper & Poole, 1973）（図4-12）．現生の動物のうち，哺乳類以外で小柱エナメル質をもつのは，この種類しか知られていない．最近，トゲオアガマのアメロゲニン遺伝子の部分的配列が明らかにされ，ほかのアガマ科のトカゲにはみられない特徴的な反復配列の挿入が認められるという（石山ほか，2006）．この現象は，エナメル小柱という爬虫類にとっては新形質とみなされる構造の発現と，遺伝子変異との共存がみられる点で興味深く，さらなる解析が望まれる．

(2) ヘビ類（亜目）

ヘビ類 Ophidia は上顎骨，口蓋骨，翼状骨，歯骨に歯をもっている．また，ニシキヘビ *Python* の仲間は前顎骨にも歯が存在する．ヘビ類の歯はほとんどの種類において単純な円錐形であり，同形歯性，多生歯性である．

ヘビ類の歯でもっとも特殊な形態を呈しているのは，毒蛇の毒牙である（図4-13）．古くから歯の研究者の興味を引き，多くの研究報告がある．毒蛇の属する科により毒牙の形態はかなり異なる．

もっとも毒液の注入に適応しているのは，クサリヘビ類（マムシ，ハブ）の毒牙である．これは毒牙の内部を貫通する毒管が，完全に閉鎖された管状構造を呈しており，そのため管牙類ともよばれている．一般に管牙類の毒牙は大型で，噛まれたときの被害も甚大である．

一方，コブラ類やウミヘビ類の毒牙は，クサリヘビ類のものとは多少形態が異なる．毒

第4章 爬虫類の歯

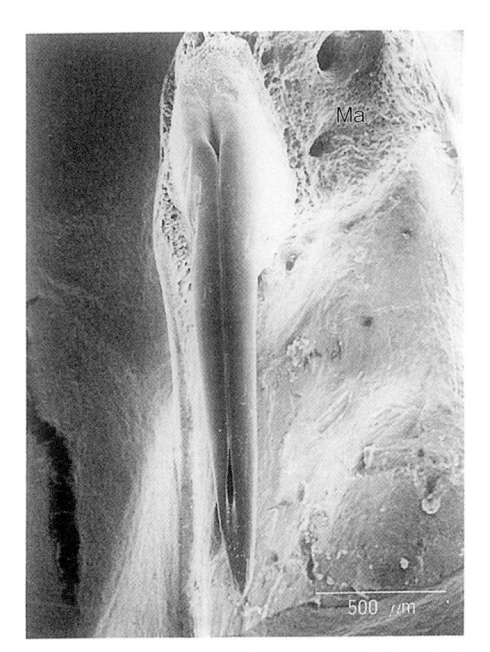

図4-14 セグロウミヘビ Pelamis の毒牙の走査電顕像
上顎骨（Ma）の前端には毒牙の植立位置が2カ所あり、交換期には2本植立する

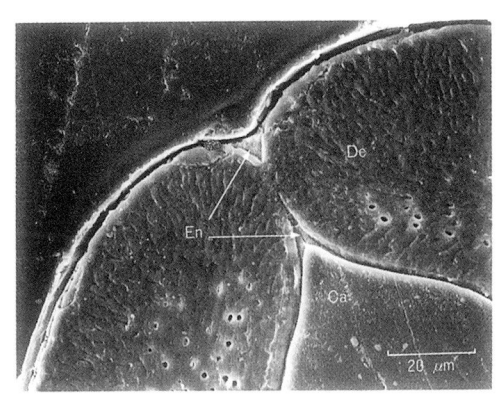

図4-15 セグロウミヘビの毒牙の中央部横断面の走査電顕像
毒管（Ca）の閉鎖性は完全で、接触部の唇舌側にはエナメル質（En）がとくに厚く堆積している．De：象牙質

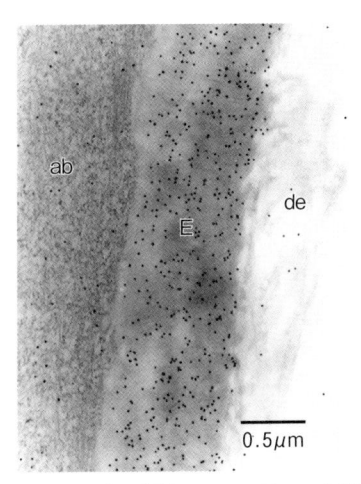

図4-16 シマヘビの歯胚のアメロゲニン免疫組織化学染色像（protein A-gold）（Ishiyama et al., 1998）
強陽性反応がエナメル質基質（E）に特異的にみられる．ab：エナメル芽細胞，de：象牙質

牙の前方表面には浅い溝が存在し（図4-14），そのため溝牙類（または前牙類）とよばれる．しかし，毒液はこの溝を通過するのではなく，内部には毒管が存在し，毒液はこの管の中を通過する．表面の溝と毒管との間には連絡はなく（図4-15），そのため管牙類の毒牙も溝牙類の毒牙も，機能的には同一であると思われる．ただし一般的に，溝牙類の毒牙は管牙類のそれに比べ，やや短小である．

管牙類も溝牙類も，ともに毒牙は上顎骨の前端に植立するのに対し，上顎骨の後端に毒牙をもつグループがある．これらは後牙類とよばれ，台湾に生息するミズヘビおよびアフリカに生息するブームスラングなどがこれにあたる．これらの毒牙は，表面に深い溝をもち，毒液はこの溝を通過して注入される．このグループのもつ毒腺の毒性は弱い．

一般にヘビ類の歯は，薄いエナメル質と真正象牙質によって構成されている．きわめて薄いため，このエナメル質の性質について真のエナメル質か否かという議論もかつては存在した．しかしその後の研究で，発生段階においてこの薄いエナメル質の基質も，哺乳類のアメロゲニン抗体に反応することから（図4-16），このような非薄なエナメル質も哺乳類のエナメル質と相同の組織とみなされるに

至った．なお歯の支持様式は，浅いクレーター状の陥凹に骨性結合する端生性である．通常，機能歯の舌側には5～6世代の歯胚が配列し（図4-6参照），活発な交換が行われる．ヘビ類の歯の交換は，孵化する以前から始まる．

また，沖縄諸島沿岸に生息するイイジマウミヘビ *Emydocephalus* は，魚卵しか食べないという特殊な食性を有する（Voris, 1966）．本種の歯は，下顎（歯骨）と口蓋骨で欠如している．いずれの発育段階の個体でも，歯骨と口蓋骨に隣接して顕著な歯堤の形成が認められる（石山・小川，1981）．したがって，歯が退化消失しても歯堤は一生を通じて形成され続けるわけである（胎仔では歯胚列も形成される）．本種の部分無歯は系統発生上，かなり新しい現象であると思われる．

（石山　巳喜夫）

5　主竜形類（下綱）

主竜形類 Archosauromorpha は双弓類（亜綱）のもう1つの群で，現在のワニ類をはじめ"恐竜類"や翼竜類など多くを含む．二足歩行するものが多い．歯は顎縁に存在するが，口蓋にはほとんどみられない．歯の基本形は円錐歯であるが，扁平になり，近心縁と遠心縁に切縁が形成されることが多い．歯の支持様式は槽生性である．

1）槽歯類（目）

槽歯類 Thecodontia は三畳紀に生息していた主竜形類の原始型である．槽生性で，目の名称はこれに由来する．初期のものには，口蓋に歯が存在していた．

2）ワニ類（目）

ワニ類 Crocodilia は三畳紀に出現し，現在に至る．二次口蓋が発達し，呼吸と捕食が分離されるなど，いくつかの哺乳類的な進んだ特徴をもつ．一般に原鰐類，中鰐類（以上化石のみ）と正鰐類に分類される．現生種は，正鰐類のなかのクロコダイル類 Crocodylidae とアリゲーター類 Alligatoridae の2科に属している．肉食性で，鋭い歯をもち，口を閉じると上下顎の歯が交互に組み合わされる．顎歯が上顎吻部を穿孔する例もある．歯冠は円錐形で，近心と遠心に切縁がみられることがある．歯根は円筒形で，根尖孔は広く開放する．歯根が深く歯槽に入り込む槽生性である．

歯冠は薄いエナメル質でおおわれている．エナメル質には表面とほぼ平行する成長線が認められるものの，小柱構造はみられない．また，前述のようにエナメル質深層には細管状構造がみられることもある（図4-5参照）．

象牙質は歯の大部分をつくり，真正象牙質である．また，根尖側では急激に薄くなる．歯根の表層にはセメント質が存在する．歯髄腔は広く，根尖が開放しているので歯髄は歯根膜と広く交通する．次代の歯胚は機能歯の舌側に位置し，歯胚が発育すると機能歯の歯根の舌側面根尖側に吸収が起こる（図4-17）．

さらに歯根の吸収が進み，発育した歯胚は機能歯の歯髄腔中に入り込むようになる．最後には機能歯が脱落して，次代の歯がその下から萌出する．*Alligator* では1本の歯の寿命は平均24カ月で，その半分が機能する期間といわれている．歯列全体の交換も一見不規則のようであるが，一定の規則性が認められる．

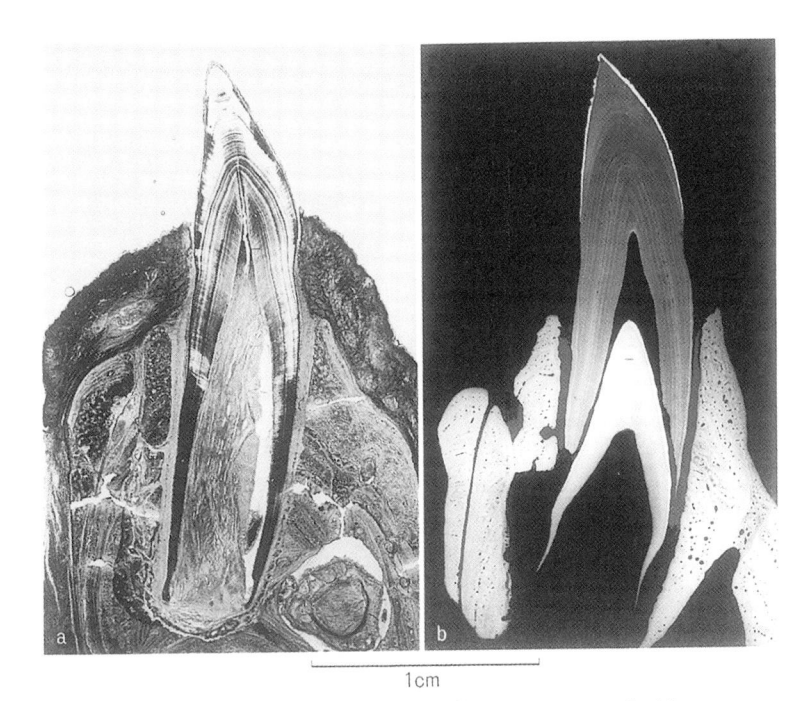

図4-17 ナイルワニ *Crocodylus niloticus* の下顎歯の縦断像
a：研磨標本．トルイジンブルー染色，b：マイクロラジオグラム像．bでは，機能歯の直下に次代の歯胚が形成されている

3）竜盤類（目）

　竜盤類 Saurischia は"恐竜類 Dinosauria"とよばれるグループの一群で，中生代に繁栄した．腰帯の形態から，次項で述べる鳥盤類と区別される．二足歩行性の獣脚類と四足歩行性の竜脚類に分類される．歯の位置する場所は顎縁全体か，あるいは近心部に限局するかのどちらかである．歯冠は薄いエナメル質でおおわれる．

　獣脚類は肉食で，大型の頭蓋をもつものが多い．一般に，鋸歯の発達した切縁をもつ大型で鋭い歯を顎縁にもっている．ジュラ紀の *Allosaurus* や白亜紀の *Tyrannosaurus* が代表的である．

　一方，竜脚類は巨大な体をしていたが，草食である．歯が顎の近心に限られることもあ

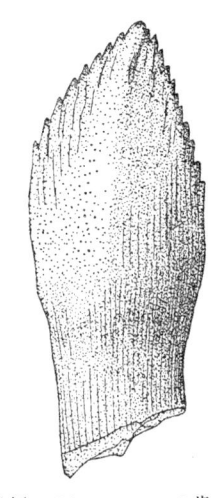

図4-18 竜盤類の *Plateosaurus* の歯（Peyer, 1937）

り，形態は小さく細長いもの，扁平なもの，球状あるいはスプーン状を呈するもの（図4-18）などさまざまであった．なかには巨大な体にもかかわらず，歯があまり発達せず，

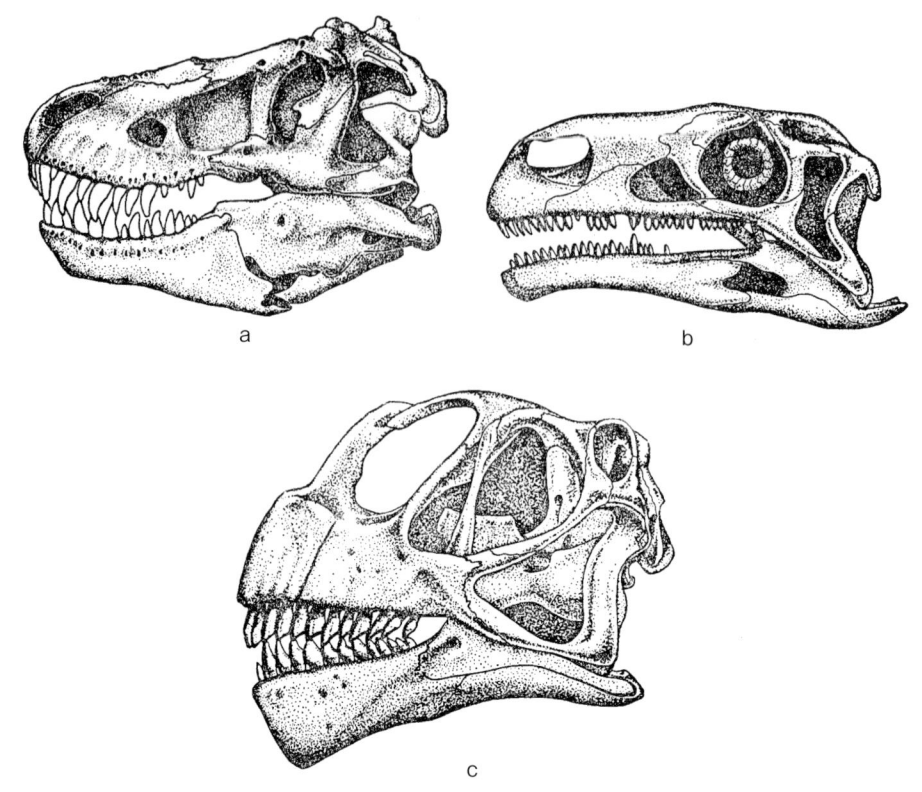

図 4-19 竜盤類の頭蓋の側面（Romer, 1956）
a：*Tyrannosaurus*, b：*Plateosaurus*, c：*Camarasaurus*

数が少ないものもいた．三畳紀の *Plateosaurus* やジュラ紀の *Camarasaurus* や *Apatosaurus* などが代表的である（図 4-19）．

4）鳥盤類（目）

竜盤類とともに"恐竜類"とよばれるもう1つの群が鳥盤類 Ornithischia で，中生代に繁栄した．恥骨部が二分し，腰帯が四叉型になる．鳥脚類，剣竜類と曲竜類を含む装盾類，角竜類と堅頭竜類を含む周飾頭類に分類されるが，すべて草食性である．多くの場合，上下顎とも近心の歯が消失し，代わりに下顎に前歯骨 predentary があり，角質の嘴状のおおいがある．遠心の歯（頬歯）は多数が密集し，草食に適した歯列が形成されている．鳥脚類は白亜紀の *Iguanodon* や，カモノハシ竜とよばれるハドロサウルス類が代表的である（図 4-20）．ハドロサウルス類のなかには，近遠心に鋸歯をもつ歯が500本以上も密集して歯列を形成し，これが上下に咬み合ってひき臼のようになる遠心の歯（頬歯）をもつ例がある（図 4-21）．きわめて草食に適応したものといえよう．剣竜類（ステゴサウルス類）と曲竜類（アンキロサウルス類）はともに装甲をもつ恐竜である．これらの歯は小さく，貧弱であった．角竜類は白亜紀に栄えた恐竜で，顎の先端に嘴をもち，また多くが角を備えており，鳥脚類に似た1〜数列の遠心の歯（頬歯）を有していた．白亜紀の *Triceratops* などが代表的である．

第4章 爬虫類の歯

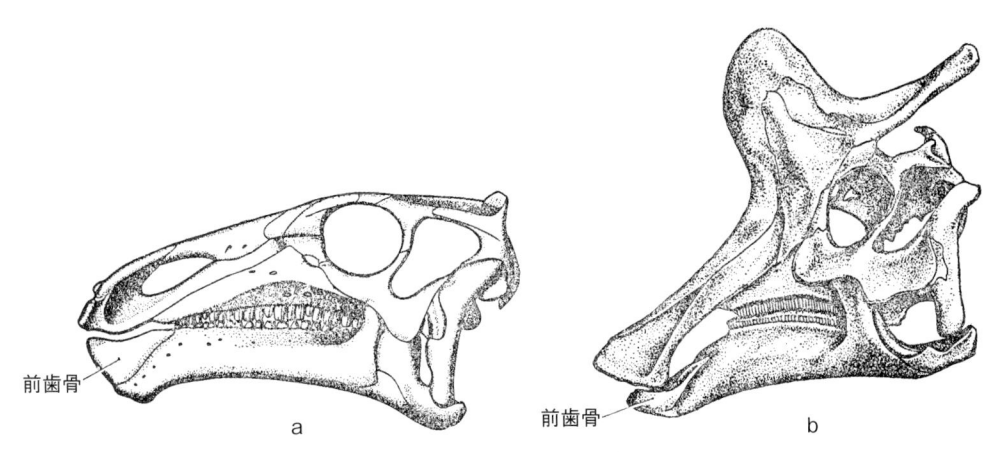

図4-20 鳥盤類の鳥脚類の頭蓋側面（Romer, 1956）
a：*Iguanodon*，b：ハドロサウルス類の *Lambeosaurus*

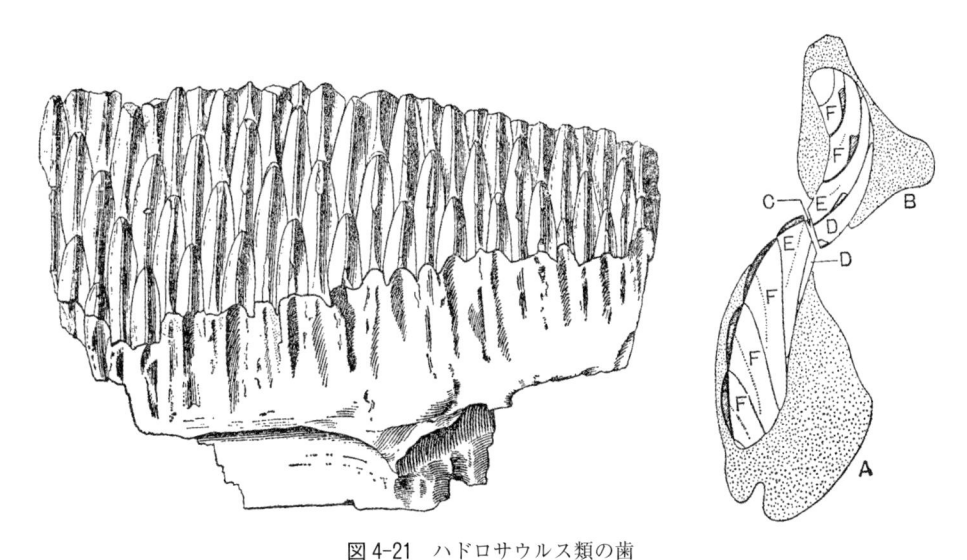

図4-21 ハドロサウルス類の歯
左：*Hadrosaurus breviceps* の下顎歯列の舌側面観，右：顎の前頭断面（Romer, 1956）
A：下顎，B：上顎，C：咬合面，D：かなり磨耗した歯，E：一部磨耗した歯，F：後続歯胚

5）翼竜類（目）

翼竜類 Pterosauria は，翼をもち，飛ぶことのできた爬虫類の一群で，そのために体の構造が特殊化している．温血性で体毛をもっていたと考えられている．長い尾をもつジュラ紀の *Rhamphorhynchus* などは，顎縁に鋭い歯をもっており，魚食性と考えられている．後期に現れた尾の短い進化したグループでは，歯は近心に残っているのみか，あるいは欠如している．白亜紀の *Pteranodon* などでは歯がなく，顎が鳥の嘴状に変化している．飛行生活に適応して，体重を軽くするために歯を失ったと考えられている．

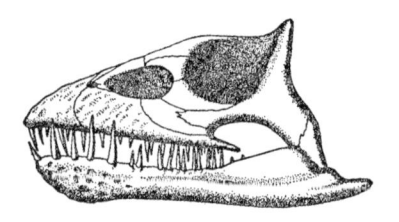

図 4-22 長頸竜類の *Plesiosaurus* の頭蓋の側面 (Romer, 1956)

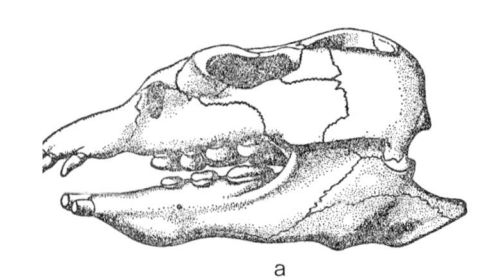

6　広弓類（亜綱）

　広弓類 Euripsida は水中生活に適応した一群で，偽竜類（目），長頸竜類（目），板歯類（目）に分類される．鰭竜類（上目）ともよばれる．

　偽竜類 Notosauria はより原始的な段階に位置する．四肢は鰭脚に変化し，頭蓋は扁平で，顎には多数の鋭い歯を有している．三畳紀の *Nothosaurus* が代表的である．

　長頸竜類 Plesiosauria はジュラ紀から白亜紀に広く分化し繁栄した．頸部が著しく長く，櫂状の四肢をもつことが特徴である．顎縁には鋭い円錐歯が多数存在した（図 4-22）．一般に同形歯性であるが，近心の歯が発達して牙状になることもある．槽生性で，歯根表面には縦溝がみられることが多い．

　板歯類 Placodontia は三畳紀にいた広弓類の一群で，浅海に棲んでいたと考えられる．上下顎の顎縁と口蓋に，著しく扁平で大型のひき臼状の歯をもつことが特徴で，貝類などの殻を砕いて食べていたと考えられる．*Placodus* では，近心の歯は前方に突き出してノミ型となる一方，顎の遠心と口蓋には扁平で大型の臼歯状の歯があった（図 4-23）．*Henodus* では歯は退化し，顎の近心側は広

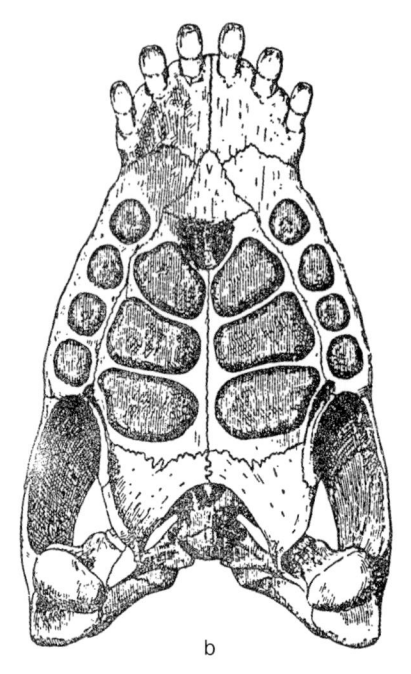

図 4-23　a：板歯類の *Placodus* の頭蓋の側面．b：下顎を取り除いた口蓋面 (Romer, 1956)

い嘴状となり，遠心側に各側 1 対の歯を残している．*Placodus* は小柱エナメル質をもっていたという．

7　魚鰭類（亜綱）

　魚鰭類 Ichthyopterygia は，魚竜類（目） Ichthyosauria のみからなる．水中生活にもっともよく適応したイルカ型の爬虫類で，ジュラ紀を中心に栄えた．頭蓋は特殊化し，

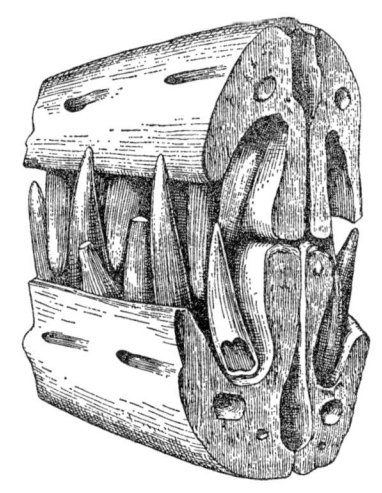

図 4-24 ジュラ紀の魚竜類の吻部断面（Peyer, 1968）

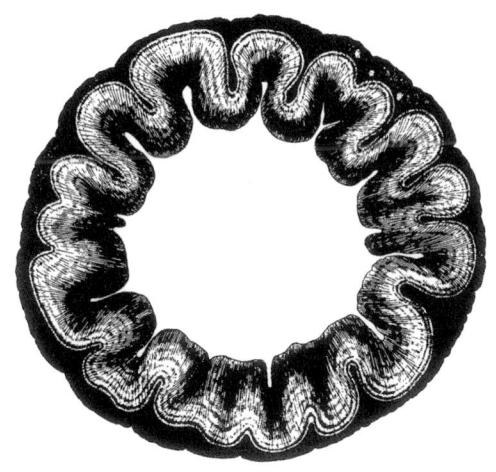

図 4-25 魚竜類の歯の歯根部の横断面（Owen, 1840～1845）
皺襞象牙質とその外層をなすセメント質からなる

は個々の歯槽に植立するが，後期のものでは歯は溝状の歯槽に植立するようになる（図4-24）．

（笹川　一郎）

8　単弓類（亜綱）

単弓類 Synapsida は哺乳類型爬虫類 mammal-like reptile ともよばれ，哺乳類を生み出した爬虫類の一群である．哺乳類がもつ歯のいろいろな特性の基本は，このグループの進化の過程で獲得されている．進化段階の低い盤竜類（目）Pelycosauria（図4-26）と，より進化した獣弓類（目）Therapsida（図4-27）が含まれる．

哺乳類に比べて爬虫類一般では，歯数が多い，同形歯性・単咬頭性・多生歯性で，隣り合う歯が交互に生えかわり歯列に歯隙ができる，特定の上下顎の歯がきっちりと咬み合うことはない，など，種々の特徴がある．哺乳類では，歯数は減少し，異形歯性・多咬頭性となり，大臼歯は一生歯性，その他の歯は二生歯性となる．歯列に歯隙が生じる期間は短く，上下顎の特定の歯同士が咬み合って，歯の特定の場所に咬耗面 wear facet を形成する．

盤竜類は，古生代石炭紀からペルム紀という爬虫類進化のごく初期に繁栄した動物群で，もっとも原始的な爬虫類の歯の特性が観察される．盤竜類では，上顎の前顎骨と上顎骨のほかに，口蓋骨と翼状骨にも歯がある（図4-28）．獣弓類になると，前顎骨と上顎骨だけに歯が生え，口蓋骨は二次口蓋を形成する．

盤竜類のなかではもっとも原始的な *Ophiacodon* では，犬歯はそれほど大きくなく，ほかの歯は単咬頭性の同形歯である．歯

外鼻孔は後退し，吻部は長く前方に伸びる．顎縁には鋭い円錐歯が多数ある（図4-24）．例外的に，半球状あるいは扁平な歯をもつものもいた．一般に歯数は多く，片顎の歯列に200本近くの歯をもつこともある．後期のものの歯根部は，表面に迷歯類に似た縦溝をもつ皺襞象牙質からなり，ここにセメント質が付着している（図4-25）．初期のものでは歯

113

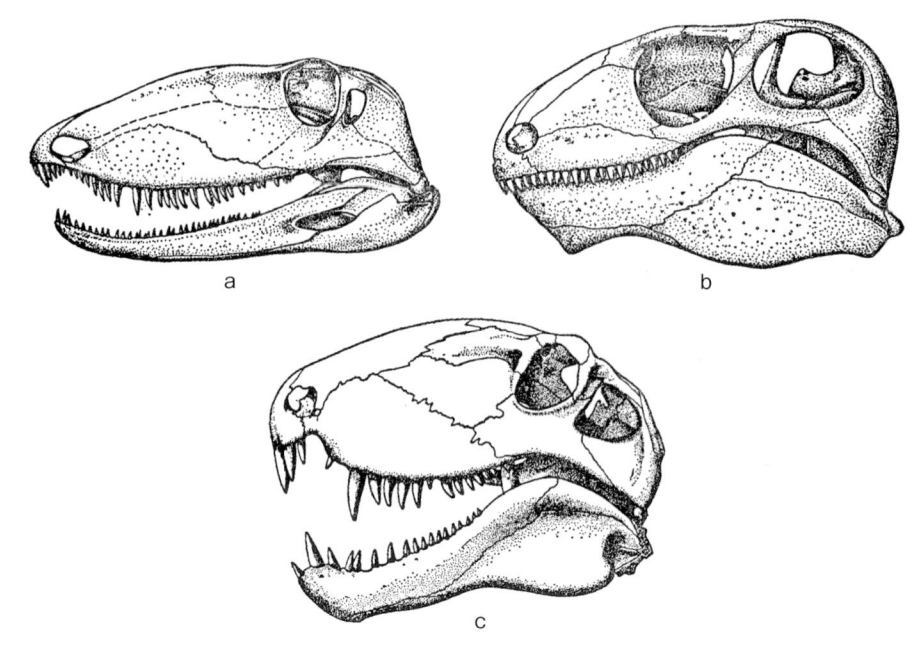

図 4-26 盤竜類の頭蓋の側面（Romer, 1966）
a：*Ophiacodon*，b：*Edaphosaurus*，c：*Dimetrodon*．歯はすべて単咬頭性．歯数は多くて，一定しない．*Dimetrodon* の頭蓋の長さは約30cm

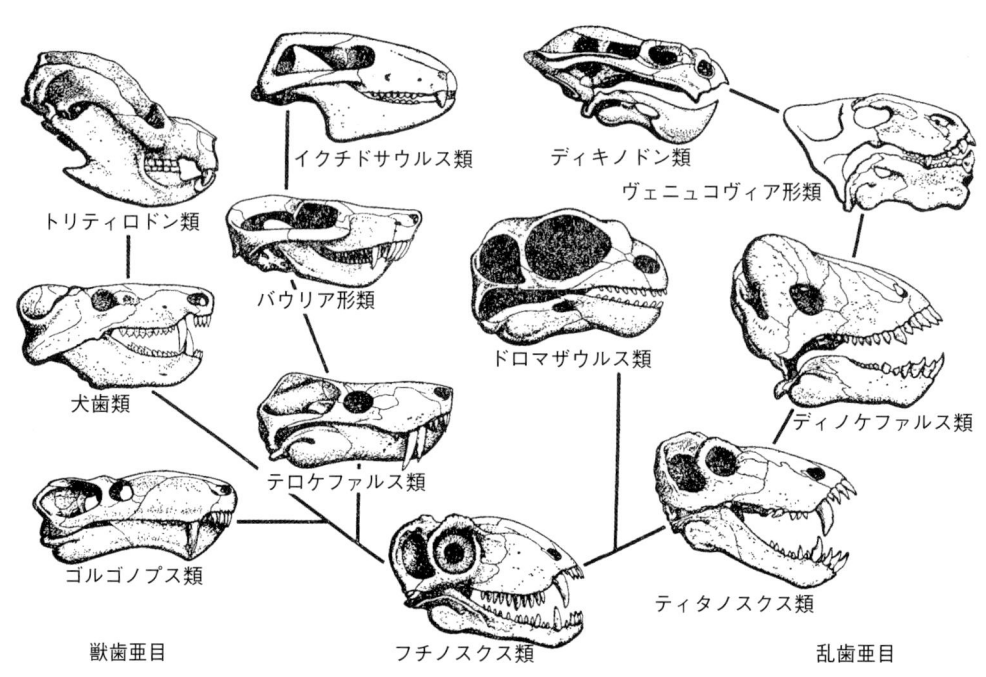

図 4-27 獣弓類の適応放散（Romer, 1966）
右側に示す乱歯類は草食性で，歯を消失したものもいる．犬歯類が哺乳類の祖先

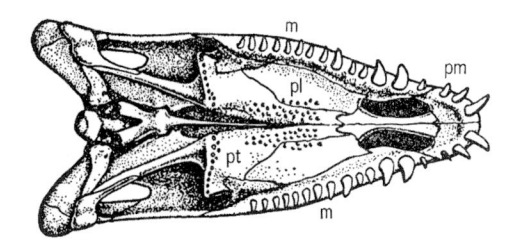

図4-28 *Dimetrodon* の頭蓋の口蓋面（Romer, 1966）
pm：前顎骨，m：上顎骨，pl：口蓋骨，pt：翼状骨．口蓋骨と翼状骨にも歯がある

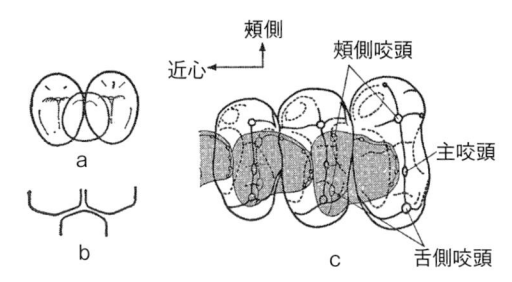

図4-29 多咬頭性の獣歯類の頬歯
a：*Diademodon* の咬合面，b：a の舌側面，
c：*Scalenodon* の上下顎頬歯．影の部分が下顎頬歯

と歯の間隔は空いていて，歯の先端は遠心を向く．草食性に適応した *Edaphosaurus* では犬歯は発達せず，歯隙はなくなる．歯は太くなって，低く，先端はとがらず，咬合面は広くなっている．進化程度の高い *Sphenacodon* や *Dimetrodon* の仲間になると，上下顎に2本の犬歯を備え，それらの犬歯は交互に生えかわって，常にどちらかが機能する．ほかの歯も鋭く尖り，典型的な肉食性への適応を示す．

これらのグループでは，顎の関節が歯列と同じレベルか，やや下に位置する．顎を閉じたときに生じる咬む力や，咀嚼の運動エネルギーはそれほど大きくない．歯はものを咬むというよりも，口の中に食べ物を捕らえる機能を果たす．食べ物を丸飲みしていたはずである．

獣弓類はペルム紀の *Sphenacodon* から進化し，三畳紀に栄え，白亜紀まで生息した．そのなかでフチノスクス類 Phthinosuchia がもっとも原始的で，まだ口蓋骨に歯があり，二次口蓋は発達していない．犬歯は左右の上下顎に1本ずつ存在する．犬歯の遠心にある頬歯数は12本に減少する（盤竜類ではもっと多い）．このグループから，さまざまな乱歯類（亜目）Anomodontia が進化する．これらは草食性で，歯数は減少し，口蓋骨の歯も退化する．二次口蓋が発達して，食べ物を口に含んでいるときでも鼻で呼吸をすることが可能になる．歯は一般に単咬頭性である．

フチノスクス類から進化した獣歯類（亜目）Theriodontia は肉食性で，このグループの一員が哺乳類を生み出した．下顎では，歯骨が大きくなって，顎関節が歯列よりも上のレベルに位置する．上顎では口蓋骨の歯は退化して二次口蓋が発達し，頬骨弓が形成されて咀嚼筋の付着部となる．全体として，顎を閉じるときの運動エネルギーは大きいものとなる．歯隙はなくなり，びっしり詰まった歯並びになる．頬歯（臼歯）は多咬頭性になるが，構造が比較的単純な近心歯群と，より複雑な遠心歯群に分かれる．ここに，小臼歯と大臼歯の初期的な分化状態を認めることができる．多咬頭性になることによって，顎を閉じたときに上顎の歯と下顎の歯が対向し，歯の特定の場所に咬耗面を形成する．

獣歯類のなかの犬歯類 Cynodontia には，いろいろなタイプの多咬頭性の頬歯がみられる．上顎の頬歯が頬舌側方向に広がって下顎頬歯と対向する *Diademodon* のタイプや，頬舌方向に伸びる隆線（稜）に咬頭が生じて咬む機能を高めている *Scalenodon* のタイプがある（図4-29）．

トリティロドン類 Tritylodontia は植物食

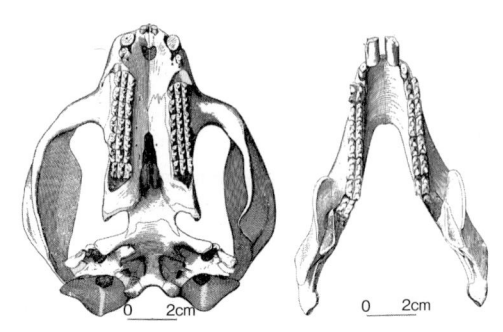

図4-30 トリティロドンの歯列，上顎（左）と下顎（右）（Sun, 1984）

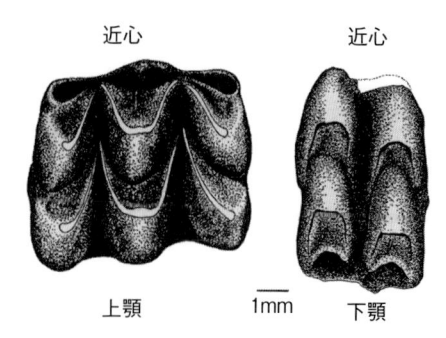

図4-31 白亜紀前期のトリティロドン類の臼歯咬合面（石川県白山市白峰，手取層群産出；松岡，2000）

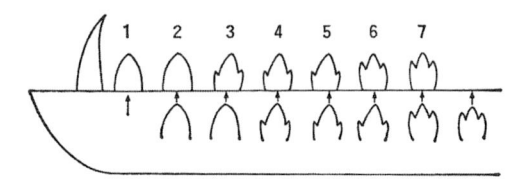

図4-32 *Thrinaxodon*の下顎の歯の交換の模式図　左が近心で，細長く高い歯は犬歯

性に特化し，高度に特殊化した臼歯をもつ．咬頭は近遠心方向に，下顎臼歯では2列に，上顎臼歯では3列に配列する（図4-30, 31）．上顎臼歯の3列の咬頭の間に2列の溝が生じるが，下顎臼歯の2列の咬頭は上顎の2列の溝と咬み合う．

哺乳類型爬虫類では，まだ咬筋は分化していない．咀嚼筋は側頭筋と翼突筋だけである．下顎を閉じるとき，側頭筋によって下顎が遠心に引っ張られる．下顎が遠心に移動するときに咀嚼力が働く．下顎を開いて，翼突筋によって下顎が前方に移動するが，このとき咀嚼力は働かない．下顎の臼歯の咬頭の遠心面は遠心に開いた凹型となり，上顎の臼歯の咬頭の近心面が近心に開いた凹型となっているのはそのためである．下顎は近遠心方向にしか動かない．石川県白山市白峰村の白亜紀前期の手取層群から，このグループの *Bienotheroides* に近い仲間の臼歯が多数発見されている．

また，頬歯が近遠心方向に伸びて，主咬頭の近心と遠心にそれぞれ小さな咬頭を生じ，三咬頭性の歯となる *Thrinaxodon* のグループも出現する．この三咬頭性の歯は，カッターにたとえることができる．下顎を閉じたとき，下顎の歯の頬側面が上顎の歯の舌側面とすれ違って，食べ物を切り裂く．哺乳類はこのグループから進化した．

歯の機能を高めるためには，特定の構造をもった歯と歯が常に咬み合わなければならない．歯がばらばらに抜け落ち，生えかわる交換様式では，十分に機能を果たすことはできない．哺乳類の直接の祖先と考えられる *Thrinaxodon* には，典型的な爬虫類的多生歯性から，哺乳類の一生または二生歯性への移行段階がみられる（図4-32）．

頬歯の数は常に7本で，近心の2本は単咬頭性，遠心の2本は複雑な多咬頭性，中央の3本は中間形態を示す．もっとも近心の第1歯は，抜け落ちても生えかわらない．第2，3歯は単咬頭性の歯と交換する．第4〜6の歯は中間形態の歯と，第7歯は多咬頭性の歯と生えかわる．そして第7歯の遠心には，新たに多咬頭性の歯が生える．これらの歯の交換が近心から遠心へと順次起こって，顎骨の

成長につれて，生えかわる歯のサイズも大きくなる．このような歯の交換によって，顎骨の成長と歯の成長が調和を保つ．歯数は一定であり，近心側に常に単純な歯があって，遠心にいくほど複雑な歯があることになる．そして，それが終生変わらない．上下顎を咬み合わせたときも，複雑な歯はいつも複雑な歯と対向する．また，歯の脱落による歯列の空隙を最小限に抑えることが可能となる．

複雑な多咬頭性の第6歯は，より構造の単純な中間形の歯と生えかわっている．哺乳類の真獣類では，第四乳臼歯は臼歯型であるが，それと交換する第四小臼歯はより単純な小臼歯型である．この現象は，すでに *Thrinaxodon* にみられ，乳歯列の時期にも十分な咀嚼機能をもつことができ，これが哺乳類でも広く引き継がれている．

卵からかえったばかりの幼獣の *Thrinaxodon* も，咀嚼の機能を果たす成獣のミニチュア型の7本の頬歯をもっている．爬虫類は卵からかえった瞬間から，みずから捕食しなければならない．そのために，成獣と同じ機能を果たす歯を幼獣も必要とする．そして，ゆっくりとした成長のペースに合わせて歯は幾度も生えかわる．

では，*Thrinaxodon* にみられる歯の交換の様式から，哺乳類の一生歯性ないし二生歯性の交換様式が，なぜ，どのように進化したのであろうか．

爬虫類は卵生で，一般に変温性である．哺乳類のなかの真獣類と有袋類は胎生で，単孔類は卵生であり，すべて恒温性である．獣歯類から進化したばかりの初期の哺乳類は，おそらく卵生であり恒温性であったと推定される．獣歯類の体の大きさは，小さいものでもネコくらいの大きさである．初期の哺乳類は，成獣でもハツカネズミのサイズでしかない．成獣は恒温性であって，毛が体表をおおっているが，生まれたての幼獣には毛はなく，変温性で，体の大きさは小指の先ほどの未熟児であったであろう．恒温性ではない未熟さゆえに，幼獣は母親の保護を必要とし，母乳で育てられた．そのかわりに，母親の保護を必要とする幼獣から成獣に達するまでの時間はスピードアップされた．そこで，切歯・犬歯・小臼歯が，幼獣から成獣になるまでの間に一度だけ生えかわり（二生歯性），それからは，ゆっくりとした顎の成長にテンポを合わせて大臼歯が近心から順番に生えそろう（一生歯性）ことになる．

このように考えると，成長の様式と歯の交換の様式は密接に関連していることがわかる．

（瀬戸口　烈司）

付　鳥類（綱）の歯

鳥類 Aves は恐竜類の獣脚類を祖先として進化したと考えられている．羽毛をもつことが大きな特徴である．また，翼をもち，その多くが飛行できる．

ジュラ紀のシソチョウを古鳥類（亜綱）Archaeornithes，白亜紀以降のものを新鳥類（亜綱）Neornithes とし，新鳥類を歯顎類（上目）Odontognathae，古顎類（上目）Palaeognathae，新顎類（上目）Neognathae に分類する．このうち，歯をもつのは歯顎類までで，古顎類と新顎類では歯を失っている．

1）古鳥類（亜綱）

古鳥類では，ジュラ紀後期に出現したカラスほどの大きさのシソチョウ（始祖鳥）*Archaeopteryx* がよく知られている（図4-33）．

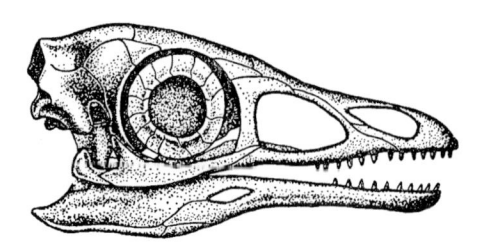

図 4-33 ジュラ紀のシソチョウ *Archaeopteryx* の頭蓋側面（Romer, 1966）

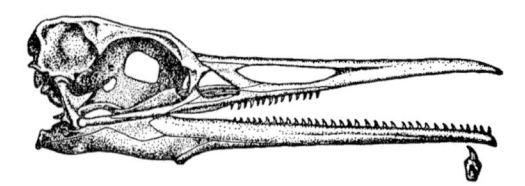

図 4-34 白亜紀の *Hesperornis* の頭蓋側面と歯（右下）（Romer, 1966）

骨格は爬虫類的な特徴を多く残し，獣脚類によく似ている．上下顎は細長く，前方に伸びて嘴(くちばし)状となるが，よく発達した円錐歯が存在する．歯は槽生性である．

2）歯顎類（上目）

白亜紀にはさらに進歩した歯顎類がいた．*Hesperornis* などはその代表である．*Hesperornis* では歯はまだ存在し，上顎遠心部と下顎に認められる（図 4-34）．しかし，上顎近心部には歯がなく，嘴が形成されていたと思われる．歯は浅い溝に槽生性結合をする．エナメル質はもっとも厚いところで約 0.3 mm である．エナメル質には，小柱構造や層板構造はみられない．象牙質は真正象牙質で，歯根にはセメント質も存在する．

3）新顎類（上目）

新顎類は白亜紀後期から出現し，現在まで繁栄している鳥のグループである．現在の鳥類には歯がなく，嘴が形成されている．白亜紀のものからすでに歯は退化していたらしい．現在の鳥類では，発生過程でも歯の痕跡は認められないとされる．

しかしある種の突然変異体には，爬虫類の第一世代の歯胚に似た構造ができるという（Harris *et al.*, 2006）．また，現生鳥類での歯の再生実験については Kollar と Fisher (1980) 以来議論され続けている．最近でも，鳥類の口腔上皮は，いまだ歯牙形成を誘導する分子シグナリングを保持しているとする報告（Cai *et al.*, 2009）がある．

（笹川　一郎）

第5章 哺乳類の歯

1 概説

1）哺乳類（綱）の進化・系統と分類

哺乳類 Mammalia は恒温性を獲得し，単孔類以外は胎生で，哺乳されて育つ．これらにともなう全面的な体制の進化によって，哺乳類は爬虫類よりも一段と活動性を強め，環境からの独立性を高めた．新生代は哺乳類の時代であり，地上・樹上・地下・水中，さらには海・空へと飛躍的な適応放散を行って今日に至っている．食性も多様に分かれ，草食・葉食・果食・種子食・肉食・魚食・昆虫食・プランクトン食などに特殊化していった．

歯は異形歯性であり，切歯・犬歯・小臼歯・大臼歯に分かれる．さらに各歯種は，それぞれの種の食性や行動に適応して分化・特殊化をとげた．とくに大臼歯は複雑な咬頭をもち，各食性に対応した著しい多様化を示す．その歯の形態には，現在の食性への対応と同時に，その動物種の歴史がしるされている．古生物学者や分類学者たちは，それを手がかりに系統や類縁を調べてきた．ここではそれらの成果を，歯の比較形態学という観点から学ぼうとしているわけである．

図5-1は，哺乳類の進化・系統の概要を示したものである．哺乳綱は通常大きく二亜綱に分けられる．梁歯目 Docodonta・三錐歯目 Triconodonta・単孔目 Monotremata・多丘歯目 Multituberculata の4目が含まれる原獣亜綱 Prototheria，および，それ以外のすべてを含む獣亜綱 Theria である．獣亜綱は，真汎獣目 Symmetrodonta・相称歯目 Ellpantotheria を含む汎獣下綱 Pantotheria と，豪州袋目と米州袋目からなる有袋類（亜綱）が所属する後獣下綱 Metatheria およびそれ以外のすべての目を含む真獣下綱 Eutheria に分けられている．

真獣下綱は胎盤をもち，$\frac{3\ 1\ 4\ 3}{3\ 1\ 4\ 3}$ の基本歯式を示す．それ以外の目は，哺乳類進化の初期にいわゆる"実験的"に出現したものである．このうち有袋亜綱と単孔目は隔離されていたために存続したが，ほかは絶滅している．それらのうち，真汎獣目以外の4目（梁歯目・三錐歯目・多丘歯目・相称歯目）は，その名称が示すように，歯においても真獣下綱の祖先とは異なるタイプをもつ．

本章では，現生種の存在するものは主として目のレベルで項を設け，絶滅目については近縁目をひとまとめにしている場合がある．

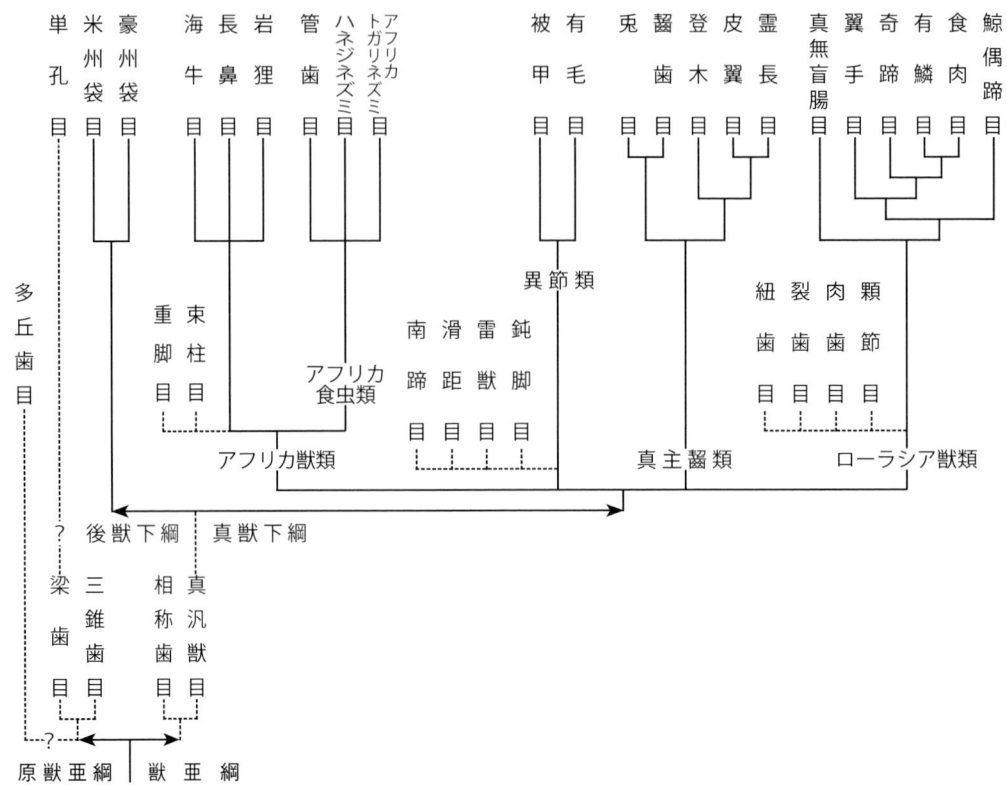

図 5-1 哺乳類の系統関係（コルバートほか，2004による中生代・新生代哺乳類に，長谷川，2011および富田，2011による現生種の分子系統学の結果を加えて作成）
破線は不確か，または系統を示していない部分を表す

図5-1は，従来の形態による系統に，近年の分子系統学による成果を加えて作成を試みた系統図である．絶滅したグループは破線で示しており，2目はアフリカ獣類，4目は異節類に近縁，4目はローラシア獣類として示した．これまで食虫目としてひとまとめにされてきたグループは，アフリカ獣類のハネジネズミ目，テンレック科・キンモグラ科などのアフリカトガリネズミ目と，その他のモグラ科・トガリネズミ科などの真無盲腸目に分けられている．有袋目は米州袋目と豪州袋目の2目に分けられ，かつての貧歯目のうちアリクイ科とナマケモノ科は有毛目，アルマジロは被甲目となっている．本書では鯨類Cetaceaをほかの鯨偶蹄目と分けており，亜目や科の分け方，および説明の順序などについても，歯の形態を説明するうえで都合のよい分類法・記述順を採用していることに留意されたい．

そのほか，本章の図は，上顎歯列は右側，下顎歯列は左側で示し，頰側および近心の方向は，図5-2と同様に統一してある．咬合の状態をみるためには，上下顎の図をそのままずらして重ね合わせたらよい．第6章でも同様である．また，哺乳類の歯の発生および組織構造は基本的に同一であり，要点は第1章で述べてあるため，ここでは省いた．哺乳類の歯の発生学および組織学の詳細については，

ヒトに関する成書を参照されたい.

2）三結節説の変遷とトリボスフェニック型臼歯

(1) 三結節説

古生物学者の課題であった咬頭の相同に関する最初の仮説は，1883年に E D Cope によって提案された．H F Osborn は，1888年から1900年代のはじめにかけて，この仮説にもとづく咬頭の名称を体系づけ，仮説をさらに発展させた．この説は爬虫類の単錐歯型の歯から三結節歯をもつ食虫類が生じ，この三結節性の大臼歯から各種哺乳類の複雑な咬頭が生じたとするものである．以後，この説は三結節説 tritubercular theory とよばれている（図5-2）．結節 tuberculum は咬頭 cusp と同義である.

三結節説に関する Osborn の論文集：Evolution of mammalian molar teeth — to and from the triangular type（1907）は，生物学分野の古典である．そのなかでは，あらゆる哺乳類について三結節説の適用が検討されている．とくに，アメリカの三畳紀から始新世中期にかけての爬虫類と哺乳類の咬頭の変化を述べた論文では，時代が進むにつれて，単咬頭から三咬頭，ついで食肉類の切断歯型の六咬頭や草食獣の稜縁歯型が分化することなどが，いきいきと述べられている.

図5-2 は，三結節説の内容を改変して示したものである．すなわち，哺乳類の三錐歯類では，爬虫類型の単咬頭（主咬頭＝咬頭 b）の近心と遠心に，副咬頭 a, c が加わる．相称歯類では上顎主咬頭が舌側に移動して，三角形のトリゴンを形成する．下顎の場合も上顎に対応して，主咬頭が頬側に移動し，三咬頭からなるトリゴニッドが形成される．真汎

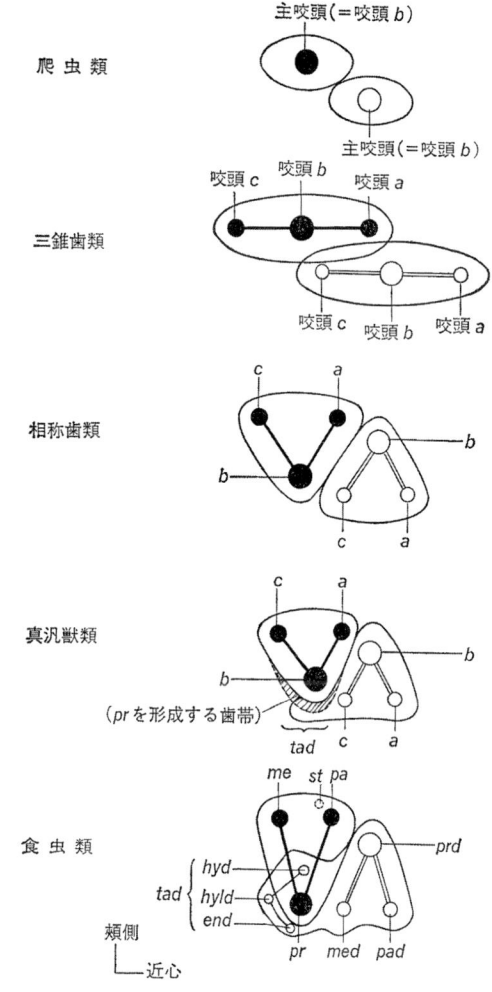

図 5-2 三結節説を改変して示したもの
三結節説では，上顎の咬頭は，$a = pa$, $b = pr$, $c = me$ と示されている．下顎の咬頭は $a = pad$, $b = prd$, $c = med$ とされている．下顎臼歯では正しかったが，上顎の咬頭 a, b, c は，それぞれ食虫類の st, pa, me に相同であることがのちに判明した．略号は表5-1を参照

獣類・食虫類になると，下顎臼歯にプロトコーンと咬み合うタロニッドが出現し，そこにハイポコニッド・ハイポコニュリッド・エントコニッドが形成される，というものである.

Osborn は，相称歯類—真汎獣類のトリゴン・トリゴニッドを，食虫類のトリゴン・トリゴニッドとそれぞれ相同だと考え，爬虫類

の主咬頭は，プロトコーン・プロトコニッドだとみなした．したがって，Cope・Osbornの三結節説では，爬虫類や初期哺乳類についても，相同にもとづく咬頭名（cusp homology名）を用いている．しかし後述のように，上顎の場合，咬頭 a, b, c は，それぞれ食虫類のスタイロコーン・パラコーン・メタコーンにあたることがわかった．したがって本書では，爬虫類と初期哺乳類については古生物学者の間で用いられている咬頭 a, b, c を用いることによって，混乱を避けることにした．

(2) 咬頭の名称

Osbornによる命名法は一定の基準にもとづいており，意味がわかれば簡単に覚えることができる．本書では英語圏以外でも広く通用している，英語流の発音に近いもののカタカナ書きを採用することにした．咬頭はコーン（cone ＝錐）．各咬頭の名称は，コーンの前に，「最初の」という意味のプロト（proto＝原）をつけてプロトコーンとし，プロトコーンに対する位置関係などから，パラ（para＝旁）・メタ（meta＝後）・ハイポ（ラテン語の発音からはヒポ）（hypo＝次）・エント（ento＝内）をつける．小咬頭は，小さなコーンという語尾変化によりコニュール（conule＝小錐）とよび，垂直の辺縁隆線部はスタイル（style＝茎錐），咬頭間の隆起はロフ（loph＝稜線）とされる．タロンはくるぶし（talus＝距骨）に由来する．それらに対応する下顎臼歯の部分には"ッド"（id）をつける．これまでの和訳名には，コーンとコニッドに相当する上下の区分がない．ここでは中国語の命名法にならって，下顎歯の咬頭名に"下"を加えた．

これらの名称はのちに改変が試みられたが，それらを用いるとまぎらわしく，かえって不便になるため，Osbornの命名法が慣用化されている．表5-1は，Osbornの相同にもとづく咬頭名に，その後の改変案と，改良を試みた和訳名を付して一覧にしたものである．

(3) 三結節説に対する批判と修正

三結節説には，いくつかの仮説原理が含まれており，発表直後から数多くの反論や批判がなされている．しかし，多くの反論のうち，爬虫類の上顎主咬頭と食虫類のパラコーンが相同であるという以外は，三結節説のほうが正しかったことがわかってきた．三結節説の仮説原理とその後の検証については，つぎのように要約することができる．

まず，もっとも重要な原理，すなわちほとんどすべての哺乳類，とくに新生代以後に出現した哺乳類の臼歯は，すべて中生代食虫類の三結節性臼歯に由来することが明確となってきたことである．第二に，新しい咬頭は分化によって形成されることが支持され，いくつかの歯の融合によるという説は否定されてきた．第三に，三錐歯類の咬頭が移動することによって，相称歯類のトリゴンが形成されることが，化石資料でも証明された．第四に，上下顎臼歯の咬頭の配列は，頰舌方向に逆の関係にあることが証明された，などである．

しかし，哺乳類の上顎臼歯の"最初の咬頭"については，まず発生学者から，これがパラコーンにあたるという反論が出され，ついで古生物学者によってそれが証明された．発生学者たちの反論は，個体発生の過程で先に形成されるのがパラコーンであることから，Haeckelの反復説に一致しないというものである．ただし，反復説は提唱されてまもなく，de Beerによって"個体発生は単純に系統発生を繰り返すわけではない"ことが指摘されている．

第5章　哺乳類の歯

表5-1　三結節説による咬頭などの名称一覧

		英　名	略号	別　名	和　名
上顎大臼歯	主要咬頭	プロトコーン パラコーン メタコーン ハイポコーン	protocone paracone metacone hypocone	pr pa me hy	eocone	原錐 旁錐 後錐 次錐
	その他の小咬頭	ペリコーン スタイロコーン メタスタイロコーン パラコニュール メタコニュール パラスタイル メソスタイル メタスタイル	pericone stylocone meta-stylocone paraconule metaconule parastyle mesostyle metastyle	pe st mest pal mel pas mss mes	entostyle-g ectostyle-j ectostyle-m epiconule plagioconule mesiostyle ectostyle-l distostyle	周錐 茎錐 後錐 旁小錐 後小錐 旁茎錐 中茎錐 後茎錐
	三角野と距錐野	トリゴン トリゴンベイスン タロン タロンベイスン	trigon trigon basin talon talon basin	tr trb ta tab	protocone basin	三角野 三角窩 距錐野 距錐窩
下顎大臼歯	主要咬頭	プロトコニッド パラコニッド メタコニッド ハイポコニッド エントコニッド ハイポコニュリッド	protoconid paraconid metaconid hypoconid entoconid hypoconulid	prd pad med hyd end hyld	eoconid distostylid	下原錐＊ 下旁錐＊ 下後錐＊ 下次錐＊ 下内錐＊ 下次小錐＊
	その他の小咬頭	メソコニッド エントコニュリッド メタスタイリッド プロトスタイリッド	mesoconid entoconulid metastylid protostylid	msd enld mesd prsd	eoconulid postmetaconulid	下中錐＊ 下内小錐＊ 下後茎錐＊ 下原茎錐＊
	三角野と距錐野	トリゴニッド トリゴニッドベイスン タロニッド タロニッドベイスン	trigonid trgonid basin talonid talonid basin	trd trdb tad tadb	trigonid shelf	下三角野＊ 下三角窩＊ 下距錐野＊ 下距錐窩＊

＊中国語の用語より

したがって，この反論はさほど有力な根拠があったわけではないが，この場合は有効であった．古生物学者の間で，小臼歯・大臼歯間の相同関係を追求することによって，小臼歯相似説 premolar analogy theory が認められてきたからである．これによると，小臼歯ではパラコーン，メタコーン，プロトコーンの順で分化しており，大臼歯もそうであろうとする説である．

さらに，爬虫類における主咬頭と相同の咬頭をエオコーン eocone とよぶことが提唱され，このエオコーンが哺乳類のパラコーンに相同であることが証明された．

(4)　トリボスフェニック型臼歯

いずれにせよ，食虫類の三結節性の臼歯から，以後の哺乳類の臼歯が由来したことに変わりはない．しかし，三結節歯といった場合，真汎獣類以前の段階における上述の咬頭の相同関係 cusp homology が問題となる．この難点を解消するために，G G Simpson はト

リボスフェニック型 tribosphenic 臼歯の概念を提唱した．

これは，トリボス（tribos＝摩擦）とスフェン（sphen＝楔(くさび)）の合成語で，原始食虫類のもつ臼歯の，すりつぶしと切断の機能を表現したものである．この双方の機能をもつ臼歯から，多様な歯が分化してきた．"高等哺乳類の歯はトリボスフェニック型臼歯に由来する"，と機能にだけ着目して説明することによって，前述の相同に関する混乱からまぬがれることができる．これがいわゆる新三結節説である．

トリボスフェニック型の和訳名としては，楔形摩擦型・破砕切断型・楔状摩擦型・摩擦楔状型などがある．いずれも相応の根拠にもとづいた訳名ではあるが，前述の意味がわかっていれば，まぎらわしくて発音しにくい漢字に置き換えるまでもないであろう．使うとすれば，中国語訳である「磨楔式」が最適であるが，本書では咬頭名と同様，カタカナ書きを採用した．

図5-3は，トリボスフェニック型臼歯を示したものである．すりつぶし機能は，主としてタロニッドベイスンとプロトコーンの間，ハイポコニッドとトリゴンベイスンの間の咬合により生ずる．切断は，トリゴニッドとトリゴンのすれ違いによる．すなわち，プロトコニッドとメタコニッドを結ぶ稜は，プロトコーンとパラコーンを結ぶ稜とすれ違う．プロトコーンとメタコーンを結ぶ稜は，一つ遠心の臼歯のプロトコニッドとパラコニッドを結ぶ稜とすれ違う．これにより切断機能が生ずる．

哺乳類の大部分は，トリボスフェニック型臼歯をもつ真汎獣目から分化しており，図5-4は適応放散にともなう臼歯の変化を示し

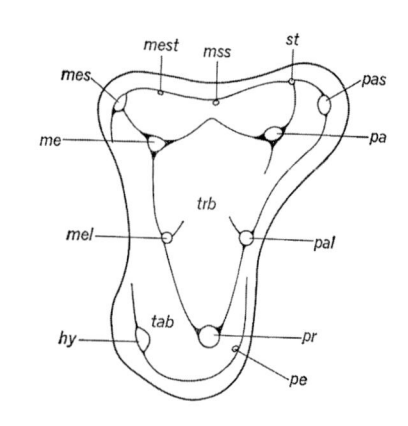

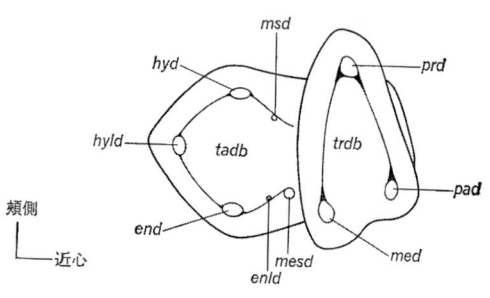

図5-3　トリボスフェニック型臼歯

たものである．食虫目・翼手目・霊長目など有爪類 Unguiculata のグループは，トリボス（咬み砕きとすりつぶし）の機能を強調する方向に向かっている．スフェン（切断機能）を強調する臼歯に向かった後，ふたたび高度のすりつぶし機能をもつに至ったのが偶蹄目と奇蹄目などの有蹄類 Ungulata であり，さらに切断機能を発達させたのが食肉目である．これらは猛獣有蹄類 Ferungulata としてまとめられている．

現在，咬頭の相同関係については，切歯や犬歯も含めた全歯種について論じられている．提案されている咬頭名の改訂案も多様である．しかし，混乱を避けるために，共通用語としては，図5-3に示した Osborn の提案によるものが通常用いられている．

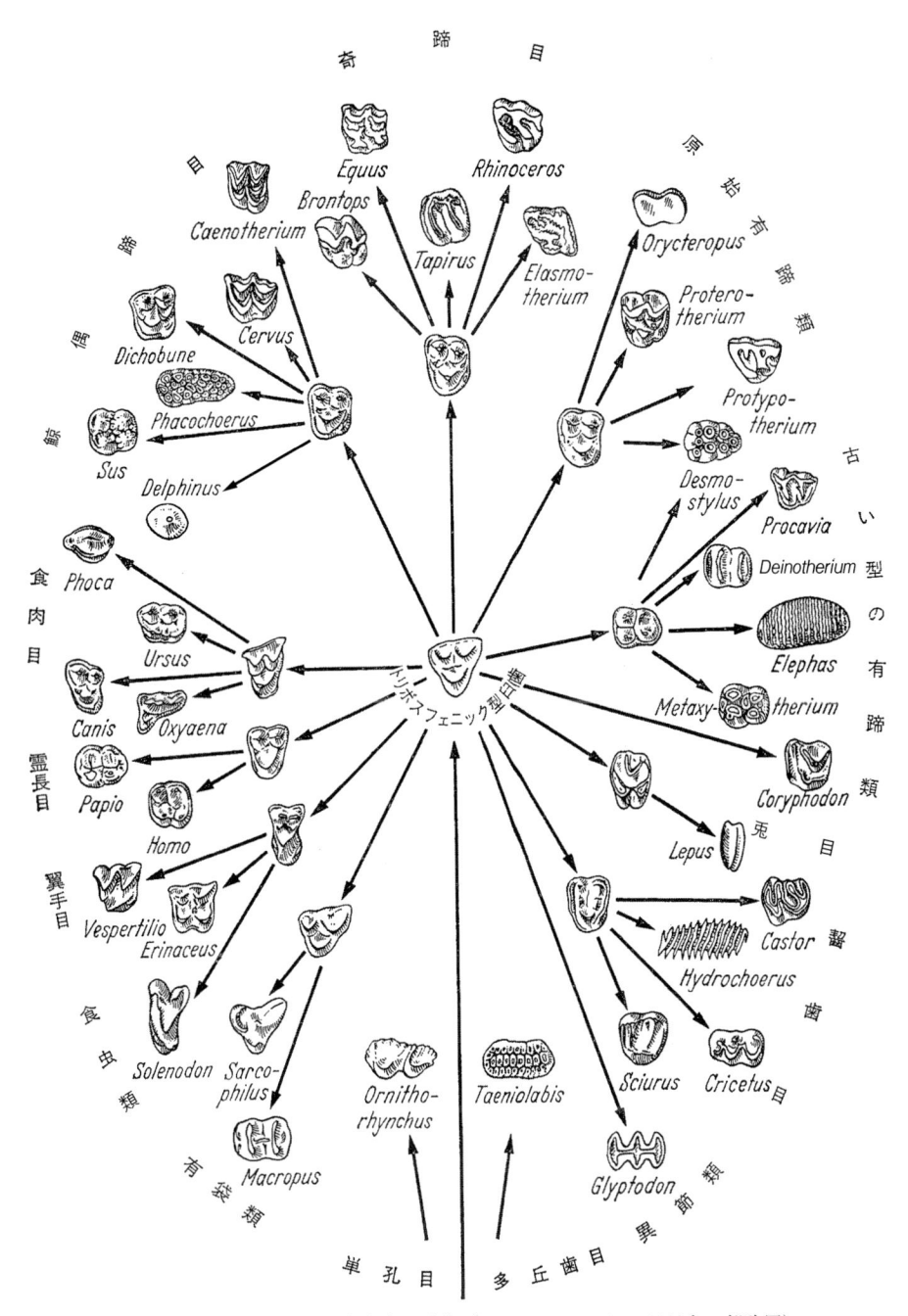

図 5-4 哺乳類における大臼歯の分化（Thenius & Hofer, 1960を一部改写）

3）歯の形態分化

(1) トリボスフェニック型臼歯の多様化と収斂

哺乳類の臼歯のタイプは，その形態や機能によって，通常つぎの4つに大別される．すなわち，鈍頭歯型（または丘状歯型）bunodont，切断歯型 secodont，稜縁歯型（または畝上歯型）lophodont，月状歯型 selenodont である．また，咬合の状態については，入れ違い型 alternation，切断型 shear，差し向かい型 opposition，すりつぶし型 grinding に分けられている．

鈍頭歯型はヒト・イノシシ・オオパンダなど雑食性のものにみられ，差し向かい型である．切断歯型は鋭縁歯型ともいわれ，イヌ科やネコ科の食肉類で発達し，鋭い切断型の咬合を示す．草食獣では歯の辺縁や稜（ロフ）が入り組んだ稜縁歯型である．上下の稜が互いにすれ違って細かく切断するすりつぶし型である．このうち反芻類 Ruminantia のものは，稜が三日月形を示すことから月状歯型とよばれる．これらの中間型を示すものは，両タイプ名を用い，たとえばクマの歯の場合は，鈍頭切断歯型とされることもある．

歯のタイプは分類群ごとに一定している場合が多いが，鈍頭歯のように，類縁とは無関係に食性の一致によって収斂を示すこともある．歯鯨類 Odontoceti の場合は魚食に適応した結果，二次的に爬虫類のような単錐歯型となっている．咬合のタイプも爬虫類・三錐歯類・相称歯類と同様に入れ違い型を示す．カニクイアザラシと古鯨類 Archaeoceti の臼歯は，プランクトン食に適した咬頭をもつに至っている．特殊化が進んだ歯をもつ鯨類・鰭脚類 Pinnipedia などの場合は，いまなおトリボスフェニック型との相同関係が不明である．しかし，将来両者をつなぐ化石が発見されて，分化の過程が明らかになるものと期待される．

(2) 歯根の変化

トリボスフェニック型臼歯の歯根は，上顎では三つの主咬頭に対応して3本ある．プロトコーンに対応する舌側根と，パラコーン・メタコーンに対応する近心頬側根と遠心頬側根である．下顎臼歯では，トリゴニッド・タロニッドに対応して，近心根と遠心根の2本がある．そのほかの多咬頭を示す動物の場合も，通常これと同一の歯根数をもつ．しかし，多咬頭化にともなって歯が大型となった場合は，これらに加えて小さな副根がいくつか出現する場合と，大きな単根状を示す場合とがある．ヒトの智歯でもみられるように，退化傾向を示すものでは単根化に向かう．切歯と犬歯は単根である．

通常，鈍頭歯型・切断歯型の場合は，歯冠の短い短冠歯型（または低冠歯）brachyodont を示し，歯根は長い．これに対して稜縁歯型・月状歯型の場合は，歯冠が長期間伸びる高冠歯型 hypsodont を示す場合が多い．老齢になって短い歯根が形成される場合と，生涯歯根が形成されない常生歯（無根歯）の場合とがある．図5-5は，ネズミ類における3つのタイプの歯根を示したものである．

切歯や犬歯の場合にも，牙状を呈するものや，激しい咬耗に対応して伸び続けるものでは高冠歯型を示す．オットセイなどの犬歯は，やがて歯根が閉じる高冠歯的なものであるが，イノシシ・カバ・キョンなどの犬歯，イッカク・ゾウなどの牙状切歯は，生涯伸び続ける常生歯である．歯鯨類の単錐歯や，退化傾向にある貧歯類の杭状の歯の場合も，常生歯のものが多い．

(3) 性的二型

イッカクの切歯やバビルーサ Babirussa の犬歯などの牙，アカボウクジラ類の1対の下顎臼歯などはオスで発達するが，メスでは未発達あるいは退化的である．トド・オットセイのような鰭脚類では，オスの体重はメスの数倍に達する．これら体の大きさに性的二型のあるものでは，オスの犬歯は非常に発達し

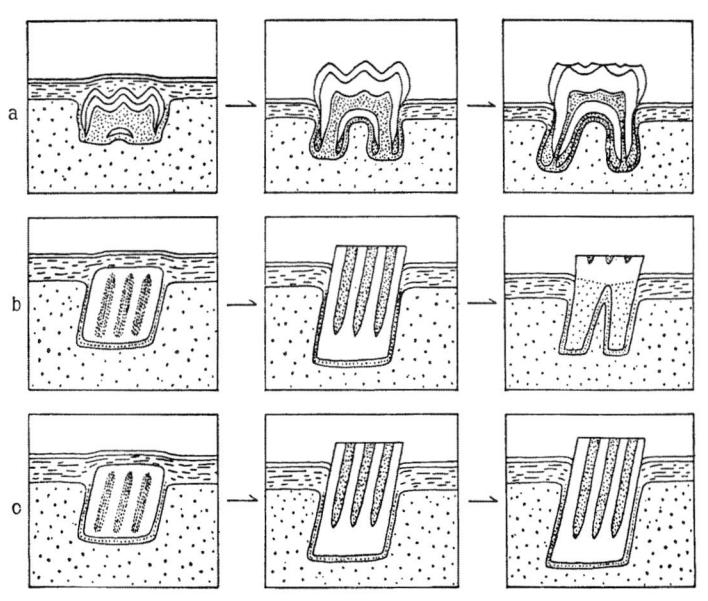

図5-5 ネズミ類の3つの歯冠型の発生様式（田隅，1962）
a：短冠歯型，b：歯根をもつ高冠歯型，c：常生歯型

ている場合が多い．
　オスでとくに発達したこれらの歯牙の機能的意義については，不明なものが多い．よく研究されているシカやヤギ類の角の場合は，交尾期の順位争いにおいて，実戦に用いる場合と，大きさの比べ合い，いわゆるディスプレイによって決着をつける場合とがある．牙の場合も双方に用いられているが，その具体的な使われ方については，今後の行動学的研究の成果が待たれる．

(4) 歯数の減少と異常

　歯の分化・特殊化にともなって，哺乳類の歯の数は，基本歯式 $\frac{3\ 1\ 4\ 3}{3\ 1\ 4\ 3}$ より減少する傾向がある．一般に，切断歯型が発達したネコ科のような食肉類では，頰歯列の近心・遠心位双方の歯が退化・消失する．有蹄類のように，第三大臼歯を中心とする大臼歯部が稜縁歯型・月状歯型として発達する場合には，近心位の小臼歯から退化・消失する傾向を示す．ヒトのように歯列全体が退化傾向をもつ場合は，各歯種の近・遠心位にあるもの，あるいは鍵歯 key tooth からもっとも離れたものから，退化・消失する傾向を示す．

　通常，各動物種ごとに各歯種の数はほぼ一定していて，種ごとに歯式として表されている．その数と異なる場合は，歯数異常とされる．歯数の過剰は，いわゆる先祖返りや双生歯などによるものであるが，出現率は一般に低い．多いのは歯の欠如であり，これはヒトの上下顎第三大臼歯やタヌキの下顎第三大臼歯 M_3，ヒグマの中位小臼歯などで高率に出現する．これらは一般に，歯数が減少しつつある過程にある動物種において，いわゆる未来形の歯式が出現したことによるとされる．

4) 歯の加齢変化

(1) 萌出と交換

　まず，歯は乳歯が萌出し，続いて近心の大臼歯が萌出し始めるが，それと同時に乳歯の

交換が始まる．これにより，乳歯列から永久歯列に移行する間，しばらく乳歯と永久歯の混合した歯列の期間が生ずる．

　乳歯は大臼歯と同様，第一生歯に属し，その咬頭は後継永久歯よりも祖先型に近い形をもつのが一般である．乳臼歯は後継の小臼歯よりも，同じ第一歯列に属する大臼歯に似ている．乳歯は永久歯に比べて歯冠が短く，相対的に長い歯根をもち，エナメル質・象牙質ともに薄い．また，乳切歯・乳犬歯は歯根が唇側に曲がり，乳臼歯の歯根は広く離開しているなどの特徴がある．

　とくに陸生の食肉類などの場合，歯列は犬歯や裂肉歯（上顎第四小臼歯と下顎第一大臼歯）がワンセットとして機能する意義が大きい．乳歯列として小型ながら，裂肉のための歯列がワンセットそろっていることが，捕食・採食のために必要だからである．ただし独立して，あるいは群れの構成員として捕食活動ができるようになるのは，永久歯列が完成してからである．これらの動物は発育成長が早い傾向にあり，たとえばキツネやオオカミなどの場合，生まれた年の秋までに成獣とほぼ同じ大きさとなり，歯列も永久歯列として完成する．

　草食獣や霊長類の場合は逆の傾向を示す．たとえばニホンジカのオスの場合，第三大臼歯の前葉が歯肉から出て，永久歯列が完成するのは2歳である．しかし，伸びてくるのが遅く，大臼歯が歯頸線まで伸長する年齢は，第一大臼歯2歳，第二大臼歯6歳，第三大臼歯では10歳前後である．咬合の中心は加齢にともなって遠心に移動する．咬合の中心になる歯は，その間，歯頸線近くまで急速に咬耗が進む．その年齢は，第一大臼歯5歳，第二大臼歯8歳，第三大臼歯では12歳前後である．

長鼻類や海牛類の水平交換は，これがさらに極端になったものということができよう．

(2) 萌出後の加齢変化

　萌出した歯は，食物の咀嚼（そしゃく）などに使われることによって咬耗していく．それに対応して，象牙細管の石灰化・修復象牙質（第二象牙質）の形成や，いわゆる第二セメント質の肥厚など，歯牙組織の変化が生ずる．これらの変化は，野生動物とヒトとでは大きな差があることに注意を要する．

　歯は本来，食物を断ち切り，咬み砕き，すりつぶす役割をもつものである．野生動物の歯はこれらのために用いられているわけであるが，それと比較すると，ヒトではほとんど歯を使っていないといいうるほどの咀嚼圧しか加えられない．極端にいえば，栄養豊富でやわらかな少量の食物が，その咬合面を通過していく，といった程度の使われ方しかしていない．それは，ヒトと野生獣との咬耗の差に歴然と示されている．

　生態的最高寿命に達した野生動物の歯は，ほとんど歯頸線近くまで咬耗しているのが通常である．野生動物の生態的寿命に対応するヒトの年齢は35～40歳前後である．しかし，その年齢の人間の場合は，下顎の切歯と犬歯がわずかな咬耗を示すのみで，ほかの歯はほとんど萌出時と同様の形態を保っているとさえいえよう．

　野生動物の歯を調べる場合，壮齢以上の個体では，このように歯の咬耗が進んでいることに注目される．さらに，通常入手できる標本には，幼獣が多いことがあげられる．ヒトと比較して，野生動物では各年齢層とも死亡率が高く，とくに若齢層において顕著である．そのために年齢構成は底辺の長いピラミッド型を示すのが通常である．したがって，狩猟

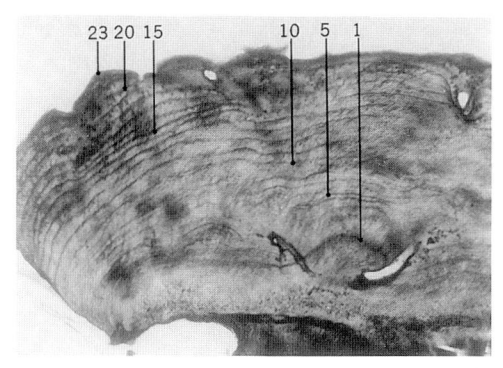

図5-6 ニホンジカの第二セメント質にみられる年輪（Ohtaishi, 1978）
23歳であることが示されている．ヘマトキシリン染色，約24倍

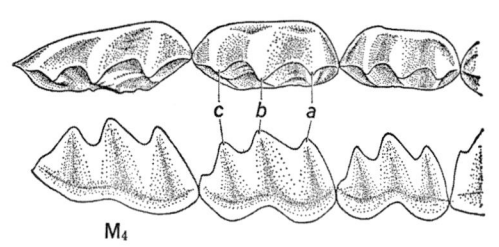

図5-7 三錐歯類の臼歯
咬頭が近遠心方向に3つ並ぶ．上下顎臼歯ともに，同様の形態をもつ．咬合面（上）と舌側面（下）．a, b, c は咬頭を表す．歯1つの大きさは1mm．約24倍

図5-8 白亜紀前期の三錐歯類の下顎歯（石川県白山市白峰，手取層群産出；Setoguchi et al., 2004）

や事故死などで入手した標本の場合も，永久歯列の完成していない未成獣の比率が高い．

　そのほか，野生動物の場合は象牙質や第二セメント質に，樹木の年輪と同様の年輪形成が認められる特徴がある．これは，冬期間は硬組織の形成が停滞することによって生ずるものである．冬期の層は石灰化が強いために，夏期のものに比べて透明な層として識別される．ヘマトキシリン染色を施した場合は，濃染層として明瞭な像を得ることができる（図5-6）．ヒトの場合には，萌出後の象牙質形成がわずかなこと，および第二セメント質の肥厚がわずかしか認められないことによって，年輪は不明確である．

（大泰司　紀之）

2　初期哺乳類 ―原獣類（亜綱）と汎獣類（下綱）

　哺乳類は，あらたにつぎの3つの特性を獲得した．①頰歯が小臼歯と大臼歯に分化する．小臼歯は二生歯性で乳歯と代生歯をもつが，大臼歯は一生歯性で生えかわらない．②下顎臼歯の頰側面が上顎臼歯の舌側面と咬み合って，明瞭な咬耗面を形成する（この先駆的な姿は Thrinaxodon にも認められるが，交換の激しい歯では咬耗面は不明瞭である）．③咀嚼するとき，下顎は上顎に対して頰舌方向の運動もする．左右の歯列を同時に機能させるのではなく，顎を閉じたときには，どちらか一方の歯列だけを機能させている．

　哺乳類は，原獣類（亜綱）Prototheria と獣類（亜綱）Theria に大別され，原獣類にはもっとも原始的な三錐歯類，梁歯類，多丘歯類，単孔類の4目が含まれる．

　三錐歯類の上下顎臼歯は近遠心方向に細長く伸びて，中央に大きな咬頭をもつ（図5-7, 8）．その近心と遠心にやや小さな咬頭が1つずつあって，それらが近遠心方向に並ぶ．これらを，近心から咬頭 a, b, c と名づける．上顎臼歯ではこれらの咬頭の頰側，下顎臼歯では舌側に，小さな咬頭が数個並ぶ．下顎を閉じたとき，下顎の隣り合う臼歯の咬頭 a と c の間（隣接歯間鼓形空隙）が上顎臼歯の咬

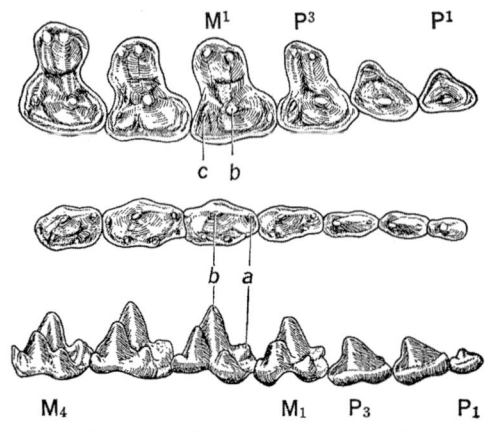

図5-9 梁歯類の臼歯列（Kron, 1979を改写）
上顎臼歯の咬合面（上），下顎臼歯の咬合面（中）および舌側面（下）．約9.7倍

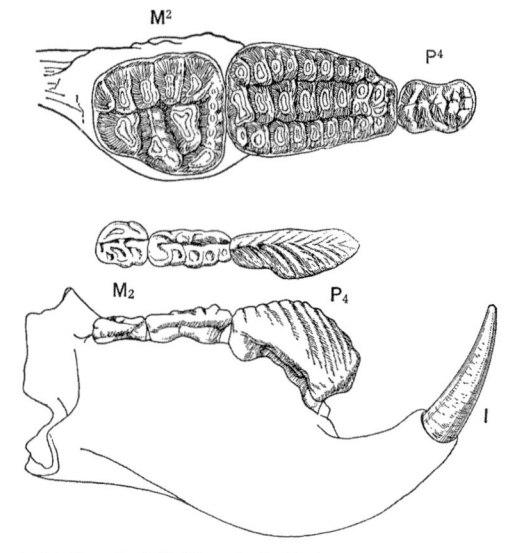

図5-10 多丘歯類の臼歯列（Clemens & Kielan-Jaworowska, 1979を改写）
上下顎咬合面（上・中）と下顎舌側面（下）．約4.7倍

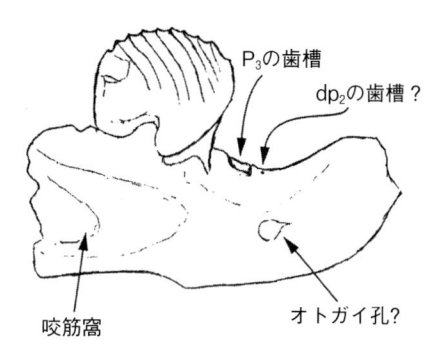

図5-11 白亜紀前期の多丘歯類の下顎歯（石川県白山市白峰，手取層群産出；Kusuhashi, 2005を改写）

頭 b と咬み合う．下顎臼歯の遠心の半分が上顎臼歯の近心半分とすれ違ってカッターの機能を果たし，食べ物を切り裂く．

梁歯類は三錐歯類から進化した．上顎臼歯の舌側部に出っ張りができて，そこに咬頭が生じ，それが咬頭 b と稜でつながる（図5-9）．この出っ張りが，下顎臼歯の咬頭 b よりも遠心の部分と対向する．上顎臼歯の咬頭 a，下顎臼歯の咬頭 c は消失したものと思われる．梁歯類では，相称歯類の臼歯と異なり，上顎臼歯の主咬頭 b が頬側にとどまっている．

三錐歯類・梁歯類ともに，顎は上下運動が主体で，若干の頬舌方向運動がそれにともなう．

多丘歯類の上顎歯列は，下顎歯列よりも長い．大臼歯が咬み合うとき，下顎切歯は上顎切歯のはるか遠心に位置する．切歯，小臼歯は顎の上下運動によって機能するが，大臼歯はおもに顎の近遠心方向の運動によって機能を果たす．下顎切歯は1本だけであるが，上顎切歯は2本ないし3本ある．犬歯はなく，切歯の遠心に歯隙が発達する．小臼歯は近遠心方向に，平らなノコギリ状に伸びる．大臼

歯の咬合面は近遠心方向，頬舌方向にともに広くなり，多数の咬頭が近遠心方向に2列ないし3列に並ぶ（図5-10, 11）．まず，切歯と小臼歯で果実の殻をかじって破り，中身を大臼歯ですりつぶして食べたと考えられる．この形態分化は，最初の草食性哺乳類が生じたことを示している．

単孔類の幼獣は歯をもつが，それらが歯根の吸収によって脱落した後は角質板が形成されて交換は行われないため，成獣は歯をもたない．カモノハシ *Ornithorhynchus* の歯式

第5章 哺乳類の歯

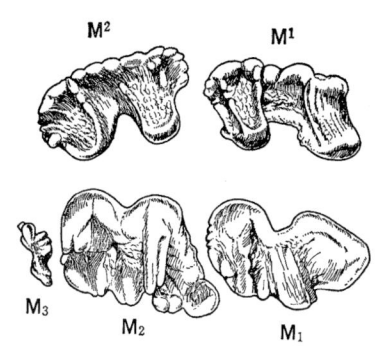

図5-12 カモノハシ *Ornithorhynchus auatinus* の大臼歯（Woodburne & Tedford, 1975を改写）．約5倍

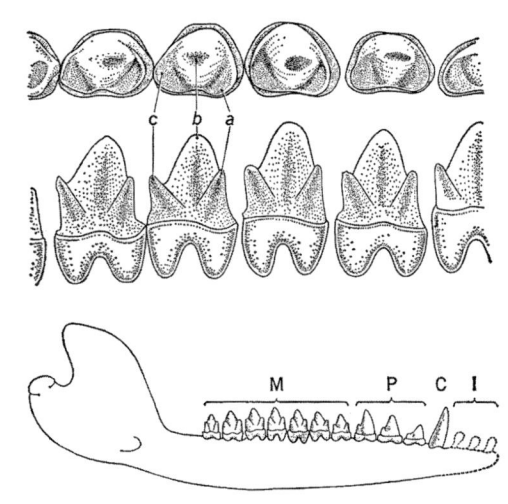

図5-13 相称歯類の下顎大臼歯（上・中）と下顎歯列（下）
上顎臼歯は，基本的には下顎臼歯のミラーイメージである．咬合面（上）と舌側面（中）．下図：約2.8倍

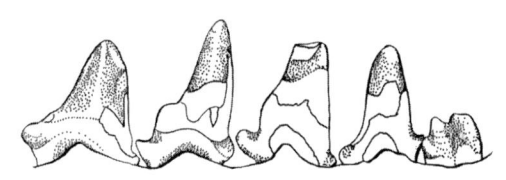

図5-14 白亜紀前期の相称歯類の下顎歯（石川県白山市白峰，手取層群産出；Tsubamoto et al., 2004）

は，その歯胚から $\frac{0\ 1\ 2\ 3}{5\ 1\ 2\ 3}$ と考えられるが，萌出するのはP^3，M^1，M^2とM_1，M_2，M_3のみであり，上下顎大臼歯は複雑な構造をもつ（図5-12）．中新世の単孔類の大臼歯は，現生のものに近い．

初期の獣類である汎獣類（下綱）には，相称歯類と真汎獣類の2目が含まれる．

相称歯類も三錐歯類から進化した．相称歯類では，臼歯の咬頭a，cが咬頭bを頂点にして，上顎臼歯では頬側に，下顎臼歯では舌側に位置を移動させ，全体として三角形の歯となる（図5-13，14）．この咬頭の移動量が小さいときは，咬頭a，b，cのなす角度が鈍角で，このグループは広角相称歯類とよばれる．咬頭a，cがさらに移動すると咬頭のなす角度は鋭角になり，狭角相称歯類の臼歯型となる．下顎臼歯の咬頭b，cを結ぶ稜は，上顎臼歯の咬頭a，bを結ぶ稜とすれ違って，カッターの役目を果たす．下顎臼歯の咬頭a，bを結ぶ稜は，もう1つ近心に位置する上顎臼歯の咬頭b，cの間の稜とすれ違う．

このように，相称歯類でも，三錐歯類と同様に，下顎臼歯の遠心半分がその歯に対応する上顎臼歯の近心半分と咬合している．歯の機能は，切り裂きが中心である．

真汎獣類は狭角相称歯類から進化し，有袋類と真獣類を生み出した．哺乳類の進化史上もっとも重要なところに位置する動物であるが，不明なところが多い．

真汎獣類の下顎臼歯では，狭角相称歯類の咬頭a，b，cを支えている三角形の遠心に出っ張りが生じる（図5-15）．もとからある三角形をトリゴニッド，出っ張りの部分をタロニッドとよぶ．トリゴニッドの咬頭a，b，cが，それぞれパラコニッド，プロトコニッド，メタコニッドとよばれる．初期の真汎獣類では，タロニッドにたった1つの咬頭，ハイポコニュリッドしかもたないが，後期のものでは，エントコニッドがつけ加えられる．この

131

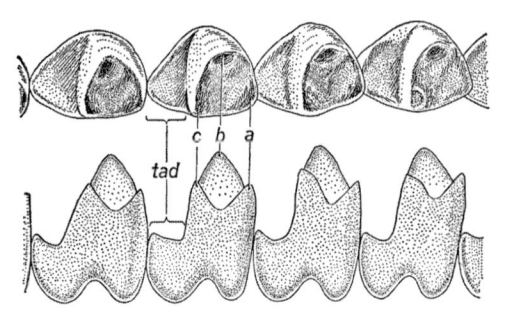

図 5-15　真汎獣類の下顎臼歯
咬合面（上）と舌側面（下）．トリゴニッドの遠心に，タロニッド（*tad*）の形成が始まる．上顎臼歯の形態は，基本的には相称歯類のものと同じ．約9.5倍

段階では，まだタロニッドの凹みは明瞭ではない．

　真汎獣類の上顎臼歯は，近心に2つ，遠心に1つの咬頭をもつ．近心の咬頭のうち，頬側の咬頭はスタイロコーン，舌側の咬頭はパラコーンとよばれ，相称歯類の咬頭 *a*，*b* と，それぞれ相同の関係にある．遠心の咬頭はメタコーンとよばれ，その相同関係についてはよくわかっていない．化石資料が乏しいため，相称歯目の咬頭 *c* なのか，咬頭 *c* が消失した後，あらたに形成された咬頭なのか決定できないでいる．このメタコーンとパラコーンの舌側部に出っ張り（歯帯）が生じるが，そこにはまだプロトコーンは形成されていない．この出っ張りと下顎臼歯のタロニッドが咬合する．

　真汎獣類から進化した有袋類と真獣類の段階で，上顎臼歯の舌側部に伸びた出っ張りにあらたな咬頭（プロトコーン）が形成され，下顎臼歯のタロニッドにさらにハイポコニッドがつけ加わって，タロニッドベイスンが形成される（図5-16）．上下顎を咬み合わせると，タロニッドベイスンがプロトコーンに咬合する．ハイポコニッドは，上顎臼歯のパラコーン，プロトコーン，メタコーンの3咬頭で囲まれた，トリゴンベイスンと咬合する．このトリゴンベイスンを囲む三咬頭と，相称歯類の上顎臼歯の三咬頭は，同じものではない．また，歯と歯が対向して食べ物を押し砕き，すりつぶす機能は，三錐歯類，相称歯類，真汎獣類ではみられない．

　切り裂きの機能は保持されるが，上顎臼歯では役割の転換が生じ，スタイロコーン（咬頭 *a*）はこの役割から外れる．プロトコニッド（咬頭 *b*）とメタコニッド（咬頭 *c*）の間の稜が，パラコーンとプロトコーンを結ぶ稜とすれ違い，1つ遠心にある臼歯のパラコニッド（咬頭 *a*）とプロトコニッドの間の稜が，プロトコーンとメタコーンをつなぐ稜とすれ違う．

　このように，1本の歯がすりつぶしと切り裂きの両方の機能を果たせるようになっている臼歯の型を，トリボスフェニック型大臼歯 tribosphenic molar pattern とよぶ．

3　有袋類（上目）

　有袋類 Marsupialia は真獣類のミニチュア版的な適応放散を示し，幅広い食性に対応して各グループが前進的進化をとげた．その結果，収斂現象によって，真獣類の種々の歯の型と同様のものがみいだされる．切歯は上顎で5本，下顎で4本までである．臼歯数は，真獣類と同じように7本になる．小臼歯は3本，大臼歯は4本で，第三小臼歯のみが二生歯性である．上顎臼歯の頬側部にスタイラー・シェルフ stylar shelf が発達して，その頬側縁に小さな咬頭が最大5個まで並ぶ．それらを近心から，スタイルの咬頭 stylar cusp *A*，*B*，*C*，*D*，*E* と名づける．スタイルの咬頭 *B* はスタイロコーンと相同である．

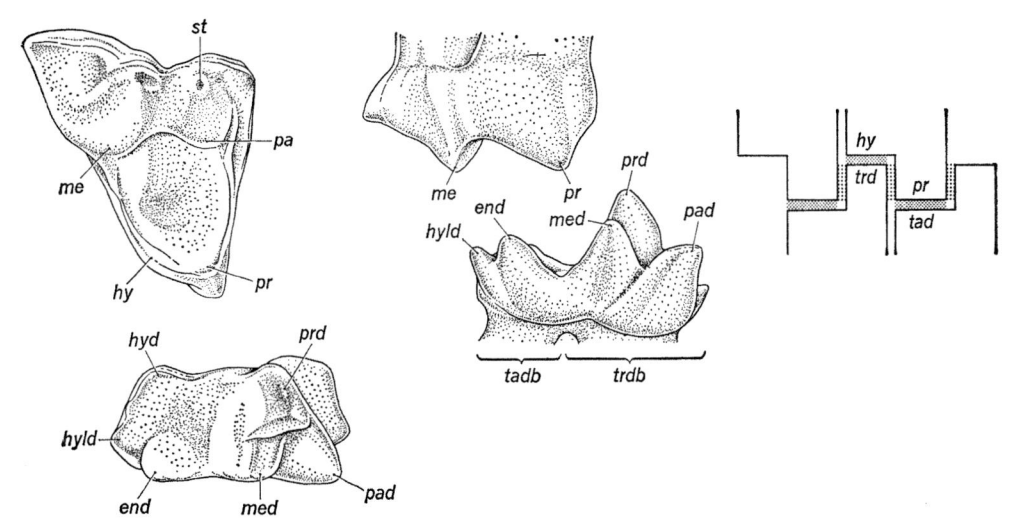

図 5-16 トリボスフェニック型大臼歯
キタオポッサム *Didelphis marsupialis* の上下顎第一大臼歯の咬合面（左）と舌側面（中），および機能を示した模式図．細かな網点の部分で tribos の機能，粗い網点の部分で sphen の機能が果たされる．約 5 倍．略号は表 5-1 を参照

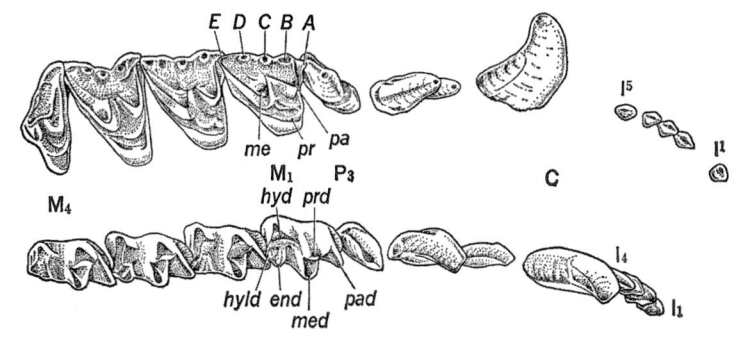

図 5-17 ガウメルマウスオポッサム *Marmosa canescens* のオスの歯列
大臼歯は典型的な双波歯型を示す．A, B, C, D はスタイルの咬頭を表す．約 5 倍

　有袋類は，多数の切歯・犬歯をもつ肉食・虫食性の多前歯類 Polyprotodonts と，犬歯を欠き，1～3 本の切歯をもつ草食性の双前歯類 Diprotodonts にまとめられることがある．両者のうち，多前歯類に属するものとしてつぎの科があげられる．

　オポッサム科 Didelphidae は，有袋類のなかでは原始的な形態をとどめている．臼歯はトリボスフェニック型に近いが，上顎臼歯のパラコーンとメタコーンの近心および遠心の稜が発達して，全体として W 字型の，いわゆる双波歯型 dilambdodont* の臼歯となる（図 5-17）．ハイポコーンは発達せず，三結節性の臼歯である．下顎臼歯はトリボスフェ

---

* dilambdodont（重ラムダ型歯）とは，大文字のラムダ（Λ）型の咬頭が 2 つあることを意味する．双波歯型と訳す．真獣類のなかでは，トガリネズミ・モグラ・ツパイ・コウモリの仲間に双波歯型をみいだすことができる．

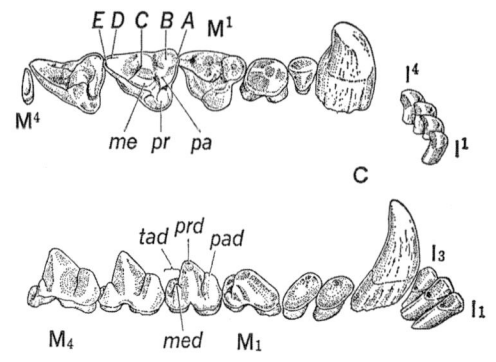

図 5-18 タスマニアデビル Sarcophilus harrisi のオスの歯列
上下顎歯列とも，やや舌側から咬合面をみる．約0.8倍．略号は表 5-1 を参照

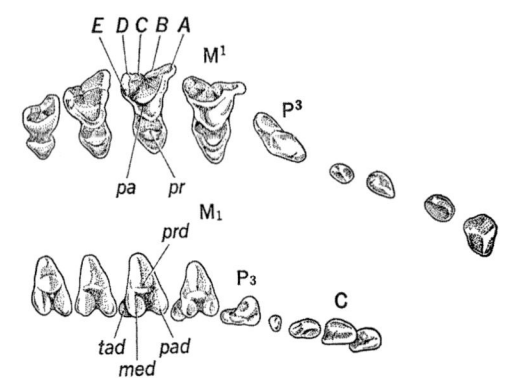

図 5-19 フクロモグラ Notoryctes sp. のオスの歯列．約5.7倍

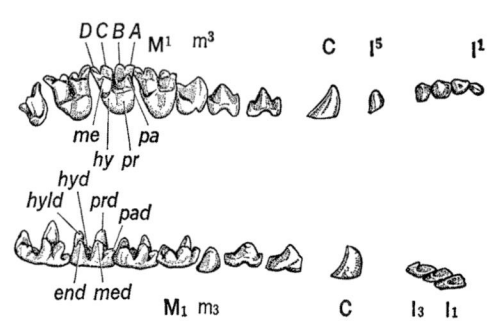

図 5-20 ハナナガバンディクート Perameles nasuta のオスの歯列
やや舌側よりみる．約1.4倍

ニック型を保持する．

　フクロネコ科 Dasyuridae は幅広い変異形態を示す．虫食性のフクロジネズミ類，肉食性のフクロネコ類，アリを主食とするフクロアリクイ類が含まれる．このうちフクロネコ類のタスマニアデビル Sarcophilus は，上下顎臼歯ともに三咬頭になったハイエナ型の肉食獣である（図 5-18）．上顎臼歯では，メタコーンの遠心の稜が発達して，切り裂き用の刃となる．スタイロコーン，パラコーン，プロトコーンは小さく，頬舌側方向に1列に並ぶ．下顎臼歯では，パラコニッドとプロトコニッドをつなぐ稜が発達して刃となる．カッターによる切り裂きは，M_2—M^1，M_3—M^2，M_4—M^3 でなされる．タロニッドは小さくて咬頭はなく，メタコニッドの遠心頬側に張り出してパラコーンと対向する．

　フクロモグラ科 Notoryctidae は地下生活に適応し，大臼歯は単波歯型 zalambdodont* となる（図 5-19）．メタコーンは消失してパラコーンがV字型になる．その舌側にプロトコーンが存在するため，全体としてY字型を呈する．下顎臼歯のタロニッドは極端に退化して，トリゴニッドがΛ型になる．

　バンディクート科 Peramelidae は雑食性で，臼歯の形態は食虫類のモグラに似る．典型的な双波歯型臼歯をもち，M^1 と M^2 はハイポコーンをもつ（図 5-20）．下顎臼歯は，トリゴニッドとタロニッドの頬側部が鋭角的なΛ型を呈し，両者は深い溝で隔てられる．

　ケノレステス科 Caenolestidae は虫食性の変わりものである．上顎臼歯のプロトコーンは低く，幅広くなって，その遠心に広い"中間咬頭"をもつ．ハイポコーンは形成されな

＊ zalambdodont（ラムダ型歯）とは，大文字のラムダ（Λ）型の咬頭の配置を表し，za- は強調の接頭辞．単波歯型と訳す．真獣類のなかで，テンレック・ソレノドンが単波歯型である．

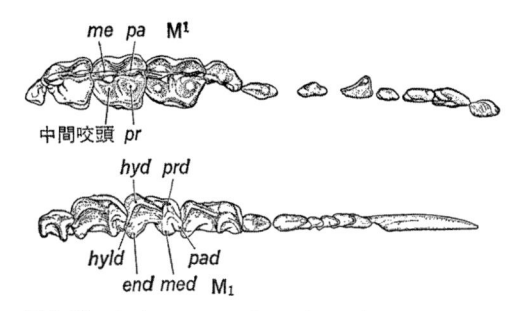

図 5-21 ケノレステス *Caenolestes fuliginosus* のメスの歯列. 約4.8倍. 略号は表5-1を参照

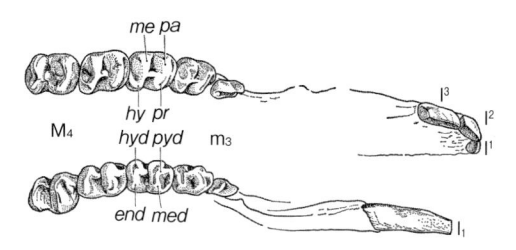

図 5-22 ケナガワラルー *Macropus robustus*（カンガルー科）のオスの歯列. 約0.6倍

い．パラコーンとメタコーンは高い咬頭で互いにつながり，近遠心径が伸びた刃を形成する（図 5-21）．下顎臼歯ではタロニッドが遠心に張り出し，ハイポコニッドの近心の稜が伸びて刃を形成する．これが上顎臼歯の刃とすれ違う．メタコニッドとエントコニッドの中間に空隙が生じる．I_1 は大きくなって，近心方向に水平に突出する．

双前歯類に属するものとしては，つぎの3科がある．

カンガルー科 Macropodidae とクスクス科 Phalangeridae は互いに近縁で，I_1 が巨大化する．上顎臼歯のスタイラー・シェルフはなくなり，パラコーンとプロトコーン，メタコーンとハイポコーン，下顎臼歯のプロトコニッドとメタコニッド，ハイポコニッドとエントコニッドが稜でつながる．上下顎臼歯ともに，頬舌方向に伸びる稜を2本ずつもっており，この型の臼歯は二稜歯型 bilophodont とよばれる（図 5-22）．これは，草食性への適応形態であり，霊長類のオナガザル科にもこの型がみられる．

ウォンバット科 Phascolomidae の歯は，すべて長くなって歯根は形成されず，一生伸び続ける．

4 食虫類（目）

すべての真獣類を生み出した祖先は，食虫類 Insectivora に含められる．歯数は最高で切歯が3本，犬歯が1本，および犬歯よりも遠心にある臼歯数は小臼歯4本，大臼歯3本の計7本である．日本に生息するヒミズ *Urotrichus talpoides*, ヒメヒミズ *Dymecodon pilirostris* では第一乳臼歯がその代生歯と交換するが，第二乳臼歯はその代生歯と交換することなく永久歯化している．コウベモグラ *Mogera wogura* の第一乳臼歯は一生歯性であるが，第二乳臼歯は二生歯性である．白亜紀の *Gypsonictops* の幼獣は乳臼歯を5本もつ．第二，第三乳臼歯の間に余分の乳歯があるが，抜け落ちた後に代生歯が萌出しない．成獣は4本の小臼歯をもつ．

真汎獣類から進化したばかりの食虫類は，典型的なトリボスフェニック型臼歯をもつ．日本でも原始食虫類の下顎臼歯の化石が発見された．熊本県の白亜紀後期の最前期にあたる御船層群からみつかった，通称「御船哺乳類」*Sorlestes mifunensis* である．トリゴニッドが高く，切り裂きの機能を果たし，タロニッドは深いくぼみとなって，すりつぶしの役割をもつ．トリボスフェニック型臼歯がもつ2つの機能，切り裂きとすりつぶしの両方の機

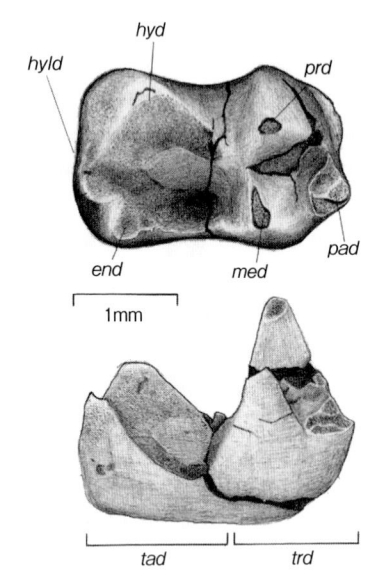

図 5-23　御船哺乳類のスケッチ
スケールは 1mm. *pad* は破折している

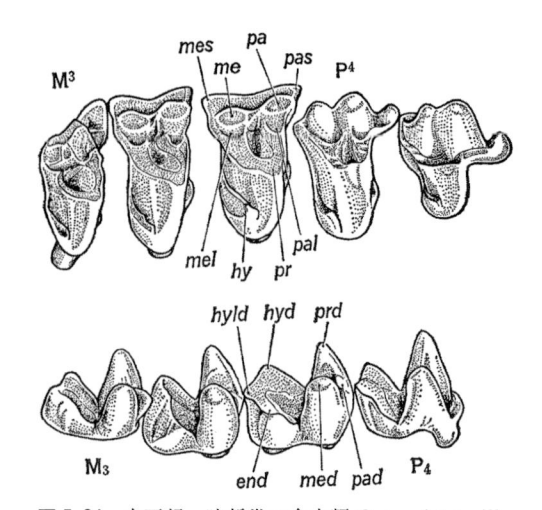

図 5-24　白亜紀〜暁新世の食虫類 *Gypsonictops illuminatus* の臼歯列
上顎はやや舌側，下顎はやや頬側からみる．約6.6倍．略号は表 5-1 を参照

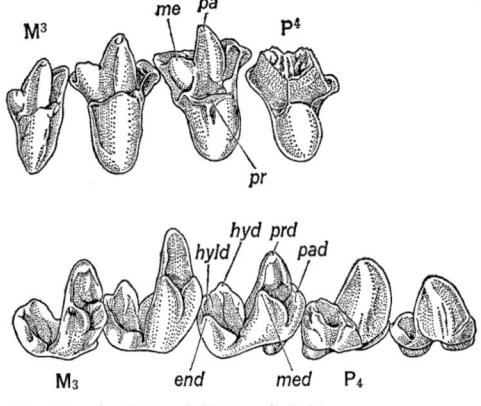

図 5-25　白亜紀〜暁新世の食虫類 *Cimolestes magnus* の臼歯列．約2.8倍

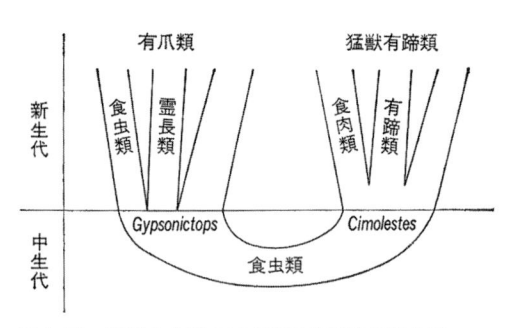

図 5-26　初期食虫類の二方向分化傾向の概念図
Gypsonictops と *Cimolestes* がそれぞれ 2 つのグループの祖先型にあたっている

能を果たせる構造となっている（図 5-23）．*Gypsonictops* の場合は，すりつぶしの機能を強調させ，切り裂く力が弱められた構造の歯をもつ．各咬頭は低く，トリゴニッドとタロニッドの高低差もあまりなく，プロトコーンとタロニッドが大きくなる（図 5-24）．このグループは虫食性ないしは雑食性で，有爪類の祖先である．*Cimolestes* は逆に，切り裂く機能を強調した歯をもつ．各咬頭が鋭くがり，トリゴニッドが小さなタロニッドよりも高い．切り裂き用の刃が強調されて，虫食性ないし肉食性への適応を示す（図 5-25）．これが猛獣有蹄類の祖先となる．

白亜紀にすでにみられるこのような現象は，初期食虫類の二方向分化傾向 dichotomy とよばれ，哺乳類の進化に関する理論でもっとも重要なものの 1 つである（図 5-26）．

現生の食虫類はそのうちの有爪類の仲間で，トリボスフェニック型臼歯から派生した単波歯型か双波歯型のいずれかの型をもつ．

典型的な単波歯型の臼歯をもつのは，ソレ

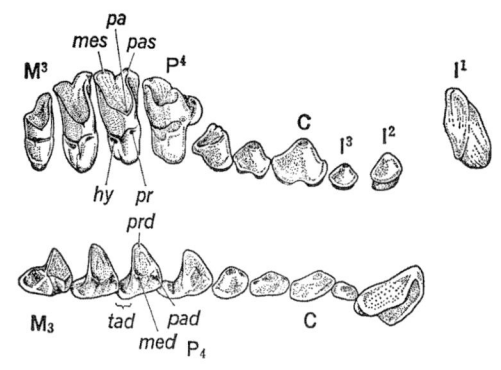

図5-27 ソレノドン *Solenodon* sp. の歯列
大臼歯は単波歯型. やや舌側からみる. 約1.4倍

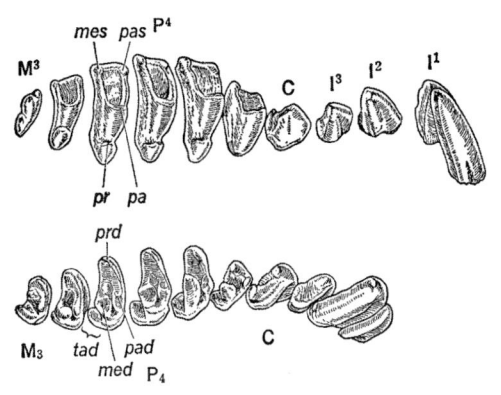

図5-28 ウガンダキンモグラ *Chrysochloris stuhlmanni* のメスの歯列
やや舌側からみる. 約6.7倍

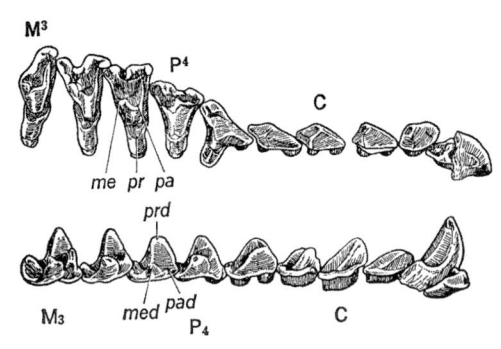

図5-29 ポタモガーレ *Potamogale velox* の歯列
上下ともやや舌側からみる. 約1.9倍

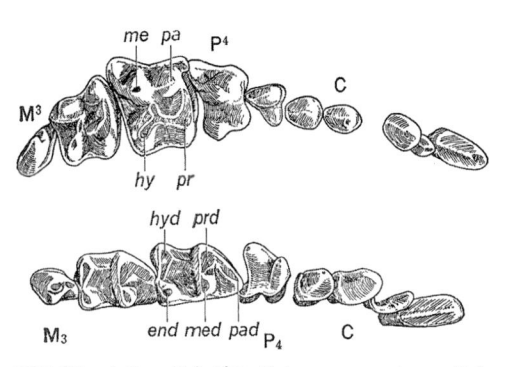

図5-30 ナミハリネズミ *Erinaceus europaeus* のオスの歯列. 約2.8倍

ノドン科 Solenodontidae, テンレック科 Tenrecidae, キンモグラ科 Chrysochloridae である（図5-27, 28）. 極端に小さくなっているが, タロニッドがプロトコーンと咬み合う姿はトリボスフェニック型臼歯の名残である. ソレノドンとテンレックでは第四小臼歯が, キンモグラでは第三・第四小臼歯が大臼歯化する.

ポタモガーレ科 Potamogalidae は, 単波歯型と双波歯型の中間形態を示す（図5-29）. プロトコーンはやや大きく, したがって, タロニッドも極端には小さくなっていない. 上顎大臼歯の主咬頭はパラコーンであるが, そのすぐ遠心頬側部にメタコーンが並ぶ. このタイプは, 1つの咬頭からパラコーンとメタコーンが分化していく初期段階にあるものと考え, 単波歯型の上顎臼歯の主咬頭がアンフィコーン amphicone と名づけられた. しかし現在では, この概念は否定されている.

ハリネズミ科 Erinaceidae の臼歯は, トリボスフェニック型と双波歯型の中間型の構造をもつ（図5-30）. すなわち, パラコーンとメタコーンは小さく, プロトコーンとハイポコーンが大きくなり, タロニッドも大きく, 広くなる.

ハネジネズミ科 Macroscelididae は奇妙な双波歯型の臼歯をもつ（図5-31）. パラコーンとメタコーンが鋭くとがって, 舌側部よりも高い. プロトコーンとハイポコーンの近心の稜が頬舌方向に伸び, ハイポコーンがプロ

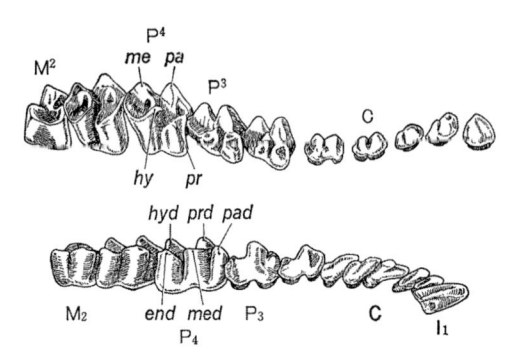

図5-31 コミミハネジネズミ *Macroscelides proboscideus* のオスの歯列
やや舌側からみる．約3.8倍

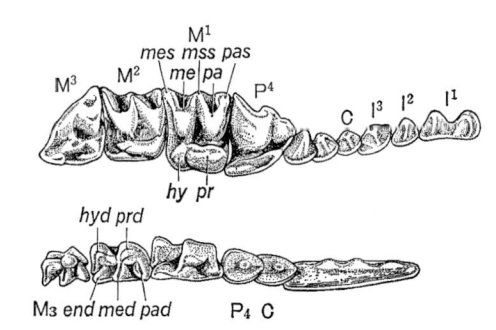

図5-32 ヒメトガリネズミ *Sorex minutus* の歯列
上下顎ともやや舌側からみる．約10倍

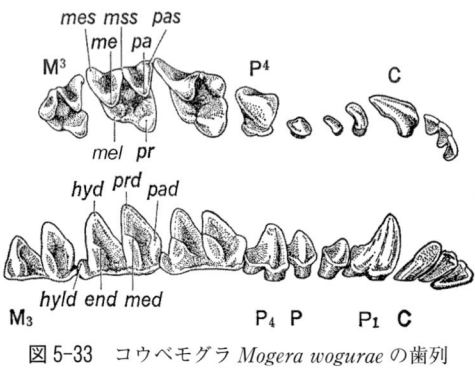

図5-33 コウベモグラ *Mogera wogurae* の歯列
やや舌側からみる．約3.8倍

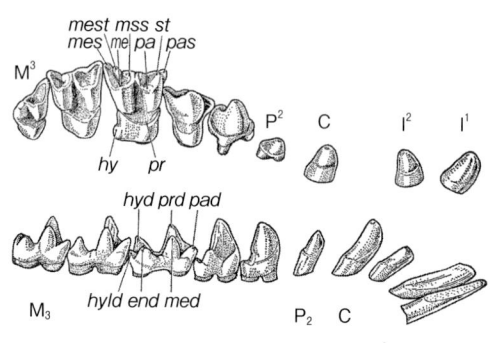

図5-34 コモンツパイ *Tupaia glis* の歯列
上顎咬合面（上）と下顎舌側面（下）．約2.7倍

トコーンよりも高い．ハイポコーンは，1つ遠心にある臼歯のプロトコーンと同じ高さにある．つまり，上顎臼歯は遠心にいくほど歯冠が高くなり，これに対応して下顎臼歯では遠心のほうが歯冠は低くなる．

トガリネズミ科 Soricidae とモグラ科 Talpidae は典型的な双波歯型臼歯をもつ．トガリネズミではハイポコーンが大きくて，咬み砕く機能も併せもつ（図5-32）．モグラではハイポコーンはなく，軟らかい食べものを切り裂くのに適している（図5-33）．

日本産の両科各種の歯式は，

トガリネズミ亜科 Soricinae $\frac{3\ 1\ 3\ 3}{1\ 1\ 1\ 3}$，

ジネズミ亜科 Crocidurinae $\frac{3\ 1\ 1\ 3}{1\ 1\ 1\ 3}$，

モグラ科ではミズラモグラ *Euroscaptor* $\frac{3\ 1\ 4\ 3}{3\ 1\ 4\ 3}$，

モグラ *Mogera* $\frac{3\ 1\ 4\ 3}{2\ 1\ 4\ 3}$，

ヒメヒミズ *Dymecodon* $\frac{2\ 1\ 4\ 3}{1\ 1\ 4\ 3}$，

ヒミズ *Urotrichus* $\frac{2\ 1\ 4\ 3}{1\ 1\ 3\ 3}$ である．

ツパイ科 Tupaiidae は典型的な双波歯型の臼歯をもつ（図5-34）．各咬頭はほかの咬頭から独立しており，ハイポコーンは存在するが発達は悪い．パラコニッドは大きくて，退化の傾向はみせていない．ツパイ *Tupaia* を霊長類の一員とみなす考えがあるが，臼歯の特徴からは否定される．

原猿類はトリボスフェニック型に近い構造を保持するが，双波歯型への特殊化傾向をみ

せることはない．そして，草食性に適応する動物が一般に示すように，パラコニッドは退化している．パラコニッドが大きいままで双波歯型となる臼歯をもつことから，霊長類ではなく食虫類に分類すべきであるが，現在ではツパイ目 Scandentia として独立した分類をされている．

5 皮翼類（目）

皮翼類 Dermoptera にはヒヨケザル *Cynocephalus* の2種のみが現存し，歯式は $\frac{2\ 1\ 2\ 3}{3\ 1\ 2\ 3}$ である．高度に特殊化した歯をもち，$I^1 \cdot I_1 \cdot I_2 \cdot I_3$ は特徴ある櫛状を示し，I^2 と上下顎犬歯はサメの歯に似た形態になる．I_3 と I^1 とが咬み合う（図5-35）．臼歯は特殊化した双波歯型となる．パラコーンとメタコーンは互いに離れたV字型になり，プロトコーンとの間に，それぞれ，パラコニュール，メタコニュールをもつ．ハイポコーンはない．タロニッドは近遠心径，頬舌径ともにトリゴニッドよりも大きい．とくに，ハイポコニッドはプロトコーンのような形状を呈する．エントコニッドは小さな3つの咬頭に分かれて，小さなトリゴニッドのような形をつくる．

（瀬戸口　烈司）

6 翼手類（目）

翼手類 Chiroptera は1,000に近い現生種をもつ大きなグループであり，小翼手類 Microchiroptera と大翼手類 Megachiroptera ならびに始新世の化石種からなる原始翼手類 Eochiroptera の3亜目に分けられ，後者のごく初期のもの（化石は未発見）から前2亜

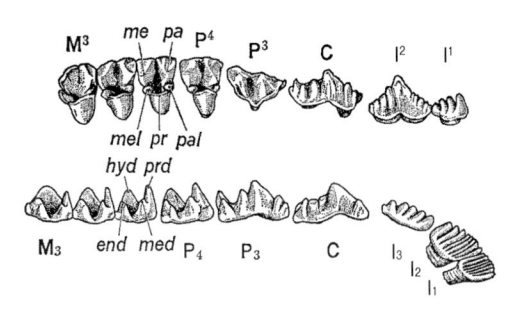

図5-35　ヒヨケザルの歯列
やや舌側からみる．約1.4倍．略号は表5-1を参照

目が分化したと考えられている．

翼手類は，暁新世に原始的な食虫類から分化したらしく，歯式は $\frac{2\ 1\ 3\ 3}{3\ 1\ 3\ 3}$ であり，歯の形態はつぎのようであったと推定される．切歯はノミ状かヘラ状で浅裂はなく，犬歯はいわゆる犬歯状であった．小臼歯は元来は犬歯状であるが，P^3，P^4，P_4 は大臼歯化している．すなわち，P_4 にメタコニッドとタロニッドベイスンが，P^3 と P^4 にプロトコーンが発達し，P^3 と P^4 は上顎大臼歯と同じ3根，P_3 と P_4 は下顎大臼歯と同じ2根である．上顎大臼歯は典型的な双波歯型である．ハイポコーンの発達は非常に弱いが，パラコニュールとメタコニュールは存在する．また，プレプロトクリスタ preprotocrista とポストプロトクリスタ postprotocrista もあり，三主咬頭との間に大きなトリゴンベイスンがあった．下顎大臼歯は主要三咬頭によるトリゴニッド，およびその遠心側にハイポコニッド，エントコニッド，ハイポコニュリッドを含む大きなタロニッドがある．タロニッドの中央にはこれらの咬頭を結ぶ隆線に囲まれた大きなタロニッドベイスンが存在する．

原始翼類の歯は基本的には上述の推定原型歯と同じであるが，つぎのような変化がみられる．切歯に1〜2本の浅裂をもつもの，

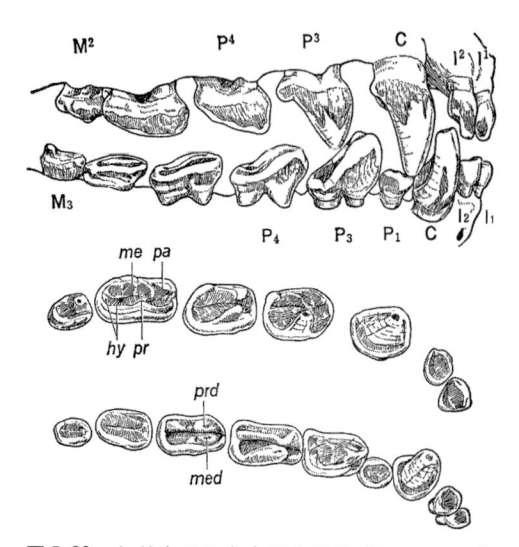

図5-36 オガサワラオオコウモリ *Pteropus pselaphon* の歯列
頰側面（上）と上下顎咬合面（中・下）．約2.3倍．略号は表5-1を参照

M^3 のメタスタイル・メタクリスタ metacrista・メタコーンに退化傾向のあるもの，さらに P^3 が単咬頭化しているもの，M^1 と M^2 にメタコニュールとパラコニュールが欠如する傾向があるものなどである．

大翼手類はオオコウモリ科 Pteropodidae のみが属し，頰歯はいくつかの咬頭を残すが，推定原型歯あるいは原始翼手類の歯から大きく変化して，完全に双波歯型を失っている．I_3 と M^3 は消失し，ごく少数の例外を除いて，P^1，P_1，M^2，M_3 も縮小退化して欠如する種もある（図5-36）．一方，P^4・P_4 は完全に大臼歯化し，大臼歯歯冠の形態を示す．すなわち，上顎ではパラコーンとメタコーンが頰側に移動し，近遠心方向にパラコーンを中心に隆線をつくり，メタコーンおよびメタスタイリッドはその隆線に吸収される傾向にある．舌側ではプロトコーンより近遠心方向に隆線を伸ばす．舌側後端に小さなハイポコーンがあり，近心および頰側方向へ隆線を出す．これらの隆線の間には後方の大きなハイポプロトコーンベイスンと，前方の小さなプレシングラーベイスンが存在する．下顎では，舌側にメタコニッドを中心として近遠心方向に隆線を形成し，パラコニッドとエントコニッドはこれに吸収され，退化・消失する．頰側にはプロトコニッドを中心として近遠心方向に隆線が生じ，ハイポコニッドやあらたに付加されたプロトスタイリッドはこの隆線に吸収される．

小翼手類は昆虫食の原始翼手類から分化し，16の科を含むが，臼歯のパターンは変化していない．P^3 の2根化，小さなハイポコーンの出現，およびパラコニュールとメタコニュールの消失したことが異なるのみである．しかし，それらの食性は元来の昆虫食のほかに，肉食，魚食，血液食，果実食，花粉・花蜜食へとさまざまに分化し，この分化に対応して歯に変化がみられる．

小翼手類の歯数は推定原型歯と同じ38本の種もあるが，全体的には減少傾向にあり，20本にまで減少した種もいる．この傾向のなかで，犬歯と M^1，M_1，P^4，P_1，P_4 はいずれの種にも在存する．咬頭の一般的な変化傾向として，ハイポコニュリッドは舌側に移動して小さくなり，エントコニッドの遠心に隠れるように位置する．ハイポコーンは多くの種でむしろ大きく発達する傾向にある．

虫食性コウモリであるヒナコウモリ科 Vespertilionidae，キクガシラコウモリ科 Rhinolophidae などのグループは，双波歯型の歯をもち，単波歯型よりも広い咬合面で昆虫類のキチン質を効率よく咬み砕く（図5-37）．ハイポコニッドの頰側面とポストパラクリスタ postparacrista・プレメタクリスタ premetacrista の舌側面，プロトコニッドの頰側面とメタクリスタ metacrista・パラク

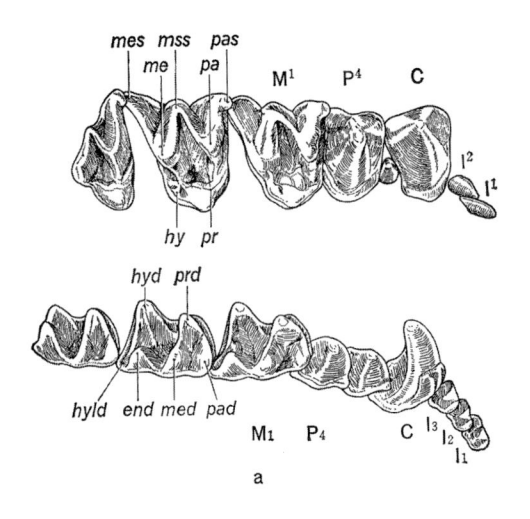

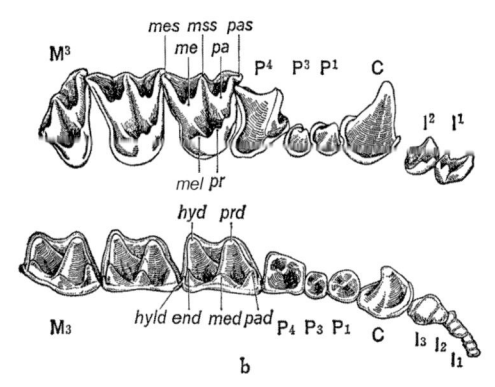

図5-37 ニホンヤマコウモリ *Nyctalus aviator*（a）とモモジロコウモリ *Myotis macrodactylus*（b）の歯列．a：6.7倍，b：9.5倍

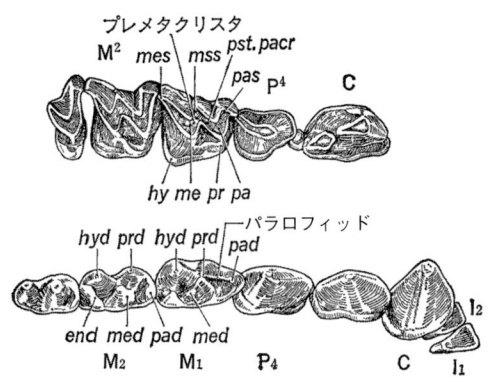

図5-38 メガデルマコウモリ *Megaderma lyra* の歯列
pst.pacr：ポストパラクリスタ（post paracrista）．約5.7倍

リスタ paracrista の舌側面およびメタコニッド遠心面・エントコニッドの遠心頰側面とプロトコーンの近心舌側面，遠心舌側面との咬み合わせが，切り裂きの働きをする．これにタロニッドベイスンとプロトコーン，ハイポコニッドとトリゴンベイスンによるすりつぶし作用が加わる．大臼歯は二型に分けられる．1つは下顎のハイポコニッドからの隆線がハイポコニュリッドと連なるニクタロドント型（図5-37a），およびハイポコニッドからの隆線がエントコニッドに連なるマイオトドント型（図5-37b）である．ニクタロドント型は一般に原始的な特徴をもつ種に多くみられ，

これからマイオトドント型が派生したといわれる．

ウオクイコウモリ科 Noctilionidae のなかの魚食性コウモリの歯は，昆虫食のそれと基本的に同様である．

肉食傾向にあるアラコウモリ科 Megadermatidae の歯は，上顎臼歯のメソスタイルが少し舌側方向に寄り，ポストパラクリスタとプレメタクリスタがやや近遠心方向を向く（図5-38）．また，M_1 はトリゴニッドが頰舌方向に短くなり，その結果パラロフィッド paralophid も近遠心方向に強くその隆線を伸ばす．これは食肉類にみられる裂肉歯に似ており，肉を切り裂くための適応である．

チスイコウモリ科 Desmodontidae は歯数がもっとも少なく，チスイコウモリ *Desmodus* では $\frac{1\ 1\ 1\ 1}{2\ 1\ 2\ 1}$ である（図5-39）．その歯はすべて頰舌方向に薄くなり，犬歯および上顎切歯は鋭くとがり，後者はとくに大きく発達する．なお，これらの歯は頰側に非常に薄いエナメル質をもつが，舌側にはエナメル質を欠いている．これは歯の先端を常に鋭くとがらせておくための適応である．上顎

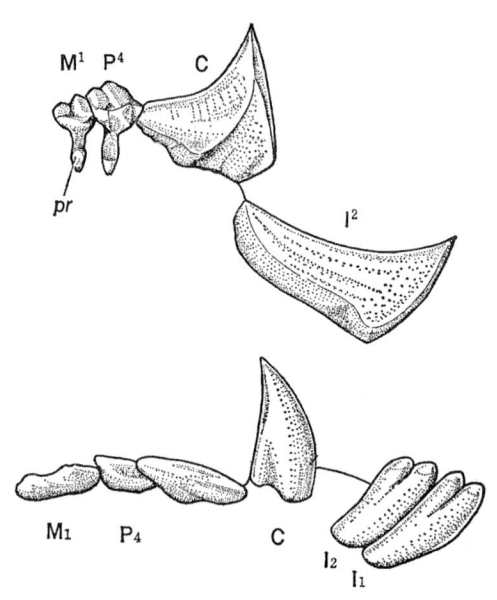

図 5-39 チスイコウモリ *Desmodus rotundus* の歯列 やや舌側からみる. 約8.7倍

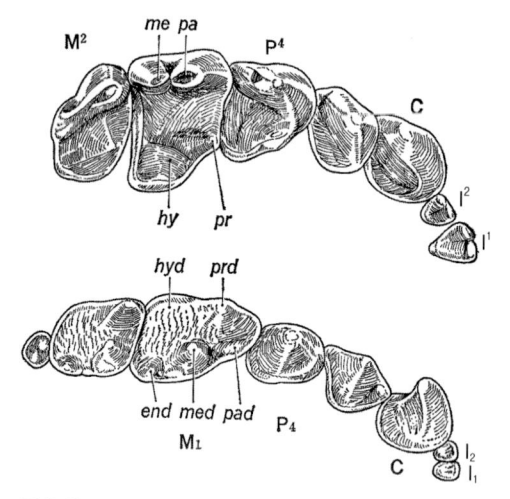

図 5-40 アルティベウスコウモリ *Artibeus lituratus* の歯列. 約4.9倍

の小・大臼歯はきわめて小さいにもかかわらずプロトコーンを残すが，これは下顎頬歯と接触し，歯肉を傷つけないためのストッパーとして作用する．このグループは，切歯と犬歯で動物の皮膚を傷つけ，表皮下の毛細血管からしみだす血液をなめる．また，このコウモリの唾液にはフィブリンを加水分解する酵素が含まれており，血液凝固を抑制する．いずれにせよ吸血コウモリという俗称からくる印象よりは，はるかに"穏やか"な血液食を行っている．

　熱・亜熱帯を中心にアメリカ大陸に分布するヘラコウモリ科 Phyllostomatidae は，本来の虫食性から，大型節足動物およびトカゲ，カエル，ネズミなどの肉食性や果食性，花蜜・花粉食性にまで適応放散した仲間である．このなかで虫食性にとどまった種はそのまま双波歯型を残す．肉食性に移行した種では，前述の肉食性のアラコウモリと同様な歯の変化を起こしている．一方，果食性にはなったが一部昆虫も捕食するものは，十分に咬頭は残すが W 字形のエクトロフが崩れ，咬頭が頬側に移動し，舌側咬頭との間に大きなベイスンを生じる（図5-40）．下顎大臼歯も舌・頬側の咬頭間にベイスンを生じ，このベイスンと上顎臼歯の舌側咬頭との間に，また，下顎の頬側咬頭と上顎のベイスンとの間ですりつぶしが行われる．この傾向が進んで，完全な果実・花粉・花蜜食になると，咬頭は一層縮小し，主咬頭の高さはわずかになる．さらに，花粉・果実ジュース食になると，咬頭は不明瞭な高まりを示すだけとなる．

　乳歯は12～20本が知られ，その数はグループによりきわめて変異に富み，胎生期に発育するが，萌出せずに吸収される種もある．その形はどのグループも非常によく似ており，歯種による差異もほとんどない．しかも，ほかの動物と違い，乳歯と代生歯の形態は全く異なる．すなわち，代生歯に比べて乳歯は小さく，細く弱々しく，やや内後側へ湾曲した円柱形を呈する（図5-41）．これらの乳歯は，完全な退化器官であるとする説と，母獣が仔を腹につけて飛ぶときに母獣の乳首にしっか

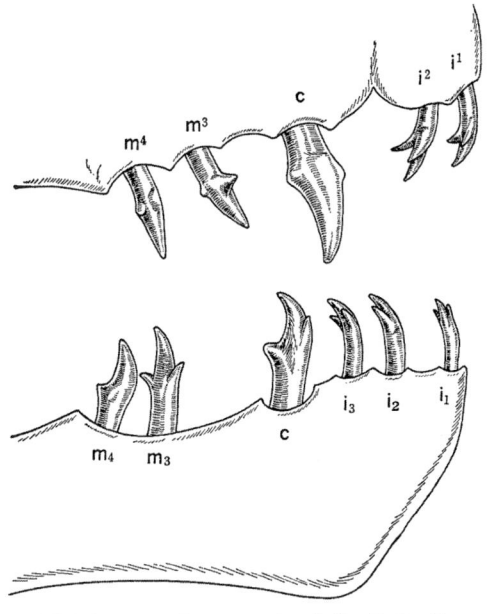

図5-41　モモジロコウモリの乳歯．約18.5倍

りとつかまるための積極的な適応であるとする説がある．いずれにせよ，始新世の原始翼手類では乳臼歯が代生歯とほぼ同様な形をしており，現生種の乳歯の形態はそれ以後に変化したものである．　　　　　（前田　喜四雄）

7　霊長類（目）

霊長類 Primates は原始的な形態を保持する一方で，特殊化の進んだ原猿類（亜目）と，よりヒトに近い真猿類（亜目）に大別される．霊長類は，原始食虫類から草食性に適応していったグループで，有爪類の一員である．草食性に適応したとはいえ，同じ有爪類の一員である齧歯類ほどには特殊化していない．臼歯の特徴も，トリボスフェニック型臼歯の一変異形態としてとらえることができる．すなわち，トリボスフェニック型臼歯のもつ2つの機能のうちのトリボの部分，咬み砕きやすりつぶしの機能を非常に強調させた構造になっている．タロニッドとプロトコーン，ハイポコニッドとトリゴンが大きく，パラコニッドが退化の方向に進む．歯数は減少し，切歯は最大で2本，小臼歯も最大で3本となる．

上顎大臼歯に，しばしばハイポコーンが現れ，この咬頭は1つ遠心にある下顎大臼歯のトリゴニッドと咬み合う．しかし第三大臼歯のハイポコーンには，もはや咬み合うべき下顎大臼歯が存在しない．したがって，通常 M^3 にはハイポコーンは発達しない．また，下顎大臼歯のパラコニッドとプロトコニッドを結ぶ稜は，1つ近心位の上顎大臼歯のプロトコーンとメタコーンを結ぶ稜とすれ違って，カッターの役目を果たしている．M^3 のその構造に対応する下顎大臼歯は存在しないため，プロトコーンとメタコーンを結ぶ稜は未発達となり，結果として，メタコーンも未発達のままにとどまる．タロニッドと咬み合うプロトコーンは明確に存在している．このように，M^3 ではハイポコーンとメタコーンは発達しないのが普通である．いい方を変えれば，その遠心の半分は退化傾向にある．

1）原猿類（亜目）

原猿類 Prosimii には，キツネザル科 Lemuridae，インドリ科 Indriidae，アイアイ科 Daubentoniidae，ロリス科 Lorisidae，メガネザル科 Tarsiidae が含まれ，下顎の切歯と犬歯にきわだった特殊化がみられる．

キツネザル科の歯式は $\frac{0\text{-}2\ 1\ 3\ 3}{2\ \ 1\ 3\ 3}$ で，下顎の2本の切歯と犬歯は水平に並んで伸び，全体として櫛状を示す（図5-42）．皮翼類のようにそれぞれの切歯が櫛状になるのではなく，左右6本の歯が合わさって櫛状を呈している．P_1 はなく P_2 が犬歯化して上顎の犬歯

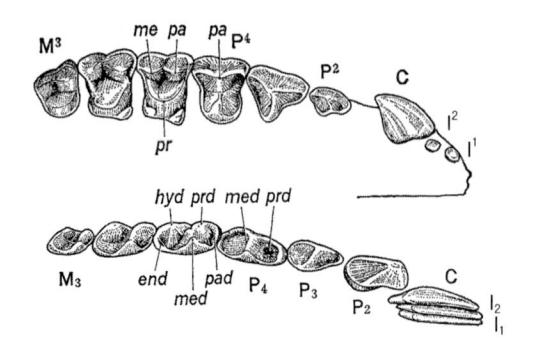

図5-42 マングースキツネザル *Lemur mongoz* のメスの歯列．約2.8倍．略号は表5-1を参照

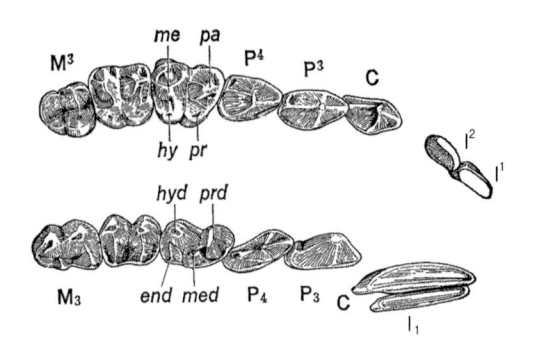

図5-43 インドリ *Indri indri* のオスの歯列．約1.2倍

と咬み合う．食虫類などのほかの真獣類では，上下顎を咬み合わせたとき，上顎犬歯は下顎犬歯と下顎小臼歯の間に位置する．キツネザル *Lemur* でもこの基本型に変化はなく，切歯化した下顎犬歯と犬歯化した P_2 の間に上顎犬歯が位置する．したがって，犬歯状を示す歯の咬み合わせということでは1つずれていて，ほかの真獣類の咬み合わせのパターンと異なるため，注意を要する．

　上顎の2本の切歯は小さく，垂直に生える．P^2 は典型的な小臼歯型で，P^4 の頬側部にパラコーンが発達するが，メタコーンはない．舌側部にはプロトコーンが発達して，その頂上から発達した稜が頬側に伸びる．P_4 はプロトコニッドとメタコニッドが発達していて稜で結ばれ，この稜が P^4 のプロトコーンの頬側の稜とすれ違う．上顎大臼歯は三咬頭性で，スタイラー・シェルフは退化する．プロトコーンは太くて広く，そのすぐ頬側部に位置するトリゴンベイスンも広い．舌側歯帯は発達するが，ハイポコーンは未発達である．下顎大臼歯ではトリゴニッドがタロニッドよりもやや高く，パラコニッドは小さいとはいえ，まだ明瞭に存在する．すなわち，トリボスフェニック型の面影をまだ十分にとどめている．

　インドリ科の歯式は $\frac{2123}{2023}$ であり，歯列はさらに特殊化した興味深いグループである．下顎の櫛状の歯を形成するのは，左右2本ずつの計4本である（図5-43）．2本とも切歯で犬歯は消失したとみなす考えと，遠心の歯は犬歯とする考えに分かれている．P^2 と P_2 は退化・消失して，P^3 と P^4，P_3 と P_4 のみが残る．P_3 が犬歯に近い形状，P_4 が小臼歯型を示す．キツネザルと異なり，上顎大臼歯にはハイポコーンが発達して四咬頭性になる．このグループの大臼歯の形態変異は大きく，インドリ *Indri indri* は旧世界真猿類のオナガザルのように二稜歯型となって，パラコニッドが退化する形態をもつ．また，シファカ *Propithecus* の場合には，パラコニッドが明確で新世界真猿類のホエザルと見間違えるような形態をしている．すなわち，平行進化的な収斂現象である．

　アイアイ *Daubentonia* はもっとも特殊化したサルである．齧歯類のような切歯を1本もち，その歯根は臼歯の歯根の下部にまで伸びる（図5-44）．この歯は一生伸び続けるが，霊長類のなかでは，アイアイの切歯だけがこの特徴をもつ．犬歯はなくなり，小臼歯は杭 peg 状の P^4 を除いて消失する．上下顎とも

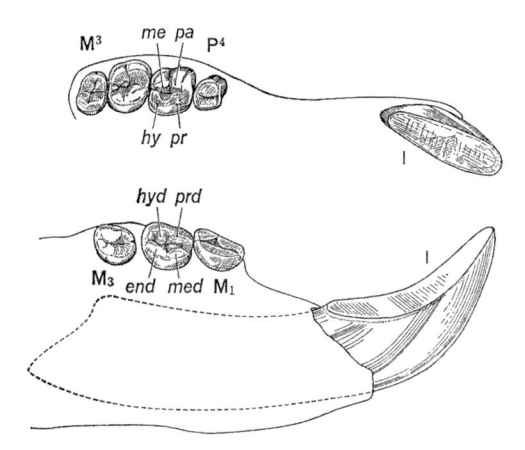

図5-44 アイアイ *Daubentonia madagascariensis* のオスの歯列
下顎はやや舌側より下顎骨内の状態も示す．約1.8倍

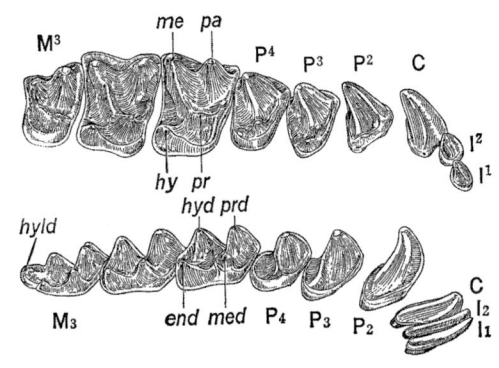

図5-45 アンワンティボ *Arctocebus calabarensis* のメスの歯列
やや舌側からみる．約3.3倍

3本の大臼歯をもち，切歯との間に歯隙が発達する．大臼歯の各咬頭は低く，平らな咬合面となり，上顎大臼歯は四咬頭性で，下顎大臼歯のトリゴニッドとタロニッドの高低差はほとんどない．切り裂きの機能はなくなり，咬み砕きとすりつぶしの機能だけを果たす．

アイアイのように臼歯数が極端に減少するとき，上顎の臼歯数は下顎の臼歯数よりも1本多いのが普通である．この現象は，たとえば齧歯類のリスの仲間にもみられるものであり，その理由については，トリボスフェニック型臼歯の咬み合わせのパターンにより説明することができる．すなわち，タロニッドはプロトコーンと，トリゴニッドは1つ近心側の大臼歯のハイポコーンと咬み合っている．このように，下顎臼歯はそれに対応する上顎臼歯の近心半分と咬合しており，臼歯数が減少して上下同数となった場合，最近心の下顎臼歯の近心半分と咬合する上顎臼歯は存在しないことになってしまう．そこで，その近心半分に対応する形で，小さな上顎臼歯が残される，というわけである．

ロリス科の歯式は $\frac{2\ 1\ 3\ 3}{2\ 1\ 3\ 3}$ であり，切歯と犬歯の諸特徴はキツネザルと同じである．P^4 はプロトコーンをもつが，通常メタコーンは発達しない．例外的にガラゴ *Galago* にはメタコーンとハイポコーンが発達して，完全な大臼歯型となる．P_4 も，通常タロニッドが発達して大臼歯型を示す．M^1 と M^2 はキツネザルと違って，ハイポコーンが発達した四咬頭性を呈する．トリゴニッドがタロニッドに対してやや高く，パラコニッドがほとんどなくなりかけている（図5-45）．

メガネザル科は，原猿類のなかではもっとも真猿類に近いサルと考えられる．このことは，霊長目を曲鼻類 Strepsirhini と直鼻類 Haplorhini に大別するとき，メガネザル科を除いた原猿類が曲鼻類に，メガネザル科は真猿類とともに，直鼻類に含められることに現れている．メガネザル *Tarsius* の歯式は $\frac{2\ 1\ 3\ 3}{1\ 1\ 3\ 3}$ であり，ほかの原猿類にみられたような切歯と犬歯の特殊化は認められない．上顎の2本，下顎の1本の切歯は垂直に生え，上下顎ともに犬歯は存在するが，それほど大きくはなく，やはり垂直に生える（図5-46）．P^2 と P_2 は，それぞれ P^3 と P_3 よりも小さい．P^4 にはパラコーンとプロトコーンの2咬頭

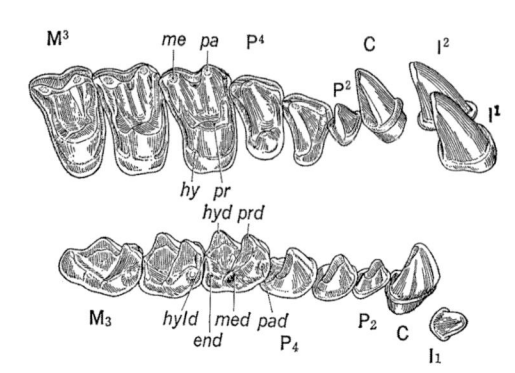

図5-46 セレベスメガネザル *Tarsius spectrum* の歯列
やや舌側からみる．約3.7倍

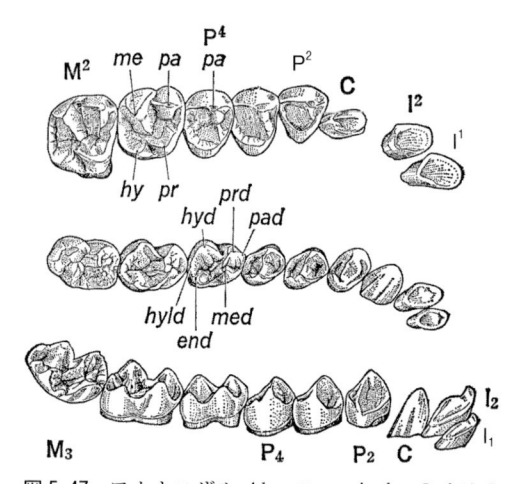

図5-47 アカホエザル *Alouatta seniculus* のメスの歯列
上下顎咬合面（上・中）と下顎をやや舌側からみる（下）．約1.4倍

が存在し，P₄ は大臼歯化している．そのうえパラコニッドが明瞭に認められる．上顎大臼歯は三咬頭性を示し，パラコーンとメタコーンは円錐形で，溝によって互いに隔てられている．プロトコーンは頬側の咬頭よりも低いが，やや大きい．プロトコーンの遠心の低いところに小さな遠心歯帯がある（ハイポコーンは，普通この遠心歯帯から発達する）．下顎大臼歯では，トリゴニッドがタロニッドに対して高く，パラコニッドが明瞭に存在している．パラコニッドの位置は，プロトコニッドよりもメタコニッドに近い（パラコニッドが退化するときには，その位置がプロトコニッドに近づいて，やがて消失する．キツネザルやガラゴのパラコニッドの位置に注意）．タロニッドの頬舌径はトリゴニッドのものよりも大きく，タロニッドの三咬頭も明瞭である．M₃ のハイポコニュリッドがとくに大きい．

このように，メガネザルの歯には特殊化がみられず，その祖先の原始食虫類の面影を色濃くとどめている．大臼歯も，プロトコーンとタロニッドが大きくはなっているが，トリボスフェニック型を保存している．現生食虫類の大臼歯が単波歯型もしくは双波歯型になっていることと考え合わせれば，現生食虫類よりもメガネザルのほうが，よほど原始食虫類のもつ原型的な形質を備えているといえる．

2）真猿類（亜目）

真猿類 Anthropoidea は新世界に分布し，広鼻猿上科 Platyrrhina に含められるオマキザル科 Cebidae とマーモセット科 Callitrichidae，および旧世界に分布する狭鼻猿上科 Catarrhina とされるオナガザル科 Cercopithecidae とヒト上科 Hominoidea を含んでいる．

新世界のサルの歯は，旧世界のサルに比べると形態変異の幅が大きいが，臼歯はトリボスフェニック型の姿をとどめている（図5-47）．オマキザル科の歯式は $\frac{2\ 1\ 3\ 3}{2\ 1\ 3\ 3}$ で，そのうちリスザル *Saimiri* がもっともメガネザルに近い形態をもっている．2本の切歯と犬歯にはきわだった特殊化はみられないが，I¹ は I² よりも大きい．上顎小臼歯の頬側にはパラコーンだけが存在して，メタコーンは発達しない．パラコーンの舌側に出っ張りが

生じるが，その出っ張りにプロトコーンをもつリスザルや，プロトコーンがまだ発達しないホエザル Aloutta などがいて，変異の幅が大きい．下顎小臼歯のトリゴニッドは三咬頭性で，パラコニッドはプロトコニッドに近いところに位置する．タロニッドは遠心の小臼歯ほど大きくなる．上顎大臼歯は四咬頭性でハイポコーンをもつが，プロトコーンよりは小さい．それぞれの咬頭が独立しているため，トリボスフェニック型の特徴を保持しているといえる．M^3 の遠心半分は未発達である．下顎大臼歯のトリゴニッドはタロニッドよりもやや高く，パラコニッドは消失する．タロニッドの近遠心径は，トリゴニッドの近遠心径の約2倍あり，タロニッドとプロトコーンの咬み合わせが重要な役目をする．

マーモセット科では第三大臼歯が消失して，歯式は $\frac{2\ 1\ 3\ 2}{2\ 1\ 3\ 2}$ となる．上顎大臼歯のハイポコーンは退化して三咬頭性になる．

狭鼻猿類は，ヒトと同じく第二小臼歯が消失して，歯式は $\frac{2\ 1\ 2\ 3}{2\ 1\ 2\ 3}$ である（図5-48）．オナガザル科における大臼歯の形態変異の幅は小さいが，犬歯は巨大化したものが多く，とりわけ，ヒヒ Papio のオスでは顕著である．P_3 の近心部分が近心に長く伸びて，P_4 よりも大きくなり，巨大化した上顎犬歯と咬み合っている．その様子は食肉類でもみられないほどの鋭い切り裂き用の刃となっている．P_4 はトリボスフェニック型に近い大臼歯型を呈し，上顎小臼歯は二咬頭性で，パラコーンとプロトコーンをもつ．大臼歯は典型的な二稜歯型となり，上顎大臼歯ではパラコーンとプロトコーン，およびメタコーンとハイポコーンが，下顎臼歯ではプロトコニッドとメ

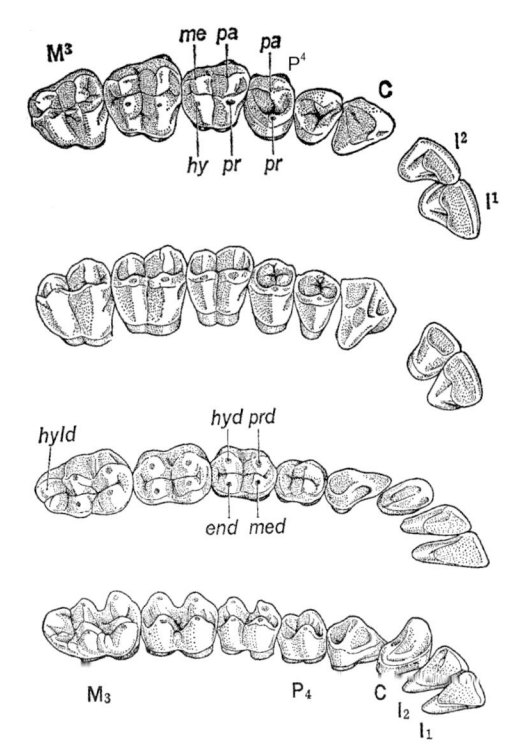

図5-48 ニホンザル Macaca fuscata のメスの歯列．約0.9倍

タコニッド，ハイポコニッドとエントコニッドが稜でつながる．パラコニッドとハイポコニュリッドは形成されず，上下顎大臼歯ともに四咬頭性で，プロトコーンとハイポコーンの大きさはほぼ同じである．トリゴニッドとタロニッドの近遠心径もほぼ等しく，高低差もほとんどない．頰舌方向に伸びる稜と稜の間の谷間に対向する歯の稜が咬み合うため，M^3 のメタコーンとハイポコーンを結ぶ稜も重要な機能を果たし，退化的ではない．この部分と咬み合うために，M_3 にしばしばハイポコニュリッドが発達する．すなわち，咬み砕いたり押しつぶす機能が主体となった，トリボスフェニック型から大きくかけ離れた臼歯型であるといえる．ニホンザル Macaca fuscata もこの科に属する．

ヒト上科に属するテナガザル科・ショウジョ

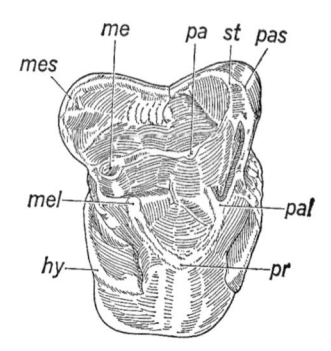

図5-49 ティロテリウム *Tillotherium* の上顎大臼歯. 約5倍. 略号は表5-1を参照

ウ科・ヒト科については第6章で述べる.

8 裂歯類（目）と紐歯類（目）

裂歯類 Tillodontia は欠歯類ともよばれている. 紐歯類 Taeniodontia とともに, 真獣類進化のごく初期の段階に草食性に適応した大型獣である. いずれも始新世に入って絶滅した. 裂歯類のほうがより原型的なトリボスフェニック型臼歯の面影をとどめている（図5-49）.

裂歯類の歯式は $\frac{2\ 1\ 3\ 3}{3\text{-}1\ 1\ 3\ 3}$ である.

紐歯類の歯式は $\frac{3\text{-}1\ 1\ 3\ 3}{3\text{-}1\ 1\ 3\ 3}$ である.

両グループとも, ノミ状に伸び続ける大きな上下顎切歯をもっており, 頭骨の外観は齧歯類に似ている.

9 貧歯類と有鱗類（目）

いずれも顎の近心側に歯を欠くことに, この目の名は由来するとされる. 貧歯類 Edentata に属する3つの科のうち, アリクイ科 Myrmecophagidae には歯は全く萌出せ

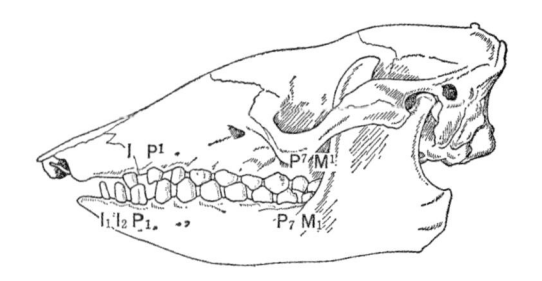

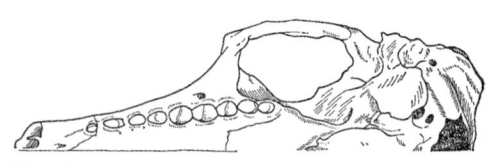

図5-50 ムツオビアルマジロ *Euphractus sexcinctus* の歯列（Grassé, 1955を改写）. 約0.9倍

ず, アルマジロ科 Dasipoidae には種によって合計20〜100本, ナマケモノ科 Bradipodidae には $\frac{5}{4}$ の歯があるが, いずれも杭状ないし犬歯状で, エナメル質をほとんどもたない（図5-50）. 乳歯胚は認められるが, 通常, 一生歯性である. 特定の歯の構造をもたず, 歯の比較形態学的立場からは, 説明不可能なグループである. センザンコウ科 Manidae は, アリクイと同様に歯を欠くところから, かつては貧歯目に入れられていた. しかし, これは同様の餌を採ることによる収斂現象であり, 類縁関係のないことがわかった結果, 有鱗類 Pholidota として独立した.

（瀬戸口　烈司）

10 齧歯類（目）

齧歯類 Rodentia は, ノミのように鋭い切歯を上下顎にそれぞれ1対もっている. これらの切歯は常生歯で, 終生成長を続け, どの切歯も唇側面にのみエナメル質をもつ. 第二・第三切歯, および犬歯はなく, 近心位の

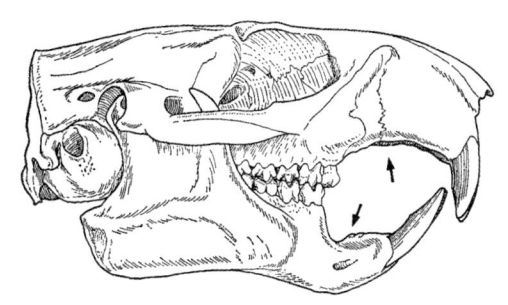

図5-51 ウッドチャック *Marmota monax* の頭骨と歯隙（矢印）．約0.8倍

小臼歯（第一小臼歯，第二小臼歯，P_3またはP^3）もしくはすべての小臼歯も退化・消失している．第一切歯と臼歯列との間に歯隙(しげき)が存在する（図5-51）．

1）リス類（亜目）

現在生息しているすべての齧歯類は，パラミス科 Paramyidae から派生したと考えられている．パラミス *Paramys* のもっとも古い化石は，北アメリカ西部の新生代第三紀暁新世後期の地層から発見されている．

パラミスの歯式は，$\frac{1\ 0\ 2\ 3}{1\ 0\ 1\ 3}$とすでに齧歯類的であるが，臼歯の形態は原始的特徴を保持しており，トリボスフェニック型から著しい変化を示していない（図5-52）．下顎大臼歯がトリボスフェニック型と異なる点は，パラコニッドが退化・消失して，メタコニッドがもっとも高い咬頭であることなどである．齧歯類の下顎大臼歯のパラコニッドは，始新世以前にすでに退化・消失している．

リス類（亜目）Sciuromorpha のヤマビーバー科 Aplodontidae は，現生の齧歯類のなかではもっとも原始的である．歯式はパラミスと同じであり，臼歯も常生歯で上顎の大臼歯および第四乳臼歯にはハイポコーンが存在しない．パラコーンとメタコーンの間にある

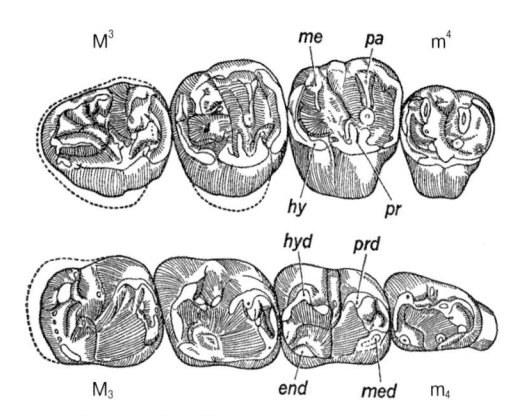

図5-52 暁新世後期のパラミス *Paramys delicatus* の臼歯列（Wood, 1962を改変）
点線は萌出完了時の歯冠基底部の位置を示す．約3.6倍．略号は表5-1を参照

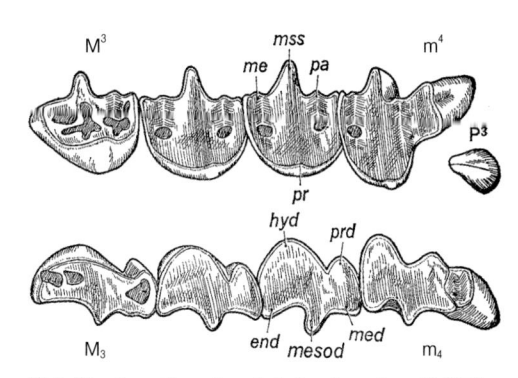

図5-53 ヤマビーバー *Aplodontia rufa* の臼歯列．約3.8倍
mesod：メソスタイリッド．略号は表5-1,2を参照

メソスタイルは，頬側へ著しく突出している．第四乳臼歯の遠心半分は上顎大臼歯の形態と同じである．下顎の大臼歯および第四乳臼歯では，ハイポコニッドが最大の咬頭である．メタコニッドとエントコニッドの間にあるメソスタイリッド mesostylid は，舌側へ著しく突出している（図5-53）．

リス科 Sciuridae も原始的な齧歯類で，ニホンリス *Sciurus lis* を例にあげると，歯式はパラミスと同じである．M^1とM^2の咬合面の概形は四角形で，M^3およびP^4の概形は三角形である．上顎大臼歯のプロトコーン

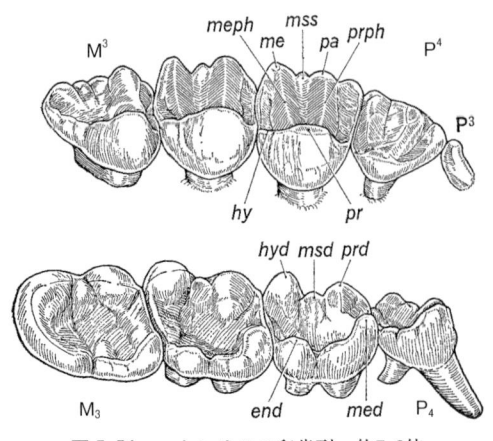

図 5-54 ニホンリスの臼歯列. 約7.2倍

表 5-2 上下顎臼歯の隆線（稜）の名称一覧

		英名	略号
上顎	エクトロフ	ectoloph	ecph
	プロトロフ	protoloph	prph
	メタロフ	metaloph	meph
	メソロフ	mesoloph	msph
	エントロフ	entoloph	enph
	セントロクリスタ	centro crista	cc
	ディストクリスタ	disto crista	dc
	ポストメタクリスタ	postmeta crista	pmc
	ポストパラクリスタ	postpara crista	ppc
下顎	メソロフィッド	mesolophid	msphd
	ハイポロフィッド	hypolophid	hyphd
	メタロフィッド	metalophid	mephd
	パラロフィッド	paralophid	paphd
	プロトロフィッド	protolophid	prphd

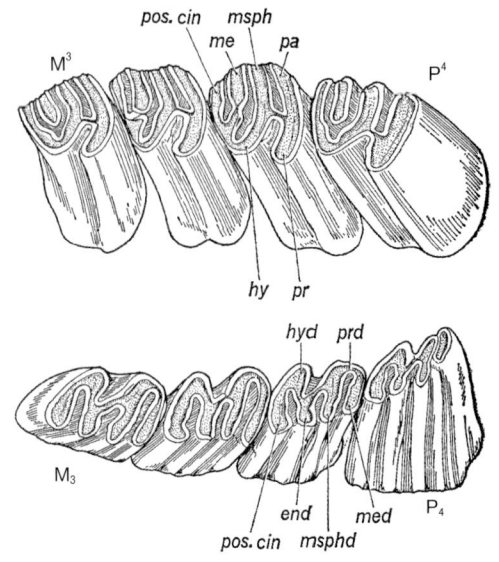

図 5-55 ビーバーの臼歯列. 約2.1倍
pos.cin：遠心歯帯

の遠心には小さなハイポコーンが認められる. また，小さなメソスタイルも存在する. M^1, M^2 および P^4 のパラコーンからはプロトロフ，メタコーンからはメタロフとよばれる隆線がプロトコーンへ向かって走っている（図5-54，表5-2）. M^3 にはメタロフはなく，プロトロフのみが存在する. P^3 は小さな単錐歯であるが, P_4 の小さなトリゴニッドベイスンと咬合している. 下顎臼歯の咬合面は皿状に凹み，低く短い隆線がみられる. 下顎大臼歯のプロトコニッドとハイポコニッドとの間に小さなメソコニッドがあり，メタコニッ

ドとエントコニッドとの間には小さなメソスタイリッドが存在する. P_4 は近心側がとがった卵円形であるが，基本形態は下顎大臼歯と同じである. ムササビ *Petaurista leucogenys* やモモンガ *Pteromys momonga* などの臼歯の形態は，基本的にはニホンリスと同じであるが，隆線がよく発達し，小さな副隆線が多い点が異なる.

ビーバー科 Castoridae・ポケットネズミ科 Heteromyidae・ホリネズミ科 Geomyidae・トビウサギ科 Pedetidae およびウロコオリス科 Anomaluridae の臼歯部の歯式は P$\frac{1}{1}$M$\frac{3}{3}$である.

ビーバー *Castor fiber* の上下顎臼歯は稜縁歯型であり，すべての臼歯の咬合面には頬舌方向に走る4本の皺襞がみられる（図5-55）.

ポケットネズミ *Heteromys desmarestianus* の上顎大臼歯には，パラコーンとメタコーンを分ける溝が舌側へ向かって走っている. 下顎大臼歯には，メタコニッドとエントコニッ

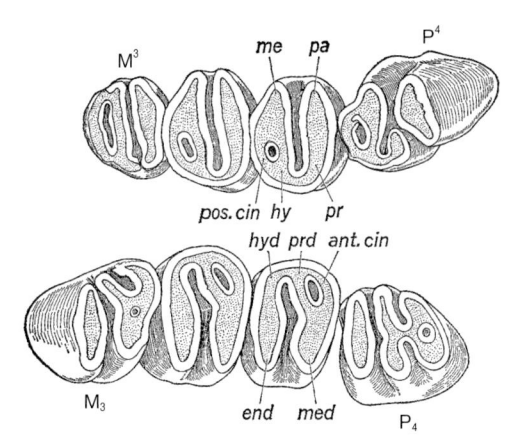

図 5-56 ポケットネズミの臼歯列．約10.7倍
ant.cin：近心歯帯

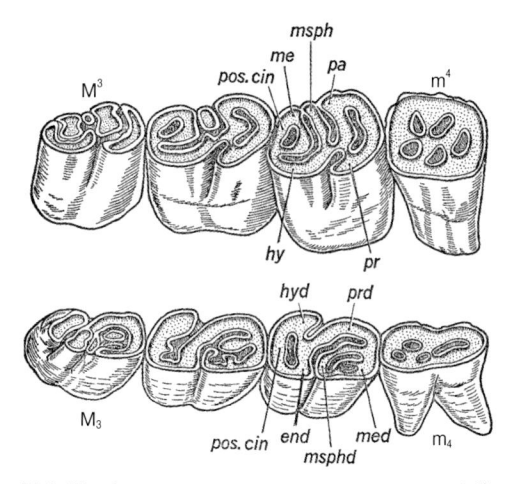

図 5-57 ヤマアラシ *Hystrix africaeaustralis* の臼歯列．約2.1倍

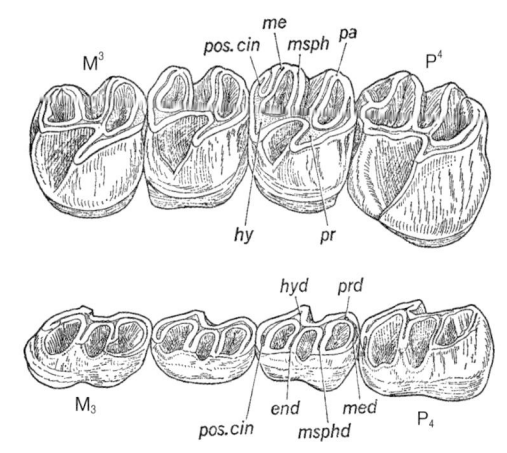

図 5-58 キノボリヤマアラシ *Erethizon epixanthus* の臼歯列．約2.3倍

ドを分ける溝が頬側へ向かって走っている（図5-56）．オリネズミ *Geomys personatus* およびトビウサギ *Pedetes capensis* の臼歯の形態は，このポケットネズミの臼歯に類似し，ウロコオリス *Anomalurus deroianus* の場合は，後述のヤマアラシの臼歯に類似している．

2）ヤマアラシ類（亜目）

この仲間の臼歯部の歯式も $P\frac{1}{1} M\frac{3}{3}$ である．ヤマアラシ類 Hystricomorpha のヤマアラシ科 Hystricidae の臼歯の咬合面には多くの隆線が湾曲して走っており，上顎臼歯のハイポコーンはプロトコーンより大きい．パラコーンとメタコーンはほとんど同じ大きさであり，両咬頭の間にメソロフ mesoloph が存在する．下顎大臼歯の近心半分は遠心半分より発達している（図5-57）．パカ科 Dasyproctidae，エキミス科 Echimyidae，アフリカタケネズミ科 Thryonomyidae，およびリス亜目のウロコオリスの臼歯の形態は，ヤマアラシ *Hystrix* に類似している．

キノボリヤマアラシ科 Erethizontidae の臼歯では第四小臼歯がもっとも大きい．上顎臼歯の咬合面は菱形であり，プロトコーンとハイポコーン，パラコーンとメタコーンを分ける分界溝が明瞭である．下顎臼歯には頬舌方向に走る4本の隆線が存在する．これらの隆線は，プロトコニッドおよびハイポコニッドからそれぞれ2本ずつ舌側へ向かって走っている（図5-58）．

テンジクネズミ科 Caviidae の上下顎臼歯は，三角形を2つ結合させた形態を示している（図5-59）．すなわち，上顎臼歯では広がりをもつパラコーンとメタコーンの部分を底

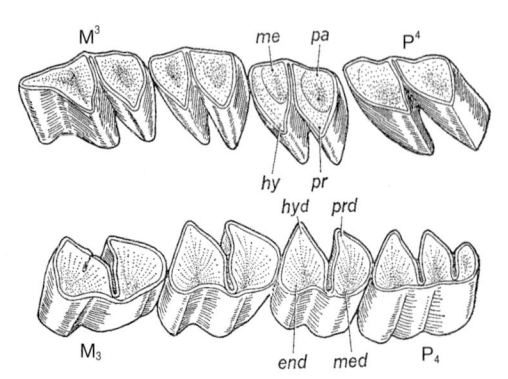

図5-59 テンジクネズミ *Cavia* sp. の臼歯列．約3.9倍

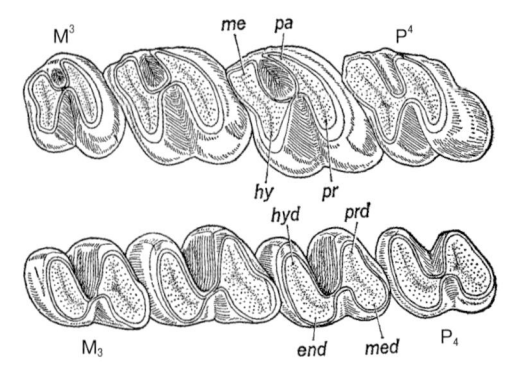

図5-60 イワネズミ *Petromys typicus* の臼歯列．約6.9倍

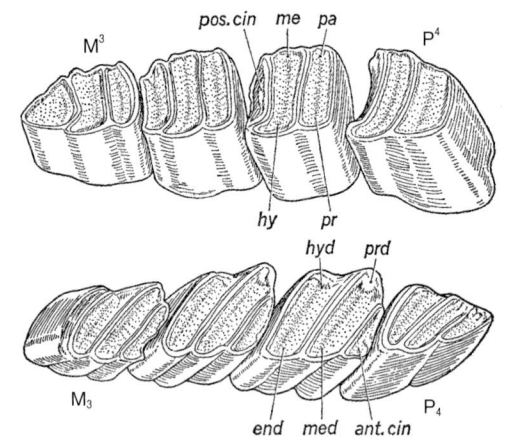

図5-61 チンチラ *Chinchilla laniger* の臼歯列．約5.4倍

辺，とがったプロトコーンとハイポコーンを頂点とする三角形である．下顎臼歯はメタコニッドとエントコニッドを底辺，プロトコニッドとハイポコニッドを頂点とする三角形である．M^3 の遠心頬側には遠心歯帯が，P_4 の近心舌側には近心歯帯が存在する．実験動物のモルモット *Cavia procellus* は，この仲間から品種改良されたものである．

イワネズミ科 Petromyidae の上下顎臼歯は，2つの高まりが近遠心的に配列し，両者は歯冠基底部で結合している（図5-60）．上顎臼歯の近心の高まりはパラコーンとプロトコーンにより，遠心の高まりはメタコーンとハイポコーンにより形成されている．下顎臼歯の近心の高まりはプロトコニッドとメタコニッドにより，遠心の高まりはハイポコニッドとエントコニッドである．

チンチラ科 Chinchillidae の上下顎臼歯は，頬舌的に細長い3本の高まりが密着して1本の臼歯となっている（図5-61）．上顎臼歯の近心の高まりはパラコーンとプロトコーンにより，中央の高まりはメタコーンとハイポコーンにより形成されている．遠心の高まりは遠心歯帯である．下顎臼歯の近心の高まりは近心歯帯，中央の高まりはプロトコニッドとメ

タコニッドにより，遠心の高まりはハイポコニッドとエントコニッドにより形成されている．パカラナ科 Dinomyidae の臼歯の形態は，基本的にはチンチラと同じであるが，上下顎臼歯とも4本の高まりで構成されている点が異なる．

カプロミス科 Capromyidae のヌートリア *Myocastor coypus* の上下顎臼歯は，4本のヒダによって構成されている四稜歯型である（図5-62）．上顎臼歯の咬合面は円形に近く，下顎臼歯は舌側を底辺とした台形である．

カピバラ科 Hydrochoeridae の上下顎臼歯は，多数のヒダにより構成されている多稜歯

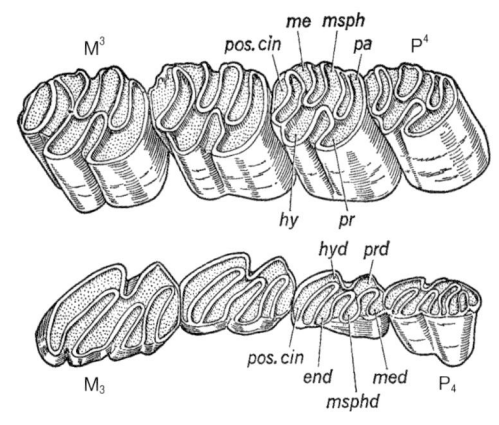

図 5-62 ヌートリアの臼歯列．約2.1倍

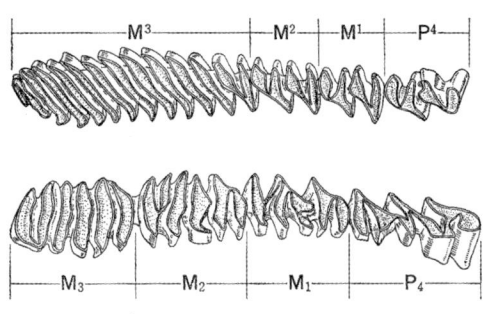

図 5-63 カピバラ *Hydrochoerus hydrochaeris* の臼歯列．約0.7倍

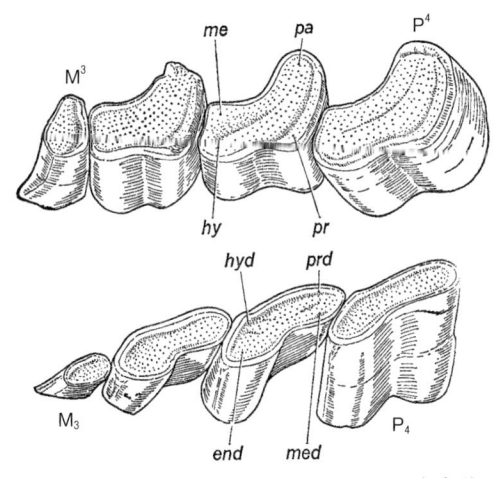

図 5-64 クテノミス *Ctenomys boliviensis* の臼歯列．約4.0倍

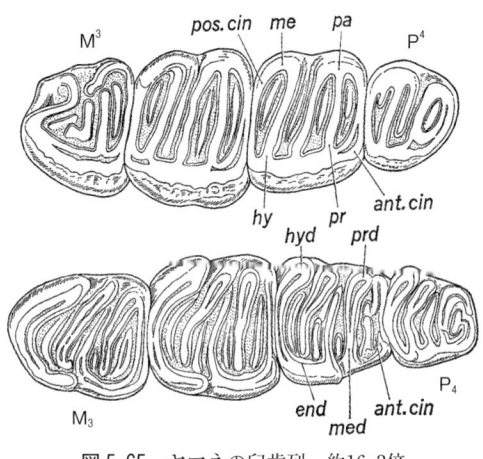

図 5-65 ヤマネの臼歯列．約16.3倍

型ないし皺襞歯型で，常生歯である．P^4・M^1およびM^2はほぼ同じ大きさであるが，M^3は非常に大きい．下顎臼歯では4本ともほぼ同じ大きさである（図 5-63）．

クテノミス科 Ctenomyidae，オクトドン科 *Octodontidae*，チンチラネズミ科 Abrocomidae，デバネズミ科 Bathyergidae およびグンディ科 Ctenodactylidae の臼歯は，概形がやや異なるのみで，咬合面に隆線や溝がない平坦な単純型である（図 5-64）．

3）ヤマネ類（亜目）*

ヤマネ類 Glirimorpha のヤマネ *Glirulus japonicus* の臼歯部の歯式は $P\frac{1}{1}M\frac{3}{3}$ である．第四小臼歯がもっとも小さい．それぞれの臼歯の咬合面は，平坦かややくぼんでおり，頬舌方向に走る数本の隆線が存在する（図 5-65）．

＊ネズミ亜目に分類される場合が多いが，胃上皮の構成の相違などからヤマネ上科 Glioidea はネズミ上科 Muroidea とは関係なく独自の分枝を形成しており，両者を共通のグループにまとめられないという意見が多い．第四小臼歯が存在すること，ほかのネズミ類にみられない隆線が多い臼歯をもつことなどからヤマネ亜目として独立させた．

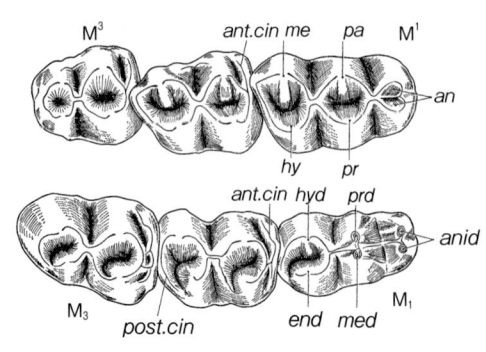

図 5-66　ハムスターの大臼歯列．約9.52倍
an：アンテロコーン，*anid*：アンテロコニッド

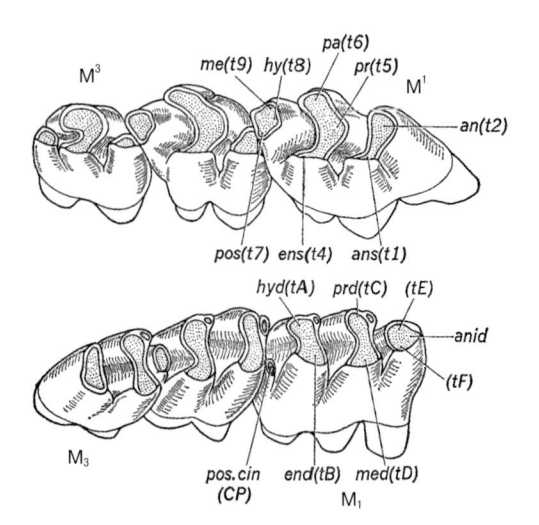

図 5-67　ドブネズミの大臼歯列．約7.7倍
ans：アンテロスタイル anterostyle，*ens*：エンテロスタイル enterostyle，*pos*：ポステロスタイル posterostyle.
咬頭を図中の括弧内の記号で表す場合もある

4）ネズミ類（亜目）

ネズミ類 Myomorpha の臼歯の歯式は，多くの種で P$\frac{0}{0}$ M$\frac{3}{3}$ である．漸新世のキヌゲネズミ科 Cricetidae の化石種であるエウミス *Eumys* に近い歯の形態を示すのが，ハムスター *Mesocricetus auratus* である（図5-66）．

ハムスターの M^1 には，頬・舌側に二分したアンテロコーン anterocone が発達している．M^1 と M^2 のパラコーンおよびメタコーンは，プロトコーンやハイポコーンよりわずかに高い．M^3 ではパラコーンがもっとも高い．M^2 と M^3 の近心頬側にある近心歯帯とパラコーンとの間には深い溝がある．また，近心歯帯はプロトコーンから近心頬側へ向かう隆線と結合している．下顎各大臼歯のメタコニッドとエントコニッドの高さはほとんど等しいが，プロトコニッドやハイポコニッドより高い．M$_2$ と M$_3$ のプロトコニッドおよびメタコニッドは，近心歯帯と結合している．遠心歯帯はハイポコニッドと結合するが，エントコニッドとは結合しない．

ネズミ科 Muridae は，キヌゲネズミ科から分枝したと考えられている．日本に生息しているネズミ科は，ネズミ亜科 Murinae とハタネズミ亜科 Microtinae に分類される．ネズミ亜科のドブネズミ *Rattus norvegicus* の大臼歯は，数個の咬頭をもつ鈍頭歯型である（図5-67）．上下顎各大臼歯には，複数の咬頭が集まった3つの高まりが近遠心的に配列している．M^2 および M^3 はアンテロコーンが小さくなり，基本形態は M^1 と同じである．M$_1$ は4つの高まりが近遠心的に並列している．M$_2$ は M$_1$ のアンテロコニッド anteroconid* が退化・消失したものであり，M$_3$ は M$_1$ のアンテロコニッドと遠心歯帯が退化消失したものである．実験動物のラットはドブネズミを，マウスはネズミ亜科のハツカネズミ *Mus musculus* を品種改良したものであり，大臼歯の基本形態はドブネズミと同

＊この咬頭がパラコニッドであると主張するヨーロッパの研究者もいるが，ここでは Wood & Wilson（1936）にしたがって，近心歯帯から発達したアンテロコニッドとした．

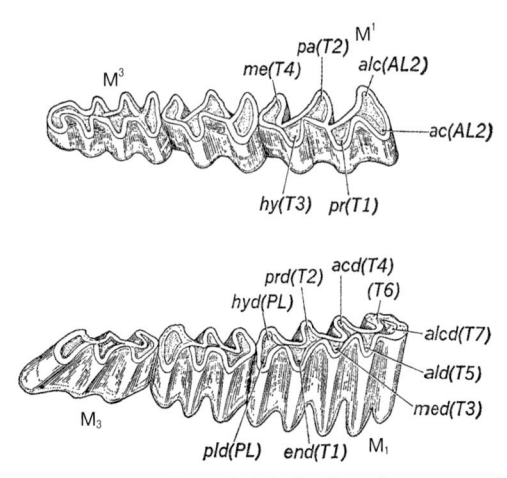

図5-68 ヤチネズミの大臼歯列．約8.4倍
ac：アンテロリンギュアル・コニューレ anterolingual conule，*alc*：アンテロラビアル・コニューレ anterolabial conule，*acd*：アンテロコニュリッド anteroconulid，*alcd*：アンテロリンギュアル・コニュリッド anterolingual conulid，*ald*：アンテロロフィッド anterolophid，*pld*：ポステロロフィッド posterolophid．
咬頭を図中の括弧内の記号で表す場合もある

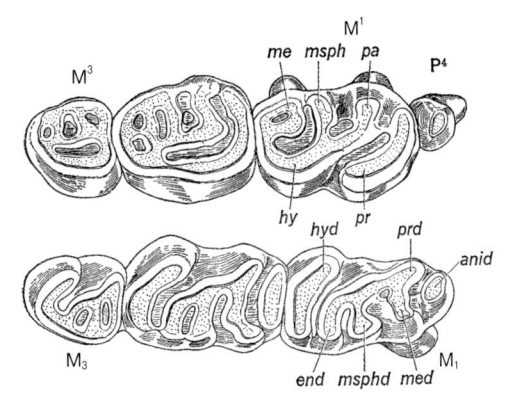

図5-69 トビハツカネズミの臼歯列．約14.3倍

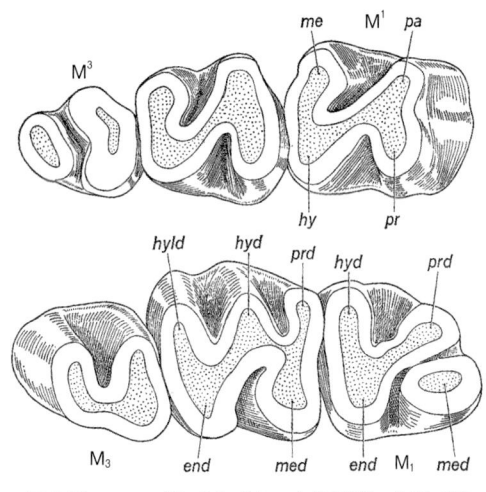

図5-70 ミユビトビネズミの大臼歯列．約10.2倍

じである．マウスの上下顎切歯には，痕跡的な乳切歯の存在が報告されている（Fitzgerald, 1973ほか）．ハタネズミ亜科のヤチネズミ *Eothenomys andersoni* の上下顎の大臼歯は，稜縁歯型を呈し，常生歯である（図5-68）．各大臼歯は，頬側および舌側へそれぞれ3〜5個のループ loop を出している．上顎大臼歯のループの近心縁はわずかに近心側へ膨らみ，下顎大臼歯では上顎とは逆に遠心縁が遠心側へわずかに膨らんでいる．

ノネズミ類は森林害獣であり，その個体群動態が詳しく研究されているが，その場合，年齢（月齢）査定が重要となる．そのために，大臼歯の咬耗の進行が年齢査定に使用され，たとえばヤチネズミでは，ループの減少していく経過が用いられている．

オナガネズミ科 Zapodidae のトビハツカネズミ *Zapus princeps* の臼歯部の歯式は，ほかのネズミ類と異なり P$\frac{1}{0}$ M$\frac{3}{3}$ である（図5-69）．P^4 は著しく小さい．M^1 ではプロトコーンとハイポコーンの間の分界溝がほかの臼歯に比べ明瞭である．M$_1$ および M$_2$ にはアンテロコニッドが発達している．

トビネズミ科 Dipodidae のミユビトビネズミ *Dipus aegypticus* の M^1 と M^2 の咬合面は裏返った N 字型で，ハイポコーンはプロトコーンより発達している．M$_2$ の頬側には，プロトコニッド，ハイポコニッドおよびハイポコニュリッドの3咬頭が近心から遠心へ並んでいる（図5-70）．

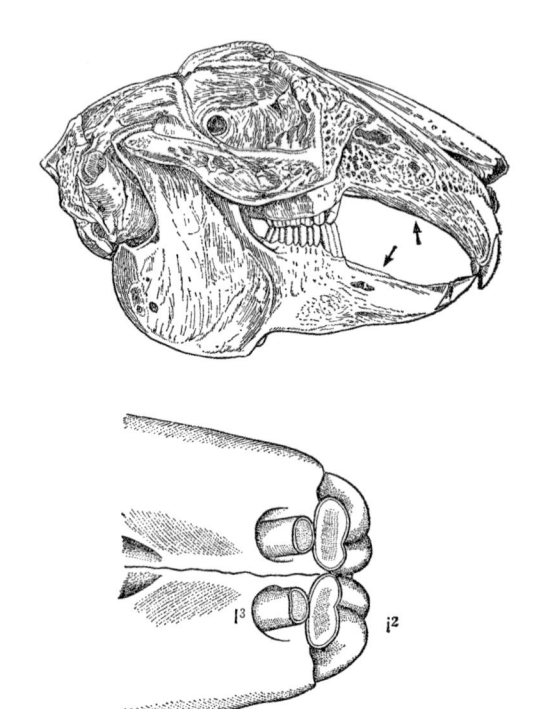

図 5-71　アナウサギの頭骨（上）と上顎切歯（下）矢印は歯隙．約0.6倍（上），3.3（下）

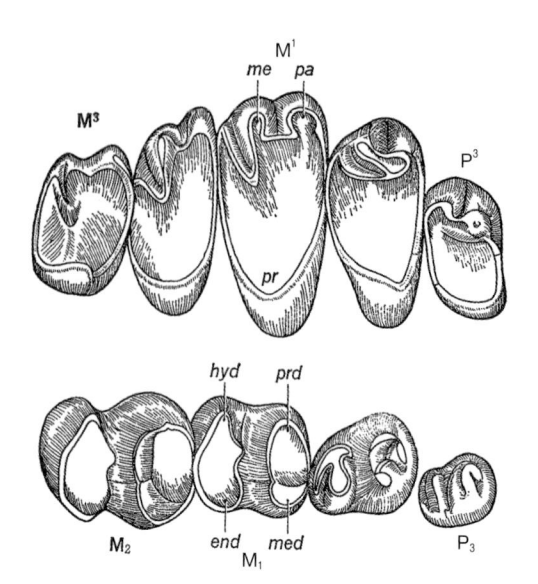

図 5-72　暁新世後期のエウリミルス *Eurymylus laticeps* の臼歯列．約 7.8 倍（上），約 7.2 倍（下）（Wood, 1942を改変）．略号は表 5-1 を参照

11　兎類（目）

兎類 Lagomorpha は，ウサギ科 Leporidae とナキウサギ科 Ochotonidae に分類されている．

歯式はウサギ科が $\frac{2033}{1023}$，ナキウサギ科が $\frac{2032}{1023}$ である．

カイウサギ *Oryctolagus cuniculus domesticus* は，ウサギ科のアナウサギ *Oryctolagus cuniculus* を品種改良したものである．食性は草食性である．

兎類が，齧歯類と大きく違っているところは，上顎切歯を2対もっていることであり，エナメル質は舌側面もおおっている（図 5-71）．かつて兎類は齧歯目に入れられ，その切歯の特徴から重歯亜目 Duplicidentata に分類されていた．このダブルになった切歯のうち，前方にある第二切歯は乳歯が永久歯化したもので大きく，切縁が鋭いノミ状であり，その唇側面に縦走する1本の溝がある．第二切歯の舌側に位置する第三切歯は代生歯であり，第二切歯より小さく円柱状である．下顎切歯は第三乳切歯が永久歯化したものである（Moss-Salentijn, 1978）．上下顎のすべての切歯および臼歯は常生歯であり，終生成長を続ける．下顎の左右臼歯列間幅は，上顎のそれより著しく狭い．

兎類のもっとも古い化石は，暁新世後期のエウリミルス *Eurymylus* である（図 5-72）．この化石は，原始的特徴を保持しているにもかかわらず，歯式が $\frac{2023}{1023}$ であり，上顎臼歯部の歯数の点で議論が多い．

アナウサギの $P^3 \sim M^2$ は同じ形態を示し，パラコーン，メタコーン，プロトコーンおよ

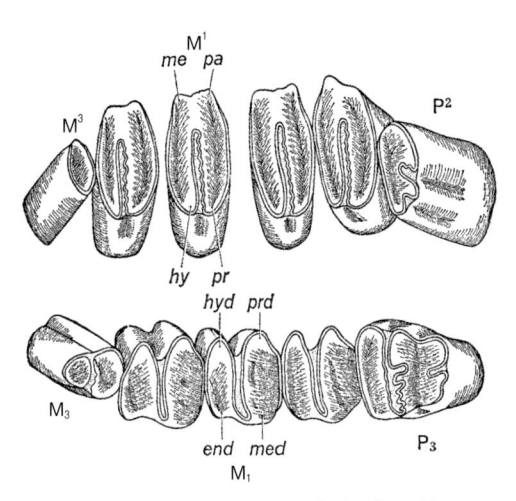

図5-73 アナウサギの臼歯列．約3.8倍

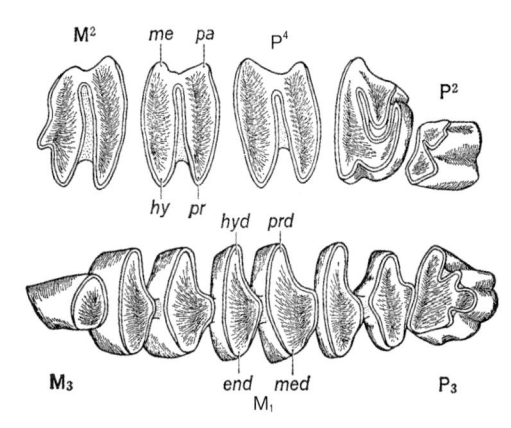

図5-74 アフガンナキウサギの臼歯列．約6.4倍

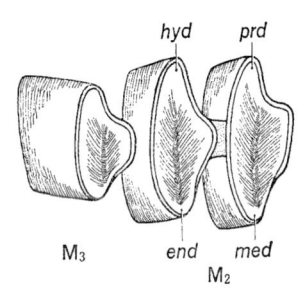

図5-75 エゾナキウサギの下顎第二・第三大臼歯．約9.6倍

びハイポコーンをもっている（図5-73）．プロトコーンとハイポコーンの間に舌側から頬側へ向かう溝があり，セメント質が埋めている．M^3 はもっとも小さい．P^2 の近心縁はヒダ状を呈している．P_4〜M_2 は同じ形態を示し，プロトコニッド，メタコニッド，ハイポコニッドおよびエントコニッドをもっている．プロトコニッドとハイポコニッドの間に頬側から舌側へ向かう溝があり，セメント質が埋めている．M_3 は近心半分が大きく，遠心半分が小さい瓢箪型で，下顎臼歯列中もっとも小さい．P_3 はもっとも大きく，とくに近心半分の発達が著しく複雑なヒダ状を呈している．

ノウサギ Lepus brachyurus の臼歯の基本形態は，アナウサギと同じである．しかし，この種の形態的特徴は P_4〜M_2 にみられ，これらの臼歯の遠心半分は近心半分より著しく小さい．

アフガンナキウサギ Ochotona rutescens domesticus の P^4〜M^2 の形態は，アナウサギの P^3〜M^2 に類似している（図5-74）．P^3 は近心半分に特徴があり，パラコーンとプロトコーンの間に咬頭が1つ存在する．P_4〜M_2 はそれぞれ同じ形態を示している．これらの臼歯は，プロトコニッドとメタコニッドで形成される高まりと，ハイポコニッドとエントコニッドで形成される2つの高まりが歯冠中央で結合したものである．P_3 の近心半分は複雑なヒダ状を呈しており，M_3 は単純な円柱状である．

エゾナキウサギ Ochotona hyperborea yesoensis の臼歯の形態はアフガンナキウサギと基本的に同じである．しかし，M_3 が P_4〜M_2 の各臼歯の近心半分を小さくした形を呈している点が相違する（図5-75）．

（花村　肇）

12 鯨類（亜目）

現生の鯨類 Cetacea は，歯鯨類（下目）Odontoceti と髭鯨類（下目）Mysticeti に分けられているが，両者は中新世から鮮新世にかけて，古鯨類（下目）Archaeoceti から分化したとされている．鯨類はカバ類（亜目）と共通の祖先をもち，共通の祖先としてアントラコテリウム類（上科）が候補にあげられている．

1）古鯨類（下目）

始新世中期から中新世まで栄えた．歯式は $\frac{3\ 1\ 4\ (-3)}{3\ 1\ 4}\ \frac{3\ (-2)}{3}$ で，真獣類の基本歯式を示す．しかし，臼歯の咬頭はすでに特殊化が著しく，トリボスフェニック型との相同関係は知ることができない．始新世後期のバシロサウルス *Basilosaurus*（別名 *Zeuglodon*）の場合，基本歯式を示し，切歯・犬歯・第一小臼歯は同形歯性のような単錐歯型を示し，それぞれの間に歯隙をもつ．P_2 以後は，中央が高い前後に並んだ鋸歯状の咬頭をもつ（図5-76）．そのうち P^3 と P_4 が大きく，食肉類の裂肉歯 P^4 と M_1 のような観を呈する．前歯部は魚食への適応を示し，臼歯の形はカニクイアザラシに似ていることから，小さい甲殻類，すなわちプランクトン食への適応とする説がある．M^3 は退縮または消失している．

2）髭鯨類（下目）

成体に歯はなく，口蓋稜の変化した鯨髭によってプランクトンを摂食する．しかし，胎児には歯胚のみられる時期があり，後方の

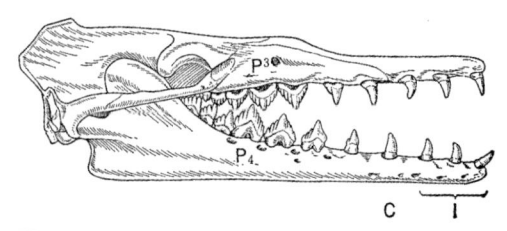

図5-76 バシロサウルス *Basilosaurus cetoides* の歯列．約0.041倍

歯胚には古鯨類のような咬頭が認められる（図5-77）．ナガスクジラ *Balaenoptera* では，片側上下におのおの50本ほどの歯胚を数えることができる．

3）歯鯨類（下目）

乳歯はなく真の一生歯性で，同形歯性であり，通常片側上下に数十個の有根あるいは無根の単錐歯型の歯をもつ．食性などに応じて，科によってつぎのような違いがみられる．

マッコウクジラ科 Physeteridae では上顎に歯はみられず，下顎歯に対応した凹みがあり，下顎の歯がソケット状にはまるようになっている．これはイカ類の捕食に適応・特殊化した結果とされる．マッコウクジラ *Pyseter catodon* の場合は，下顎片側に20〜28本の歯があり，遠心位の数本以外は常生歯で，大きな個体では歯の直径が18cmに達する．エナメル質は歯冠の先端のみにあり，ほかはセメント質でおおわれている．象牙質には生涯にわたって年輪が残されるため，これによって齢査定が行われる（図5-78）．上顎には10〜16本の退化した歯が歯肉中に埋伏している．

アカボウクジラ科 Ziphiidae もイカ類を主として食べるグループで，下顎先端近くの1対の歯以外は退化している．この1対の歯はオスで大きく，オス同士の闘争あるいはディスプレイに用いられるといわれる．オウギハ

第 5 章　哺乳類の歯

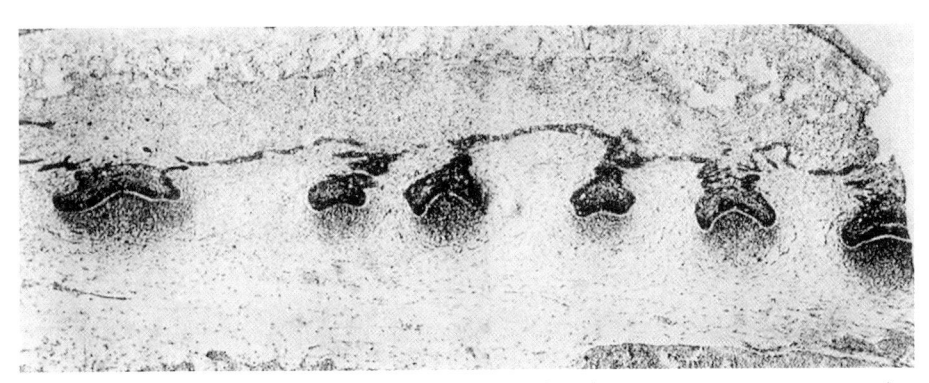

図 5-77　ナガスクジラ *Balaenoptera physalus* の胎児の歯胚（Dissel-Scherft & Vervoost, 1954）

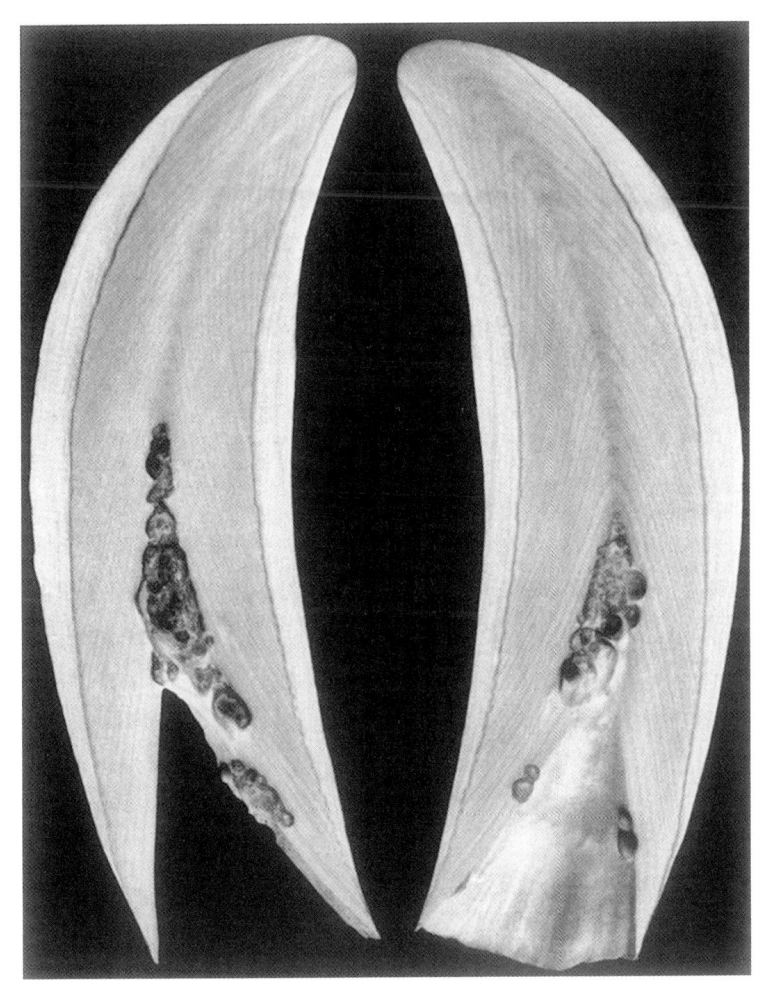

図 5-78　マッコウクジラの歯の断面（Ohsumi *et al.*, 1963）
象牙質に生涯の年輪がみられる．セメント質にも年輪が認められる

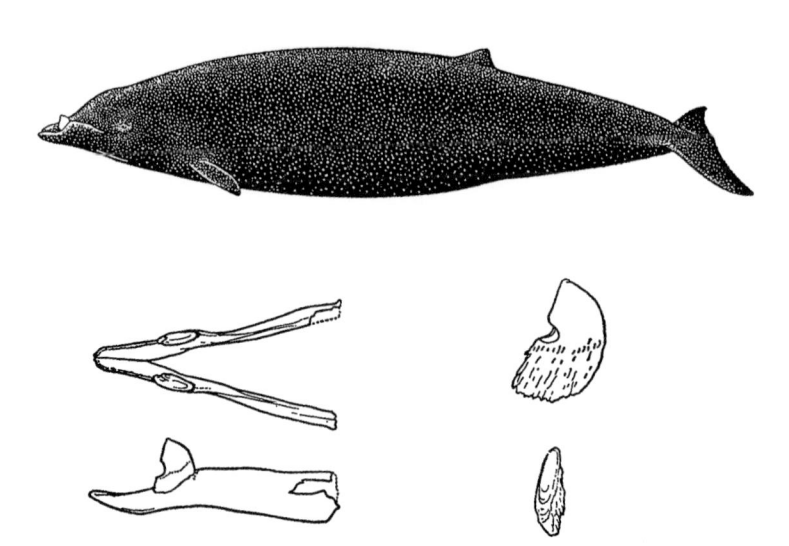

図 5-79 オウギハクジラ *Mesoplodon stejnegeri* のオスと下顎骨および左下顎歯（西脇, 1965）歯冠前縁の切痕は磨耗による

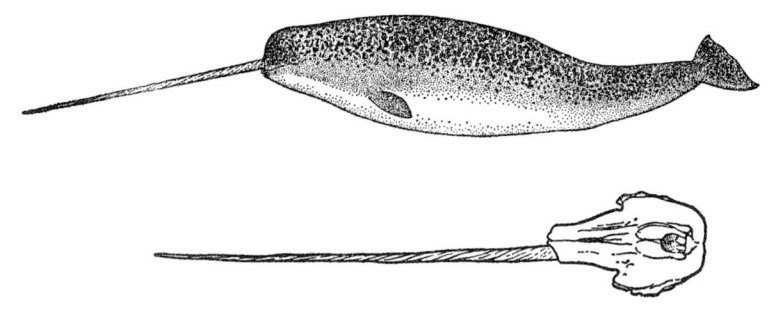

図 5-80 イッカクのオスとその頭骨（西脇, 1965）

クジラ *Mesoplodon* の和名は，この歯が扇状を示すことに由来する（図 5-79）．そのほか痕跡的な歯が上下顎に15〜40本あるが，通常萌出しない．

イッカク科 Monodontidae の二種のうち，シロイルカ *Delpinapterus leucus* には $\frac{8〜10}{8〜10}$ の歯があるが，イッカク *Monodon monoceros* には上顎左側切歯の牙以外の歯はなく，硬い顎の縁で餌を捕える．イッカクの胎児の上顎には片側2個の歯胚がある．オスでは成熟すると，左側の2個のうち1つが萌出して，左ネジの螺旋状をした，2.6mにも達する牙になる（図 5-80）．まれに，左右両側に牙をもつものもみられる．この牙はエナメル質を欠き，歯髄腔が先端まで達した折れやすいものである．性的ディスプレイ用の二次性徴で，発情期にはオス同士の闘争に用いられる．

カワイルカ類のうちラプラタカワイルカ *Pontoporia blainvillei* には上下顎それぞれに48〜55本，ほかの三種には30本前後の小さなとがった歯がある．泥を探って，底棲あるいは泥の中の魚類やエビ類を採食する．

マイルカ科 Delphinidae は上下顎に20本以上の円錐歯をもつものが多く，マイルカ *Delphines delphis* は40〜50本の歯をもつ（図 5-81），ハシナガイルカ *Stenella longirostris*

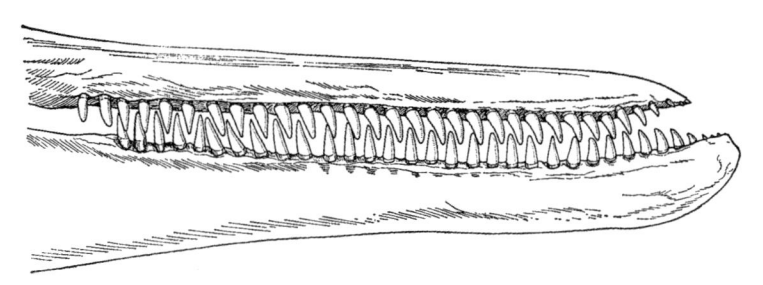

図 5-81　マイルカの上下顎歯列．約0.12倍

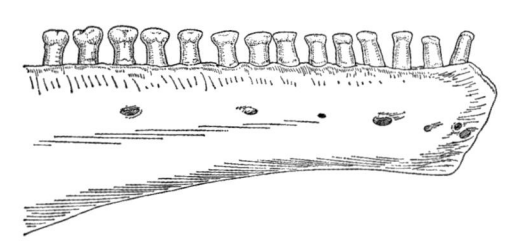

図 5-82　ネズミイルカ *Phocaena phocaena* の下顎歯列．約0.95倍

では45～62本もの細い円錐歯をもつ．シワハイルカ *Steno bredanensis* の名は，歯冠にチリメンじわ状の細かい縦じわをもつことに由来する．ネズミイルカ科 Phocaenidae の歯冠はほかの歯鯨類と異なり，ヘラ状を呈する（図5-82）．これら歯数の多いイルカ類の歯槽は，ひと続きの溝となっており，疎な歯周結合組織で支持されている．ゴンドウクジラ類は歯が少なく，片顎15本以下である．歯式 $\frac{10～13}{10～13}$ のシャチ（別名サカマタ）*Orcinus orca* の歯は，厚いエナメル質をもち，とがった先端が遠心舌側に湾曲した頑丈な歯をもつ．魚類のほか，アザラシ類やほかの鯨類を襲って捕食する．　　　　　　　　　（大泰司　紀之）

13　食肉類（目）

1）裂脚類（亜目）

食肉類 Carnivora は，裂脚類 Fissipedia と海洋適応をとげた鰭脚類（上科）に大別される．裂脚類は，おもに陸生の食肉類である．

原始食虫類から，切り裂きの機能を発達させた歯の構造をもつ猛獣有蹄類が分化する．このグループでは体が大型化するが，その過程で，切り裂く機能をさらに強化させたタイプと，草食性となってすりつぶしの機能を強調する歯をもつタイプに再分化が起こる．前者が食肉類で，後者は有蹄類を生み出した顆節類 Condylarthra である．原始食虫類が二方向分化傾向を示したのと同じ現象を，猛獣有蹄類もあらためて示している．

裂脚類の基本歯式は $\frac{3\ 1\ 4\ 3}{3\ 1\ 4\ 3}$ で，上下顎ともに3本の切歯と1本の犬歯をもち，きわ立った特殊化は示さない．犬歯は巨大化傾向を示すが，断面は楕円形のままで，霊長目のオナガザル科のような切り裂き用の刃は発達しない．攻撃用の突き刺しが機能の中心である．

小臼歯と大臼歯は幅広い形態変異を示すが，いずれもトリボスフェニック型臼歯の変異形態としてとらえうる範囲にとどまっている．臼歯でとくに目立つ特徴は，肉食性への適応形態である裂肉歯 carnassial teeth の発達である．これは，P^4 と M_1 によって構成されるが，動物の種類による変異が大きい．この P^4・M_1 からなる裂肉歯が発達して，肉食型

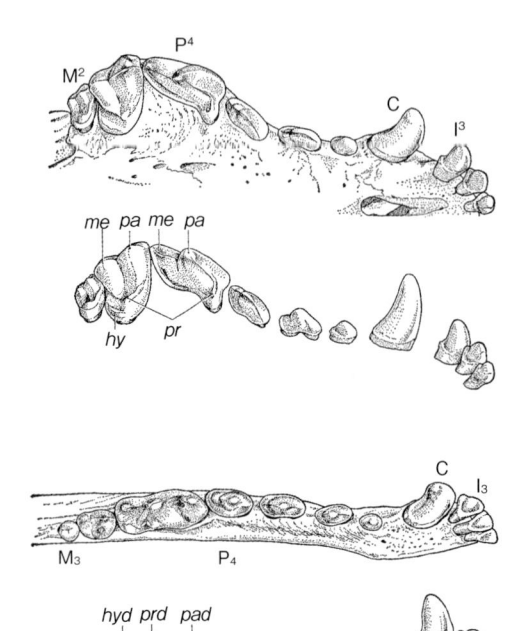

図 5-83 イヌの歯列
上下顎の咬合面とやや舌側からみたものを示す．約0.67倍．略号は表 5-1 を参照

として発達をとげていったグループほど，近心側の小臼歯と遠心側の大臼歯が退化・消失する傾向が強い．

イヌ科 Canidae は食肉類の一般型をとどめている．小臼歯は上下顎とも 4 本あるが，大臼歯は，イヌ亜科 Caninae では $\frac{2}{3}$，シモキオン亜科 Simocyoninae では $\frac{2}{2}$ である．オトキオン亜科 Otocyoninae は例外的に $\frac{3-4}{4}$ となっている．切歯は未発達ながら三咬頭性（下顎は二咬頭性）を示し，やがて咬耗によってそれらが消えていくことを利用して，愛犬家たちは年齢推定している（図 5-83）．$P^1 \sim P^3$ および $P_1 \sim P_4$ は，基本的には主咬頭を 1 つだけもつ単咬頭性で，遠心の小臼歯には主咬頭の遠心に小さな結節が分化

する．近心に位置する小臼歯は歯冠が低いため，一般に，顎を閉じても互いに咬み合わない．P^4 は典型的な裂肉歯となり，歯冠が近遠心方向に長く伸びる．パラコーンは舌側部を底辺とした鈍角三角形の頂点となり，メタコーンはその底辺の遠心に伸びる細長い咬頭になっている．プロトコーンは小さくて，パラコーンの近心舌側部の低いところにとどまる．この 3 咬頭に対応して，上顎は 3 本の歯根をもつ．ハイポコーンは形成されない．下顎の裂肉歯である M_1 は，トリゴニッドの近遠心径がタロニッドの約 2 倍の長さをもち，両者を各 1 本の歯根が支えている．プロトコニッドの頰側の隆線は，近遠心方向に細長く伸びたパラコニッドとつながり，切り裂き用の刃となる．メタコニッドは小さい．M_1 のパラコニッド・プロトコニッドの頰側の斜面と，P^4 のパラコーン・メタコーンからなる舌側の斜面がすれ違って，カッターの役目を果たす．M^1 は原則として四咬頭性である．パラコーンとメタコーンは高く，互いに近遠心方向につながる．プロトコーンは低く，その遠心にハイポコーンが発達する．このプロトコーンに M_1 のタロニッドベイスンが咬合して，咬み砕きの機能を果たす．そのタロニッドのハイポコニッドの頰側の斜面が，M^1 のパラコーン・メタコーンからなる舌側の斜面とすれ違う．P^4 の遠心舌側部と M^1 の近心舌側部に大きな空隙があって，そこに M_1 の巨大なプロトコニッドを受け入れる．M^2 と M_2 は小型化して，咬み砕きが機能の中心となっている．パラコニッドが退化していることに注意してほしい．M_3 が痕跡的に残っているが，動物種によってはヒトの智歯のように萌出しない個体，すなわち第三大臼歯の先天欠如がみられる．イヌ科で M_3 の欠如率が

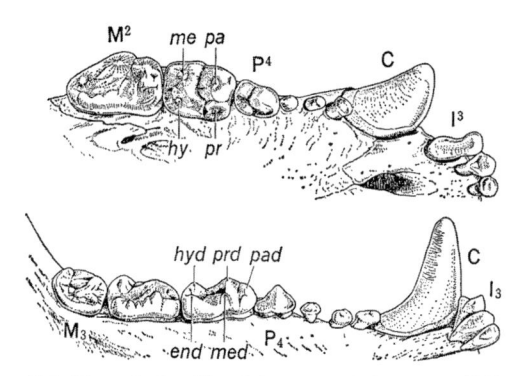

図 5-84 ツキノワグマ Selenarctos thibetanus の歯列．上顎咬合面．下顎はやや舌側からみる．約0.6倍

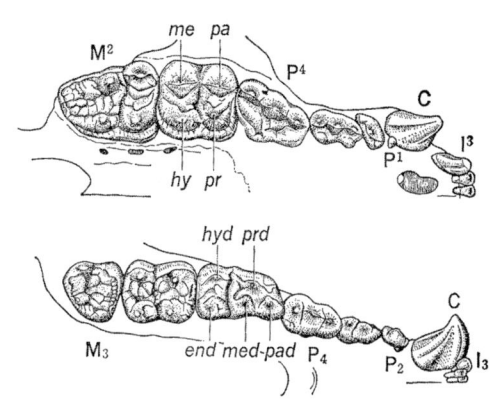

図 5-85 オオパンダ Ailuropoda melanoleuca（クマ科）の歯列．約0.4倍（Grassé, 1955を改写）

もっとも高いのはタヌキ Nyctereutes であり，半数近くが両側または片側を欠いている．家畜化された場合は M_3 の欠如率はさらに高まり，養狐場のキツネ Vulpes や，とりわけ吻が短くなる方向に育種されたイヌ Canis familiaris の欠如率が高い．

このように，食肉類ではトリボスフェニック型臼歯のもつ2つの機能のうち，スフェンの部分，切り裂きの機能を強調しているとはいっても，それは P^4 と M_1 のトリゴニッドにあてはまるだけである．それよりも遠心に位置する歯の構造は，トリボスの部分，咬み砕きに適したものとなっている．歯の部位による機能分化が明確に行われていることに注意すべきである．

クマ科 Ursidae は雑食性に適応して，スフェンの部分は弱められ，トリボスの部分が強調される（図 5-84）．これにともなって裂肉歯の形態変異が大きい．クマ Ursus の P^4 は M^1 よりも小さい．上下顎大臼歯は近遠心的に細長い短冠歯型となり，この傾向は M^2 で著しい．その遠心半分に咬合する M_3 は大きく，決して退化傾向を示さない．これらは雑食性への適応形態であり，種類によってはイノシシの歯と見間違えるほどの鈍頭歯型を呈する．この大臼歯部での咀嚼機能の増加にと

もなって，小臼歯部は草食獣の歯槽間縁のような役割を果たす．小臼歯は小さく豆粒ほどのものとなり，ツキノワグマでは欠如例はみられないが，"クマ的"に進化したヒグマ→ホッキョクグマ→ホラグマになるにつれて，上下顎中間位小臼歯の消失率が増大する．草食に適応したオオパンダは臼歯に二次咬頭を多くもち，とくに P^4 にプロトコーンが発達する（図 5-85）．頭骨の大きさに対する上顎臼歯の大きさが目立つ．きわめてまれな特殊化である．

イタチ科 Mustelidae では P^1 と P_1 は退化傾向を示し，痕跡的に残るもの，消失しているものなど，さまざまである．日本産のものでは，イタチ Mustela，ラッコ Enhydra で上下顎とも第一小臼歯は消失している．裂肉歯の形状は，基本的にはイヌ科と同じであるが，M^1 は頬舌方向に広く大きくなり，かつ舌側部の近遠心径が長くなる（図 5-86）．パラコーンとメタコーンは小さく低い咬頭で，近遠心方向に並ぶ．プロトコーンは小さな低い咬頭であるが，その舌側部に歯帯が発達し，ハイポコーンは発達しない．この舌側歯帯がプロトコーンを近心から遠心に至るまで取り囲む．その舌側歯帯の近心部分，遠心部分に

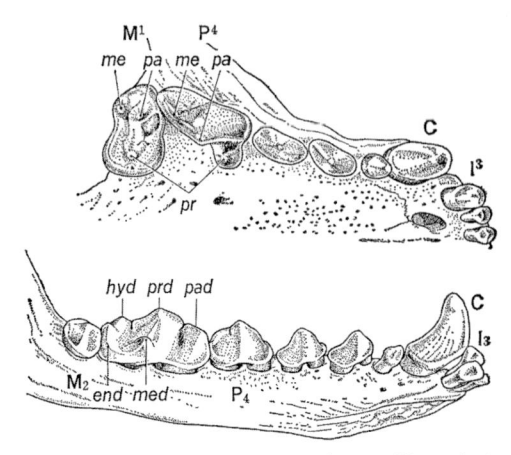

図 5-86　テン *Martes melampus*（イタチ科）の歯列
上顎は咬合面，下顎はやや舌側からみる．約1.6倍

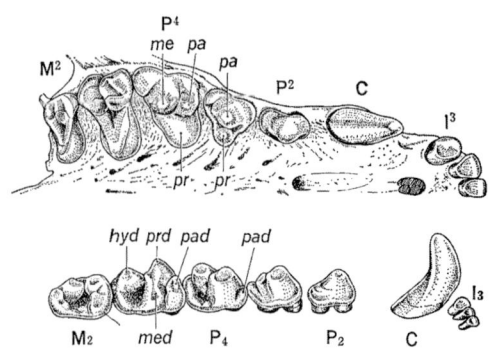

図 5-87　マングース *Mungos* sp.（ジャコウネコ科）の歯列
上顎は咬合面，下顎はやや舌側からみる．約1.9倍

はそれぞれ M_1 のメタコニッド，エントコニッドが咬合する．トリボスの機能強化を担う構造である．M^2 はなく，M_2 は痕跡的である．イタチ科のうち海洋での生活に適応し，貝殻に穴を開ける歯をもつラッコは，食肉類では唯一 $\frac{3}{2}$ の切歯をもち，特徴的な臼歯咬合面を示す．

ジャコウネコ科 Viverridae の臼歯の構造はトリボスフェニック型に近く，食虫類と見間違えるほどである（図5-87）．P^2 と P_2 はともに退化傾向が強くないものもある．P^3 にはプロトコーンが発達し，P^4 は大臼歯化して三咬頭をもつ．頰舌方向に幅が広く，パラコーンよりもメタコーンが大きく，スタイラー・シェルフも遠心ほど発達する．下顎は，P_2 と P_3 が基本的には単咬頭性で，P_4 のトリゴニッドに，小さいながらもパラコニッドが分化する．タロニッドにはハイポコニッドが発達する．エントコニッドは発達せず，舌側に開いた構造となる．M^1 のプロトコーンは舌側に張り出してV字型を呈する．パラコーンとメタコーンは小さく寄り添って並び，ハイポコーンは発達せず，スタイラー・シェルフが発達して，全体としては単波歯型臼歯を思わせる構造となる．M^2 は M^1 のミニチュアである．下顎大臼歯は典型的なトリボスフェニック型であるが，パラコニッドがメタコニッドよりも大きく，プロトコニッドよりも高い．M^3 と M_3 はない．

ネコ科 Felidae の臼歯ではトリボスの機能が完全に失われ，あらゆる構造をスフェンの機能，切り裂くことのみに適合させている（図5-88）．近心位の小臼歯は退化傾向が強く，現生種では $P_1・P^2・P_2$ は退化・消失している．$P^3・P_3・P_4$ は近遠心方向に細長く，きわめて高い主咬頭をもち，主咬頭の近心・遠心の稜は鋭い刃となる．P^4 はイヌ科のものに近い裂肉歯である．M_1 は奇妙な形態をしているが，P^4 との咬合関係に注意すれば，咬頭の相同関係は容易に理解できる．すなわち，メタコニッドとタロニッドが退化してしまって，鋭い刃となったパラコニッドとプロトコニッドの二咬頭だけが残っているのである．上下顎の第二・第三大臼歯は消失している．イヌ科と同じように，P^4 の遠心舌側部，M^1 の近心舌側部に大きな空隙があって，そこに M_1 のプロトコニッドを受け入れていることに注意してほしい．

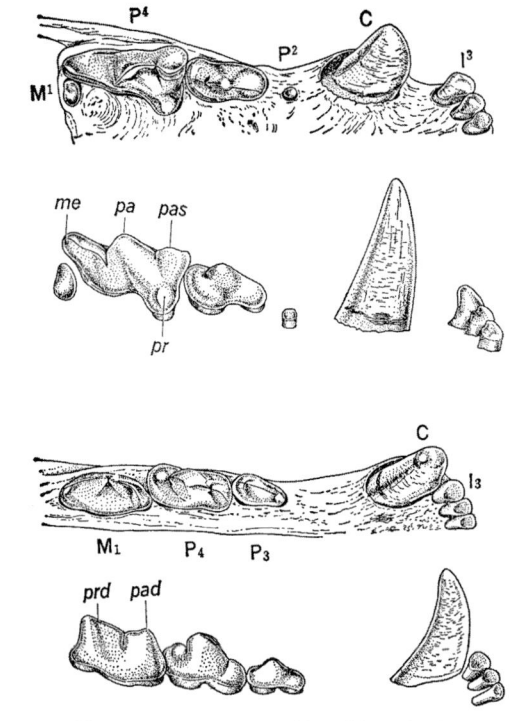

図 5-88 ヒョウ *Leo pardus*（ネコ科）の歯列 上下顎の咬合面とやや舌側からみたものを示す．約 0.8 倍

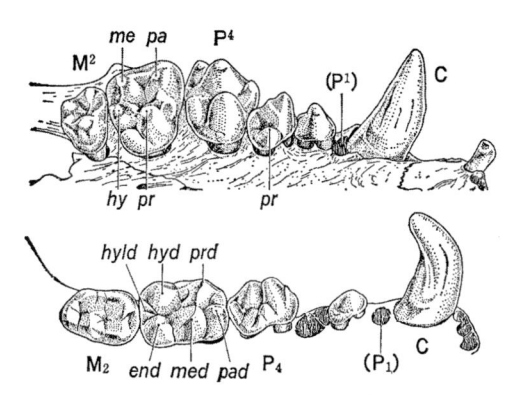

図 5-89 アライグマ *Procyon lotor* の歯列 上下顎ともやや舌側からみる．約 0.8 倍

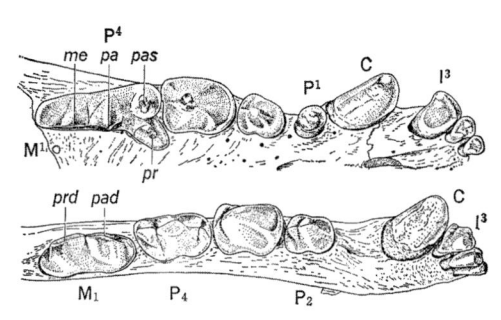

図 5-90 ブチハイエナ *Crocuta crocuta* の歯列．約 0.5 倍

アライグマ科 Procyonidae はクマ科と同様に雑食に適応した動物である．P^1 は小さく，P^2 も単咬頭性で，P^3 の舌側部に小さいプロトコーンが発達する（図 5-89）．P^4 は五咬頭となり，切り裂きの機能を失った構造になる．頬側中央の大きな咬頭がパラコーン，その遠心の小さい咬頭がメタコーンで，近心の咬頭は二次咬頭である．舌側部にプロトコーンとハイポコーンが発達する．下顎小臼歯も基本的には単咬頭性であるが，P_4 にタロニッドが発達する．上顎大臼歯の構造は，草食獣の臼歯を思わせるもので，鈍頭歯型となって，プロトコーンは大きい．その遠心，やや頬側よりにハイポコーンが発達し，そこに M_2 のトリゴニッドが咬み合う．ハイポコーンの舌側にある咬頭は二次咬頭である．M^2 は三咬頭性である．下顎大臼歯のパラコニッドは退化傾向にあり，M^3 と M_3 はない．

ハイエナ科 Hyaenidae では，I^3 が巨大化して犬歯状になり，上顎にあたかも 2 本の犬歯をもつような形になる．I_3 も大型化するが，形態は切歯型である．上顎小臼歯はふつう 4 本あり，P^2 は単咬頭性であるが，咬頭の周囲に歯帯が発達する．P^3 も単咬頭性であるが，太い槍状になり，おそらく骨を咬み砕く機能を果たすと思われる．これに対応して，P_3 も巨大化する．裂肉歯は，基本的にはネコ科のものに似る．P^4 のもっとも大きな咬頭はパラコーンであるが，その近心に小さなパラスタイルが存在する．M^1 と M_2 は極端な退化傾向を示して，消失してしまっているものもある（図 5-90）．

（茂原　信生・瀬戸口　烈司）

2）鰭脚類（上科）

鰭脚類 Pinnipedoidea は海洋に適応した哺乳類で，現生種はアシカ科 Otariidae・セイウチ科 Odobenidae・アザラシ科 Phocidae の 3 科からなる．食肉目イヌ亜目のイタチ類（上科）に近い祖先から進化した．

鰭脚類の歯は魚類・頭足類などの餌動物をとらえ，保持するために使われ，餌は一般に丸のみにされる．そのため歯は裂脚類に比べて一般に繊弱で小型化・単純化しており，とくに小臼歯と大臼歯が同形歯性化して裂肉歯がないのが大きな特徴である．このため，両者を一括して臼歯（頬歯）あるいは犬後歯として扱うことが多い．第 2～第 4 番目の臼歯は先行乳臼歯をもち，最初の 4 本の臼歯が小臼歯に相当する．切歯と大臼歯の数は基本歯式から減少しており，歯根も 2 根以下に減少している．乳歯は退化的できわめて小さく，胎児期あるいは出生後まもなく脱落し，一般に機能しない．

臼歯は三錐歯型あるいは単錐歯型であるが，これは祖先動物のトリボスフェニック型から二次的に単純化したものとされている．上顎および下顎頬歯の主咬頭はそれぞれパラコーンおよびプロトコニッドに対比されているが，その他の咬頭の相同関係については十分な研究がされていない．

アシカ科はミナミオットセイ亜科 Arctocephalinae とアシカ亜科 Otariinae に分けられ，前者と後者の一部の歯式は $\frac{3\ 1\ 4\ 2}{2\ 1\ 4\ 1}$（図 5-91），後者の一部は $M\frac{1}{1}$ である．切歯は小さく，I^1 と I^2 の歯冠には近遠心方向に深い溝があり，I_1 と I_2 の歯冠切縁が咬合する．I^3 は犬歯状で大きく，その断

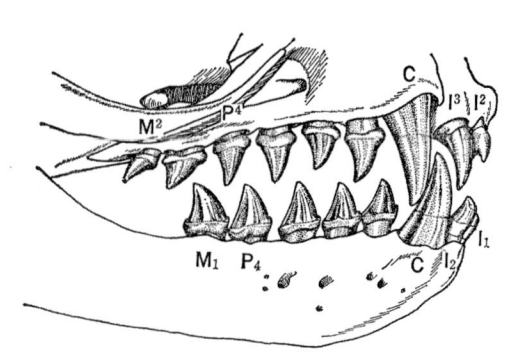

図 5-91 キタオットセイ *Callorhinus ursinus* のメスの歯列．約 1.06 倍

面はミナミオットセイ亜科では楕円形，アシカ亜科では円形に近い．犬歯は大きく歯冠は円錐形で鋭くとがる．下顎犬歯は近遠心径が小さく，全体として唇側方向にふくらんだ三日月型であり，上顎犬歯と犬歯化した I^3 との間に差し違えて咬合する．オスの犬歯はメスに比べて大きく，繁殖期のオス同士の闘いの武器となる．臼歯の歯冠は単錐歯型に近く，頬舌径が小さくて舌側面が凹み，通常舌側縁に歯帯が発達する．歯帯の前縁と後縁にはしばしば小さな副咬頭がみられるが，その有無や大きさには変異が著しい．M^2 は対合歯をもたず，大きさや形は変異に富み，退化過程にあると考えられる．

セイウチ科はセイウチ *Odobenus rosmarus* 1 種からなる．歯式は萌出時には $\frac{2\ 1\ 4\ 0}{0\ 1\ 4\ 0}$ であることが多いが，I^2，P^4 および P_4 は小型で早期に脱落し，機能歯の歯式は $\frac{1\ 1\ 3\ 0}{0\ 1\ 3\ 0}$ となる．M^1 がみられることがあるが，痕跡的で早期に失われる．I^3 と下顎犬歯および上下顎小臼歯の歯冠は，萌出時には先端の丸い円錐形であるが，急速に磨耗が進み平坦な臼状となる．巨大な牙は上顎犬歯である（図 5-92）．その断面は唇舌径の大きな

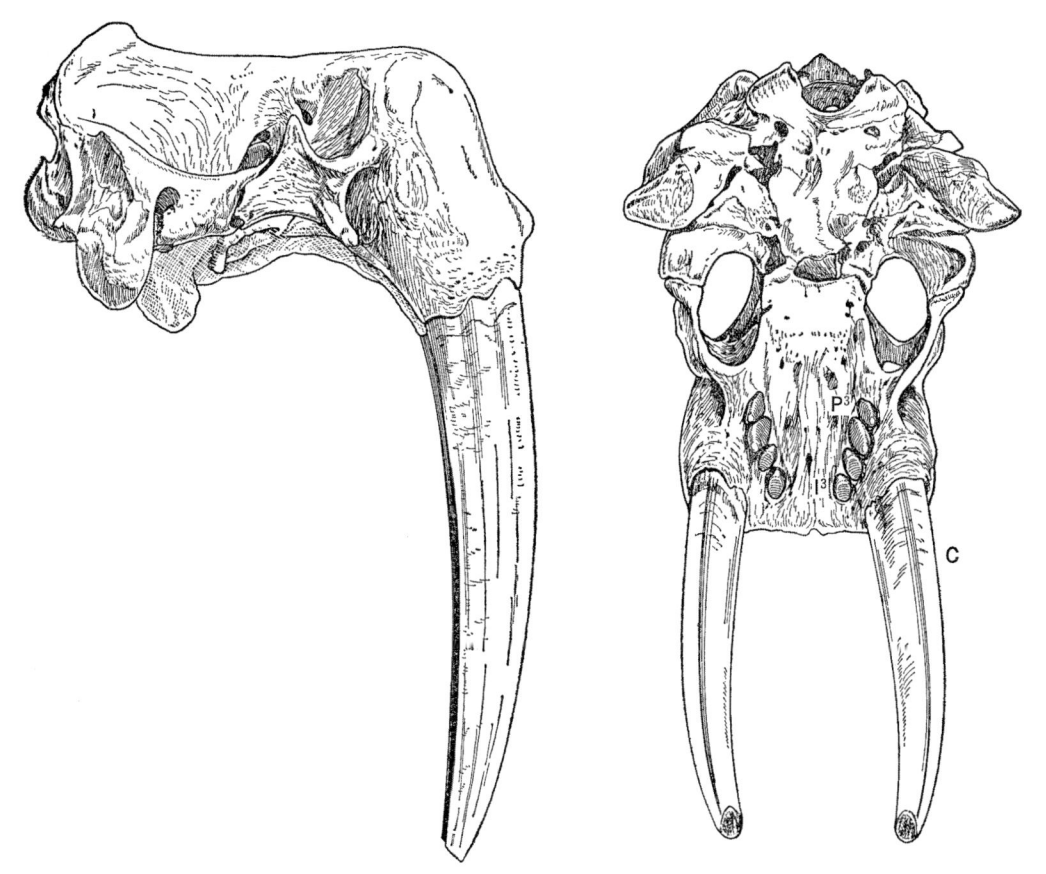

図 5-92 セイウチの頭骨（左）と上顎歯列（右）
歯列は I³ と 3 本の小臼歯．約0.15倍

楕円形で，長さは平均35cm，なかには 1 m，重さ5.4kgに達するものがある．頭骨の前部は犬歯の歯根を収容するために著しく変形している．犬歯の基部は歯髄腔が広く開いており，終生伸び続ける．その先端部をおおうエナメル質は数年で磨耗消失する．セイウチの犬歯の役割については不明な点が多い．餌動物（二枚貝・環形動物など）の探索と掘り出しは触髭のある吻部で行い，犬歯は使われない．犬歯はディスプレイに使われ，その大きさが優位の決定を左右する．犬歯以外の歯も，貝類の殻を破砕するために磨耗が著しいと考えられていたが，貝類の斧足や入・出水管を吸引するのが主要な摂餌法である．

アザラシ科は，ゼニガタアザラシ亜科 Phocinae とモンクアザラシ亜科 Monachinae に分かれ，前者の歯式は $\frac{3\ 1\ 4\ 1}{2\ 1\ 4\ 1}$（図 5-93），後者は上顎切歯が 2 本である．また，前者に属するズキンアザラシ Cystophora cristata と後者に属するミナミゾウアザラシ Mirounga leonina はさらに切歯が減少して I$\frac{2}{1}$ となっている．また，クラカケアザラシ Phoca fasciata などの歯の退化傾向が強い種では，臼歯数の変異が著しい．

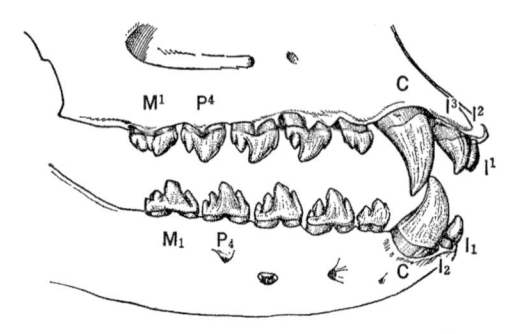

図5-93 ゴマフアザラシ *Phoca largha* メスの歯列. 約0.87倍

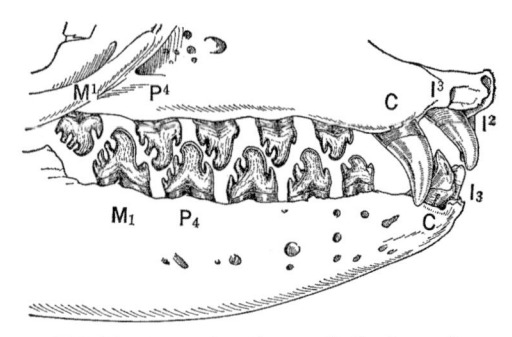

図5-94 カニクイアザラシの歯列. 約0.57倍

切歯は小さく鉤状の歯冠をもち，I^3 は I^1・I^2 よりかなり大きい．ウェッデルアザラシ *Leptonychotes weddelli* ではこの差が顕著で，かつ I^3 は唇側へ強く傾斜しており，上下顎の犬歯とともに氷盤に呼吸穴を開けるためののこぎりとして使われる．犬歯は大きく，歯冠部は多少とも鉤状を呈する．ミナミゾウアザラシなど一夫多妻性の著しい種では，アシカ科と同様に犬歯の大きさに明瞭な性差が認められ，オスの犬歯の歯根は閉鎖せず生涯伸び続ける．臼歯の歯冠部は一般に頬舌径の小さい三錐歯型で，主咬頭の近心に1個，遠心に1～2個の副咬頭をもち，舌側縁には歯帯がみられる．これらの副咬頭や歯帯の発達程度は種によって大きく異なる．すなわち，ハイイロアザラシ *Halichoerus leptonyx* やミナミゾウアザラシなどでは，ほとんどの臼歯は副咬頭のない単錐歯型であり，クラカケアザラシなどでは歯が小さく繊弱で，副咬頭の発達も微弱である．

一方，肉食傾向の強いヒョウアザラシ *Hydrurga leptonyx* では，臼歯は大きく鋭い三つの咬頭を備えた典型的な三錐歯型で，歯帯も極端に発達している．

また，カニクイアザラシ *Lobodon carcinophagus* の臼歯は鰭脚類中もっとも特異な形態をしている（図5-94）．主咬頭は葉状で大きく，遠心側に強く湾曲し，その近心に1～2個，遠心に2～3個の副咬頭を備え，これら副咬頭の先端はいずれも主咬頭の方向に湾曲している．上下顎を咬合すると，これらの臼歯の咬頭間に狭い間隙を残すだけとなり，海水とともに取り込んだオキアミ類を濾過する装置を形成する．

（伊藤　徹魯）

14　古い有蹄類―顆節類（目）・滑距類（目）・南蹄類（目）・雷獣類（目）・鈍脚類（目）

これらはすべて，草食性に適応したグループで，絶滅した目である．そのなかで原型的なものは顆節類 Condylarthra であり，ほかのものは顆節類から進化した．

1）顆節類（目）

顆節類は，真獣類の進化のごく初期の段階で，虫食性から雑食性を経て草食性への適応をとげた．雑食性段階の顆節類と初期の食肉類の区別は容易ではない．

初期の顆節類の臼歯は，典型的なトリボスフェニック型である．上顎臼歯は三結節性で，ハイポコーンは発達していない．下顎臼歯で

第5章 哺乳類の歯

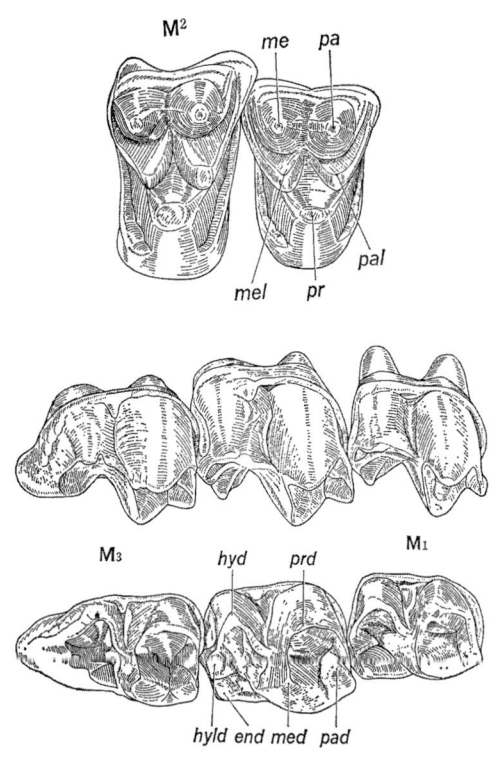

図5-95 *Protungulatum donnae*（顆節類）の上顎大臼歯咬合面（上），下顎大臼歯咬合面（下）とやや頰側からみたところ（中）．約4.7倍．略号は表5-1を参照

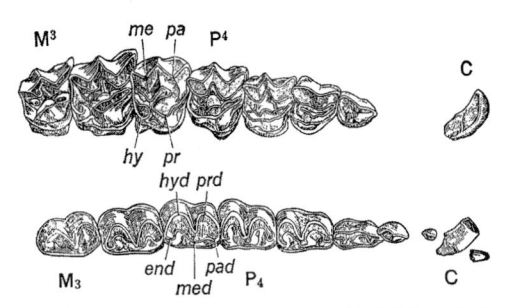

図5-96 *Diadiaphorus majusculus*（滑距類）の歯列．約0.3倍（Scott, 1909を改写）

は，トリゴニッドとタロニッドの高低差が目立たなくなり，パラコニッドは退化の傾向を示す．これらの状態は，もっとも初期の顆節類である *Protungulatum* にすでにみられる（図5-95）．

この型の臼歯から，より進化した顆節類やほかの草食性大型哺乳類が進化してくる．臼歯の咀嚼面積を大きくする必要から，しばしば，プロトコーンの遠心に新たに1つの咬頭が上顎臼歯につけ加わる．ほとんどの場合，この咬頭はハイポコーンである．

顆節類のヒオプソドゥス科 Hyopsodontidae から進化した偶蹄類 Artiodactyla のウシやシカの仲間では，ハイポコーンは発達せずに，メタコニュールが遠心舌側に張り出して，ハイポコーンのような形状を呈している．

2）滑距類（目）

滑距類 Litopterna は，南アメリカ大陸の草食獣で，顆節類と近縁なグループである．歯式はほぼ完全で，臼歯は短冠歯型のままである．奇蹄類 Perissodactyla と偶蹄類の臼歯の特徴と比較して考察してほしい．滑距類の上顎臼歯のパラコーンとメタコーンは三日月状 crescentic で，偶蹄類のものに近い型となる（図5-96）．プロトコーンとパラコニュールは稜を形成し，奇蹄類のプロトロフに近い形状を呈するが，これはパラコーンにはつながっていない．メタロフは形成されない．プロトコーンの遠心にハイポコーンが発達する．下顎臼歯の咬頭のパターンは消え去り，トリゴニッドとタロニッドはともに頰側を頂点にした Λ 型となって，これらが連結する．トリゴニッドとタロニッドの中央部は舌側に開いたままで，南蹄類にみられるような稜は存在しない．第三・第四小臼歯はほぼ完全な大臼歯型である．

3）南蹄類（目）

南蹄類 Notoungulata は，南アメリカ大陸を中心に，暁新世から更新世まで栄えた大型草食獣である．北アメリカやアジアにも分布

169

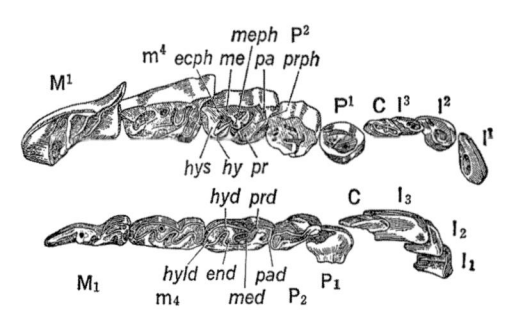

図 5-97 *Nesodon imbricatus*(南蹄類)の歯列 (Scott, 1912を改写).
hys：ハイポスタイル．約0.5倍

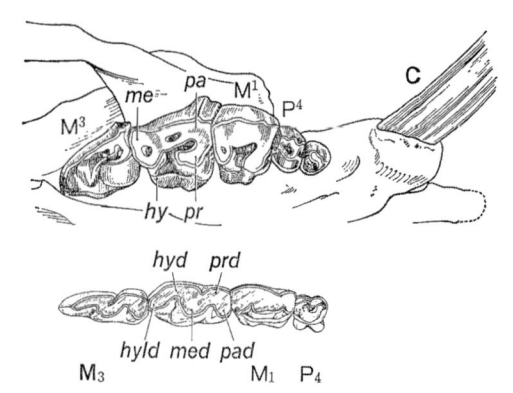

図 5-98 *Astrapotherium magnum*(雷獣類)の歯列．約0.18倍(Scott, 1928を改写)

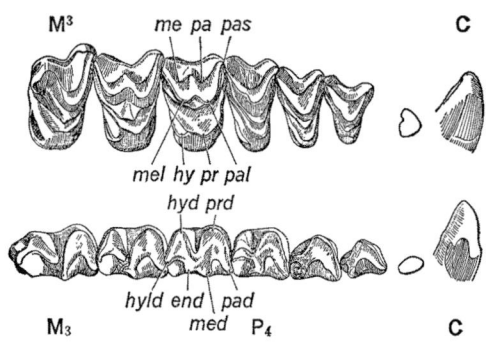

図 5-99 *Ignatiolambda barnesi*(鈍脚類)の歯列．約0.49倍(Simons, 1960を改写)

を広げた，顆節類を祖先にもつグループである．臼歯の咬頭のパターンは完全に消失し，典型的に稜が発達する(図5-97)．しかし，稜の形成は奇蹄類のウマほどには複雑にならず，むしろサイの仲間と対比すべき構造となる．上顎臼歯ではエクトロフ ectoloph が発達して太くなる．プロトロフはプロトコーンの位置から近心頬側に長く走る．ハイポコーンの位置から頬側に短いメタロフが走り，それに平行して，しばしばメタロフの遠心にハイポスタイル hypostyle が形成される．上顎臼歯は一般に，近心部のほうが遠心部よりも頬舌径の幅が広い．下顎臼歯はトリゴニッドが近遠心方向の長さの短いΛ型，タロニッドが長いΛ型を呈する．タロニッドの中央部には，エントコニッドから頬側に伸びる稜が存在し，タロニッドは凹型となる．このような構造はほかに例をみない．

4) 雷獣類(目)

雷獣類 Astrapotheria も南アメリカ大陸で進化した大型草食獣である．南蹄類との近縁性が指摘されている．P³とP⁴は小さくて小臼歯型である(図5-98)．上顎大臼歯には稜が発達し，その稜の形成は，奇蹄類のサイのものとほとんど同じである．下顎大臼歯に

は近遠心方向に伸びた幅の広い稜が形成される．メタコニッドはプロトコニッドのはるか遠心舌側に位置する．プロトコニッドとハイポコニッドの間の頬側に開いた凹みは，極端なまでに埋められる．ハイポコニュリッドはハイポコニッドから離れて遠心舌側に位置する．咬頭のパターンは失われているが，注意して観察すれば，食虫類の下顎臼歯の構造との対応関係が容易に理解される．

5) 鈍脚類(目)

鈍脚類 Amblypoda は北半球の草食大型獣で，臼歯は南アメリカ大陸の草食獣ほどには特殊化しない．トリボスフェニック型のパターンを色濃くとどめている(図5-99)．上顎小臼歯は，食虫類のソレノドンやテンレッ

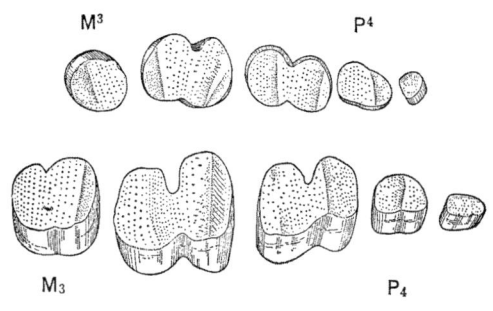

図5-100 ツチブタの臼歯列．約1.2倍

クにみられる単波歯型を呈する．上顎大臼歯のパラコーンとメタコーンは連結して双波歯型となるが，ハイポコーンは発達しない．P$_2$とP$_3$は小臼歯型である．下顎大臼歯は滑距類の大臼歯に似るが，M$_1$とM$_2$では近遠心径はトリゴニッドのほうがタロニッドよりも長い．

上記の絶滅した草食獣については大臼歯の構造を中心に述べたが，現生のほかの草食獣や食虫類の臼歯の構造と十分に比較してほしい．驚くばかりの平行進化現象に気づかれるであろう．しかも，それらはすべて，トリボスフェニック型臼歯から派生してきたものなのである．

15 管歯類（目）

顆節類から進化したと考えられるアフリカの風変わりな動物で，ツチブタ *Orycteropus afer* の 1 種のみが属する．乳歯は $\frac{3\ 1\ 6}{3\ 1\ 6}$ と多いが，永久歯には切歯と犬歯がなく，臼歯はP$\frac{2}{2}$ M$\frac{3}{3}$ とされている（図5-100）．これらの歯はエナメル質を欠き，象牙質は皺襞象牙質で，無数の柱状の象牙質単位がセメント質で束ねられていて，歯髄腔はそれぞれの

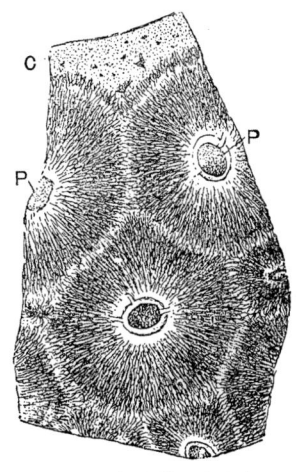

図5-101 ツチブタの象牙質の断面（Weber, 1928）
歯髄腔（P）をもつ象牙質の小柱がセメント質（C）で束ねられている

象牙質単位にある（図5-101）．管歯類 Tubulidentata の名はこれに由来する．アリを主食とする．　　　　　（瀬戸口　烈司）

16 岩狸類（目）

岩狸類 Hyracoidea は漸新世に栄えたアフリカ獣類で，初期のプリオヒラックス科 Pliohyracidae には真獣類の基本歯式が備わり，犬歯には 2 根があった．前〜中期始新世産の最古の岩狸セッゲウリウス *Seggeurius* は，丘状歯で単純化した小臼歯や月稜歯 selenolophodont の大臼歯をもつ点で原始的で，奇蹄類とは異なる．現生では齧歯類に似たハイラックス科 Procaviidae の 3 属がいる．現生の歯式は $\frac{1\ 0\ 4\ 3}{2\ 0\ 4\ 3}$．臼歯列は密で，第一小臼歯から第三大臼歯までは遠心の歯ほど大きい．上顎切歯は常生歯だがノミ状ではなく，断面は頬側に頂点をもつ三角形で，前 2 面にエナメル質がつくために先は鋭い．下顎切歯は前向きに生え，ヒヨケザルのような櫛状歯

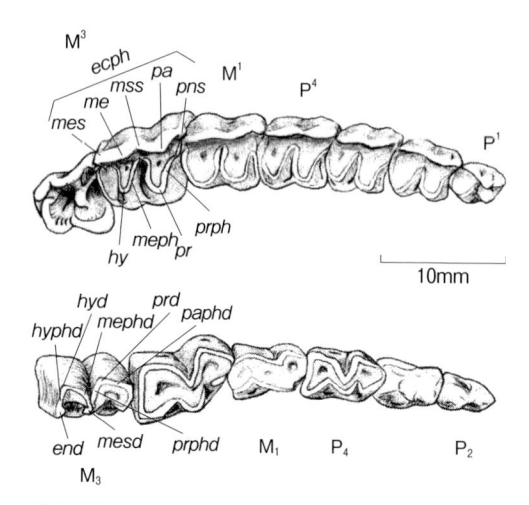

図 5-102　ハイラックス *Procavia capensis* の臼歯列. 略号は表 5-1, 2 を参照

17　束柱類（目）

　束柱類 Desmostylia は長鼻類と海牛類に近縁なテチス獣類 Tethytheria である．始新世のアントラコブネ科 Anthracobunidae は長鼻類のメリテリウムやフォスファテリウムよりもはるかに原始的で，テチス獣類の共通祖先と考えられる．後期漸新世から中期中新世の北太平洋岸だけに生息していた進化型はパレオパラドキシア科 Paleoparadoxiidae とデスモスチルス科 Desmostylidae に分けられる（図 5-103）．アントラコブネ科は前期〜中期始新世のインド-パキスタンの北西部に生息した原始有蹄類で，かつては偶蹄類や長鼻類に分類されたが，Inuzuka（2005, 2011）により束柱類とした．アントラコブネ *Anthracobune*，ピルグリメッラ *Pilgrimella* など 5 属を含む．歯式は完全で，円錐形の高い咬頭をもつ．上顎大臼歯は中心間咬頭を含む 6 咬頭二稜歯で，中央を谷が横切る．下顎大臼歯はパラコニッドを欠き，とくに M_3 ではハイポコヌリッドがよく発達する（図 5-104）．

　パレオパラドキシア科には原始的なベヘモトプス *Behemotops* と進化型の *Paleoparadoxia*，デスモスチルス科には原始的なアショローア *Ashoroa* にコルンワリウス *Cornwallius*，クロノコテリウム *Kronokotherium*，デスモスチルス *Desmostylus* 属が含まれる．犬歯は常生歯で，長い円錐形を呈し，萌出部は短くて細く，大半は歯槽中にある．パレオパラドキシア科の臼歯は歯帯の発達がよく，歯根が長い．一方，デスモスチルス科では歯帯がないか未発達で，

で歯根をもつ．臼歯は丘状歯から月稜歯まであり，小臼歯は大臼歯型である（図 5-102）．上顎大臼歯では，パラコーンとメタコーンは頬舌につぶれ，パラスタイル・メソスタイル・メタスタイルとつながって，W 字形のエクトロフ（外稜）となる．プロトコーンとハイポコーンは普通よく分離し，時にふくれて丘状となる．下顎大臼歯ではプロトコニッド・メタスタイリッドとハイポコニッド・エントコニッドが大きく，それぞれ互いに向き合う．メタスタイリッドはもっとも高く，ハイポコニッドに向かう斜稜がよく発達して，メタロフィッド（後稜）と鈍角の三日月形をなし，パラロフィッド（旁稜）とプロトロフィッド（前稜）も舌側に開く三日月形をなすので，全体として W 字形となる．乳歯式は $\frac{2\ 1\ 4}{3\ 1\ 4}$ だが，代生歯のない歯種は痕跡的である．単独生・夜行性のキノボリハイラックス *Dendrohyrax* はもっぱら葉食性だが，群生・昼行性のイワハイラックス *Heterohyrax* とハイラックス *Procavia* は，それぞれ葉草食性と草食性で，後者ほどエナメル皺襞が複雑になり，ハイラックスは高冠歯となる．

第5章 哺乳類の歯

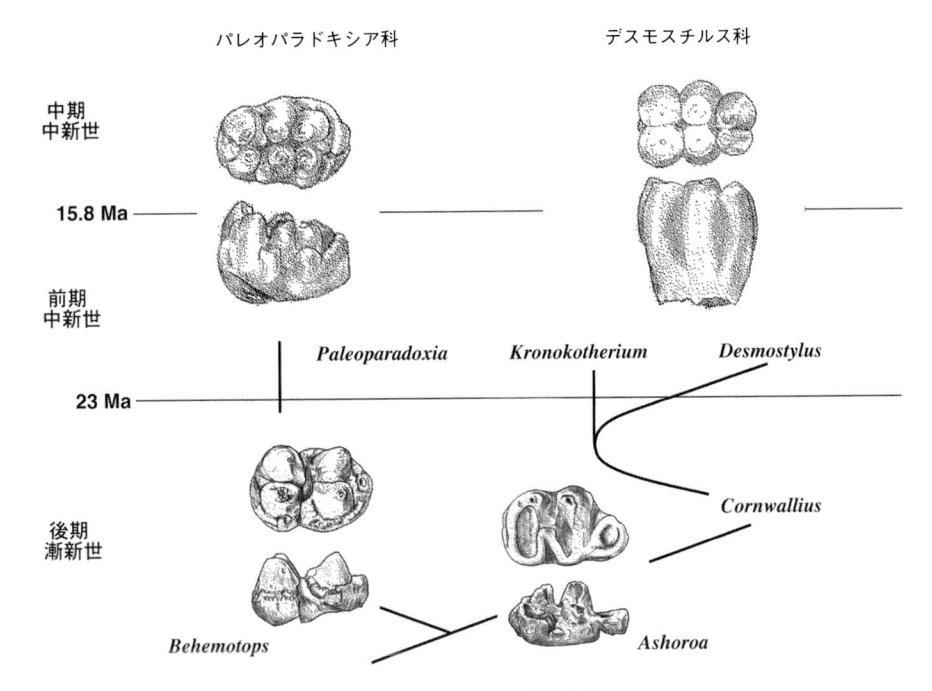

図5-103 束柱類の系統発生
おもな下顎大臼歯の咬合面と側面を示す．縮尺不同

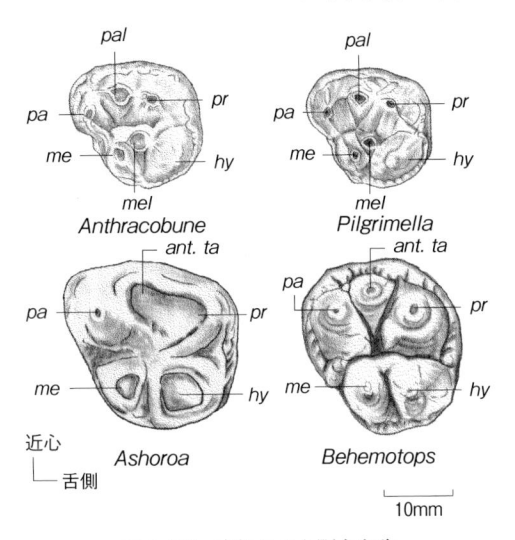

図5-104 束柱目の上顎大臼歯

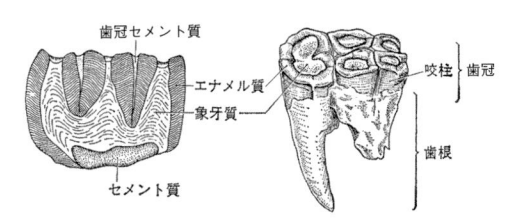

図5-105 *Desmostylus* の臼歯の構造
左：下顎大臼歯の断面，右：下顎大臼歯

円柱を束ねたような形を呈し，目の名はその形状に由来する（図5-105）．

アショローア，ベヘモトプス，パレオパラドキシアの上顎大臼歯は5咬頭で咬柱式は3・2．近心列の舌側がプロトコーン，頬側がパラコーン，中間咬頭はそれらよりやや近心にあり，前タロンかパラコニュールとされる．遠心列は舌側がハイポコーン，頬側がメタコーンにあたる．このほか，歯の周囲の咬柱間には副咬頭ないし結節が種々の程度で発達する（図5-106）．一方，デスモスチルスの典型的な上顎大臼歯は8咬頭で，咬柱式は

歯根は短い．大臼歯はアショローアとベヘモトプスでは低歯冠丘状歯，コルンワリウスとパレオパラドキシアは低歯冠柱状歯，クロノコテリウムとデスモスチルスは高歯冠柱状歯である．これら進化型の臼歯の歯冠は多数の

173

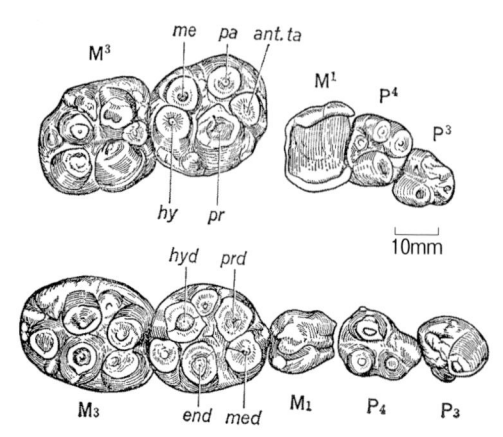

図 5-106 *Paleoparadoxia media* の臼歯列
第二小臼歯は除く. *ant.ta*：前タロン（anterior talon）か *pal*. 略号は表 5-1 を参照

3・2・2・1 と表される．第1列は先の中間咬頭とその頬・舌側に発達した副咬頭からなる前タロン，第2列はプロトコーンとパラコーン，第3列はハイポコーンとメタコーンに相当し，第4列はハイポコニュールまたは後タロンとされる（図5-107）．下顎大臼歯の咬柱式は基本的に，アショローア，ベヘモトプス，パレオパラドキシアで 2・2・0～1，デスモスチルスでは 2・2・2 と表される．いずれも近心4咬頭がプロトコニッド・メタコニッド・エントコニッド・ハイポコニッドに同定され，第3列の後タロニッドはハイポコヌリッドとされる．上顎歯と同様に副咬頭が咬柱間に生じることがある．小臼歯の咬柱は大臼歯より少ない．乳臼歯は小さいながら咬柱配列は大臼歯に準じ，過剰咬柱ないし副咬頭はより多い．

ベヘモトプスの歯式は $\frac{3143}{3143}$. 犬歯の断面は円形ないし楕円形である．上顎大臼歯の歯根は頬側に開くコの字形の樋状根となる．パレオパラドキシアの歯式は $\frac{3133}{3133}$. 切歯は扁平で，上顎は下向き，下顎は前向きに

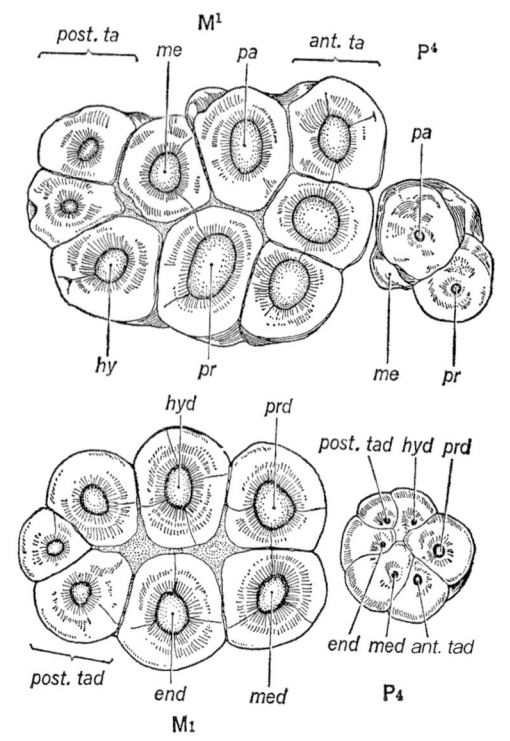

図 5-107 *Desmostylus hesperus*（若オス）の臼歯列．ほぼ原寸大
ant.ta(d)：前タロン（タロニッド），*post.ta(d)*：後タロン（タロニッド）

密に生え，全体としてスコップ状となる．小臼歯は丘状歯型，大臼歯は 4～6 咬頭ある（図5-106）．垂直交換を行う．エナメル質の厚さは 3mm になる．

アショローアの歯式は $\frac{??43}{??43}$. 咬頭の形や配列はベヘモトプスに似るが，下顎第三大臼歯のハイポコヌリッドはより大きい．コルンワリウスの歯式は $\frac{2132}{2132}$, 上顎犬歯は下に曲がる．上顎大臼歯の前タロンの咬柱配列では中間咬頭が大きく，メタコーンと結ぶ線が第2列のプロトコーン・パラコーンを結ぶ線と直交する点に特徴がある．デスモスチルスは種によって歯式が異なる点できわめ

て異例である．前期中新世の *Desmostylus japonicus* は $\frac{0\ 1\ 3?\ 3}{2\ 1\ 3?\ 3}$，中期中新世の *D. hesperus* は $\frac{0\ 0\ 3?\ 3}{2\ 0\ 3?\ 3}$．切歯は円柱形で，スプーン状に咬耗する．下顎の切歯から犬歯は同時には植立せず，大臼歯と同様に近心の歯から順に機能したらしい．前歯から小臼歯までの歯隙が非常に長い．小臼歯は細い柱状歯で，上下顎とも歯列に対して捻転する傾向がある．咬柱数は束柱目のどの属より多い（図 5-107）．ゾウ科の長鼻類と異なり大臼歯のみ水平交換（不完全水平交換）を行う．エナメル質の厚さは 10mm にも達する．

18 海牛類（目）

中期始新世〜現世の南極以外すべての大陸からみつかっている．もっとも原始的なのはプロラストムス科 Prorastomidae で，歯式は 3 1 5 3．最古の海牛類 Sirenia は始新世ジャマイカ産のプロラストムス *Prorastomus* で，やや若いペゾシレン *Pezosiren* には四肢がある．現生の 2 科 2 属の純水生草食獣の前歯は退化傾向にある．切歯はジュゴン *Dugong* のオス以外では退化しているので，洞毛の生えた吻と上下顎の角質板で摂食する．犬歯はない．臼歯は丘状歯から稜状歯まであり，現生種では小臼歯と大臼歯は区別できない．上顎臼歯は元来 6 咬頭，下顎臼歯は 4 咬頭である．祖先型のプロトシレン科 Protosirenidae の上顎臼歯には，プロトコーン・パラコニュール・パラコーンからなる比較的まっすぐな前稜と，ハイポコーン・メタコニュール・メタコーンからなるまっすぐ，ないし前に凸の後稜があり，近遠心端に歯帯

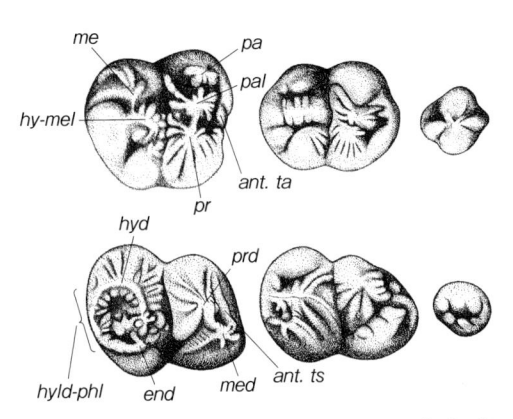

図 5-108 ジュゴン *Dugong dugon* の乳臼歯（Heuvelmans, 1941 を改写）
hy-mel：ハイポコーン-メタコニュール，*hyld-phl*：ハイポコニュリッド-ロフール
略号は表 5-1, 2 を参照

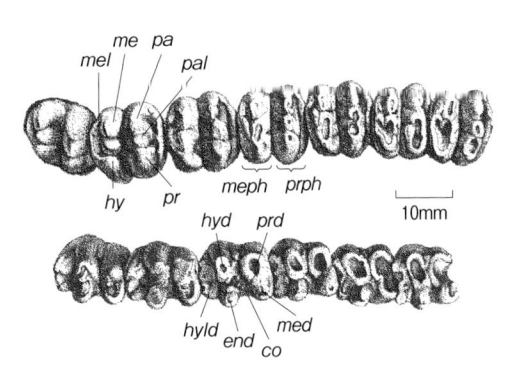

図 5-109 アフリカマナティー *Trichechus senegalensis* の臼歯列（Blainville を改写）．

がつく．下顎臼歯にはやや斜めの 2 横稜と谷を仕切る斜稜，発達のよいハイポコヌリッドがあるが，近心の歯帯を欠く（図 5-108）．

ジュゴン科 Dugongidae の前歯は I^1 だけで，メスでは萌出しない．臼歯は片顎片側で 5 本あり，柱状の常生歯でエナメル質を欠く．最後歯だけは中間にくびれが生じ，前後に長い 8 字形となる．マナティ科 Trichechidae は前歯を完全に欠き，臼歯は二次的に歯数が増加して，片顎片側で 8〜10 本あるとされる．臼歯は低歯冠二稜歯型で，上顎には 3 根，下顎は 2 根ある（図 5-109）．完全水平交換を行う．

19 重脚類（目）

　重脚類 Embrithopoda は絶滅したテチス獣類で，パレオアマシア科 Palaeoamasiidae, クリバディアテリウム *Crivadiatherium*, アルシノイテリウム科 Arsinoitheriidae の3種類が，始新世のトルコ，始～漸新世のルーマニア，漸新世のエジプトからそれぞれ見つかっている．上顎の正中以外には歯隙がなく，$\frac{3\ 1\ 4\ 3}{3\ 1\ 4\ 3}$ の完全な歯列がひと続きとなる（図5-110）．当時の哺乳類としては異例の高歯冠型である．第一切歯の先は丸く，咬耗すると咬合面は四辺形となる．第二，第三切歯はより小さく単純な円柱形の杭状歯で，平らにすり減る．犬歯は切歯に似る．上顎小臼歯は高いパラスタイルとメタコーンを結ぶまっすぐな外稜と，パラコーンとプロトコーンを結ぶプレプロトクリスタからなる．咬耗するとハイポコーンがプロトコーンとつながって内稜 entoloph をつくり，さらにメタコーンともつながるので，中央の凹みを囲む形となる．下顎小臼歯は幅狭い高歯冠二稜歯で，咬合面は舌側に開くW字形で，舌側中央の突出はメタコニッドにあたる．上顎大臼歯は小臼歯とは全く異なる．

　パレオアマシア *Palaeoamasia* ではパラコーンとメタコーンが舌側に移り，前稜はパラスタイル，パラコーン，孤立したプロトコーンが斜めに並ぶ．同様に後稜はメソスタイル，メタコーン，孤立したハイポコーンが斜めに並ぶ．メソスタイル前面からパラコーンへは，ポストパラクリスタ＝セントロクリスタ（中心稜）が近心舌側に走る．メタコーンの後側からは，ポストメタクリスタが遠心頬側に走

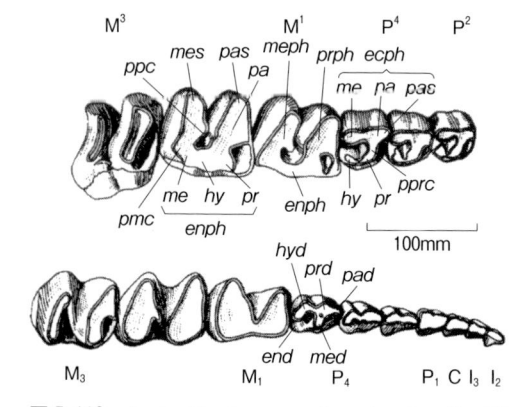

図5-110　*Arsinoitherium andrewsi* の歯列（Andrews, 1906を改写）．略号は表5-1, 2を参照

る．

　アルシノイテリウム *Arsinoitherium* では，咬耗するとプロトコーンとハイポコーンがつながるので，舌側を前後に内稜が走るようにみえる．この独特の形は，双波歯型から頬側にあったパラコーンとメタコーンが極端に舌側に移ることでできた二次的二稜歯である．このため前稜と後稜がよく発達し，外稜は発達しない．前後の稜はほぼ真横に伸びるが，やや近心頬側に傾き，近心の歯ほど傾きが強い．小臼歯と大臼歯の形が全く異なるのは機能の差の反映で，小臼歯は複相で剪断と圧砕を，大臼歯は単相で剪断のみを行う．すなわち，まず大臼歯で大割りし，小臼歯で細分するという特殊な咀嚼様式である．

20 長鼻類（目）

　始新世以降，オーストラリアと南極を除く全世界に分布したテチス獣類で，150種以上いたが，現生では1科2属が残存するにすぎない．長鼻類 Proboscidea の進化の過程では，食性と咀嚼様式の違いによってきわめて多様な歯が生じた．初期の種類の臼歯は二稜歯で上下顎歯が差し向い運動をしていたが，中期

第 5 章　哺乳類の歯

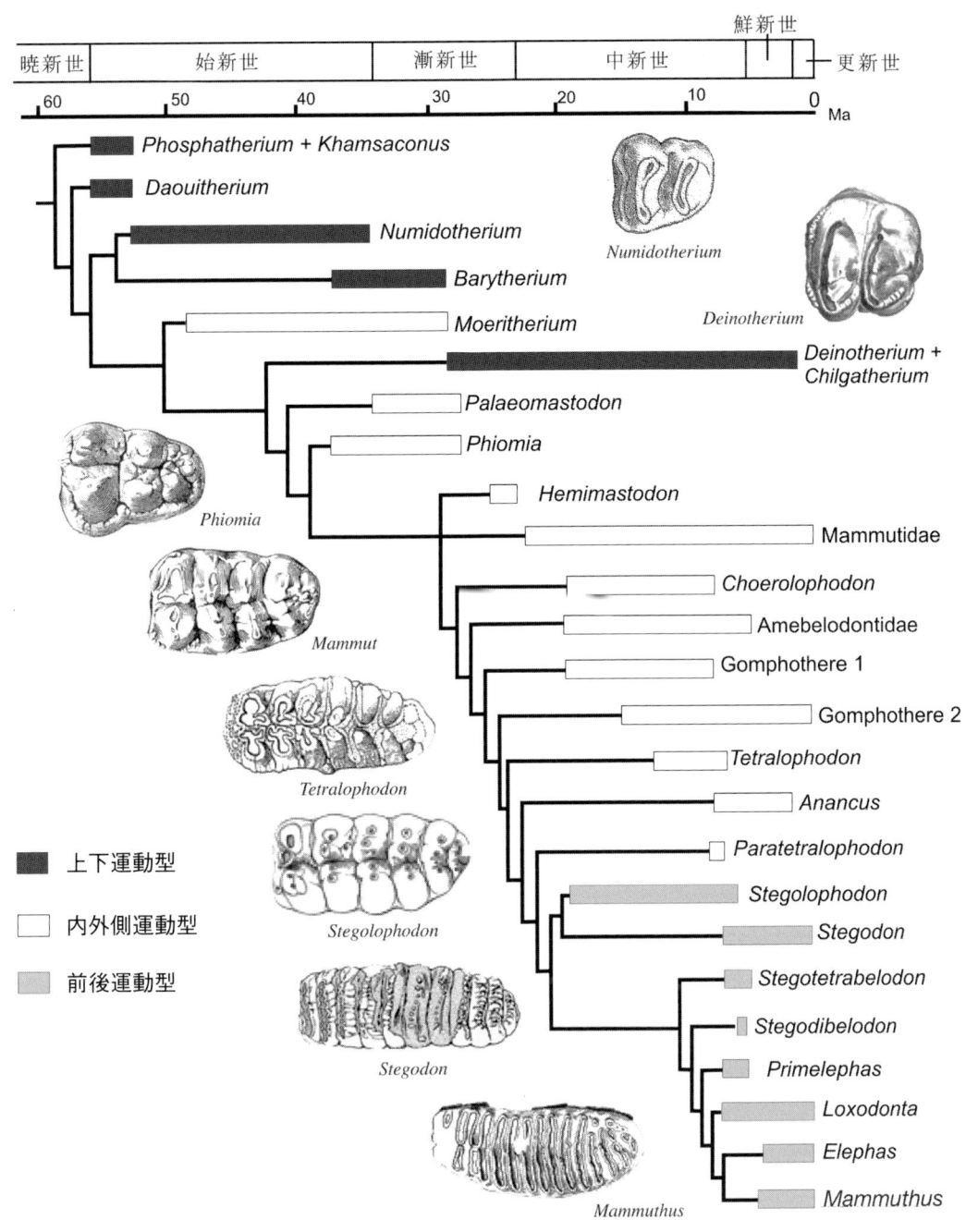

図 5-111　長鼻類の系統発生．顎の運動方向と代表的な大臼歯の咬合面を示す．縮尺不同（三枝春生氏の原図を改写）

の種類では丘状歯となり内外側方向の咀嚼運動が加わる．後期の種類になると多稜歯ないし板状歯となって，もっぱら前後運動となる（図 5-111）．

ゾウの臼歯はほかの動物と比べると非常に変わっているため，その構造を理解しにくい．

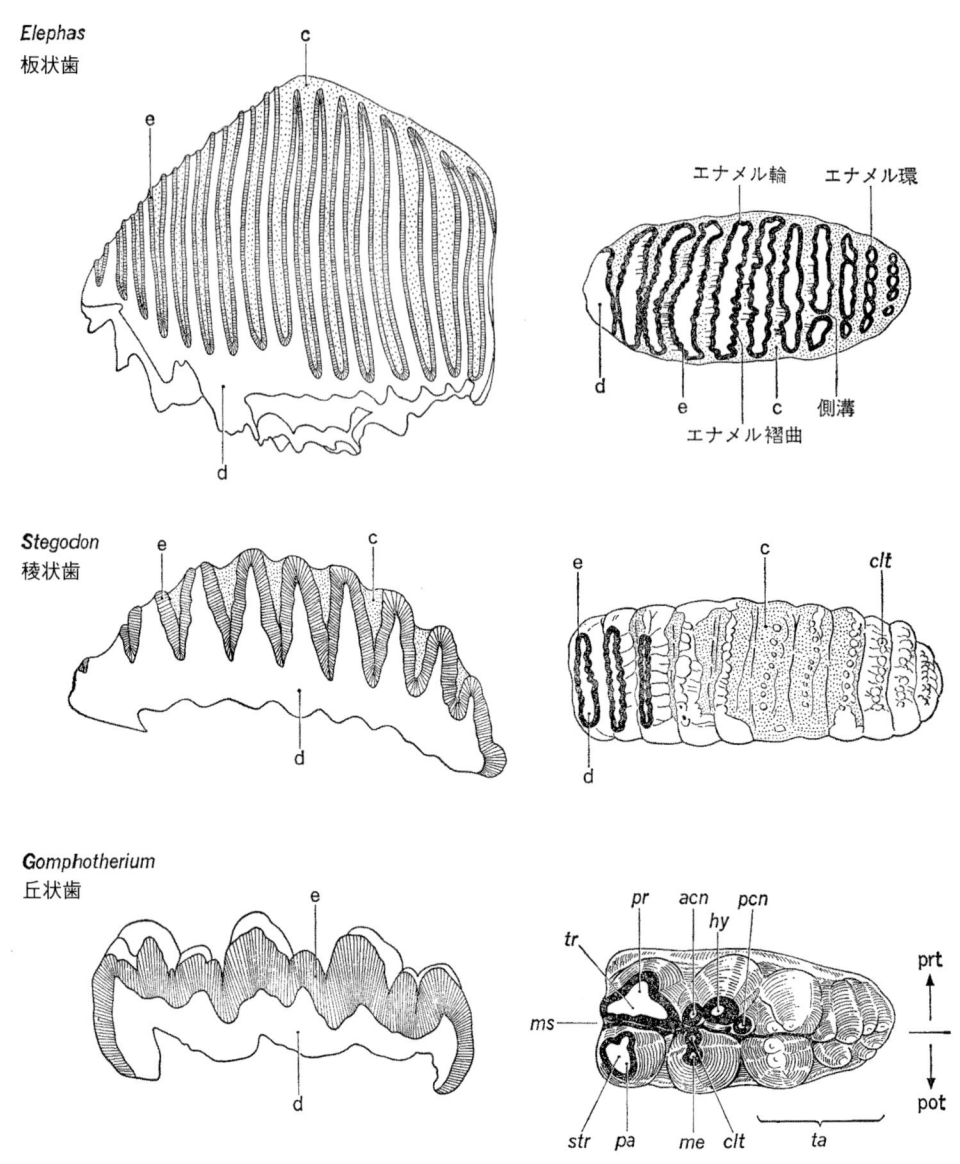

図 5-112 長鼻類の上顎大臼歯の構造. 3型の咬合面（右）と断面（左）. いずれも左側が近心
acn：前間咬頭 anterior conule, *c*：セメント質, *clt*：乳頭 conelet, *d*：象牙質, *e*：エナメル質, *ms*：中心溝 median sulcus, *pcn*：後間咬頭 posterior conule, *pot*：後耗側 posttrite, *prt*：先耗側 pretrite, *str*：二次三葉形 secondary trefoil, *tr*：三葉形 trefoil. ほかの略号は表 5-1 を参照

そこでまず，臼歯の断面と咬合面を図 5-112 に示して概説する．ゴンフォテリウム *Gomphotherium* の丘状歯では象牙質の表面を厚いエナメル質がおおっている．進化するにつれ頬舌側の咬頭がつながって稜となり，稜数が増え，エナメル質は薄くなる．さらに進むと稜は前後に薄くなり，歯冠高も増すので，板状歯では咬板とよばれるようになる．1枚の咬板はエナメル質が象牙質の周りを取り囲んでおり，隣接する咬板の間の谷は歯冠セメント質が埋めている．

咬合面をみると，丘状歯では頬舌の主咬頭

を中間の乳頭 conelet がつないで稜となっている．稜と稜の間を谷といい，稜を頬舌に分ける正中の溝を中心溝とよび，中心溝で分けられた片側の稜を半稜という．上顎歯では舌側，下顎歯では頬側の半稜が先にすり減るので，その側を先耗側 pretrite といい，反対側を後耗側 posttrite という．先耗側のプロトコーンやハイポコーンからは前後に斜めに間咬頭 conule が並ぶ．咬耗して主咬頭が前後の間咬頭とつながると，三葉形 trefoil を呈する．近心の2稜は咬頭が同定できるが，第3稜以下，稜の増加は遠心に生じるので，タロン（下顎ではタロニッド）として一括される．ゾウの板状歯の咬合面には近遠心に扁平な咬板の断面がみられる．咬板の周りをなすエナメル質の楕円形の輪をエナメル輪という．エナメル輪の波打つ部分をエナメル褶曲といい，このうち正中に発達するとくに大きなものをロクソドントプリカ（菱形歯湾曲）という．咬板の先端は多くの乳頭に分かれているので，咬耗の進んでいない咬板では小さな環状のエナメル環が横に並ぶことになる．いくらか咬耗が進んで1枚の咬板がエナメル環とエナメル輪，または2つ以上のエナメル輪に分かれている場合，その間の歯冠セメント質を前後に連ねる溝を側溝という．

　長鼻類全体の特徴は，頭のわりに歯が大きく，とくに切歯は大型化して「象牙」となることである．初期の種類では I^2 と I_2 が牙となるが，のちにデイノテリウム科 Deinotheriidae では I_2 が残り，それ以外では I^2 だけが残る．犬歯は初期のものにしかない．小臼歯は初期のものにはあるが，のちに退化する．後期の種類の若い時期には乳臼歯が機能する．小臼歯の退化にともない，垂直交換から水平交換に移行する．大臼歯は低

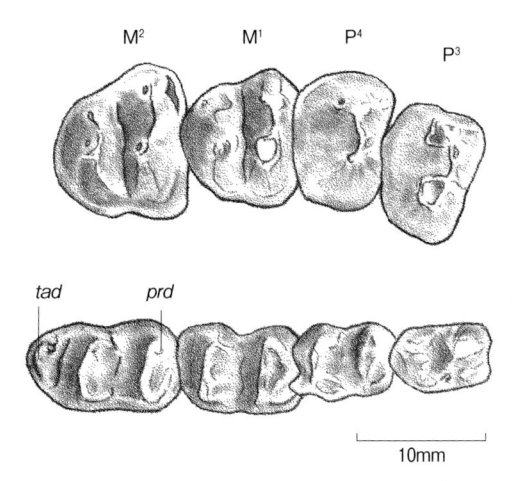

図 5-113 *Phosphatherium escuilliei* の歯列（Gheerbrant *et al.*, 2005を改写）

歯冠丘状歯から低歯冠稜状歯，高歯冠板状歯まである．丘状歯はすり潰しや押しつぶし，低歯冠稜状歯は剪断と押しつぶし，高歯冠板状歯では前後方向の剪断を行う．進化とともに歯は大型化し，歯冠は高くなり，稜（咬板）数や咬頭数は増加し，エナメル質の厚さは減少して，咬板は近遠心に薄くなり，咬板頻度（歯冠長にそう100mm内の咬板数）は増す傾向がある．歯冠が高いほど歯冠セメント質も増え，歯根は目立たなくなり，形成が遅れる．板状歯は歯冠の大半が歯槽中にあることで支えられる．

　フォスファテリウム *Phosphatherium* は前期始新世モロッコにおけるリン鉱層産のキツネ大の動物である．上顎大臼歯は二稜歯で，明瞭だが弱いセントロクリスタと高いポストエントコニュール，眼窩の位置が前にあることからテチス獣類で，間咬頭を欠く真の稜状歯，ディストクリスタ（遠心稜）の発達，P^1 の消失という共有派生形質をもつ点から最古の長鼻目とされる（図5-113）．Dp^4 と $M^{1\cdot 2}$ で中心稜がメソスタイルとつながる点は双波歯型の名残で，原始的である．

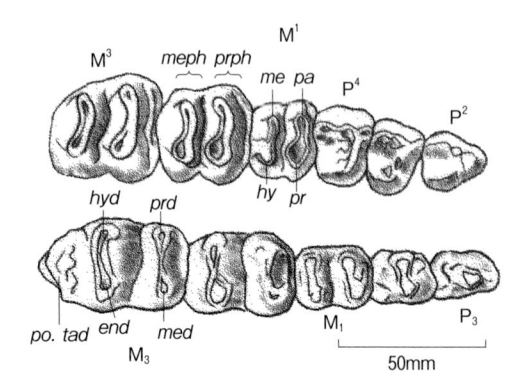

図 5-114 *Numidotherium koholense* の歯列（Marboubi *et al.*, 1986を改写）．*po. tad*：posterior talonid．略号は表 5-1, 2 を参照

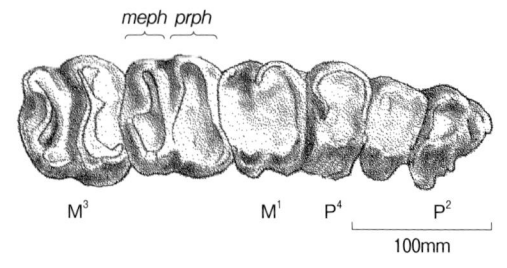

図 5-115 *Barytherium grave* の上顎臼歯列（Andrews, 1906を改写）．略号は表 5-2 を参照

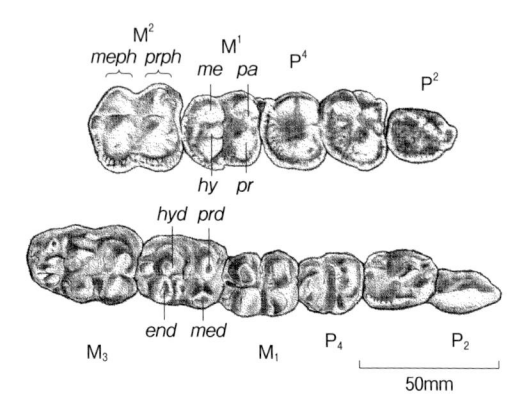

図 5-116 *Moeritherium lyonsi* の臼歯列（Andrews, 1906を改写）

ヌミドテリウム *Numidotherium* は中～後期始新世産のバク大の動物で，歯式は $\frac{3\,1\,3\,3}{2\,0\,3\,3}$．$I^1$ は単咬頭，単根で歯帯がなく，咬合面は卵円形，舌側面には正中稜があり，時に鋸歯状となる．下顎中切歯は大型へら状で，断面は亜三角形，舌側面は平面である．P^2 は頰舌より近遠心に長い亜三角形で，プロトコーンが舌側縁にある．P^3 は頰舌に長い．ハイポコーンはなく，3 根である．P_2 は単咬頭で近遠心に長く，近遠心の 2 根がある．P_4 ではプロトコニッドより後にメタコニッドができたことでやや斜めの横稜となる．ハイポコニッドが分化し，パラコニッドはない．近遠心の 2 根がある．上顎大臼歯はバクに酷似した二稜歯で，稜はやや近心に凸湾し，主咬頭はほぼ同じ高さである（図 5-114）．パラコーンとメタコーンにはポストパラクリスタとポストメタクリスタがある．下顎大臼歯は長方形の二稜歯で，前稜と後稜の幅は等しい．プロトコニッドとメタコニッドの近心縁からパラクリスティッドとメタクリスティッドが起こり，やや下の前稜とつながる．後稜の咬頭頂からは斜稜とエントクリスティッ

ドが前に伸びる．遠心歯帯は近心歯帯より大きい．歯根は近遠心の 2 根である．

バリテリウム科 Barytheriidae の歯式は $\frac{2\,0\,3\,3}{2\,0\,3\,3}$．上顎切歯は垂直，下顎切歯は水平に釘植している．第二切歯は第一切歯より大きくノミ状である．歯隙がある．第二小臼歯は三角形で，下顎小臼歯は大臼歯に似る．大臼歯は低歯冠二稜歯型で，上顎歯は四角形，稜は遠心でくぼむ（図 5-115）．下顎大臼歯は 4 根で，M_3 にはタロニッドがある．

メリテリウム科 Moeritheriidae は中期始新世～前期漸新世産の肩高 70cm，体長 3 m の胴長の動物で，歯式は $\frac{3\,1\,3\,3}{2\,0\,3\,3}$．すべての永久歯が同時に機能する（図 5-116）．犬歯と小臼歯の間にはすでに大きい歯隙がある．

第二切歯は上下とも拡大し，とくに上顎切歯は太く曲がった牙となる．上顎の第一，第三切歯と犬歯は小さくほぼ下向きに，下顎切歯はノミ状で前向きに釘植する．切歯と犬歯は全周をエナメル質がおおう．小臼歯は低歯冠で3咬頭，上顎小臼歯は頬側に2咬頭，舌側に1咬頭，下顎小臼歯は近心に2咬頭，遠心に1咬頭をもつ．第二小臼歯は2根で，第三，第四小臼歯は時に小さい第4咬頭をもつ．大臼歯は低歯冠4咬頭の丘状歯でプロトコーンとパラコーン，ハイポコーンとメタコーンが横稜でつながる．上顎大臼歯は小さいタロン，下顎大臼歯は大きいタロニッドをもつ．

デイノテリウム科 Deinotheriidae の歯式は $\frac{0\ 0\ 2\ 3}{1\ 0\ 2\ 3}$，乳歯式は $\frac{0\ 0\ 3}{1\ 0\ 3}$．上顎切歯はなく，下顎骨は下向きに曲がり，後に曲がる牙を釘植する．牙の長さはオスで約60cm，メスで30cm である．臼歯は低歯冠稜状歯で，上顎大臼歯はほぼ正方形で3根，m^4 と M^1 は三稜歯 trilophodont，$m^3 \cdot M^2 \cdot M^3$ は前稜と後稜が発達する二稜歯 bilophodont である（図5-117）．$m^2 \cdot m^3$ では外稜が発達する．乳臼歯は近遠心端に歯帯がある．P^4 は頬舌径が近遠心径より大きい．下顎大臼歯は前後に長く，M_3 はタロニッドをもつ．垂直交換をし，永久歯はすべて同時に機能する．

マンムート科 Mammutidae の歯式は $\frac{1\ 0\ 2\ 3}{0\ 0\ 2\ 3}$．下顎骨は短縮し，下顎切歯は退化または消失する．マストドンの名は，大臼歯の咬頭の形状が，ウシの乳頭 mastos ＋歯 odontos に似ることに由来する．臼歯は低歯冠稜状歯で，中位歯（第四小臼歯から第二大臼歯）は三稜歯，第三大臼歯は四稜歯である．ゴンフォテリウム科に比べて長さのわりに幅

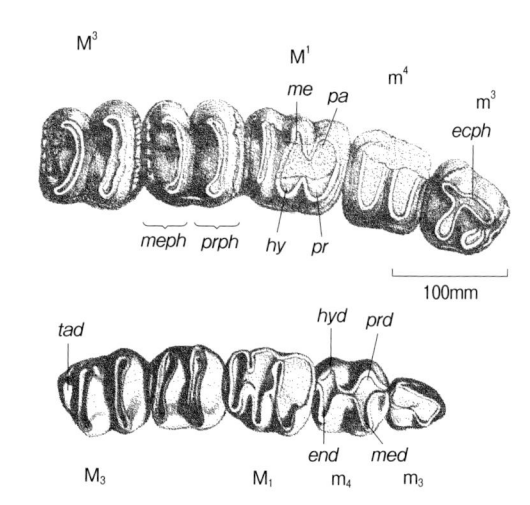

図5-117 *Deinotherium* の臼歯列（Gaudry, 1878；Blainville, 1845を改写）
上顎歯は *D. giganteum*，下顎歯は *D. intermedium*．略号は表5-1, 2を参照

が広い．明瞭な横稜をもつ．稜の特徴（軛歯性）は乳頭の直線状配列と独立性の弱さ，先耗側間咬頭の退化，稜の前後短縮である．ジゴロフォドン *Zygolophodon* では中心溝がなく，乳頭数は4〜6である．マンムート *Mammut* では中心溝があり，稜数は増加し，歯冠高の増大，軛歯性の強化がみられる．

ゴンフォテリウム科 Gomphotheriidae の歯式は $\frac{1\ 0\ 0\text{-}3\ 3}{1\ 0\ 0\text{-}2\ 3}$．上下顎の第二切歯が伸びて牙となる．下顎は長く伸び，下顎切歯の形は多様化する．後期のものでは下顎が短縮し，切歯は消失する．大臼歯は低歯冠で，2〜7対の丸い咬頭をもつ．谷には間咬頭が発達し，すり減ると先耗側の咬頭とつながって三葉形を呈する．後期のものでは，稜数増加，歯冠高増大，歯冠セメント質の沈着，稜配列の変化，エナメル質の皺襞化，咬頭増加などの特殊化が起こる．これらの特殊化はいずれも稜間の谷を埋めたり，なくしたりするという点で共通しており，稜と谷の咬み合わせ

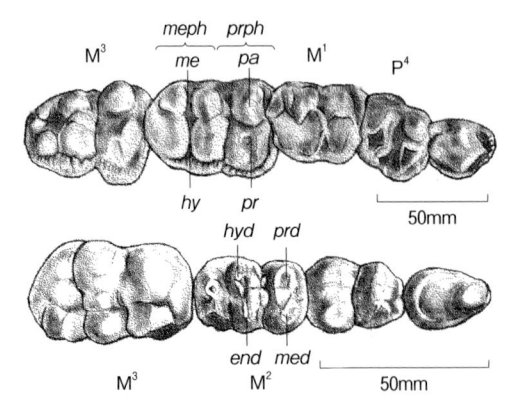

図5-118 *Palaeomastodon* の臼歯列．(Osborn, 1936を改写)．上顎歯は，*P. beadnelli*，下顎歯は，*P. minor*．略号は表5-1, 2を参照

による切断・剪断から，水平運動によるすり潰しという咀嚼様式の変化にともなう．多数の稜のうち基本4咬頭は近心2稜のみで，第3稜より遠心の稜はのちに分化したものである．歯根は上顎臼歯では近心頰側，舌側，遠心頰側の3根，下顎臼歯では近心および遠心の2根がある．基本4咬頭は支持歯根と対応し，近心タロンとパラコーンは近心頰側根，プロトコーンとハイポコーンは舌側根，メタコーンと遠心タロンは遠心頰側根と対応する．

パレオマストドン *Palaeomastodon* では上顎切歯は短く，下顎切歯はへら状で，切歯は外側の面にエナメル質がつく．大臼歯はメリテリウムと同様の二稜歯で，歯帯かタロンをもつ（図5-118）．フィオミア *Phiomia* の大臼歯は三稜歯であるが，上顎最後歯だけは不完全である．乳頭の独立性が強く，乳頭状の間咬頭が谷を狭くしている．ゴンフォテリウム *Gomphotherium* では中位歯が3稜で（図5-119），テトラロフォドン *Tetralophodon* では中位歯が4稜である．プラティベロドン *Platybelodon* の下顎切歯はスコップ状で，グナタベロドン *Gnathabelodon* では下顎骨自体の先がスコップ状である．アナンクス *Anancus* では半稜の交互配列がみられ，上顎切歯は長大化している．コエロロフォドン *Choerolophodon* では稜が正中で折れてV字形に配列する．シンコノロフス *Synconolophus* では咬頭が増加し，エナメル質が皺襞化している．ステゴマストドン *Stegomastodon* では後耗側半稜に二次三葉形が発達している．

ステゴドン科 Stegodontidae では下顎切歯を欠き，上顎切歯は発達する．エナメル帯はない．大臼歯は低歯冠稜状歯で，稜は細かい乳頭に分かれる．間咬頭は完全に欠如する．エナメル質は厚く，咬耗すると波状模様を示す．谷はかなりの歯冠セメント質で埋まる．ステゴロフォドン *Stegolophodon* はステゴドン *Stegodon* の祖先型で近心部に中心溝がある．上顎第三大臼歯の稜数は4～6，第一稜の乳頭数は3～4である（図5-119）．ステゴドンでは第三大臼歯の稜数は9～15，乳頭数は5～15で，中心溝を欠く（図5-119）．

ゾウ科 Elephantidae の歯式は $\frac{1\ 0\ 0\text{-}2\ 3}{0\ 0\ 0\text{-}2\ 3}$，乳歯式は $\frac{1\ 0\ 3}{1\ 0\ 3}$．上顎切歯はよく発達し，下顎切歯はより小さいか欠如する．ゾウの切歯は常生歯で生涯成長し続ける．切歯のエナメル質は先端だけにあり，じきにすり減る．象牙質は「象牙」として知られ，ヒトの象牙質の2倍の有機物を含み，象牙細管が細かく，二次湾曲が多く，大量の球間区があるためにきわめて弾性が高い．セメント質は先端がすり減るまでは全体を包む．乳切歯は5～7カ月で萌出し，2歳までに脱落する．小臼歯は初期の種類だけにある．大臼歯は低歯冠～高歯冠（高冠歯）で，5～27の密な咬板をもち，後継歯ほど，また，進化型の種ほど多い．谷は歯冠セメント質で満た

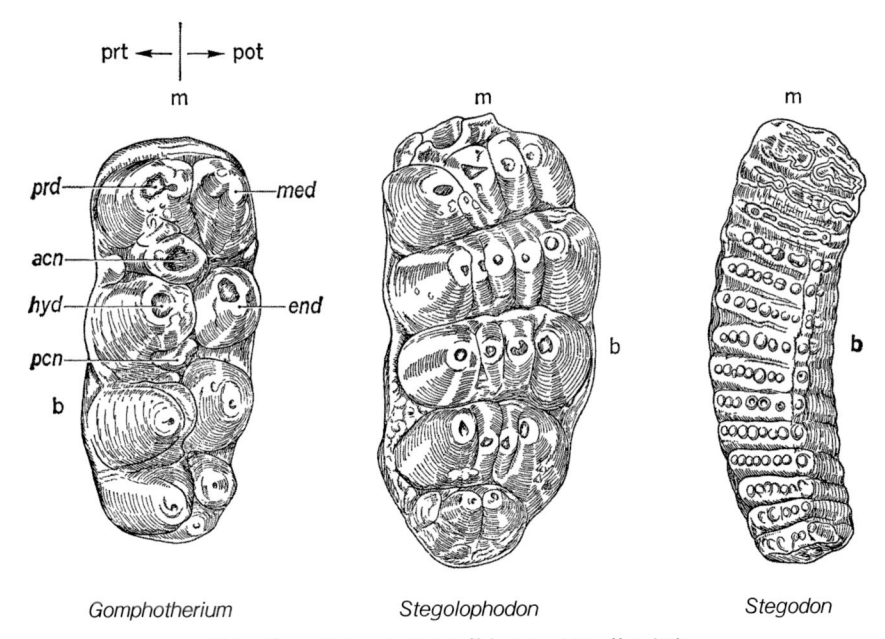

図5-119 ゴンフォテリウム科とステゴドン科の臼歯
左からGomphotherium annectensの左下顎第三大臼歯，Stegolophodon pseudolatidensの左上顎第三大臼歯，Stegodon orientalisの右下顎第三大臼歯．b：頬側，m：近心．その他の略号は表5-1，図5-112を参照

され，咬耗により咬合面は硬さの違うエナメル質・象牙質・セメント質が交互に並ぶ粗な面となる（図5-112）．同時に使用する臼歯は片顎片側に1個か2個（交換時）で，たえず臼歯が近心に移動することで後継歯に生えかわる（完全水平交換）．片側で6本の臼歯のうち，はじめの3本は乳臼歯で，後の3本が大臼歯にあたる．大臼歯は非常に大きくなるので，近心部が機能し始めてもまだ遠心部が形成途上ということがある．

上顎臼歯と下顎臼歯とはつぎの点で区別できる．咬合面の輪郭は上顎のほうが下顎よりも幅広く，短い．上顎歯では頬側のほうが舌側よりも凸湾が強く，下顎では舌側が凸湾し，頬側は平面ないし凹面である．エナメル輪の湾曲は上顎は近心に凸湾し，下顎は遠心に凸湾する傾向がある．側面からみて上顎歯の咬板は直線的なのに対して，下顎歯ではS字状になる．咬合面は上顎で凸面，下顎では凹面となる．これらの点から近遠心側と上下顎がわかれば左右の判定ができる．

ゾウ科の4属は臼歯の咬合面でつぎのように区別される（図5-120）．アフリカゾウ属*Loxodonta*ではロクソドントプリカの突出が強く，咬耗するとエナメル輪が菱形を示す．エナメル褶曲はごく弱い．ナウマンゾウ属*Palaeoloxodon*では正中部でエナメル褶曲が強い．咬耗すると小さいロクソドントプリカがみられるが，上顎歯では不明瞭なことがある．咬合面遠心部にみられる三分した最近心のエナメル輪では正中のほうが側方のものより大きい．アジアゾウ属*Elephas*では咬耗するとエナメル輪はトラック形で，エナメル褶曲は細かく，エナメル輪全体に及ぶ．ロクソドントプリカはみられない．マンモス属*Mammuthus*ではエナメル褶曲は弱いが，原

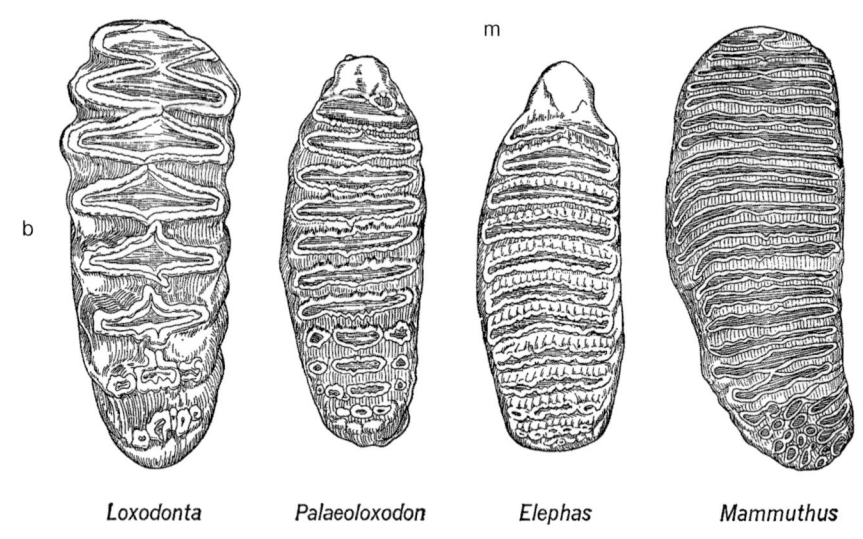

図 5-120 ゾウ科の右上顎第三大臼歯
左からアフリカゾウ *Loxodonta africana*, ナウマンゾウ *Palaeoloxodon naumanni*, アジアゾウ *Elephas maximus*, ケマンモス *Mammuthus primigenius*.

始的な種で強いことがある．ロクソドントプリカは原始的な種では発達するが，進化型ではよく失われる．三分した最近心のエナメル輪では正中のほうが側方のものと同じか短い．歯冠高，咬板数，エナメル質の厚さなど平行進化する形質はゾウ科の属の初期の種類の識別には使えない．　　　　　　（犬塚　則久）

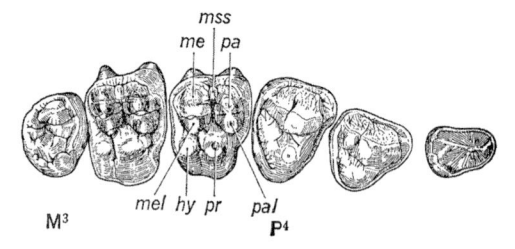

図 5-121 奇蹄類の祖先である始新世の顆節類 *Tetraclaenodon* sp. の上顎臼歯列．約1.4倍
略号は表 5-1 を参照

21 奇蹄類（目）

手足の指数が奇数本になることが，グループの名前の由来である．奇蹄類 Perissodactyla は偶蹄類と同じように草食性に適応した哺乳類であるが，臼歯の構造は偶蹄類のものと根本的に異なる．偶蹄類と異なり，小臼歯が一般に大臼歯化して，稜（ロフ）loph の発達が顕著となり，ハイポコーンをもつ．奇蹄類は，顆節類のフェナコドゥス科から進化した．その進化の過程は，化石によって詳細に跡づけることができる．一つの目からほかの目への進化の過程が奇蹄類の起源ほど明確に知られている哺乳類のグループは，ほかに例をみない．

フェナコドゥス科の *Tetraclaenodon* が，特殊化した *Phenacodus* と奇蹄類を進化させた．*Tetraclaenodon* はすでに体の大型化の傾向をみせているが，臼歯の形態はトリボスフェニック型をとどめており，奇蹄類の臼歯に近づく特殊化をかすかに示すにすぎない．臼歯の咬頭は低く，太くなり，上顎臼歯では，ハイポコーンが発達してプロトコーンとほぼ同じ大きさ，太さになる（図 5-121）．パラコニュールとメタコニュールが発達して明瞭な咬頭となって，全体として，六咬頭性の臼

歯となる．パラコーンとメタコーンの中間には，小さなメソスタイルが発達する．下顎臼歯では，トリゴニッドがタロニッドに対してやや高く，パラコニッドは退化の傾向を示して，メタコニッドの近心の小さな咬頭となる．タロニッドには三咬頭が存在する．上下顎大臼歯ともに，各咬頭は互いに明瞭に独立していて，稜はまだ発達していない．臼歯の機能は，咬み砕きと切り裂きの双方が残されているが，咬み砕きがより強調される．第四小臼歯は大臼歯型だが，第一・第二小臼歯は単咬頭性で，第三小臼歯はその中間型を示す．

Tetraclaenodon にみられるこれらの特徴は，まだ顆節類の特徴の範囲内にとどまっている．とくにメタコニュールは，プロトコーンとメタコーンの中間に発達して，その近心部はプロトコーンとつながる．

ウマ科 Equidae のなかでもっとも原始的な始新世の *Hyracotherium* の臼歯は，奇蹄類の原型的な形態学的特徴を示している．そして，それらは *Tetraclaenodon* の臼歯型から進化してきたものである．まず，上顎臼歯でとくに稜の発達が顕著になって，トリボスフェニック型のパターンはもはやみられなくなる．近遠心方向に1本，頬舌方向に2本の稜が形成されて，プロトコーンとメタコニュールの連絡がなくなる（図5-122）．

臼歯の頬側部にあるパラスタイル・パラコーン・メソスタイル・メタコーン・メタスタイルが1本の稜でつながり，エクトロフを形成する．プロトコーンとパラコニュールがつながり，この稜が頬側に伸びてパラコーンの近心部に達する．この稜はプロトロフとよばれる．ハイポコーンはメタコニュールとつながって，この稜の頬側端はメタコーンの近心部に伸び，メタロフとよばれる．メタロフは上顎臼歯の中央部に位置している．

下顎臼歯では，ほかの草食性哺乳類と同じように，パラコニッドが退化する．プロトコニッドとメタコニッドが稜で結ばれ，メタロフィッドを形成する．ハイポコニッドとエントコニッドが稜で結ばれ，この稜はハイポロフィッド hypolophid とよばれる．ハイポコニッドから近心舌側に伸びる稜，クリスティッド・オブリクア cristid obliqua の発達が顕著である．第三大臼歯のハイポコニュリッドが大型化する．

現生のウマ *Equus* の歯式は $\frac{3\ 0\text{-}1\ 4\ 3}{3\ 0\text{-}1\ 4\ 3}$ で，犬歯はオスだけにみられる．*Hyracotherium* にみられる臼歯型がもっと複雑となって，稜の形成がより強調される（図5-123）．上顎臼歯では，プロトコーンが舌側に位置を移動させ，パラコニュールの遠心部がメタコニュールの近心とつながるようになる．このように，プロトコーンよりも頬側のところでプロトロフとメタロフが連絡し，近遠心方向に伸びる稜も形成することになる．さらに，ハイポコーンの遠心部から稜が頬側に伸びてメタスタイルにつながり，ハイポスタイル hypostyle を形成する．結果として，頬舌方向に3本の稜が発達する．下顎臼歯では，プロトコニッドの近心舌側方向にパラロフィッドが発達して，頬舌方向に走る第三番目の稜となる．ただし，パラロフィッドは，*Thetraclaenodon* のもっていたパラコニッドが退化してしまってから，新たに形成されていることに注意しなければならない．クリスティッド・オブリクアはハイポコニッドから近心に走って，近遠心方向に伸びる稜を形成する．メタコニッドは近心に張り出して，トリゴニッドベイスンを埋めるようになる．その遠心の，メタコニッドと

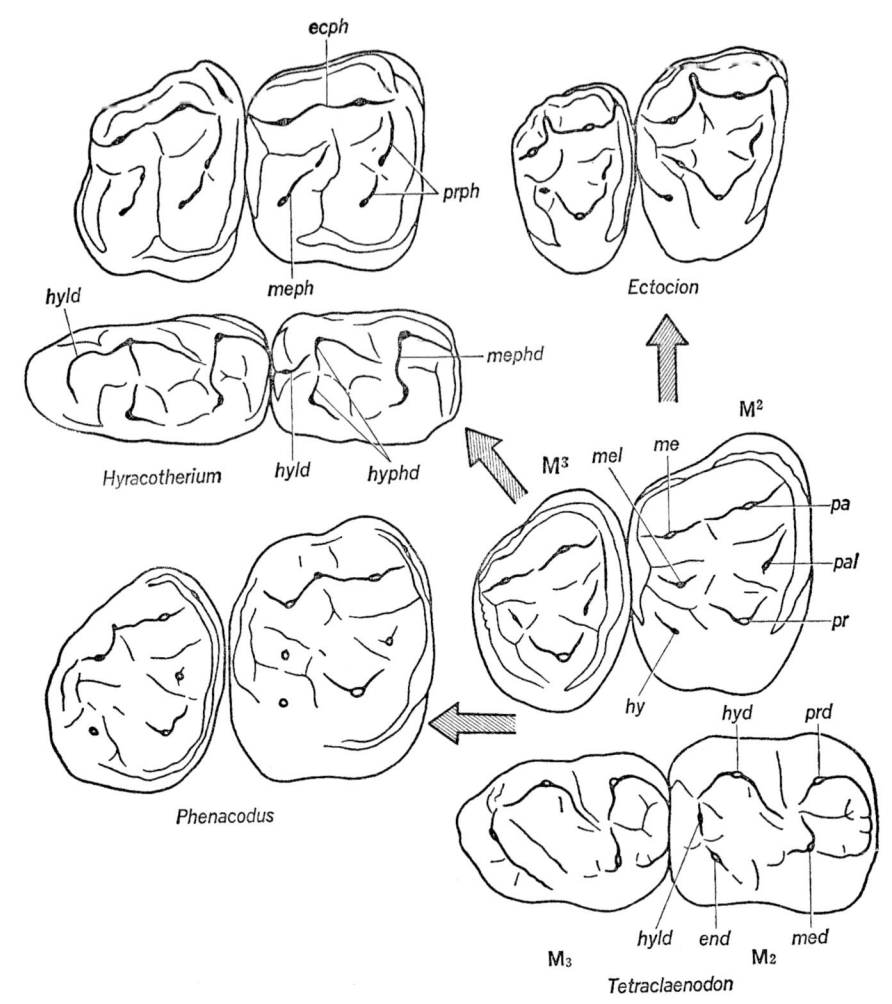

図 5-122 顆節類のフェナコドゥス科から奇蹄類が進化する過程の概念図（Radinsky, 1966）
Hyracotherium は奇蹄類．ほかはすべて顆節類．約 3 倍，略号は表 5-1, 2 を参照

エントコニッドの中間のところに，メタスタイリッド metastylid が形成される．これがタロニッドベイスンを埋めているが，エントコニッドとは連結せず，メタコニッドとつながる．

ウマの第一小臼歯は一生歯性で，ほとんど退化しており，下顎では欠けることが多く，上顎の犬歯化したものは"狼歯"とよばれる．ほかの小臼歯はすべて大臼歯化しており，6本の小臼歯・大臼歯は同時に機能する．これらの臼歯は高冠歯型で長期間にわたって成長し，老齢に至って短い歯根が形成される．この小臼歯の大臼歯化はサイ *Rhinoceros* でも同様であるが，バク *Tapirus* では根本的に異なる．犬歯はオスにはあるが，メスでは埋伏歯にとどまるのが通常である．ウマのメスをめぐるオス同士の争いが咬み合いであることは，オスのみに犬歯があることの理由を示している．切歯は $\frac{3}{3}$ で，中央にセメント質の詰まった凹みがある．加齢にともなう咬耗によって，この凹みの直径は小さくなり，続

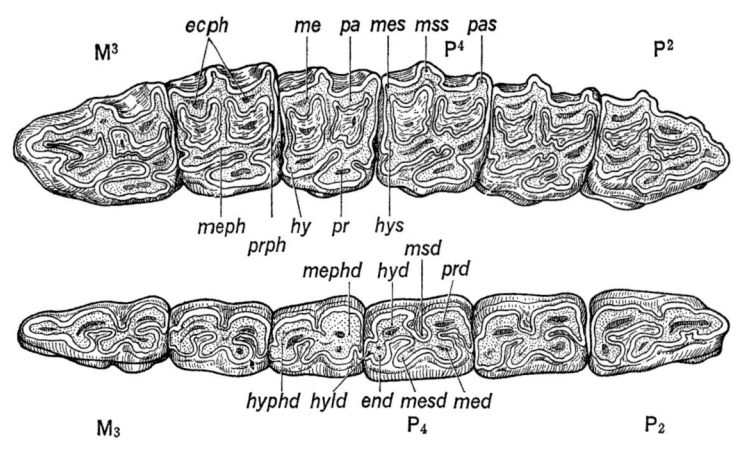

図 5-123 ウマ *Equus caballus* の臼歯列．約0.5倍．略号は表 5-1, 2 を参照

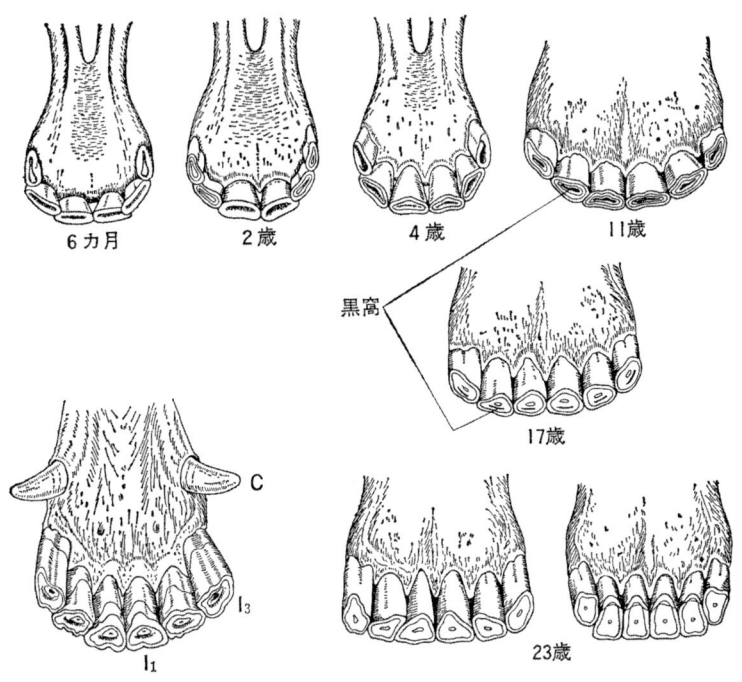

図 5-124 ウマ *Equus* 下顎切歯と犬歯（各年齢の個体），および咬合面の咬耗による加齢変化．約0.4倍（Habermehl, 1962を改写）

いて歯髄腔が現れて，修復象牙質の断面として出現する．東西を問わず，古来"生きた兵器"であったウマの年齢は，この切歯咬合面の変化によって推定されてきた（図5-124）．

サイ科 Rhinocerotidae の臼歯は，ウマの臼歯ほどには複雑ではないが，極端な特殊化をとげる．上顎臼歯では，頬舌方向の2本の稜，プロトロフとメタロフ，近遠心方向のエクトロフの3本の稜が，全体としてギリシア語のπの型を形成する（図5-125）．ウマと異なり，プロトコーンはプロトロフの，ハイポコーンはメタロフの舌側部分を形成する．下顎臼歯もπ型に近い形となる．パラロフィドは形成されず，頬舌方向に伸びる稜はメタ

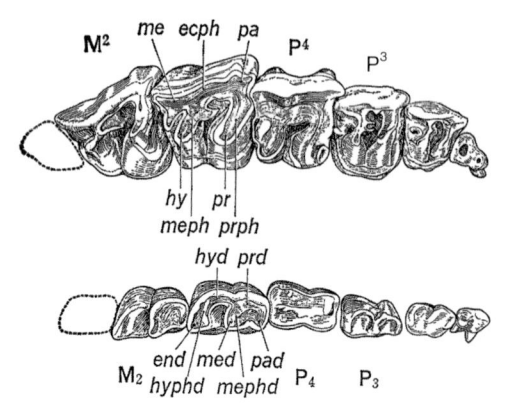

図 5-125 インドサイ *Rhinoceros unicornis* の臼歯列．約0.2倍．略号は表 5-1, 2 を参照

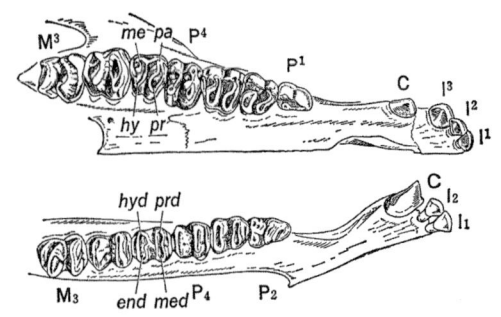

図 5-126 バク *Tapirus* の臼歯列．約0.3倍 略号は表 5-1 を参照

ロフィッドとハイポロフィッドの2本だけである．近遠心方向に走るクリスティッド・オブリクアがその2本の稜を結ぶ．メタスタイリッドは形成されない．

サイの仲間の臼歯型は，*Hyracotherium* の臼歯にみられた稜がより発達して，太くなった結果できあがったものと考えられる．もともと存在した咬頭はすべて稜の形成にあずかり，咬頭としてのパターンはすっかり失われてしまった．サイ科の前歯は退化しており，あっても上下顎に切歯が1本と下顎犬歯がみられるのみである．

バク科 Tapiridae の臼歯では，頬舌側方向の稜のみが発達して，近遠心方向の稜の発達は悪くなる（図 5-126）．上顎臼歯では，パラコーンとメタコーンが近遠心方向に細長く伸びる咬頭であるが，エクトロフは形成されない．プロトロフとメタロフは，それぞれ，パラコーンとメタコーンの近心端から舌側方向に伸びる．下顎臼歯でも，クリスティッド・オブリクアは短く，プロトコニッドにつながらない．したがって，近遠心方向の稜は未発達となる．メタロフィッドとハイポロフィッドは，それぞれ，プロトコニッドとハイポコニッドの遠心端から舌側方向に伸びる．パラ

ロフィッドとメタクリスティッドは形成されない．

バクの小臼歯も，ウマやサイの小臼歯と同じく，大臼歯型である．ウマとサイの成獣では，小臼歯・大臼歯がすべて同時に機能するが，バクでは，大臼歯の萌出が遅れるため，同時には機能していない．第二・第三小臼歯の咬耗がかなり進んでから第一大臼歯が萌出し，第四小臼歯が咬耗してから第三大臼歯が萌出する．したがって，一つの個体だけで，第二小臼歯から第三大臼歯のすべてを観察することは難しい．

（瀬戸口　烈司）

22　偶蹄類（亜目）

偶蹄類 Artiodactyla は種数・個体数ともに多く，現在もっとも栄えている発展型の走行性草食獣である．主要な家畜もほとんどが偶蹄類であり，それぞれの種が適応してきた植生・食性に応じて，湿地のスイギュウ，草原地帯のウシ，砂漠・荒地のラクダ・ヤギ・ヒツジ，高山のヤク・ラマ・アルパカ，ツンドラのトナカイなどのように飼育されている．雑食に適応したイノシシも，家畜化されてブタとして広く飼われている．シカ類のような森林性のグループは，古くから狩猟獣として

人類となじみが深い．

偶蹄類は距骨に二重滑車をもつことが分類の指標となる．鯨偶蹄目の鯨亜目以外の偶蹄類は，古歯亜目 Palaeodonta・河馬亜目 Hippopotammoida・猪豚亜目 Suina・核脚亜目 Tylopoda・反芻亜目 Ruminantia の 5 亜目に分けられる．絶滅した原始偶蹄類である古歯類（パレオドン類）はトリボスフェニック型の臼歯をもつが，現生の亜目は，ハイポコーンのある猪豚亜目とハイポコーンのないほかの3つの亜目の2つのグループに分けられる．ウマ科ではハイポコーンが発達しているが，反芻類の場合はそれが発達せず，メタコニュールが発達して舌側に移動し，遠心舌側咬頭となる．

1）古歯類（亜目）

始新世初期に出現し，$\frac{3\ 1\ 4\ 3}{3\ 1\ 4\ 3}$ の完全歯列をもち，臼歯は鈍頭歯型・短冠歯型を示す．当時の奇蹄類に比べて草食適応は進んでおらず，現在のイノシシのような雑食獣的なニッチをしめていたと考えられる．ディコブネ類 Dichobunoidea とエンテロドン類 Entelodontoidea に分けられるが，前者のダイアコデキシス Diacodexis はウサギくらいの大きさで，プロトコーン・パラコーン・メタコーンの3咬頭からなる臼歯をもっていた．パラコニュール・メタコニュールの発達は悪く，トリボスフェニック型に近い形を示している（図5-127）．

エンテロドン類はハイポコーンが発達した四咬頭性の臼歯をもち，漸新世から中新世にかけて繁栄していた．犬歯が発達してイノシシのような外観を示し，ウシほどの大きさに達したものもいた．のちに出現した猪豚類と

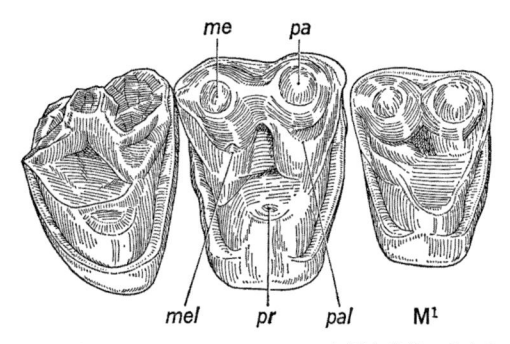

図5-127 *Diacodexis chacensis* の上顎大臼歯．約4.8倍．略号は表5-1を参照

の競合によって絶滅したものと推測される．

2）猪豚類（亜目）

現存しているのはイノシシ科 Suidae 5属16種と，ペッカリー科 Tayassuidae 3属3種で，臼歯はいずれも短冠歯型の鈍頭歯型を示す．雑食性で土を掘り返す習性をもつ．カバは草食性である．

イノシシ科のイノシシ *Sus scrofa* は $\frac{3\ 1\ 4\ 3}{3\ 1\ 4\ 3}$ の完全歯列をもつが，ほかの属では遠心位の切歯と近心位の小臼歯が減少している．すなわち，カワイノシシ *Photamochoerus*，イボイノシシ *Phacochoerus*，モリイノシシ *Hyrochoerus*，バビルーサの各属の場合，それぞれ切歯は $\frac{3}{3}\cdot\frac{1}{3}\cdot\frac{1}{2-3}\cdot\frac{2}{3}$，小臼歯は $\frac{3}{2}\cdot\frac{3}{2}\cdot\frac{3}{3}\cdot\frac{4}{3}$ である．切歯は高冠歯型で長く，合わせて6本がシャベル状となって前方に突出し，木や草の根を掘るのに使われている（図5-128上）．

臼歯は上下顎とも近遠心方向に長くなっており，各咬頭のエナメル質はちぢれた形をして入り組んでいる（図5-128中・下）．近心位の小臼歯は，上顎は舌側の，下顎は頬側の

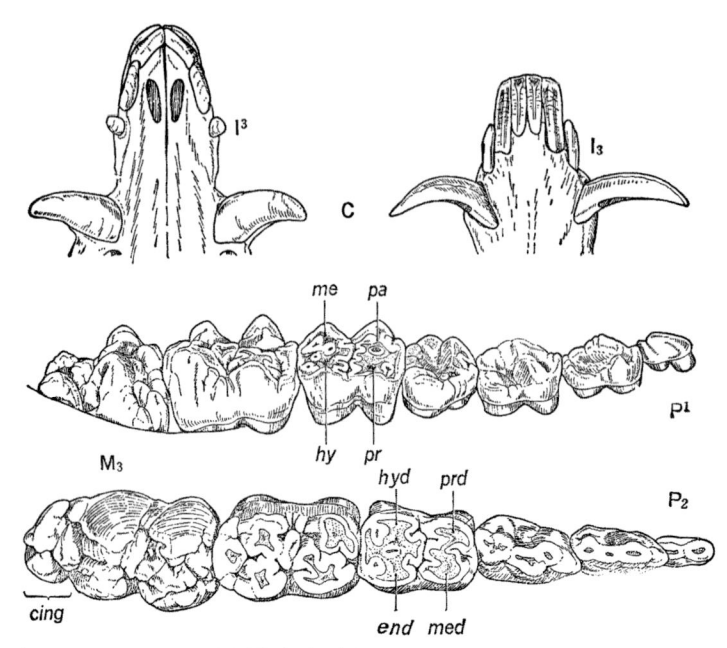

図5-128 イノシシ Sus scrofa の上顎前歯（上左）と下顎前歯（上右），上顎臼歯列やや舌側（中），および下顎臼歯列（下）（下顎第一小臼歯は脱落）．約0.5倍．cing：歯帯．略号は表5-1を参照

二咬頭が稜状を呈し，断ち切る役割をもつ．第二小臼歯より遠心の臼歯は，第三大臼歯を除き四咬頭をもつ．これらの咬頭の間や周りには，由来の不明確な小咬頭がみられる．下顎第三大臼歯には，プロトコニッド・メタコニッド・エントコニッド・ハイポコニッドからなる咬頭の遠心に歯帯が発達して，多数の二次咬頭が発達する．これは，イボイノシシのように草原に適応したもので著しい．

犬歯は興味深い牙を形成する．イノシシの犬歯は断面が三角形で，上下がはさみのように鋭く咬合して外側に突出している．バビルサの上顎犬歯は上唇を突きぬけて上方に伸長し，下顎犬歯とともに4本の角のような外観を示す．オスだけにあることから，ディスプレイ用の二次性徴といわれる．イボイノシシでは上顎犬歯のみが外側上方に湾曲して伸び，50cmにも達する鋭い武器となる．

ペッカリー科の歯式は $\frac{2\ 1\ 3\ 3}{3\ 1\ 3\ 3}$ であり，基本的にはイノシシ科と同様の歯をもつが，特殊化に乏しい．上顎犬歯は下方に向かって伸び，比較的短く，臼歯の咬頭もイノシシのように複雑にちぢれ込んでいない．

3）河馬類（亜目）

カバ科は草食獣であるが，反芻類に比べると，その歯も驚くほど草食への適応が進んでいない．カバは半水生であることに生存価があり，生きながらえたものと考えられる．カバ Hippopotamus の歯式は $\frac{2\quad 1\ 3\ 3}{3(2)\ 1\ 3\ 3}$，コビトカバ Choeropsis の場合は，切歯が $\frac{2}{1}$ で，ほかは同じである．切歯は常生歯で，下顎ではまるい杭をまばらに並べたように前方に突出している．そのうち I_2 が長く，I_1 はごく細くて短い．上顎切歯は下に向かって湾曲している．

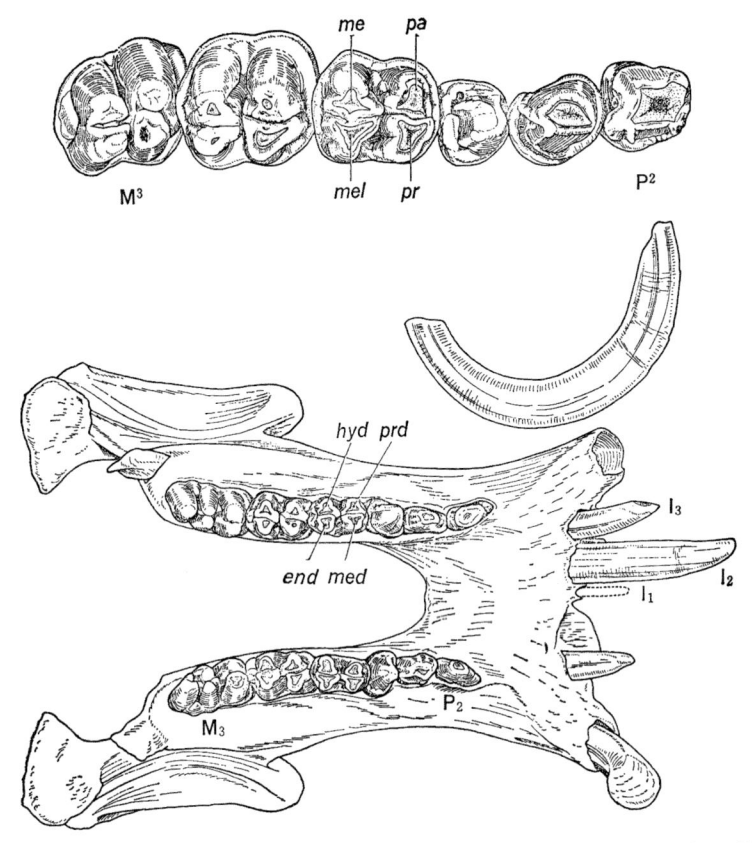

図5-129 カバ *Hippopotamus amphibius* の上顎臼歯列（上：約0.4倍）と下顎歯列（下：約0.15倍）．略号は表5-1を参照

犬歯は非常に大きく，とくに下顎犬歯は湾曲した歯根部が歯冠部の2倍の長さで歯槽内にあり，常生歯でよく伸びる．上顎犬歯と接触して互いに磨ぎ合うため，磨滅面の両端は刀のように鋭い．小臼歯は比較的小さくて単錐歯型であるが，大臼歯は M_3 が5咬頭，ほかは四咬頭をもつ．カバの大臼歯の咬頭で特徴的なことは，4咬頭とも咬耗面がクローバーの三つ葉のようになっていることである（図5-129）．イノシシほどではないが，エナメル質が入り組んでいるためである．

4）核脚類（亜目）

ラクダ属 *Camelus* 2種・ラマ属 *Lama* 3種・ビクーニャ属 *Vicugna* 1種の計6種が現生している．ラクダの歯式は $\frac{1\ 1\ 3\ 3}{3\ 1\ 2\ 3}$ とされるが，近心位小臼歯の出現に変異があり，$P\frac{2-4}{2-3}$ と幅がある．ラマは小臼歯が $\frac{2}{1}$ で，

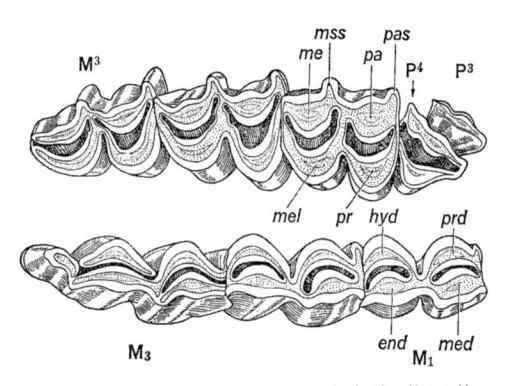

図5-130 アルパカ *Lama pacos* の臼歯列．約1.1倍．略号は表5-1を参照

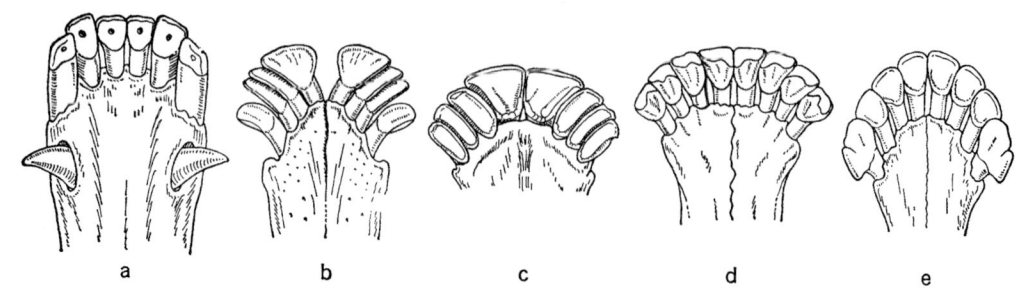

図5-131 反芻類各科の前歯部の比較
a：ラクダ科（アルパカ）約0.7倍，b：マメジカ科（ジャワマメジカ）約2.5倍，c：シカ科（ニホンジカ）約1倍，d：ウシ科（家畜牛）約0.3倍，e：キリン科（キリン）約0.25倍

ほかは同じである．大臼歯は次項の反芻類と同様で，四咬頭性の月状歯型である．小臼歯は月状歯型としては未発達で小さい．P^4がM_1の前葉と咬合しているほかは，痕跡的に残った観がある（図5-130）．

I^1とI^2はなく，その部分に角質板が形成され，I_1〜I_3に対する"まな板"の役割を果たしている．反芻類と異なりI^3があり，下顎犬歯は切歯状を示さず，牙状で上顎犬歯と向かい合っている（図5-131）．下顎切歯の歯冠は高く，常生歯で，齧歯類の切歯のように伸び続ける．咬耗が進むと，エナメル質は唇側面にしか形成されない．したがって，切歯の切縁は常に鋭いノミ状を呈する．

5）反芻類（亜目）

現生の反芻類は，マメジカ科 Tragulidae・シカ科 Cervidae・キリン科 Giravidae・プロングホーン科 Antilocapridae・ウシ科 Bovidae の5つの科に分けられる．このうちシカ科は主として森林，ウシ科は草原に適応し，それぞれ17属57種，47属138種もの種に分かれて繁栄している．前者は主として軟らかい木の葉などを食べる葉食性（ブラウザー），後者はイネ科の硬い草などを食べる草食性（グレイザー）に分化し，歯もそれに対応している．

いずれも月状歯型を示し，上顎大臼歯はプロトコーン・パラコーン・メタコーン・メタコニュールが発達した四咬頭性である．下顎大臼歯はM_1とM_2が四咬頭性で，プロトコニッド・メタコニッド・エントコニッド・ハイポコニッドからなる．M_3にはこれにハイポコニュリッド由来の遠心咬頭が加わる．発達した月状歯型では，パラスタイル・メソスタイル・メタスタイルが発達し，上顎の内側・下顎では外側の両咬頭の間に，小結節（葉間柱）がみられる．近心側の両咬頭のまとまりを前葉，遠心側を後葉とよび，M_3の場合は，前・中・後葉に分けられる．小臼歯はプロトコーンとパラコーンからなる二咬頭性を呈する．

月状歯型の臼歯を頰舌方向の断面でみると，両咬頭は歯根付近まで深い穴で区切られており，その中はセメント質で埋められている（図5-132）．したがって，断面にはエナメル質が四重に配列し，その間に比較的軟らかい象牙質，およびセメント質がはさまる．そのために咬合面には，常時三日月状のエナメル質が4つ，硬く鋭く現れている．この上下歯列が効率のよい臼となって，頰舌方向に下顎を動かす顎運動によって，餌の植物線維が磨砕される．

反芻類には上顎切歯はなく，その部分の歯

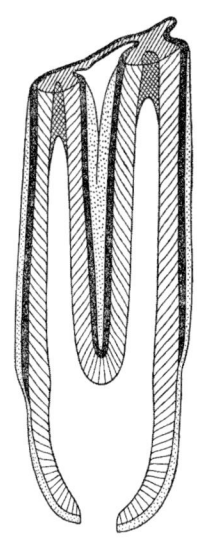

図 5-132 ウシの大臼歯の断面模式図
（凡例：エナメル質／セメント質／象牙質／修復象牙質）

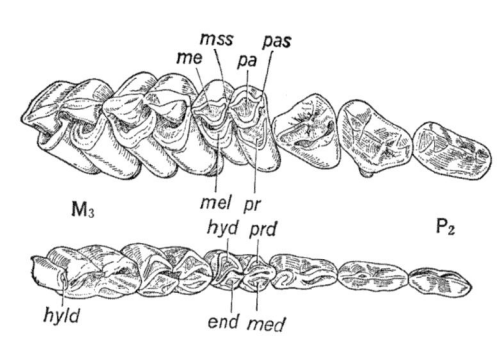

図 5-133 マメジカ *Tragulus kanchil* の臼歯列. 約 1.9 倍. 略号は表 5-1 を参照

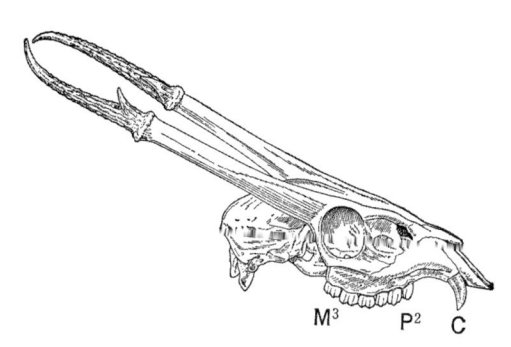

図 5-134 キョン *Muntiacus reevesi* の頭蓋. 約 0.19 倍

肉が角質板として硬く肥厚している．下顎は犬歯も切歯状を呈し，左右合わせて 8 本の歯が切縁をそろえて弧状に並ぶ．これらの歯は唇側のエナメル質が厚く，隣接面・舌側では薄いために，常に切縁は鋭い．長い舌で草を口の中に入れ，この切縁と角質板ではさんで顎を少ししゃくると，簡単に刈り取ることができる．奇蹄類よりも一段と効率のよい採草装置といえよう．

マメジカ科は反芻類の原始型を保っているが，この段階で第一小臼歯はすでになく，歯式は $\frac{0\ 1\ 3\ 3}{3\ 1\ 3\ 3}$ である（図 5-133）．上顎犬歯は細長い牙として発達している．下顎犬歯は I_3 に隣接しているが，"第四切歯状"を呈するには至らない（図 5-131）．

シカ科の基本歯式は $\frac{0\ 1\ 3\ 3}{3\ 1\ 3\ 3}$ であるが，角が発達したものでは上顎犬歯は小さい．ヘラジカ *Alces* では上顎犬歯はなく，オジロジカ *Odocoileus* やマザマジカ *Mazama* にもないものがある．角のないジャコウジカ *Moschus* とキバノロ *Hydropotes* では上顎犬歯が下後方に湾曲した細長い牙として発達する．キョン *Muntiacus* とマエガミジカ *Elaphodus* は小さな角をもつが，上顎犬歯は短い牙状となっている（図 5-134）．

シカ類の歯は，キリン科・プロングホーン科・ウシ科とともに前述の反芻類の典型を示すが（図 5-135），I_1 が扇状に広がっていて，$I_2 \cdot I_3 \cdot C$ からなる"切歯部"の半分近くの面積をしめている点が異なる（図 5-131）．牙状となる上顎犬歯以外は，すべての歯は短冠歯型である．

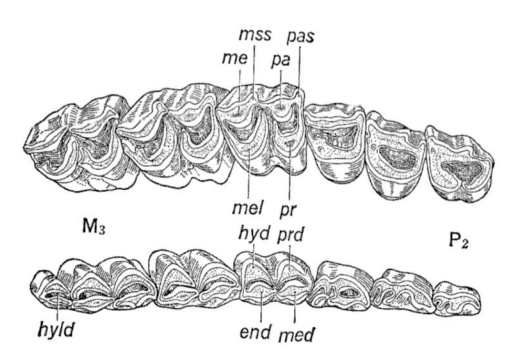

図 5-135　ニホンジカ Cervus nippon の臼歯列．約 0.68倍．略号は表 5-1 を参照

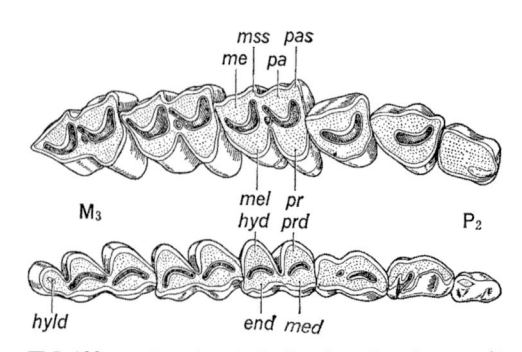

図 5-136　ニホンカモシカ Capricornis crispus の臼歯列．約0.86倍

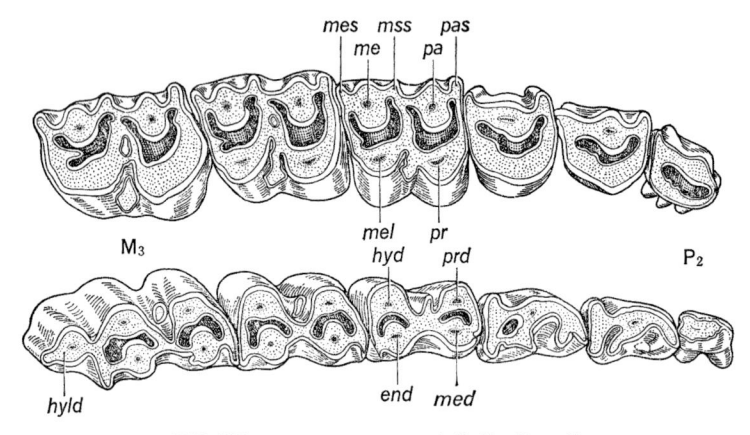

図 5-137　ウシ Bos taurus の臼歯列．約0.7倍

　キリン科の歯式は $\frac{0033}{3133}$ で，プロングホーン科やウシ科と同様，上顎切歯と犬歯および上下顎の第一小臼歯を欠く．ほかの反芻類と多少異なる点は，"第四切歯状"を示す下顎犬歯が平たくて広い咬合面をもち，二葉に分かれていて，外側が歯冠の翼 crown-wing 状を呈する（図5-131）．葉食性で短冠歯型を示す．

　プロングホーン科とほとんどのウシ科の動物は高冠歯型である．ウシ科の歯式は $\frac{0033}{3133}$ が基本であるが，P_2 は退化傾向にあり，小さい．チルー Pantholops とサイガ Saiga の場合は，それぞれ $P\frac{2}{2}$，$P\frac{3(2)}{2}$ である．ウシ科の動物は，アフリカなどの各種レイヨウを含む5亜科と，ウシ亜科 Bovinae・ヤギ亜科 Caprinae に大別できる．レイヨウ類よりもウシ亜科のほうが大型で草原に適応したものが多く，グレイザーとしてより強固な高冠歯型の月状歯型となっている（図5-136，137）．ヤギ亜科のヤギ・ヒツジ類は，氷河期に分化・発展した新たなグループで，高山や荒れ地で硬い草や木の小枝を食べる方向に適応してきた．それに応じて，高冠歯型化と月状歯型のエナメル質の鋭さが一段と増している．

（大泰司　紀之）

第6章 歯の進化

1 歯の形態・組織の進化

1）脊椎動物の進化

脊椎動物（門）は，無顎類・板皮類・軟骨魚類・棘魚類・硬骨魚類・両生類・爬虫類・鳥類・哺乳類の9綱に分類されている．また，脊椎動物と，ホヤ類（尾索類）やナメクジウオ（頭索類）などの原索動物（門）を合わせて，脊索動物 Chordata ともいう．

脊椎動物のうち，無顎類から硬骨魚類まで

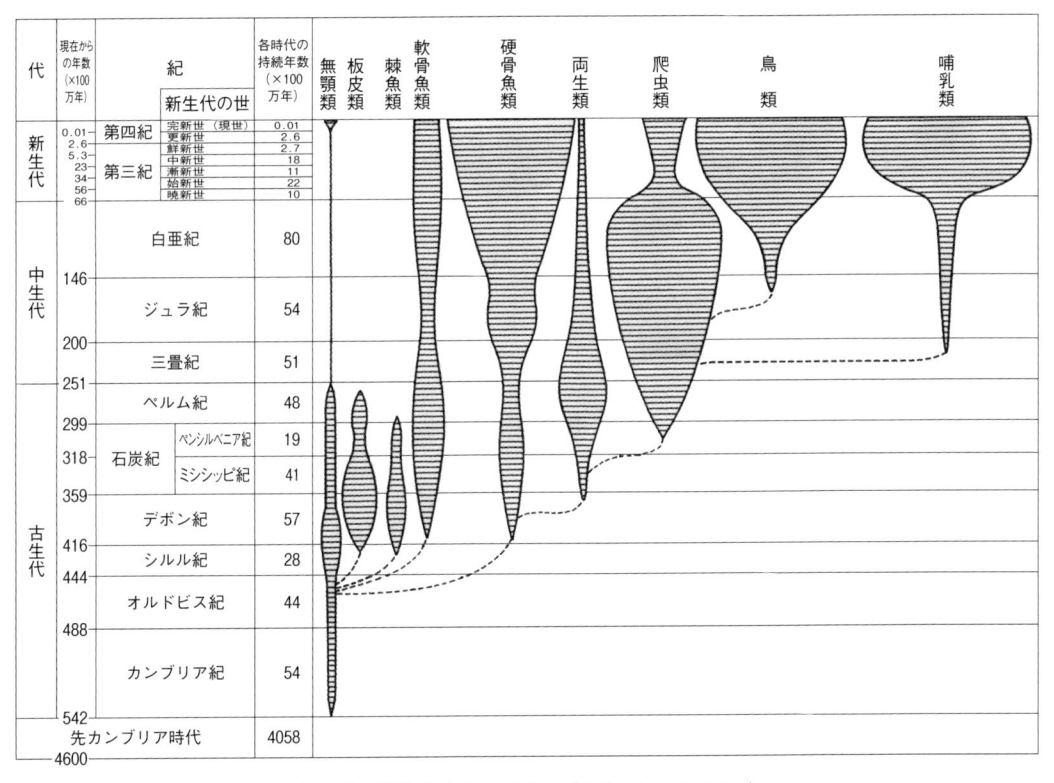

図6-1 脊椎動物の系統発生（Colbert *et al.*, 2004）

図6-2 顔面の系統発生（Gregory, 1929を改変）

下から上へ，デボン紀のサメ類，デボン紀後期の肉鰭類，石炭紀の両生類，ペルム紀の爬虫類，三畳紀の哺乳類型爬虫類，白亜紀の哺乳類，キツネザル，狭鼻猿，チンパンジー，猿人，現代人

の5綱を合わせて，魚類（上綱）Pisces，無顎類以外の8綱を顎口類 Gnathostomata，両生類以上の4綱を四肢動物（上綱）Tetrapoda とよぶ．

脊椎動物の各綱は，過去の地質時代を通して出現し，あるものは繁栄し，またあるものは絶滅し，あるものは細々と生き残るなど，さまざまな栄枯盛衰を繰り返しながら現在に至っている（図6-1）．

一人のヒトが受精卵から成人になるまでの発生・成長の過程を個体発生 ontogeny というのに対し，原始生命体から人類が出現するまでの進化の過程を系統発生または宗族発生 phylogeny という．

図6-2 は，デボン紀のサメ類から人類までの顔面の系統発生を示すものである．そこでは，サメ類の顔面中央にある大きな吻がしだいに小さくなり，薄くて高いヒトの鼻に変化する．サメ類や爬虫類のむきだしになった顎と歯が口唇と頬によって隠され，ヒトの小さな口もとに変わってくる．頭の側方にあった眼が，顔の前面に並ぶように移動する．サメ類の頭部の側腹面にあった鰓裂は鰓蓋におおわれて消失し，その部分がくびれて頸になる．サルからヒトになる過程で大脳が大きくなり，前頭部（額）が発達してくる，などの過程がみられる．

これらのなかで，歯は無顎類と大部分の鳥類を除くほとんどの脊椎動物の顎上に存在しているが，その機能と構造は進化のなかでさまざまに変化してきた（図6-3）．

すなわち，歯と同様な組織は，古生代初期の無顎類の外骨格にすでに出現していた．器官としての歯が認められるのは，シルル紀に

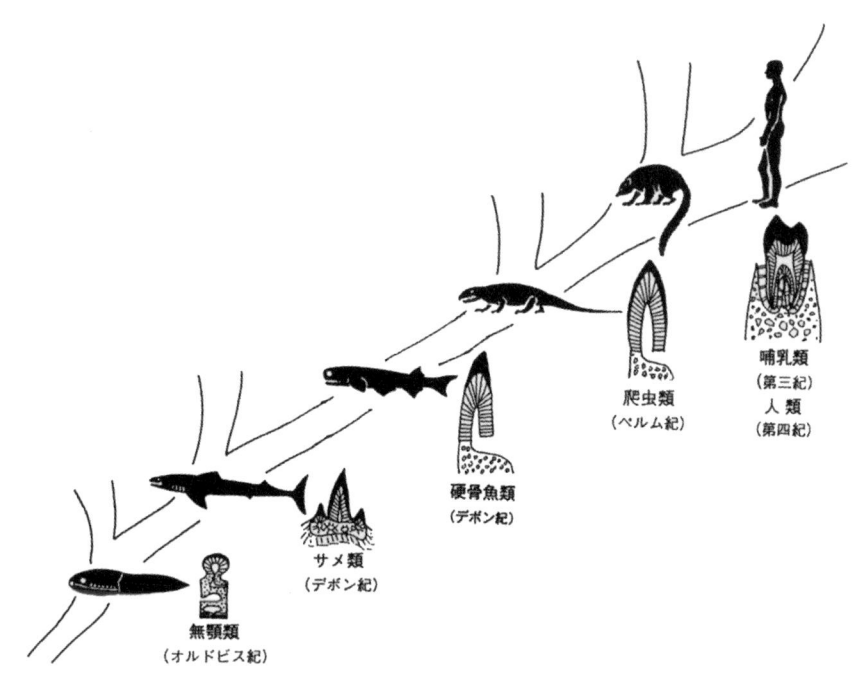

図 6-3 脊椎動物における歯の起源と進化の5段階（後藤, 2003）
図は，左下の無顎類の皮甲と，サメ類・硬骨魚類・爬虫類・哺乳類（人類）の歯を表す

出現した棘魚類の顎上である．脊椎動物進化の第一革命といわれる顎と歯の形成は，脊椎動物を能動的で積極的な動物に変身させた．

つぎのデボン紀には，硬骨魚類の肉鰭類から両生類が出現する．肉鰭類や両生類は，内鼻孔とよく発達した肺をもち，内部に骨格をもつ対鰭または四肢を備え，陸上生活にも適応できる体制を獲得している．続く石炭紀には，有羊膜卵を産む完全な陸上生活者である爬虫類が出現した．この水中生活から陸上生活への移行という脊椎動物進化の第二革命において，歯の外層が間葉性のエナメロイドから上皮性のエナメル質に変化した．

続くペルム紀の哺乳類型爬虫類から，中生代三畳紀後期には最初の哺乳類が出現した．哺乳類の進化の過程で，初期の卵生の原獣類から，白亜紀には胎生の真獣類（有胎盤類）が出現している．恒温性と胎盤の獲得は脊椎動物進化の第三革命といわれ，歯にもこれまでにない大きな変化をもたらした．すなわち，同形歯性から異形歯性へ，多生歯性から二生歯性または一生歯性へ，骨性結合から釘植へ，無小柱エナメル質から小柱エナメル質へ，などの変化である．

最後に，新生代第三紀における霊長類の進化の過程で人類が出現した．直立二足歩行は，脊椎動物進化の最終（第四）革命ということができる．野生生活から文明生活への移行において，人類の歯はその役割を大きく減退させてきたとみることができる．

2）硬組織の比較生物学

第1章で述べたように，歯をつくる硬組織のうち最古の象牙質は，古生代初期の無顎類の外骨格をつくる皮甲の最表層の結節を構成している．また，エナメロイドは，オルドビ

表 6-1 歯の硬組織と

硬組織の種類	貝殻などの外骨格	コノドント	エナメル質	エナメロイド
形成細胞	上皮細胞	上皮細胞？	おもに上皮細胞	上皮細胞と間葉細胞
有機基質	コンキオリン・キチン（一部にコラーゲン）	？	エナメルタンパク質	コラーゲン，またはコラーゲンと非コラーゲン性タンパク質
無機成分	炭酸カルシウム（一部にリン酸カルシウム）	リン酸カルシウム	リン酸カルシウム	リン酸カルシウム
鉱物種	方解石・アラレ石（一部にリン灰石など）	リン灰石	リン灰石	リン灰石
動物界におけるおもな分布	軟体動物・節足動物・腕足動物などの外骨格など	原索動物の捕食器？	肉鰭類以上の脊椎動物の歯	無顎類から硬骨魚類までの外骨格（鱗）と歯

ス紀に生息した無顎類である異甲類 Astraspis の皮甲にある結節に，象牙質をおおう薄層として認められている．

　エナメル質や象牙質に似た石灰化組織 calcified tissue は，無脊椎動物にも多くみられる．節足動物の甲殻類，軟体動物，棘皮動物などの外骨格は，エナメル質とほぼ同様な大型の微結晶が密に沈着した高度に石灰化 calcification した硬組織からなるが，方解石 calcite やアラレ石 aragonite という炭酸カルシウムの微結晶によって構成されており，リン酸カルシウムのリン灰石 apatite からなる歯や骨の硬組織とは異なるものである．ただし，腕足動物の外骨格や軟体動物腹足類の歯舌には，リン灰石からなるものがあり，原索動物の捕食器とも考えられているコノドントもリン灰石から構成されている．

　さらに，無脊椎動物の外骨格の多くは，コノドントも含めて外胚葉（上皮）性であり，動物体の外側（上皮側）に向かって形成される．この点でも，動物体の内側（間葉側）に向かって形成されるエナメロイドや象牙質とは基本的に異なる．ただし，無脊椎動物でもウニ類の殻は炭酸カルシウムの方解石からなるが，間葉性の造骨細胞によって形成される．また，脊椎動物の石灰化組織のうち，耳石 otolith と卵殻 eggshell は炭酸カルシウムの方解石やアラレ石の微結晶からなり，無脊椎動物の外骨格と同じ上皮細胞により形成される．同様に，異常（病的）な固結物である歯石 dental calculus や尿石 urinary stone，胆石 gallstone なども，有機物や石灰化物が器官の内腔に沈着したものである．

　また，脊椎動物には，上皮性の硬組織として爪・角鱗・羽毛・嘴・毛・角・鯨鬚などの角質組織 keratinous tissue がある．これらは上皮内での角化 keratinization，すなわち上皮細胞中にケラチンが集積して，細胞自身が自殺することによって形成されるもので，鯨鬚やある種の哺乳類の鬚や爪，サイの角などを除いて，石灰化することはまれである．現生の無顎類（円口類）と，両生類の無尾類

第6章 歯の進化

他の硬組織との比較

象牙質 セメント質 骨	プレロミン	軟骨	卵殻	耳石（平衡石）	角質組織
おもに間葉細胞	間葉細胞	間葉細胞	上皮細胞	上皮細胞	上皮細胞内
コラーゲン，非コラーゲン性タンパク質	コラーゲン？	グリコサミノグリカンとコラーゲン	グリコサミノグリカン	OMP-1，otolin-1	ケラチン
リン酸カルシウム	リン酸カルシウム	まれにリン酸カルシウム	炭酸カルシウム	炭酸カルシウム（一部にリン酸カルシウム）	まれにリン酸カルシウム
リン灰石	フィトロッカイト	まれにリン灰石	方解石・アラレ石	方解石・アラレ石・ファーテライト（一部にリン灰石）	まれにリン灰石
脊椎動物の外骨格と歯，のちに内骨格	ある種の板鰓類の歯，全頭類の歯板	腔腸動物から脊椎動物までの内骨格	爬虫類・鳥類・原獣類の卵	腔腸動物から脊椎動物までの内耳	爬虫類・鳥類・哺乳類の外皮など，円口類・無尾類の幼生の角質歯

の幼生の口腔には，同様な角質組織である角質歯が存在している．

　エナメル質・象牙質などの歯の硬組織と，ほかのさまざまな硬組織との比較を表6-1に示した．

　エナメル質は，上皮性の硬組織である点では無脊椎動物の外骨格や角質組織・卵殻などに似ているが，その形成に上皮細胞（エナメル芽細胞）だけでなく間葉細胞（象牙芽細胞）も関与する点が大きく異なっている．一方，エナメロイドや象牙質の形成には，間葉細胞だけでなく上皮細胞が関与している．したがって，これらの組織はいずれも，上皮－間葉相互作用 epithelial-mesenchymal interaction によって形成されるという特徴をもつ．

　さらに，骨も本来は，無顎類の皮甲のアスピディン aspidin や板鰓類の皮小歯の基底部のように，象牙質に連続して形成される外骨格であった．脊椎動物の内骨格は本来軟骨で構成されており，骨が軟骨内骨化をして内骨格をつくるようになるのは，硬骨魚類を経て脊椎動物が陸上生活に適応してからのことである．

　このように，エナメル質でも象牙質でも，さらに骨でさえも，すべて本来は外骨格として形成されたものであり，上皮－間葉相互作用の産物といえる．

　なお，エナメル質と同程度に高度に石灰化した硬組織として，プレロミン pleromin が知られている．プレロミンは，板鰓類の *Ptychodus* などの臼歯型の歯や，全頭類の歯板に存在している．このうち全頭類のギンザメの歯板のプレロミンは，リン酸カルシウムであってもリン灰石ではなくフィトロッカイト whitlockite から構成されている．プレロミンは間葉細胞のみによって形成され，貝殻などを咬み砕くために歯質を硬くする必要性から，二次的に発達した特殊な硬組織であると考えられる．エナメル質と同じような高度に石灰化した組織が，間葉細胞のみによって形成されることは，きわめて興味深い．

199

3）歯の構成要素の基本型と多様性

 脊椎動物の歯の基本型と考えられるサメ類の歯は，外層がエナメロイド，内層が歯髄を取り囲む象牙質，歯根部は象牙質と連続する骨様組織からなる（図2-35参照）．歯は，歯頸部を取り囲む口腔上皮と，歯根部の骨様組織から周囲の粘膜固有層に伸びる膠原線維束によって，顎上に支持されている．歯と顎軟骨との直接の結合はない．

 歯を構成する硬組織のうち，もっとも変異性に富むものは象牙質である．象牙質の基本型である真正象牙質は，すでに古生代初期に出現した無顎類の皮甲表層にある象牙質結節にみられ，その基本構造は哺乳類の歯の象牙質と同じものである．しかし，古生代に生息した無顎類の一部の皮甲にある象牙質結節にみられる中象牙質や，ある種の板皮類の皮甲にある象牙質結節にみられる半象牙質は別としても，軟骨魚類や硬骨魚類には，真正象牙質のほか，骨様象牙質，皺襞象牙質，脈管象牙質，均質象牙質，骨性象牙質など，さまざまなタイプの象牙質が知られている（表1-4参照）．

 このうち，皺襞象牙質は古生代の両生類の迷歯類や，爬虫類の魚竜類やオオトカゲ，哺乳類のツチブタなどでも認められている．骨様象牙質も，哺乳類のツチクジラの歯やシロネズミの切歯の先端部に存在している．脈管象牙質も，哺乳類のフクロオオカミやツチクジラで知られている．また，ヒトの歯でも修復象牙質（または第三象牙質）には，細胞が埋め込まれた骨様象牙質がみられることがある．したがって，歯のもっとも主要な構成要素である象牙質は，真正象牙質を基本型としながらも，動物進化の各段階で機能的要因あるいは発生的要因から，さまざまなタイプのものが形成されたといえる．

 一方，歯の外層は，多少の例外もあるが，進化とともにエナメロイドからエナメル質へ，エナメル質のなかでも無小柱エナメル質から小柱エナメル質へと変化している．また，歯の支持様式についても，軟骨魚類にみられる線維性結合から，硬骨魚類では顎骨との骨性結合が始まり，一部の爬虫類にみられる槽生性結合から哺乳類における釘植へと，進化とともに変化している．

4）魚類から両生類・爬虫類への歯の進化

 硬骨魚類では，サメ類の歯や粘膜小歯の基底部を構成していた骨様組織が，膜性骨となって粘膜固有層中に広がり，さらに顎や鰓弓骨格を構成している軟骨の周囲の軟骨膜にも骨形成が進む．それとともに，歯は口腔から咽頭における顎や鰓弓骨格上に骨性結合して配列するようになり，機能的にもこれらの骨格の運動と強い関連をもつことになる．

 硬骨魚類は，内骨格に骨をもち，肺を備えた，陸上生活への道を進んだ動物である．硬骨魚類は，そのまま水中生活を続けた条鰭類と，両生類へつながる肉鰭類に大別される．肉鰭類は，内部に骨格をもつ対鰭と内鼻孔，よく発達した肺をもち，陸上生活にさらに適応した個体体制を備えている．現生のラティメリア *Latimeria* は内鼻孔は失っているが，肉鰭類の遺存種であり，肺魚類もそれに近縁な先祖から由来したと考えられている．

 現生のラティメリアと肺魚のミナミアメリカハイギョ *Lepidosiren* の歯は，その外層にエナメル質をもつことが明らかにされている（図2-92〜97参照）．ラティメリアの歯の外

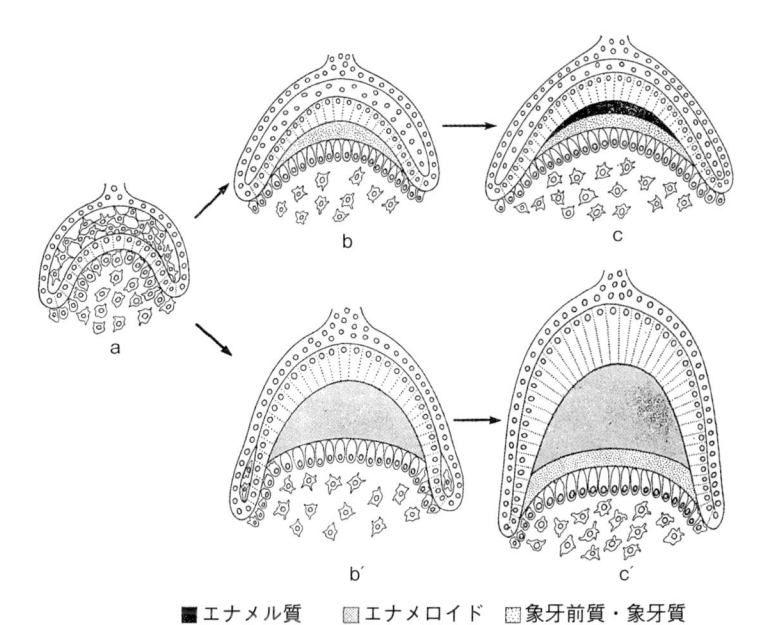

図6-4 エナメル質をもつ動物（a→b→c）とエナメロイドをもつ動物（a→b′→c′）の歯の発生過程の比較（Shellis, 1981）

層は，高度に石灰化したきわめて薄い硬組織で，基質にコラーゲンを含まず，微結晶は一様に成長し，ほぼ歯の表面に垂直方向に配列し，成長線の状態から歯の外側（遠心方向）に向かって形成されたものである．これらの特徴は，この硬組織が他の魚類にみられるエナメロイドではなく，真のエナメル質であることを示している．

また，デボン紀後期には，肉鰭類のある仲間から両生類が進化した．両生類では鰓弓骨格が退化し，歯は口腔内に限られるようになる．初期の両生類は迷歯類とよばれ，肉鰭類から受け継いだ薄いエナメル質でおおわれた迷路状の皺襞象牙質からなる歯をもっていた．現生の両生類は，有尾類・無尾類・無足類に分けられる．無尾類の幼生は角質歯をもつが，有尾類の幼生は歯をもち，その外層はエナメロイドから構成されている．しかし，両者とも成体では，基底膜より外側（上皮側）に形成されるエナメル質をもつ．

続く石炭紀には，爬虫類が出現した．爬虫類は，角化した皮膚（角鱗）で体表をおおわれ，有羊膜卵を産み，陸上生活に完全に適応した最初の脊椎動物である．

硬骨魚類や両生類の歯の発生過程では，軟骨魚類と同様に，歯胚の上皮性要素（エナメル器）は内外2層のエナメル上皮のみから構成されている．しかし，爬虫類では，内外エナメル上皮の間に星状網細胞からなるエナメル髄が形成され，エナメル髄はエナメル質形成の進行とともに消失する．エナメル器にエナメル髄が発達することによって，爬虫類では肉鰭類や両生類の成体に比べて，やや厚いエナメル質が形成される．なお，爬虫類のエナメル器には，中間層が存在するものと存在しないものが知られている．

図6-4は，エナメロイドをもつ動物とエナメル質をもつ動物における歯の発生過程を比

表6-2 エナメロイドとエナメル質の比較

名　称	エナメロイド (硝子象牙質・硬象牙質・中胚葉性エナメル質・間葉性エナメル質)	エナメル質 (真のエナメル質・外胚葉性エナメル質・上皮性エナメル質)
形成される領域	基底膜の歯乳頭側	基底膜のエナメル器側
形成方向	求心的(象牙質と同じ方向)	遠心的(象牙質と反対方向)
上皮性歯胚の構成要素	外エナメル上皮・内エナメル上皮	外エナメル上皮・エナメル髄(爬虫類以上)・内エナメル上皮
形成に関与する細胞	上皮細胞(エナメル芽細胞)と間葉細胞(象牙芽細胞)	主として上皮細胞(エナメル芽細胞)
基質	コラーゲンと非コラーゲン性タンパク質、またはコラーゲンのみ	エナメルタンパク質(アメロゲニン・エナメリンなど)
微結晶の成長様式	さまざまな大きさの微結晶が不揃いに成長	すべての微結晶が一様に成長
微結晶の大きさと配列	数10×数10×数100nmの六角柱の微結晶が石垣状に配列	数10×数10〜150×数100nmの六角柱の微結晶が石垣状に配列
動物界における分布	無顎類の皮甲、軟骨魚類の皮小歯と歯、条鰭類の鱗と歯、肉鰭類の鱗、両生類の幼生の歯	肉鰭類・肺魚類・両生類・爬虫類・化石鳥類・哺乳類の歯

較したものである．

　エナメロイドでは，まず基底膜の歯乳頭側にコラーゲンまたはコラーゲンと非コラーゲン性タンパク質からなるエナメロイド基質が求心的に形成され始め，エナメロイド基質が全層にわたって形成されたのちに，引き続いて象牙前質が求心方向に形成される．エナメロイドと象牙質の石灰化はほぼ同時に開始され，エナメロイドの成熟は深層から表層に向かって進む．エナメロイドの微結晶は不揃いに成長するが，有機基質は脱却されて最終的には石垣状に密に沈着する．

　一方，エナメル質をもつ動物では，歯の硬組織形成はまずコラーゲンからなる象牙前質の形成から始まり，象牙質の石灰化が表層まで達すると，その表面に，基底膜のエナメル器側に遠心的にエナメル質が形成され始める．エナメル質形成では，エナメルタンパク質（アメロゲニンとエナメリンなど）からなる基質の形成と微結晶の沈着が同時に進行し，微結晶は一様に成長し，やがて有機基質は脱却されてついには石垣状に密に沈着する．

　ある種の哺乳類のエナメル-象牙境付近や歯根象牙質の最表層には，コラーゲン線維上にエナメル質の微結晶が沈着する層が存在する．このことから，この層はエナメロイドとも考えられている．しかし，その層は存在してもきわめて薄いものであり，エナメロイドとエナメル質の発生学的相違は，明瞭である（表6-2）．

　エナメロイドからエナメル質への進化は，デボン紀における脊椎動物進化の第二革命，すなわち水中生活から陸上生活への移行に関係している．皮膚も，水中での魚類では粘液と鱗でおおわれた状態から，乾燥に耐える角化した角質層をもつ構造に変化している．陸上生活への移行は，歯が存在する口腔の構造も大きく変化させた．

　軟骨魚類や条鰭類の外鼻孔は，もともと体表のくぼみ（鼻窩）として形成され，その底に水のにおいを感じる嗅細胞があって，前脳の嗅球に入る嗅神経に連絡している．条鰭類の肺に入る空気は，鼻孔からでなく口から吸い込まれる（口呼吸）．肉鰭類や両生類にな

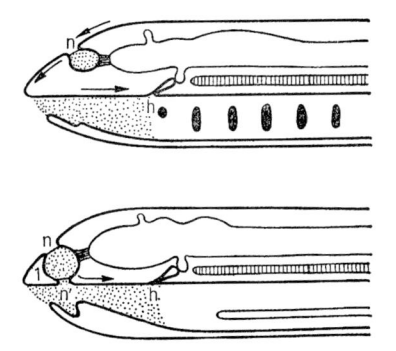

図 6-5 魚類（上）と両生類（下）の口腔の矢状断面（三木, 2013）
n：外鼻孔, h：下垂体嚢, n′：内鼻孔, 1：一次口蓋

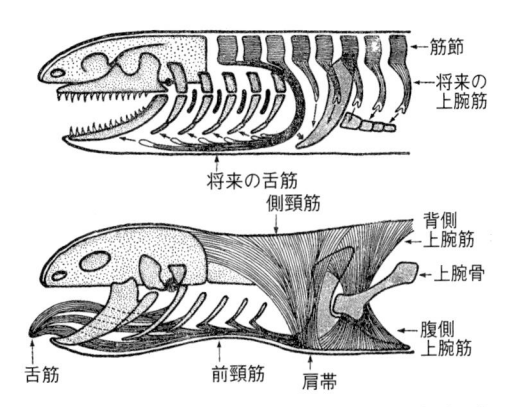

図 6-6 上陸にともなう舌と頸の筋肉の発達（三木, 2013）
体節筋が伸長して，前方から順に，舌筋・前頸筋・側頸筋・上腕筋がつくられていく

ると，鼻窩の底が抜けて口と交通し，外鼻孔から入った空気は内鼻孔を通って口腔から咽頭・気管・肺へと送られるようになる（図6-5）．

この小さな鼻腔と口腔との間の仕切りを一次口蓋とよぶ．内鼻孔と一次口蓋の形成により，嗅覚器としての鼻孔が，空気呼吸のための吸気口としての機能をあわせもつようになる．このとき，前方の1対の鰓孔（呼吸孔）は，咽頭と鼓室を結ぶ耳管と外耳道として残存し，ほかの鰓孔は消失する．同時に，鰓弓骨格と鰓弓筋は退化し，ほかのさまざまな役割をもつようになる．

ところで，水中では獲物に向かって全身で泳いでいき，顎と歯で捕食していたが，陸上ではそうはいかなくなった．初期の陸上脊椎動物の餌はおもに昆虫であるが，昆虫は空中を飛び回る．この昆虫を捕らえるために，後頭部の体節筋が鰓弓の底面から口腔へ突出し，舌筋が発達する（図6-6）．文字通り"のどから手が出る"ことによって形成された舌は，両生類や爬虫類の主要な捕食器となった．さらに爬虫類では，鰓が完全に退化してその部分がくびれ，頸が形成された．長い頸を伸ばして捕食するのは，爬虫類以上の動物の特徴である．

こうして，サメ類で発達した顎と歯による捕食は，両生類では舌による捕食，爬虫類では頸による捕食，さらに霊長類では手による捕食に変わった．これにより顎と歯は，捕食器としては二次的な役割をもつものとなった．

このように，エナメロイドからエナメル質への進化は，発生学的には歯を形成する歯胚のエナメル器，とくにエナメル芽細胞の分化能力の高度化によるものであるが，脊椎動物の水中生活から陸上生活への移行にともなう全身的個体体制の変化，とくに口腔の構造の変化と密接に関係している．たとえば，歯の乾燥を防ぐといった，陸上生活への適応の一つとも思われる．

5）爬虫類から哺乳類への歯の進化

石炭紀に出現した爬虫類は，両生類と異なり，炭酸カルシウムからなる卵殻と，羊水を含む羊膜をもつ有羊膜卵を陸地に産む完全な陸上生活者である．爬虫類は，中生代の自然に適応して，陸上だけでなく，海や空でも大繁栄をとげた．

ジュラ紀には，主竜類の一部から，最初の鳥，シソチョウが出現した．シソチョウや白

表 6-3 爬虫類の歯と哺乳類の歯の比較

	爬虫類の歯	哺乳類の歯
歯の形態	同形歯性 (一般に単錐歯型)	異形歯性 (一般に切歯・犬歯・小臼歯・大臼歯の区別がある)
歯の交換	多生歯性	二生歯性または一生歯性
歯の支持様式	骨性結合など	釘植
エナメル質	無小柱エナメル質	小柱エナメル質
歯の機能	捕食	捕食，咀嚼（口腔消化）など

亜紀の歯顎類では歯が存在しているが，後期の鳥類では歯が失われ，嘴が形成されている．

中生代前期の三畳紀後期には，最初の哺乳類が出現している．爬虫類から哺乳類への移行は，古生代末から中生代初期の杯竜類→盤竜類→獣弓類→原獣類の進化のなかで，段階的に行われたことが明らかにされている（図5-2 参照）．

爬虫類から哺乳類への進化において，歯はきわめて大きな根本的な変化を起こしている（表6-3）．まず第一に，爬虫類以下の動物では，顎上の歯は基本的に円錐形の単錐歯型で，すべての歯がほぼ同じ形態をしている同形歯性 homodont で，歯種の区別はない．しかし，哺乳類では，顎上の位置によって歯の形態に差異がみられ，切歯・犬歯・小臼歯・大臼歯という歯種が区別される異形歯性 heterodont の状態になっている．このような変化はすでに獣弓類から生じており，まず犬歯が大型化して分化し，その前方の歯が切歯に，その後方の歯が形態の複雑化を起こして臼歯へと分化したものと考えられる．哺乳類が原始的な昆虫食から，草食・肉食・雑食・果実食・魚食などへ適応することにより，歯，とくに第5章で述べたように，大臼歯にはさまざまな形態分化が認められる．もちろん，魚類やほかの爬虫類でもさまざまな歯の形態分化や異形歯性化が認められるし，また，哺乳類でも鯨類などでは二次的な単錐歯型化と同形歯性化がみられるが，これらはあくまでも例外といえよう．

単純な単錐歯型の爬虫類の歯から複雑な多咬頭性の哺乳類の歯が，どのようにして形成されたかについては，さまざまな説が出されている．古くは，爬虫類の数本の円錐歯が癒合して，哺乳類の多咬頭歯が形成されたとする癒合説も出されたが，同一の歯族内の歯の癒合は全頭類や肺魚類の歯板の形成過程にみられるのみで，特殊な例と思われる．現在では，爬虫類の単錐歯型の歯からトリボスフェニック型などの基本型を経て，多様な形態の歯が形成されたと考えられている（図5-4参照）．

これらの歯の形態分化を引き起こす要因として，井尻（1938）は，エナメル器の形態が変化することにより，多様な形態の歯が形成されるという考えを述べている（図6-7）．この際，最終的な外エナメル上皮の形は歯のエナメル質の外形，すなわち歯冠の外形を決め，内エナメル上皮の形は象牙質の外形，すなわちエナメル-象牙境の形をつくることになる．そして，内外エナメル上皮は一緒になって，歯根の形を決めていく．

また，顎上の歯の位置により，切歯・犬歯・臼歯の歯の形態が決められることから，Butler（1939）は，顎上に切歯化 incisivization・犬歯化 caninization・臼歯化 molarization の形態形成の"場"が存在しており，それが歯胚に働きかけることにより，それぞれ

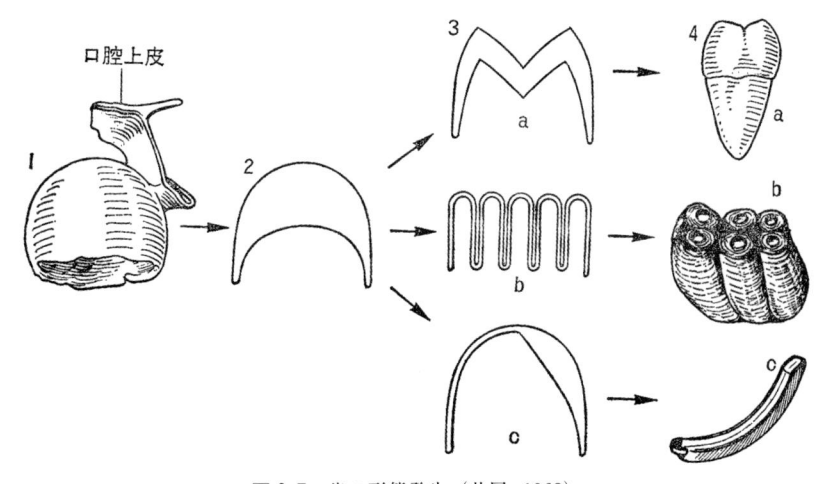

図 6-7 歯の形態発生（井尻，1968）
1：ヒトのエナメル器，2：抽象的エナメル器の断面，3-a～c：抽象的エナメル上皮の褶曲，4-a：ヒトの大臼歯，4-b：デスモスチルスの大臼歯，4-c：ネズミの切歯（舌側にはエナメル質がなく，セメント質が形成され，歯根様構造を示す）

の歯の形態分化が生じると述べている（図6-8）．この考えを，歯の形態分化に関する"場の理論"という．

第二に，爬虫類以下の動物では一般に，歯が一生の間に何度も生えかわる多生歯性 polyphyodont であるが，哺乳類では生歯の回数は2回あるいは1回となり，1回生えかわる二生歯性 diphyodont か，1回も生えかわらない一生歯性 monophyodont になっている．ヒトの切歯・犬歯・小臼歯は二生歯性であり，大臼歯は一生歯性である．このことは，爬虫類以下の動物では常に歯堤が存在し，その先端に新しい歯胚が形成され続けるのに対し，哺乳類の歯堤は1つまたは2つの歯胚をつくるのみであることによる（図6-9）．哺乳類の代生歯の舌側にみられる第三歯堤は，爬虫類における第三代目の歯にあたると考えられる．また，このことは爬虫類以下の動物では体の成長が加齢とともにほぼ比例的に起こるのに対し，哺乳類では一般に，性的に成熟すると体の成長が停止することに関係していると考えられる．

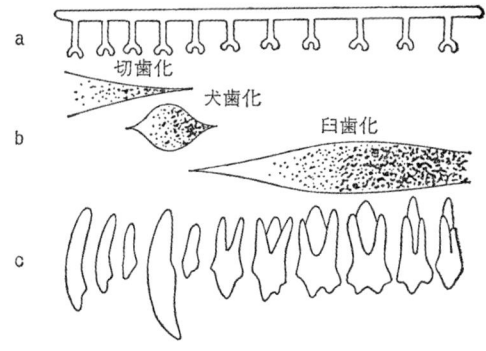

図 6-8 歯の形態分化に関する"場の理論"（Butler, 1939）
a：歯堤と歯胚，b：形態形成の場，c：形態分化した歯

第三に，硬骨魚類や爬虫類の歯は一般に顎骨と骨性結合しているのに対し，哺乳類の歯は顎骨の穴（歯槽）の中で歯根部の象牙質の表面に形成された骨様組織，すなわちセメント質と歯根膜と歯槽骨が膠原線維の束（歯根膜主線維）で結合されるようになっている．このような歯の支持様式は釘植とよばれ，歯と顎骨の間の堅固でかつ一定の弾力性をもつ結合様式となっている．釘植に似た槽生性結合は爬虫類の一部でもみられ，現生のワニ類

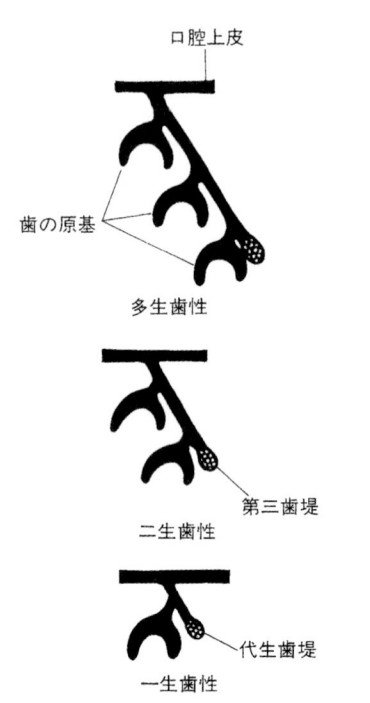

図6-9 多生歯性，二生歯性，一生歯性の比較（藤田，1958）

など主竜形類の歯でもセメント質が存在している．爬虫類における骨性結合から哺乳類における釘植の発達は，爬虫類では下顎骨が多数の骨で構成されているのに対し，哺乳類では下顎骨が1つの骨（歯骨）のみで構成されていることと関係している（図6-14参照）．

第四に，歯の外層を構成するエナメル質にも大きな変化がみられる．爬虫類のエナメル質は薄く，一般にエナメル-象牙境から歯の表面に向かってほぼ平行に配列する微結晶から構成されており，無小柱エナメル質とよばれる．このような微結晶の配列は，エナメル芽細胞の機能端細胞膜が平面であることによる．

これに対し，哺乳類では一般に厚いエナメル質が形成され，その大部分では微結晶の束がエナメル小柱をつくり，それらの間を小柱間質が取り巻いている．小柱体の部分では微結晶の配列方向が小柱の方向に沿ってさまざ

まに変化するが，小柱間質では微結晶がエナメル-象牙境から歯の表面に向かって一定方向に配列する．小柱体と小柱間質の境界では微結晶の配列方向が急激に変化しており，この部分を小柱鞘とよんでいる．このような構造は小柱エナメル質とよばれ，エナメル芽細胞の機能端にトームス突起が発達することによって形成される．ただし，哺乳類でもエナメル質を欠くものや，無小柱エナメル質からなるものがみられ，また一般に，エナメル質の最深層と最表層には，その形成時のエナメル芽細胞にトームス突起が発達しないために，無小柱エナメル質をもっていることが多い．

一方，爬虫類でも小柱エナメル質をもつものが知られている．三畳紀の海生爬虫類の板歯類や，現生のトカゲ類のトゲオアガマ *Uromastyx* にはエナメル小柱が存在する．前者は有殻軟体動物食に適した板状の歯をもち，後者は上下顎歯が咬合する臼歯状の歯をもっている．

爬虫類から哺乳類への進化において，無小柱エナメル質から中間段階を経て小柱エナメル質が発達する過程が明らかにされている（図6-10, 11）．

三畳紀前期の獣弓類や三畳紀後期の原獣類では，微結晶が六角形に集合した前小柱的段階がみられるが，小柱間質がないために光顕的には小柱構造が認められない．前小柱的段階のエナメル質は，断面では微結晶が波状ないし羽状に配列しており，エナメル芽細胞の機能端が波状の凹凸を示すことにより形成されたものと推定される．同時に，これらの動物がある種の咀嚼を行っていたことも推察される．

白亜紀の多丘歯類や獣類になると，小柱間質によってエナメル小柱が明瞭に区別される

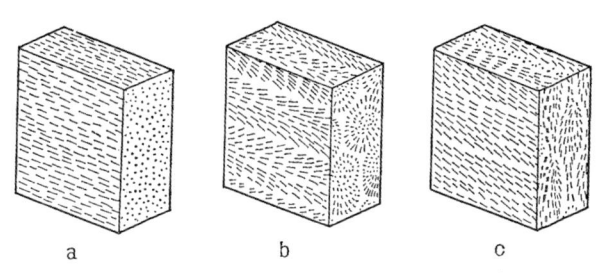

図6-10 エナメル質の微結晶の配列を示す模式図（Osborn & Hillman, 1979）
a：爬虫類の無小柱エナメル質．b：三畳紀の原獣類の前小柱的段階のエナメル質．六角柱形の微結晶の束からなるが，小柱間質がないため光顕的には小柱構造がみられない．c：現在の獣類の小柱エナメル質

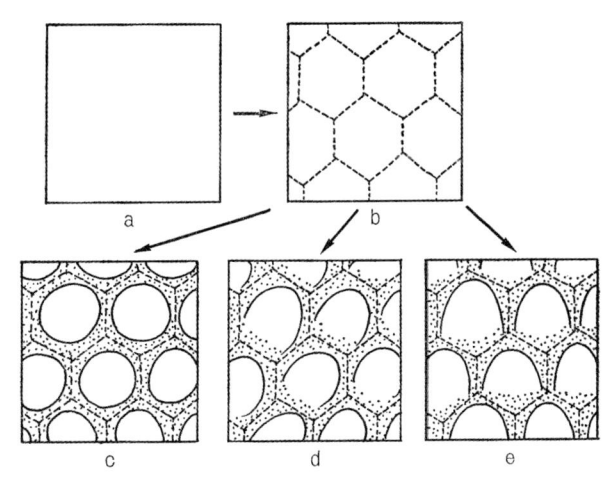

図6-11 エナメル小柱の横断面の模式図（Osborn & Hillman, 1979）
a：爬虫類では無構造を示す．b：三畳紀の原獣類では小柱の横断面は六角形であるが，小柱間質がないため光顕的には小柱構造が認められない．c～e：獣類にみられる小柱エナメル質の3型．白い部分が小柱体，点描の部分が小柱間質，太線が小柱鞘を示す．六角形の点線は各エナメル芽細胞の関与した領域を示す

小柱エナメル質をもつようになる．これらの動物では，エナメル芽細胞にトームス突起が発達するようになったと考えられる（図6-12）．

哺乳類では，恒温性の獲得とともに，暖められた空気を肺に送るため鼻腔が拡大し，二次口蓋が形成される（図6-13）．二次口蓋の形成により，鼻腔は口腔と完全に隔離され，食物が口腔にあるときでも呼吸できるようになった．また，爬虫類では下顎骨が歯骨・角骨・鉤状骨・関節骨など多数の骨で構成されているが，閉顎筋は単一の頭蓋下顎筋のみであった．哺乳類への進化の過程で，頭蓋下顎筋が側頭筋や咬筋などのいくつかの咀嚼筋に分化したことが，下顎骨の角骨や鉤状骨，さらに歯骨の角突起と鉤状突起（筋突起）の発

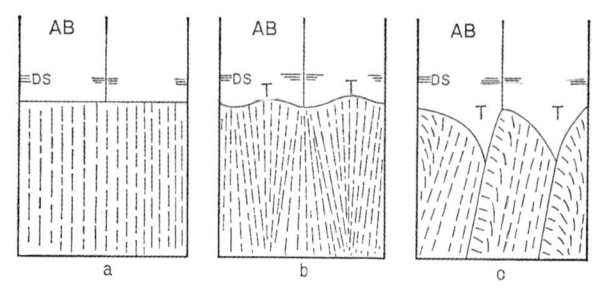

図6-12 エナメル芽細胞（AB）におけるトームス突起（T）の発達とエナメル小柱の形成過程（Moss, 1968）
DS：デスモゾーム，a：爬虫類の無小柱エナメル質，b：獣弓類や原獣類の前小柱的段階のエナメル質，c：獣類の小柱エナメル質

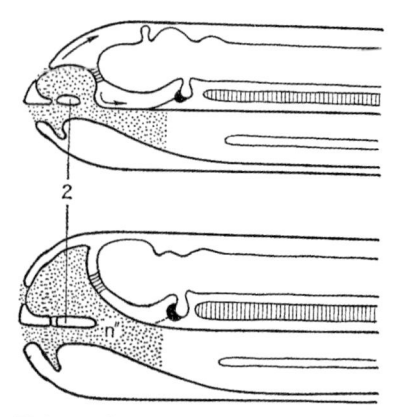

図6-13 爬虫類（上）と哺乳類（下）の口腔の矢状断面（三木, 2013）
n″：後鼻孔，2：二次口蓋

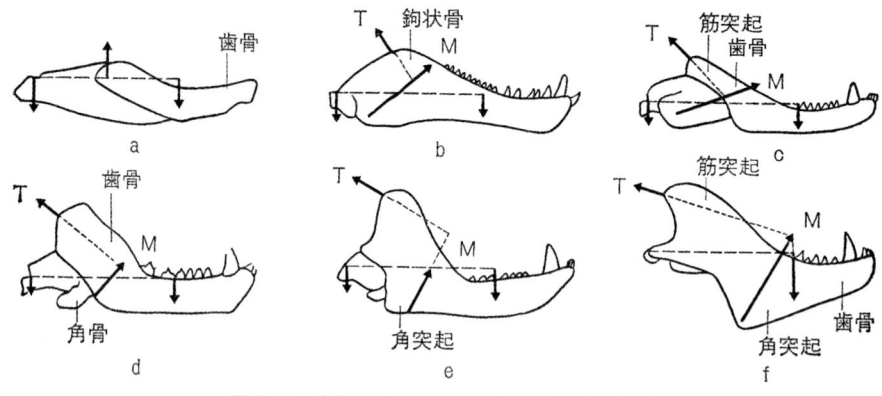

図6-14 哺乳類の下顎の進化（Halstead, 1984）
a：原始的な獣弓類，b：肉食性の獣弓類，c〜e：進化した獣弓類，f：三畳紀の原獣類，M：咬筋，T：側頭筋

達過程から解明されている（図6-14）．

哺乳類は，口蓋の形成，咀嚼筋の分化，さらに頰や唾液腺の発達により，舌や形態分化した臼歯を用いて口腔に食物を一定時間貯留して，口腔での消化，すなわち咀嚼を行うようになった（図6-15）．エナメル小柱の形成は，発生学的にはエナメル芽細胞のトームス突起の働きにより形成されるものであるが，機能的には咀嚼時の咬合において歯に加えられたさまざまな方向の力に対応するための構造物である．したがって，動物の食性の変化に応じて，顎骨や咀嚼筋，歯の形態に多様な変化がみられると同時に，エナメル小柱の形態や配列様式，エナメル小柱の束の組み合わせであるシュレーゲル条にもさまざまな変異が認められる（図6-16）．

なお，多くの哺乳類のエナメル質最深層には，エナメル紡錘とよばれる短い象牙細管の延長が存在している．しかし，獣弓類の多くやウォンバット以外の有袋類，食虫類，ツパイ *Tupaia* を除く原猿類などでは，エナメル-象牙境からエナメル質の表面に至る細管が発達している．この細管は，象牙芽細胞の突起を入れる魚類のエナメロイドの細管とは異

第6章 歯の進化

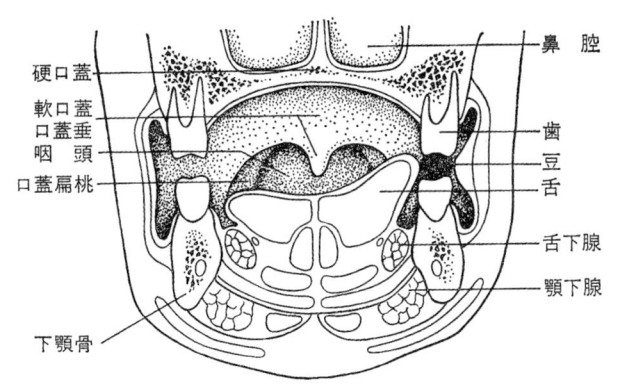

図6-15 ヒトの口腔の前頭断面．豆を咬むところ（三木，1992）
口腔は，口蓋・顎骨・歯・頬・舌・口腔腺などによって構成された部屋である．口に放り込まれた豆は，これらの諸器官の共同作業により咀嚼される．これを口腔消化という

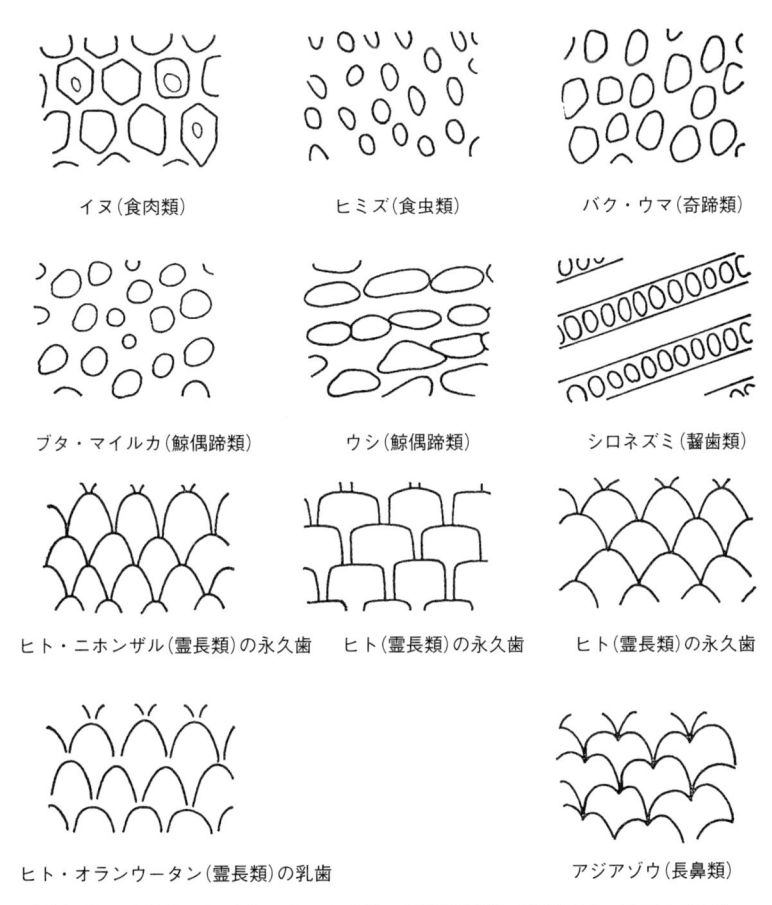

イヌ（食肉類）　　ヒミズ（食虫類）　　バク・ウマ（奇蹄類）

ブタ・マイルカ（鯨偶蹄類）　ウシ（鯨偶蹄類）　シロネズミ（齧歯類）

ヒト・ニホンザル（霊長類）の永久歯　ヒト（霊長類）の永久歯　ヒト（霊長類）の永久歯

ヒト・オランウータン（霊長類）の乳歯　　アジアゾウ（長鼻類）

図6-16 哺乳類におけるエナメル小柱の横断面形態（桐野ほか，1972を改変）

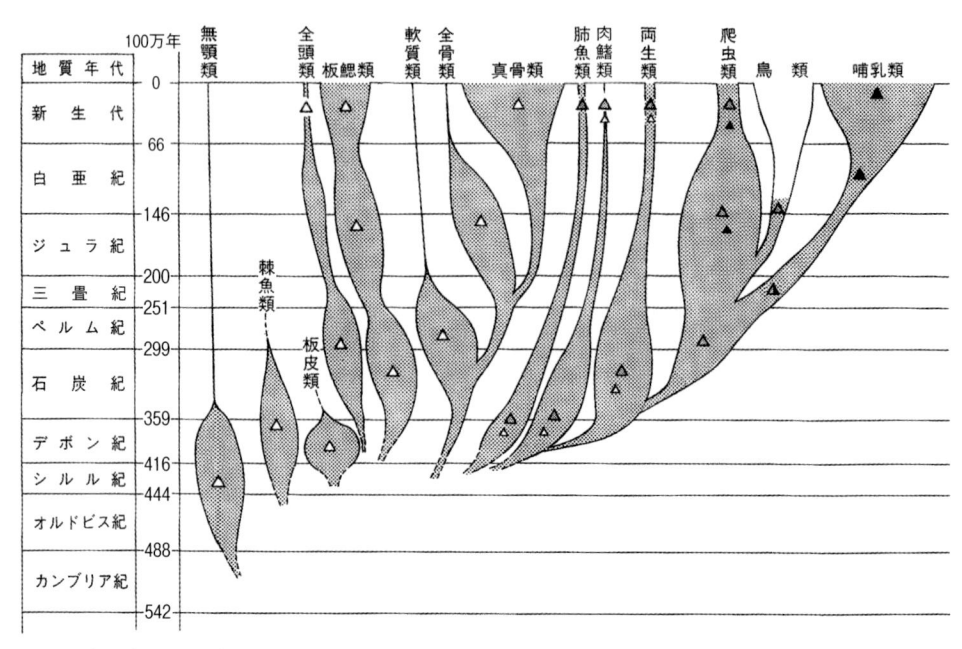

図6-17 脊椎動物の系統図におけるエナメロイドとエナメル質の分布（原図）

△エナメロイド　△無小柱エナメル質　▲前小柱的段階のエナメル質　▲小柱エナメル質

なるもので，エナメル細管 enamel tubule とよばれている．

エナメル細管は，発生初期に象牙芽細胞の突起とエナメル芽細胞のトームス突起から伸びる細い突起が結合することによって形成される．エナメル細管は，歯の硬組織形成における上皮-間葉相互作用の結果形成されるものでもあるが，その機能は，形成時における物質の輸送路と，形成後における歯の知覚および修復象牙質（第三象牙質）の形成に関与するものと考えられる．

また，食虫類のトガリネズミの歯や齧歯類の切歯では，多くの条鰭類や両生類の幼生のエナメロイドと同様に，エナメル質に鉄の沈着が認められる．さらに，魚類のエナメロイドにはフッ素リン灰石からなるものが多い．鉄の沈着やフッ素の沈着は，エナメロイドやエナメル質の構造を強化する働きがあると思われる．

6）エナメロイドからエナメル質への進化

これまで述べてきた脊椎動物の系統図におけるエナメロイド・無小柱エナメル質・小柱エナメル質の分布を 図6-17 に示した．

エナメロイドからエナメル質への進化は，デボン紀における脊椎動物の上陸にともなって起こっている．また，無小柱エナメル質から小柱エナメル質への進化は，三畳紀から白亜紀までの咀嚼機能の発達にともなって起こっている．エナメロイドから無小柱エナメル質をへて小柱エナメル質への進化も，脊椎動物の全身的な個体体制の変革の一つとみることができよう．

（後藤　仁敏）

2 遺伝子からみた歯の進化

1）歯の形成と進化のメカニズム

　歯の形成には，多数の遺伝子が関与しており，これらが適切な場所（＝組織・細胞），適切なタイミング，適切な期間，適切な量で発現されることで歯の正常発生がもたらされる．遺伝子にはコードされる部分（タンパク質へと翻訳される部分で，いわば遺伝子の本体．コード領域という）とコードされない部分（タンパク質へと翻訳されない部分で，遺伝子の読み取り開始などの制御部分．非コード領域という）があるが，どちらに変化が生じてもそれが形態や機能の変化をもたらし，種の違いにつながって進化の要因になる．

　コード領域の変化は翻訳物であるタンパク質の変化を引き起こし，やや長いスパンで進化を考えるときほど重要になる．歯の形成にかかわる遺伝子群としては，エナメル質や象牙質に固有の構造タンパク質（アメロゲニン，デンチン・シアロフォスフォプロテイン DSPP など），発生制御に関与する増殖因子，転写制御因子，シグナル因子といった機能タンパク質などが注目される．これらのタンパク質は進化の当初においては，種類も少なく機能もより単純であった可能性が高い．それがどのようにして多種多様になったのかを知ることは重要であり，さまざまな動物から相同遺伝子をクローニングして，相違性の比較を行う分子進化学的なアプローチが必要不可欠となる．

　一方，非コード領域の変化も重要である．歯の形成が正常に行われるためには適切な遺伝子発現が重要であることは冒頭に述べたが，この発現制御は実に巧妙で，厳密に規定されている半面で，多少の許容範囲（"遊び"や"ぶれ"のようなもの）もあって，それが個体変異を生み出している．すなわち，歯であれば大きさや形の微妙な違いなどの個体差であり，これらが環境への適応能力の差になって，やがては固定されて種間差となる．この微妙な形質の違いは，遺伝子の発現期間や量，発現部位のわずかな違いによるものであり，つまりは，非コード領域の発現制御部位の変化によるものと考えられる．こうした制御部位の変化を知るためには，個々の遺伝子の関連様式をより正確に知る必要があり，発生生物学的なアプローチが必要となる．

　なお歯の形態は，進化の過程でより単純なものからより複雑なものへと変化しており，これは歯の成分や構造がより多様になったことや，遺伝子制御の過程がより複雑になったことを示すものと考えてよい．しかし，ある表現型の変化の原因が，特定の遺伝子の獲得によるものか欠損によるものかを判定するには一つのアプローチのみではむずかしい．そこで，分子進化学的研究や発生生物学的研究に加え，化石研究，家族性疾患の研究などの知見も総合して検証することが必須となる．たとえば，ある形質変化が遺伝子獲得によるものならば，その変化は徐々に起こることが期待され，欠損によるものならば，その変化は急激に起こると考えられるが，それに加えて，化石研究から中間形質の動物化石が得られているかどうか，家族性疾患において原因遺伝子の欠損がどのような形質を示すのか，実験的に特定の遺伝子発現を過剰にする，もしくは阻害するとどうなるのか，といった知見の照合を行うことで個々の遺伝子の働きが

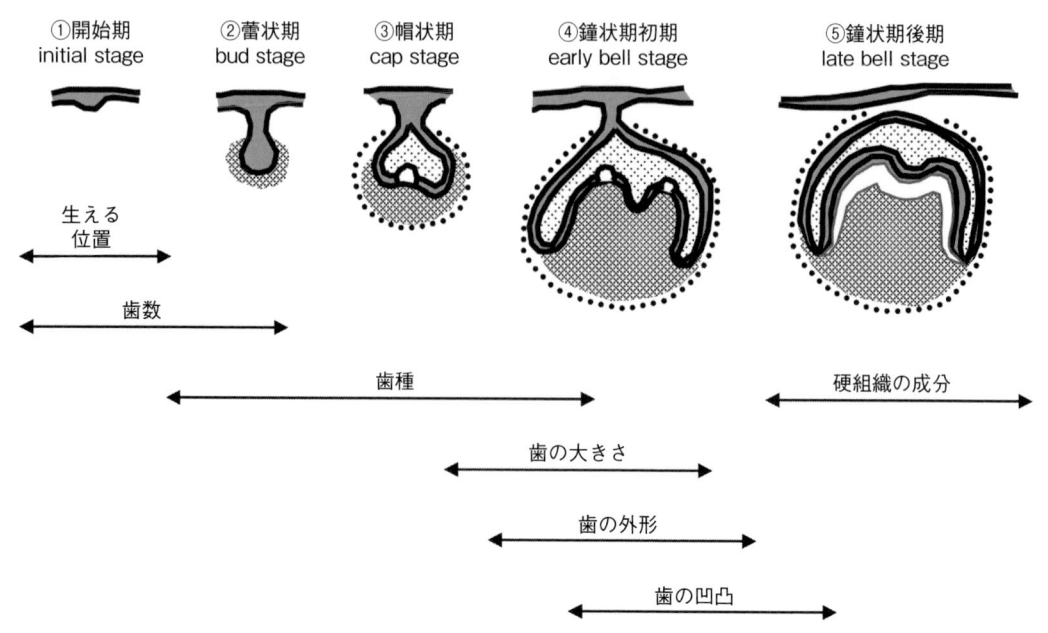

図 6-18 歯胚の発生段階とさまざまな決定の時期（推定）

はじめて明確になり，進化の道筋が明らかにされる．なお，系統発生を考えるうえで，個体発生はきわめて重要な示唆に富む．そこで，以下，歯の発生の順序を追って知見をまとめ（図6-18），歯の形成と進化の過程を俯瞰することにする．

2）歯の生える位置の決定

発生初期の歯は，毛や腺とよく似た形態を示すが，その生える場所や数，形が厳密に決まっている点でほかと異なる．それらの決定は顎や口腔の発生とも密接に関係しているため，解析は容易ではなく，しかも口腔領域は顔面の表皮から連続する外胚葉性上皮，消化管から連続する内胚葉性上皮，中胚葉由来の間葉，神経堤由来の間葉などが入り交じる場所であるため，歯を構成する組織の由来さえも不明の点が多かった．そこで Imai et al. (1998) は，ラット胎仔の全胚培養，下顎の器官培養，トレーサーを用いた実験を組み合わせ，外胚葉性上皮と内胚葉性上皮の境界に歯胚が並んで発生し，将来の歯列弓が形成されることを示した（図 6-19）．さらに，Imai et al. (1996) は同様の手法で歯胚間葉が中脳付近の神経堤細胞由来で構成されることも示したが，Chai et al. (2000) の Cre/loxP を用いた巧妙な実験系でも追認された．Chai ほかの実験系では神経堤由来の細胞のみが lacZ を発現するため，組織切片上で鮮やかな青色を呈するのだが，発生過程の歯胚の間葉や，完成した歯の歯髄部分がみごとに発色していた．それに対して，周辺の間葉組織の発色の程度が低いことから，歯胚間葉は神経堤由来の細胞が選択的に集まってきた組織であることが強く示唆された（図 6-19）．

以上のことから，①口腔内の外胚葉性上皮と内胚葉性上皮の境界に歯が形成され，②歯胚間葉は主として神経堤由来の細胞から形成されることがほぼ明らかになった．また，歯胚上皮となるのは外胚葉性上皮と考えられて

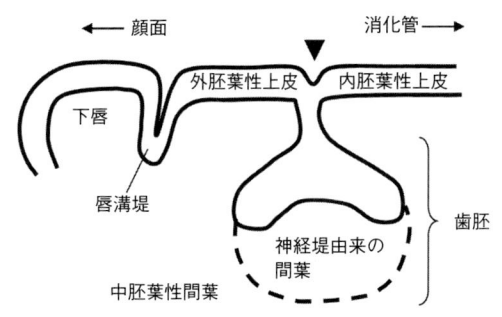

図 6-19 歯胚周辺の組織構造の模式図
胎生期の下顎を例に，その断面と主要な組織の由来を示す．▼印は想定される外胚葉性上皮と内胚葉性上皮の境界

いるが，その初期には内胚葉性上皮との接触による誘導が必要であることが明らかにされた．しかし，これら由来の異なる3つの組織の間で具体的にどのような因子のやりとりがあるのかはまだ不明であり，境界上に形成される歯という硬組織構造物が連続的な構造ではなく，断続的な構造になる（＝多数の歯胚に分かれる）メカニズムもわかっていない．また，魚類の多くは口腔だけでなく咽頭にも歯をもち，無顎類のヤツメウナギなどでは歯の代わりに角質歯をもつが，こうした顎歯よりも起源が古い歯における位置決めのメカニズムの解明は，今後の課題である．

3）歯数の制御

生物の器官は，単純な構造の反復とその後の特殊化によって形成されることが多い．そしてそれは，歯の発生や進化においてもよくあてはまる．すなわち，魚類では円錐歯で同形歯性であるが，哺乳類では4つの歯種からなる異形歯性になっており，単純な反復構造から特殊化したことがみてとれる．また，爬虫類までは体の成長が生涯にわたってみられるので，顎の成長にともなって歯堤が伸長し続け，歯胚を常につくり続けることは自然で

あり，古くなった歯は咬耗や破損により脱落するようになるので，代生歯をつくり続ける必要もある．すなわち本来，歯は無制限に生え，それらが無制限に代生するというのが基本であったと考えられる．

歯胚に先立って歯堤が発生するが，これは発生過程の口腔上皮に陥入する上皮の溝であり，この陥入こそが歯の発生の発端である．歯堤はある程度の深さまで陥入すると一定間隔で球体のふくらみをつくるようになり，これが歯胚となって歯ができてくる．そして，歯堤そのものは歯列弓の様相を示すようになって，やがて消えていく．すなわち，歯の発生において歯堤がどのように伸長し分岐するかを観察することは重要であり，その形態や機能が歯の数や発生の位置決めに大きくかかわっていることが理解できるはずである．

歯堤と歯胚の関係は，枝につく果実になぞらえることができ，歯胚が果実ならば，歯堤は茎にあたる．1つの茎には1つの果実しか着果しないが，茎が分岐して伸びるかぎり，いくつでも果実をつけられる．歯堤の場合もこのたとえとよく一致し，①顎の成長にともなう遠心方向への伸長と分岐，②代生歯胚をつくるための顎深部への伸長と分岐，の2つに整理することで，歯胚のつき方や配置を整理できる（図6-20）．こうした視点からの歯数決定の制御を以下にまとめる．

(1) 顎遠心側への歯堤の伸長・分岐による先行歯の歯数制御

哺乳類では，顎の成長にともなう歯堤伸長を抑制する遺伝子が獲得され，歯数が固定されたと考えられる．たとえばマイルカやマッコウクジラなどの歯鯨類は，歯数の極端な増加，歯数の個体差や左右差があり（鯨類の項参照），哺乳類としてはきわめて例外的な歯

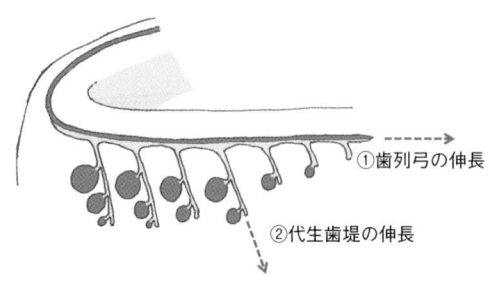

図6-20 歯堤の伸長・分岐の模式図
下顎の模式図で左が近心（正中），右が遠心．歯胚を球で示す．顎表面から歯胚までをつなぐ上皮の陥入を歯堤という．歯堤には，歯列弓の伸長に沿った遠心方向の伸長（①）と，代生歯発生のための深部方向の伸長・分岐（②）の2つがある

列をもつのだが，歯数制限を行う何らかの遺伝子が機能を失い，魚類や爬虫類などの形質に先祖返りしたと考えれば理解しやすい．

また，外胚葉異形成症（EDA：Ectodermal dysplasia）は，毛，歯，汗腺などの異常や欠損を三大表徴とするヒトの家族性疾患の1つであるが，その原因遺伝子として，*Eda*, *Edar*, *Edaradd*＊という3つが明らかにされた（Kere et al., 1996；Monreal et al., 1999；Headon et al., 2001）．興味深いことに，魚類でも相同遺伝子があり，メダカの鱗欠損系統 rs-3は *Edar* に変異があること（Kondo et al., 2001），トゲウオの鱗板数の変異は *Eda* の変異によること（Colosimo et al., 2005）などが明らかにされている．すなわち，*Eda* や *Edar* は魚類では鱗の数を支配していることから，同じく上皮の付属器官である歯についても，その数の制御に関与している可能性が出てきた．歯に関しては，EDA疾患の表現形質から考えると，遠心部ほど欠損や異常が出やすいので，原因遺伝子は歯堤の遠心方向への伸長にかかわっているものと推測される．

(2) 顎深部への歯堤の伸長・分岐による代生歯の歯数制御

深部方向の歯堤の伸長・分岐にともなう歯胚形成（＝代生歯形成）もあって，これによって歯の交換が可能になる（図6-20）．歯の交換様式は，魚類から爬虫類までは多生歯性，哺乳類では二生歯性が基本であるが，同時に，同形歯性から異形歯性へ，歯数が不定（無限）から一定（有限）へと変化しており，これらの形質は相互に関連している可能性がある．歯堤の深部への伸長・分岐は，ヒトであれば口腔上皮から乳歯（先行歯）歯胚を結ぶ歯堤から起こるもので，伸長した先端に永久歯（代生歯）の歯胚ができる（図6-20）．歯堤の伸長と分岐が続けば多生歯性となり，止まれば二生歯性もしくは一生歯性となる仕組みである．こうしたことから，歯の交換の制御とは代生歯堤の伸長の制御であるとみなすことができ，爬虫類までは個体が生きているかぎり伸長と分岐を続けることができたが，哺乳類では伸長と分岐が有限になったことになる．なお，*Runx2/Cbfa1* の異常によって生じるヒトの疾患，鎖骨頭蓋異形成症 cleidocranial dysplasia では，永久歯の歯数増加がみられることから（Mundlos et al., 1997），*Runx2/Cbfa1* が本来，代生歯の歯堤分岐や伸長の制御にかかわっている可能性があり，無限の代生歯発生を抑制していたことを思わせる．

(3) 歯胚発生中絶による制御

ここまでの類例では，歯堤の末端を制御することで歯数を制御していることをあげたが，

＊ マウスの表記慣例に従い，疾患名やタンパク質の名前は立体で，遺伝子名は斜体で表記する．すなわち，疾患EDAの原因遺伝子は *Eda*, *Edar*, *Edaradd*, それぞれの翻訳物（タンパク質）は Eda, Edar, Edaradd と表記される．

実際には歯列中の歯（末端に位置しない歯）が欠損している動物も少なくない．たとえば，マウスなど齧歯類は極端に歯数が少ないうえに，切歯と大臼歯の間に大きな間隙（歯隙）がある．この歯隙には痕跡歯（途中まで発生して停止し，消失する歯）が存在し（Peterková, 1983），歯胚の発生過程の途中でその数を減じていることがわかった（Turečková et al., 1995, 1996）．すなわち，歯数制御には第3の方式があり，それは，いったんできた歯胚をアポトーシスなどで減らすというものであった．*Lef-1* や *Pax-9* の欠損で歯胚発生が中絶することから（Kratochwil et al., 1996；Peters et al., 1998），これらの遺伝子もしくは関連遺伝子の発現による制御と思われる．ナガスクジラなど鬚鯨類では，胎仔期には顎の中に歯胚が多数存在し，途中で発生中絶して消失していくことが知られているが（第5章12鯨類の項参照），これも同じメカニズムに起因している可能性がある．

また，齧歯類や食虫類は一生歯性であるが，食虫類のスンクスでは第一生歯の歯胚が途中で発生を中止して消失し，第二生歯の歯胚のみが成長して萌出する．一方，齧歯類では萌出してくるのは第一生歯であって，第二生歯は最初から発生しない．このように一生歯性といっても，その様式やメカニズムが1つではないので注意が必要である．少なくとも歯数減少をどの段階で行うのかという点で，いくつか選択肢があるようである．

なお，マウスの切歯やゾウの切歯（いわゆる象牙）などの常生歯（＝伸び続ける歯），ゾウやマナティなどにみられる臼歯の巨大化と水平交換などの例については，メカニズムはよくわかっていない．

4）歯種の決定

肢芽や指の発生においてはホメオボックス遺伝子が部域特異的に発現しており，パターン形成を支配していることはよく知られている．また，ヒトの歯などでは歯種にかかわらず，隣接する歯同士が少しずつ似た形態を示しており，あたかも脊柱における椎骨の外形のゆるやかな変化を想起させる（図6-21）．そこで，椎骨の発生に必要な遺伝子であるHox遺伝子群（ホメオボックス遺伝子のなかでも最大の遺伝子群）の発現が期待されたが，現在までに顎におけるHox遺伝子の発現は報告されていない．しかし，それ以外のホメオボックス遺伝子については，部域特異的に発現することが報告されており，Butler（1939）の"場の理論"（図6-8参照）を前提とする分子機構も提唱されている（図6-22）．ただし，現在までの知見では，上顎と下顎での発現パターンに違いがあること，これらホメオボックス遺伝子のノックアウトマウスとヒトの遺伝子疾患患者の表現形質に違いがあることなどから，まだ不明な点や矛盾がある．

一方，Tuckerら（1998）は，マウス切歯歯胚を培養下でノギン noggin（BMP4のアンタゴニスト）で処理をしたのち，腎臓の被膜下で生体内培養すると，歯胚が臼歯様になることを示した．これは，BMP4を阻害することで切歯になるはずの歯胚が臼歯になったと考えられ，BMP4が歯種の決定に関与している可能性を示した．しかし，器官培養下で *Bmp4* をアンチセンス・オリゴデオキシヌクレオチド（AS-ODN）で翻訳阻害すると臼歯歯胚の咬頭形成が阻害されたことから（Tabata et al., 2002），Tuckerらの実験は，歯種の変更ではなく咬頭の形成不全をみてい

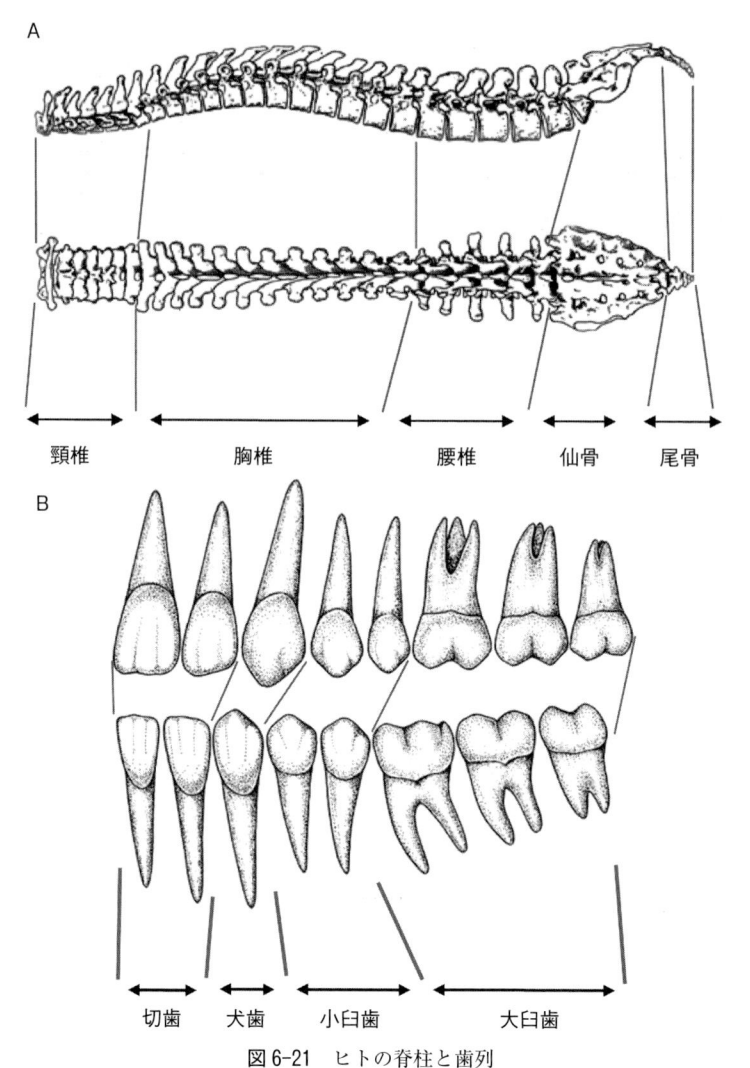

図 6-21 ヒトの脊柱と歯列
A：脊柱の側面（上段）と背面（下段），B：上顎歯列（上段）と下顎歯列（下段）．
いずれもゆるやかに形態が変化している様子がわかる

る可能性もある．当然ながら，歯種の決定は，歯冠の形態—咬頭数，咬合面や咬頭の形，大きさ，高さなど—の決定のメカニズムとも関連しており，一つの形質のみで歯種が変更になったとはいいきれないところに形態研究のむずかしさがある．

哺乳類の歯は，二生歯性，異形歯性，歯数一定が原則で，歯種の内容も基本歯式である $I\frac{3}{3} C\frac{1}{1} P\frac{4}{4} M\frac{3}{3} = 44$ の範囲内での変異（＝歯種，歯数を減らす方向での変異）が普通である．歯の形についてはかなりの変動がみられ，食性に応じてより有利な方向へと選択圧が個々に働いたとも考えられるが，咬頭の数や咬合面形態などそれぞれの歯種の特徴が保たれる範囲での変異に限定されている．一方，イルカやクジラなどでみられる円錐歯が並ぶ同形歯性の歯列は，何らかの遺伝子欠損が原因とみなすことができる（田畑，2003）．こ

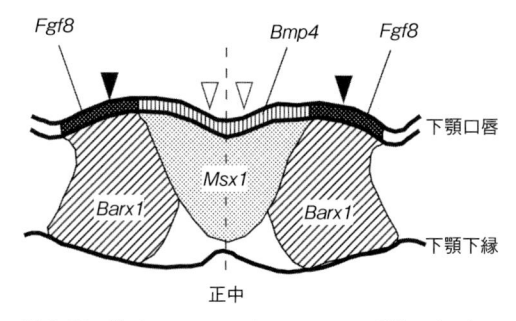

図6-22 胎生9.5〜10.0日のマウス下顎における *Bmp*4, *Msx*1, *Fgf*8, *Barx*1の発現パターン. 下顎を正面からみた図（McCollum & Sharpe, 2001）*Bmp*4, *Fgf*8は上皮に, *Msx*1, *Barx*1は間葉に発現. この時期にはまだ歯胚がないので, ▽で切歯の, ▼で第一大臼歯の発生する予定部位を示す

の形質はいわば退化的な変化であるが, むしろ水中魚食性に適した進化的に有利な形質として固定したものと考えられる.

以上のことから, 歯種決定は次のような段階からなると思われる. ①基本は同形の歯種が繰り返される同形歯性. しかし, ②部域特異的な遺伝子発現があって, 「歯種をつくる場」が4つ形成される. ③この場に応じて, 歯は特殊化し, 歯種を明確にする. なお, この特殊化の制御遺伝子は複数ある可能性がある. ④何らかの情報因子の濃度勾配が顎の近遠心方向に形成されて, 1つの歯種のなかでも歯の形態がゆるやかに変化する. この情報因子は, いわゆるモルフォゲンに相当するものだが, その実態は全く不明である. ただ, 魚類では顎歯も鰭条も同形構造の反復であるのに, 哺乳類では顎歯も手指も異形構造を形成するようになることから, 顎と肢芽が共通の機構で制御されている可能性もある.

5) 歯の大きさの制御

帽状期歯胚では, その中央付近にエナメル結節 enamel knotとよばれる上皮細胞の集塊が出現し, そこからSHH, BMP4, FGF, WNTなどさまざまな液性因子が分泌される（Jernvall *et al.*, 1994；2000；Vaahtokari *et al.*, 1996）. このため, エナメル結節は歯胚のシグナリングセンターと考えられているが, その配置が歯胚のほぼ中央であることや, 内因性のBMP4をアンチセンス阻害した培養歯胚に合成BMP4を培地に添加するとレスキューできた（Tabata *et al.*, 2002）ことから, 器官内に情報の勾配をもたらす可能性は低く, 肢芽形成におけるAER（外胚葉性頂堤 apical ectodermal ridge）, ZPA（極性化域 zone of polarizing activity）などとは機能が異なると考えられる（図6-23）.

ところで, 一般にどのような大きさの歯であれ, 蕾状期歯胚まではサイズにそれほどの差がみられず, 帽状期を過ぎて鐘状期初期になると, はじめてはっきりとした大きさに差が出てくる. こうしたサイズの差がどのようにして決まるのかは不明であるが, エナメル結節から出される因子の多くが細胞増殖を促す因子であることから考えて, 歯胚の単純な成長（＝全体のサイズを大きくする）を促すのがエナメル結節の役割の一つと考えられる. また, エナメル結節は一定期間がすぎるとみずからアポトーシスを起こして消失し, その後歯胚は帽状期を終えて鐘状期初期へと進む（Vaahtokari *et al.*, 1996）ことも, 歯胚の大きさの制御と関係していると考えてよい. すなわち, エナメル結節の存在する期間や分泌する増殖因子の量が歯胚の大きさを左右する可能性がある. *Msx*1, *Pax*9, *Lef*1のノックアウトマウスでは, 歯胚が帽状期で発生を停止しやがて消失することや（Satokata *et al.*, 1994；Peters *et al.*, 1998；Kratochwil *et al.*, 1996）, 前述のマウスの痕跡歯でもほぼ同じ段階で発生を停止することなどから

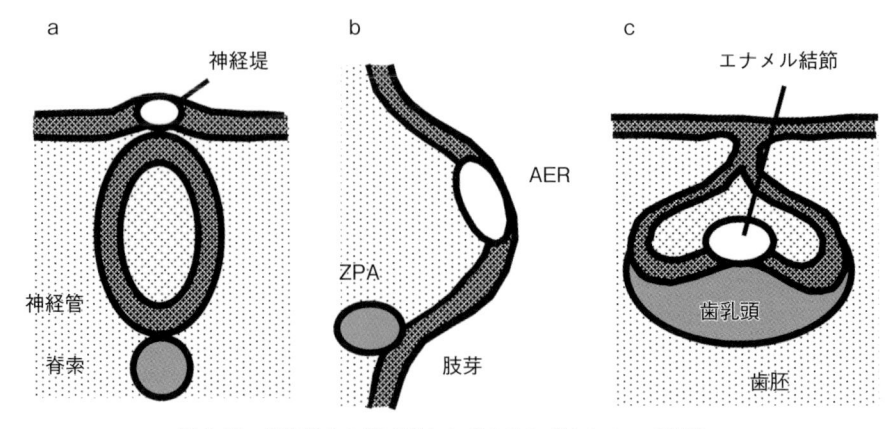

図6-23 器官発生の模式図とシグナリングセンターの配置
神経管（a）では神経堤と脊索が，肢芽（b）ではAER（apical ectodermal ridge）とZPA（zone of polarizing activity）が，歯胚（c）ではエナメル結節（一次エナメル結節）がシグナリングセンターとして働く

(Turečková et al., 1995)．エナメル結節は歯胚発生の存続と，歯の大きさの制御を担っていると考えられる．

ところで，歯の大きさの制御には多咬頭の歯を一つつくるか，単咬頭の歯を複数つくるかというような，いわば歯胚の分離・融合による制御も可能なはずである．実際，ヒトの臼傍歯や臼後歯など過剰歯の出現や歯の欠如については，歯の大きさとの相関が示唆されている（中田，1979；Brook，1984）．こうした歯胚そのものの区分を制御するメカニズムがあるとしたら，それは歯胚発生のごく初期に行われる可能性がある．また，帽状期以降はさまざまな種類の細胞が現れ，組織が複雑になるが，それぞれの役割は不明の点が多く，一次・二次エナメル結節の役割もよくわかっていない．今後の詳細な研究が待たれる．

6）歯の外形の制御

哺乳類の歯のように，異形歯性を示すものは，それぞれの歯に固有の形態があるが，発生過程においては鐘状期初期に形質が現れることから，その前段階の帽状期までにそれら

の決定がなされると考えられる．そこで著者らは，蕾状期〜帽状期のマウス臼歯歯胚を用いた器官培養をベースにアンチセンス法による阻害実験を行い，さまざまな上皮・間葉の相互作用が歯の発生や形態形成に直接関与している例を明らかにした．たとえば，歯胚間葉で部域特異的に発現するHGFは，歯胚上皮の増殖を促して歯冠の形態形成に関与していること（Tabata et al., 1996a；Matsumura et al., 1998），歯胚上皮で発現しているPTHrPは歯小嚢（将来の歯根膜）に分布する破骨細胞の活性化を促し，周囲の歯槽骨からの骨組織侵入の防止を行っていること（Liu et al., 1998；1999），帽状期初期において歯胚間葉で発現しているBMP4は咬頭形成に必須であること（Tabata et al., 2002）などがあげられる．今後の課題は，ほかの形成因子の実態解明と，こうした複数の形態形成因子を有機的に制御する機構の解明であろう．

なお円錐歯，円筒歯，矮小歯などは，帽状期までに生じた歯胚の発育不全（＝大きくなれなかった）の結果であり，癒合歯，過剰歯，

歯の欠損なども，やはり帽状期までに生じた歯胚の発生不良（＝形づくりの失敗）の結果であると推測できる．また，分子メカニズムの解明も進んでおり，ectodysplasinやectodinといった遺伝子発現の加減によって，過剰歯，矮小歯，欠如歯などが生じることも報告されている（Pispa *et al.*, 1999：2003；Kassai *et al.*, 2005）．

7）歯の凹凸の制御

歯の表面の凹凸を構成する要素としては，咬頭，結節，隆線，突起，歯帯，エナメル滴といった凸部と，溝，窩，小窩といった凹部に分けることができ，なかでも咬頭の数と形態，咬合面の形態は，歯の大きな特徴となっている．

咬頭形成とは，上皮細胞シートが円錐形に突出しながら大きくなっていく過程であり，その円錐斜面の面積増大には上皮細胞の連続的な供給が必要になる．この供給元は，円錐の辺縁部―将来の溝と隣接面の最大豊隆部―であるが，その円錐辺縁部直下の歯胚間葉にはHGFの発現が続いており（Tabata *et al.*, 1996a），HGFは歯胚上皮の細胞（主としてエナメル質を分泌・形成するエナメル芽細胞とその前駆細胞）を遊離・増殖させることから（Matsumura *et al.*, 1998），咬頭形成にもHGFが上皮細胞の増殖促進に関与していると考えられる（図6-24）．一方，帽状期初期の歯胚間葉で一様に発現しているBMP4の機能を阻害すると，咬頭のない扁平な咬合面をもつ歯胚が高頻度で形成された（Tabata *et al.*, 2002）．このことは，BMP4がなくても咬合面はできるが，その表面の凹凸である溝と咬頭が失われることを意味している．すなわち，平面な咬合面をもつことと多咬頭歯

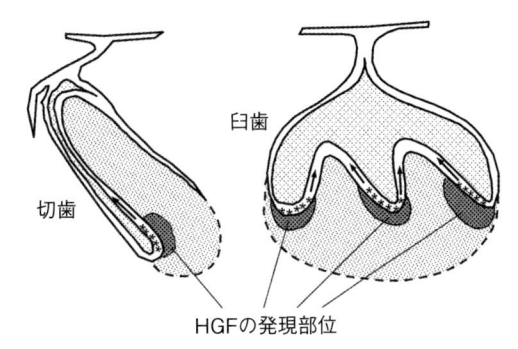

図6-24 マウス下顎の切歯と臼歯の鐘状期歯胚の模式図（Matsumura *et al.*, 1998）
図中の★で細胞増殖の盛んな部位を示し，矢印でその細胞の移動する方向を示す．また，細胞増殖部位の直下の網掛け部分ではHGFが発現し続ける

であることは同義でないことも示唆している．さらに，マウスの胎生13.5～14.0日の下顎第一大臼歯で阻害効果がとくに顕著であったことから，咬合面の凹凸の形成には帽状期初期にBMP4が関与していることが示唆された．

ところで，歯胚の内エナメル上皮の中央にエナメル結節とよぶ細胞集塊が出現することはすでに述べたが，帽状期に現れるものを一次エナメル結節，鐘状期初期に現れるものを二次エナメル結節と区別している．一次エナメル結節は，1つの歯胚に1個だけ現れる構造で，歯胚の成長に必要なさまざまな細胞成長因子を分泌する性質がある．そして，これらの因子が欠損すると歯に変異を生じることが明らかにされており，歯胚の成長や維持に重要な働きをするものと考えられている（Peter & Balling, 1999）．この一次エナメル結節は帽状期の終わりにいったん消失するが，鐘状期初期に二次エナメル結節としてふたたび現れる．二次エナメル結節は咬頭の数だけ出現する細胞集塊で，将来の咬頭頂となる部分に生じるため，咬頭形成に重要な役割を果たすと考えられており（Jernvall *et al.*, 1994），その形成にはBMP4の誘導によって発現す

る遺伝子 *p21* の働きが必要であることも示されている（Jernvall *et al.*, 1998）.

最近，ectodin という分泌因子が新たに発見され，二次エナメル結節と咬頭形成の関係がより明確になってきた（Kassai *et al.*, 2005；葛西・伊藤, 2006）．この ectodin は BMP（歯胚においては BMP2 と BMP4）と結合して阻害する機能があり，歯胚においては二次エナメル結節以外のところで発現していた．また，ectodin を失ったマウスでは，二次エナメル結節が広く分布したままになり，結果としてその歯の咬合面には多数の咬頭が生じていた．これらの結果は，BMP は広く合成分泌されるが，ectodin によって二次エナメル結節のみに働くよう調整され，咬頭の数が適正になるようなメカニズムがあることを意味する．BMP は咬合面に凹凸をつくる働きをもつが，単独では小さな咬頭（結節や隆起）がたくさんできるだけであり，これを ectodin で間引きして咬頭間が広くなるように調整し，大きな咬頭を形成できるようにしているようにも思われる．

進化の過程で咬合面がどのように獲得されたのかは現時点では不明である．しかし，真骨類のタイなどでみられる臼歯様の歯を観察すると，その形は鈍円の円錐歯であって，咬合面とよべるような平坦な構造はもっていない．機能的に「すりつぶし」が求められているものの，十分な対応ができていない段階とみることができる（図2-84 参照）．また，三錐歯は多咬頭歯であるが，咬合面をもっていない．すなわち，臼歯様であっても多咬頭であっても，咬合面のない時代があり，哺乳類になってはじめて咬合面を獲得し，顎関節の高度な発達もあって「すりつぶし」機能が向上したと考えられる．したがって，咬合面形成を支配する遺伝子は，咬頭形成を促す BMP4 とは別に存在し，独自に分化してきたと考えられ，今後の研究の展開が待たれる．

以上をまとめると，まず①咬合面を形成するか否かが決定され，②咬頭形成を促す BMP4 が発現し，③ *p21* と ectodin の働きで二次エナメル結節が適切な位置に現れて，将来の咬頭頂の位置が決まり，④咬頭の辺縁を形成する部分（＝将来の溝）で HGF が発現して咬頭の斜面を構成する細胞の供給が維持され，咬頭の面積が増大する．また，咬頭の形や大きさを決めるのは，帽状期から鐘状期初期にかけての「咬頭頂の位置決め」と「溝における細胞分裂の調整」の2つのメカニズムが重要と思われる．

8）歯の成分の進化

哺乳類の歯は，エナメル質，象牙質，セメント質の硬組織複合体であり，いずれもリン酸カルシウムからなる水酸リン灰石（ハイドロキシアパタイト）の微結晶を主体とする．現在の硬組織はそれぞれ特有の構造をもち，特有の有機物を含むが，進化の過程を遡ると異甲類などの皮甲の硬組織—アスピディン—にいきつく．そして，この原初の硬組織は骨と象牙質の両方の性質をもっており，元来はこの二者に明確な違いがなかったことを示している．このことを反映するように，骨と象牙質に含まれる非コラーゲン性タンパク質（NCP：non-collagenous proteins）の遺伝子は互いに近縁であり，1つにまとめて SIBLING（Small Integrin-Binding Ligand, N-linked Glycoprotein）ファミリーとよぶことが提唱されている（Fisher *et al.*, 2001；Qin *et al.*, 2004）．SIBLING ファミリーには，オステオポンチン（OPN），ボーン・シアロプロテイン（BSP），デンチ

表6-4 SCPP遺伝子ファミリー

左から遺伝子名の略号（斜体表記）と正式名，遺伝子座（ヒト）を示す．四角で囲まれているのはSIBILINGファミリー

エナメル質の基質タンパク質		
AMEL	amelogenin	Xp21/Yp11
AMBN	ameloblastin	4q13
ENAM	enamelin	4q13
カゼインタンパク質		
CSN1S1	casein α S1	4q13
CSN1S2	casein α S2	4q13
CSN2	casein β	4q13
CSN10	casein κ	4q13
唾液タンパク質		
STATH	statherin	4q13
HTN1	histatin 1	4q13
HTN3	histatin 3	4q13
PROL	proline-rich proteins	4q13
MUC7	mucin	4q13
象牙質・骨の基質タンパク質		
DSPP	dentine sialophosphoprotein	4q21
DMP1	dentine matrix acidic phosphoprotein 1	4q21
IBSP (BSP)	integrin-binding sialoprotein (bone sialoprotein)	4q21
MEPE	matrix, extracellular, phosphoglycoprotein	4q21
SPP1 (OPN)	secreted phosphoprotein 1 (osteopontin)	4q21
SPARCL1	secreted protein, acidic, cysteine-rich related 1	4q21
SPARC	secreted protein, acidic, cysteine-rich protein (= osteonectin; NOP, novel ovarian protein)	5q31-32

ン・マトリックス・プロテイン1（DMP1），デンチン・シアロフォスフォプロテイン（DSPP）などが含まれる（表6-4）．DSPPは，デンチン・シアロプロテイン（DSP）とデンチン・フォスフォプロテイン（DPP）の2つの酸性タンパク質をコードする遺伝子がタンデムに並んだものであることが近年明らかにされた（Gu et al., 2000；Yamakoshi et al., 2003）．

エナメルタンパク質には，アメロゲニン，エナメリン，アメロブラスチン（シースリン）などがあり，鐘状期後期からエナメル芽細胞によって分泌され，幼若エナメル質には大量に含まれる．水酸リン灰石の微結晶の成長や配向性形成に寄与するものと考えられており，同じくエナメル芽細胞によって分泌されるMMP20などのプロテアーゼによって時限的に分解され，エナメル芽細胞によって徐々に脱却されるため，成熟したエナメル質にはほとんど含まれないのが特徴である．エナメルタンパク質の遺伝子はさまざまな動物でクローニングされており（Ishiyama et al., 1998；Toyosawa et al., 1998：2000；Shintani et al., 2002：2003），分子進化の過程が明らかにされつつある．また，歯胚上皮ではサイトケラチン14がきわめて特異的に発現するが（Tabata et al., 1996b），アメロゲニンが細胞内で移動する際にこのサイトケラ

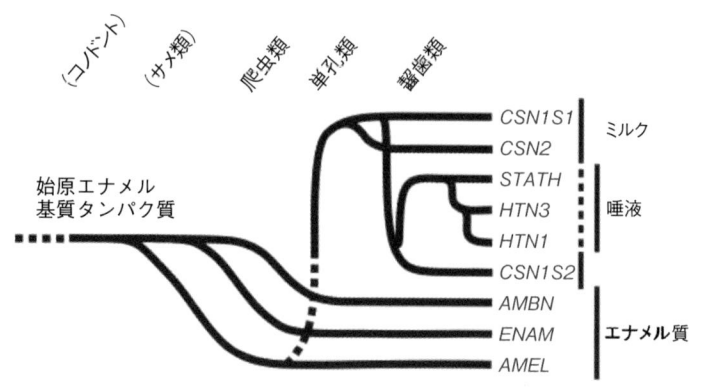

図6-25 SCPP遺伝子ファミリーの分岐（Kawasaki & Weiss, 2003）遺伝子名の略号は表6-4を参照．略号の並び順は染色体上での配置（遺伝子座の並び）を反映している

チン14と結合することや（Ravindranath *et al.*, 2001），アメロブラスチンが接着分子として働くこと（Fukumoto *et al.*, 2004）など，機能研究の展開が近年著しく，遺伝子進化の過程を考えるうえでの示唆が得られつつある．

なお，エナメルタンパク質，象牙タンパク質，ミルクカゼインタンパク質や唾液タンパク質の遺伝子の近縁性から，SCPP（Secretory Calcium-binding Phospho-Protein）ファミリーという呼称が提唱されており，共通の祖先タンパク質として，SPARC があげられ，各遺伝子の分岐も示されている（表6-4，図6-25：Kawasaki & Weiss, 2003；川崎, 2007）．SCPP は前述した SIBLING ファミリーをも内包する大きな遺伝子ファミリーであり，今後，この遺伝子群の詳細な研究によって，硬組織の進化が一層明確になるものと期待できる．
　　　　　　　　　　　　　　　　（田畑　純）

3　人類の歯の進化

1）序　説

第5章ではいろいろな哺乳類の臼歯のタイプについて，中生代哺乳類が獲得したトリボスフェニック型臼歯 tribosphenic molar がどのように再編成されていくか，という観点を軸にして説明を試みた．ヒト *Homo sapiens* の臼歯といえども，トリボスフェニック型臼歯が再編成されてきた一変異形態であるから，トリボスフェニック型臼歯の進化史的意味を十分に理解していただきたい．

ヒト上科 Hominoidea は，オランウータン科 Pongidae とヒト科 Hominidae を含み，歯の基本構造は互いによく似ている．オナガザル科と同じように，切歯は2本，小臼歯も2本に減少する．ヒト上科の臼歯は，トリボスフェニック型臼歯がもつ2つの機能のうちのトリボスの部分，咬み砕く機能を極限にまで巧緻にした臼歯の型である，というとらえ方ができる．

2）食虫類進化の二方向分化傾向

中生代哺乳類から進化してきた食虫類が，トリボスフェニック型の臼歯をもっていたということは，食虫類を祖先にして進化の道を歩み始める多くの哺乳類の進化の方向を決定的に規定することになる．トリボスフェニッ

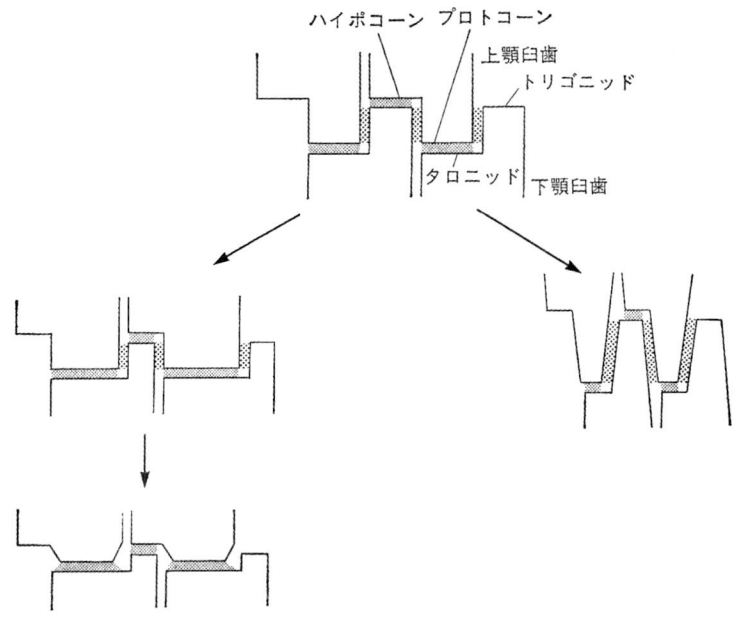

図 6-26 臼歯の構造にみられる初期食虫類の二方向分化傾向（図の右が近心，左が遠心）
上：典型的トリボスフェニック型臼歯．右：スフェン（楔）を強調した臼歯で，*Cimolestes* がこの臼歯型をもつ．左列：トリボス（摩擦）を強調する臼歯の系列．左列の上：*Gypsonictops* および初期（暁新世）の霊長類の臼歯の構造．スフェンの機能がまだ果たされていることに注意．左列の下：始新世の霊長類の臼歯の構造．スフェンの機能はみられず，トリボスの機能はプロトコーンとタロニッドでおもに果たされている．すべて舌側面観．細かな網点部はトリボスの，粗い網点部はスフェンの機能が果たされている位置

ク型臼歯は咬み砕きないしはすりつぶし（トリボス）の機能と，切り裂き（スフェン）の役目を同時に果たせる構造をもっている．

　トリボスフェニック型臼歯からどのようなタイプの臼歯が進化してくるか，つまり，トリボスフェニック型臼歯がどのように再編成されていくのかということは，基本的には 2 つの機能のうちのどちらをより強調する臼歯の構造になるか，ということにほかならない．

　まず，咬み砕きの機能を強調するときに，どのような構造の変化が臼歯に起こっているかをみてみると，咬み砕きの機能は，おもにタロニッドとプロトコーンで果たされていることがわかる（図 6-26）．広い凹みをもつタロニッドと大きなプロトコーンは，臼と杵，ないしは，すりばちとすりこぎの関係にあたる．歯の上下運動は，タロニッドという臼をプロトコーンという杵に咬み込ます作用にあたるし，これに水平運動を加えると，すりこぎでものをすりつぶす作用に相当する．

　このとき，プロトコーンが細く，先の尖った咬頭であっては，杵としての機能がうまく果たせない．低く太い咬頭であれば，十分に機能することができる．タロニッドが広く大きくなり近遠心方向に動くとき，プロトコーンは低く太い咬頭でなければならない．トリゴニッドが大きく，タロニッドに対して高いものであっては，トリゴニッドがプロトコー

223

ンとぶつかり合って，十分にすりつぶしの機能が果たせない．したがって，トリゴニッドは小さく，タロニッドとの高低差は小さい構造になる．

　咬み砕きの機能は，もう1つの遠心にある下顎臼歯のトリゴニッドとハイポコーンとの間でも果たされている．臼歯の構造で重要なことは，プロトコーンとハイポコーンの高低差は，基本的には，トリゴニッドとタロニッドの高低差とほぼ同じになる，という点である．下顎臼歯のトリゴニッドとタロニッドの高低差が小さいものになると，それに対応して，上顎臼歯のプロトコーンとハイポコーンの高低差も小さくなる．これを歯冠面からみると，ハイポコーンが発達してプロトコーンの高さに近づく，というようにみえるのである．有爪類はこの臼歯の型をもち，霊長類はその代表的な例である．

　もう一方の切り裂きの機能を強調すると，トリボスフェニック型臼歯では，プロトコニッドとメタコニッドを結ぶ稜がプロトコーンとパラコーンを結ぶ稜との間でカッターの役目をして，プロトコニッドとパラコニッドをつなぐ稜とプロトコーンとメタコーンの間の稜とが同じ間柄となる．パラコニッドは決して退化しない．プロトコーンは，細くて鋭いほうが切り裂きの機能が強調される．さらに，トリゴニッドがタロニッドよりもはるかに高くなっているほうが，カッターとしての役目が十分に果たされる．

　つまり，プロトコーンが細いということは，タロニッドが小さいことを意味するし，トリゴニッドとタロニッドの高低差が大きいということは，プロトコーンとハイポコーンとの高低差がかなりある，という結果になる．臼歯の構造と機能をよく観察すると，実際には，ハイポコーンは切り裂きの機能に関与していない．したがって，上顎臼歯を歯冠面からみると，ハイポコーンは発達していないか，発達しているとしてもプロトコーンのかなり下のほうにある，ということになる．

　これが，切り裂きの機能を強調するときにみられる臼歯の構造のパターンである．この構造は，食肉類の裂肉歯に典型的にみられる．

　このように，トリボスフェニック型臼歯をもつ初期の食虫類は，それぞれトリボス tribos（摩擦）とスフェン sphen（楔(くさび)）の機能を分化させる方向に進化していくことになる．その分化の傾向は，すでに，白亜紀後期の食虫類に見出されている．これが，初期食虫類の二方向分化傾向とよばれるものである．

3）初期の霊長類の臼歯の構造

　繰り返し述べたように，トリボスフェニック型臼歯の特徴は，1つの臼歯が，咬み砕きと切り裂きの2つの機能を同時に果たせる構造をもつことにある．このようなトリボスフェニック型臼歯の特徴として，次の6点をあげることができる．

①下顎臼歯のトリゴニッドとタロニッドの高低差が明瞭にある．
②トリゴニッドとタロニッドの近遠心径と頬舌径の長さと幅は，それぞれほぼ等しい．
③下顎臼歯にパラコニッドが存在する．
④上顎臼歯の咬頭，とくにパラコーンとメタコーンは高く，尖っている．
⑤上顎臼歯のハイポコーンは未発達で，プロトコーンとの高低差は明瞭である．
⑥上顎臼歯の頬舌径の幅は，下顎臼歯の幅よりもかなり広い．

　果実食性ないしは草食性に適応して，食べ物を咬み砕いたり，すりつぶしたりする必要

に迫られた初期の霊長類の臼歯は，どのように再編成されるのであろうか．すでに述べたように，プロトコーンは低く太くなって，それにともなってトリゴニッドとタロニッドの高低差はなくなってくる（①の変革）．食虫類の臼歯の各咬頭は，ミミズや昆虫の幼虫などの軟らかい食べ物を突き刺す作用をしていたが，これらの咬頭もプロトコーン同様に，低く太くなる（④の変革）．

タロニッドがプロトコーンに咬み合うとき，ハイポコニッドがプロトコーン・パラコーン・メタコーンの3咬頭で囲まれた凹み（トリゴンベイスン）と咬み合っていることに注意してほしい．この咬み合いは，上下さかさまではあるが，ハイポコニッドが杵，トリゴンベイスンが臼の役割を果たしている．したがって，プロトコーンの発達に対応して，ハイポコニッドも発達しているのである．

プロトコーンが低く太くなると，パラコーンおよびメタコーンと結んでいた稜は，もはやカッターの刃の役目は果たせない．これに対応して，トリゴニッドが支えていたカッターの刃の役目も重要性が失われる．このように，ハイポコニッドの発達とタロニッドの重要性が強調される一方で，トリゴニッドの重要性は失われていく．そして，トリゴニッド自体が縮小するから，その近遠心径および頬舌径はタロニッドのそれらに比べて小さいものとなる（②の変革）．

タロニッドに対してそれほど高くはないトリゴニッドは，むしろ臼としてのタロニッドの前縁部を形づくる役目を果たす．トリゴニッド自体がタロニッドの前縁部を形成するので，タロニッドのすぐ前にあるプロトコニッドとメタコニッドは，それなりの機能を果たしていることになる．これらの咬頭は，小さくはなっても，決して消失しない．しかし，パラコニッドに関しては，事情は異なる．臼としてのタロニッドの後縁部は，もう1つ遠心に位置する下顎臼歯のトリゴニッドが形成している．このとき，そのトリゴニッドのプロトコニッドとメタコニッドが存在しさえすれば，その役目は十分に果たされていることになる．つまり，パラコニッドの構造としての機能は，ほとんどなくなってしまっている．したがって，パラコニッドは退化，消失してしまう（③の変革）．

三結節性の上顎臼歯は，頬側部の近遠心径のほうが舌側部のそれよりも長い．したがって，しばしば歯列の舌側部には歯の構造物のない空隙が生じる．遠心歯帯から派生したハイポコーンは，この空隙を埋めるように発達し，トリゴニッドと咬み合う．このときのハイポコーンの役割をみると，隣り合う臼歯の2つのプロトコーンにはさまれたハイポコーンが下向きの臼となり，小さいながらもタロニッドより高いトリゴニッドが杵の役目となっている．トリゴニッドの高さがなくなるにつれてハイポコーンもプロトコーンの高さに近づく．これは，ハイポコーンの発達のようにみえるが，実はトリゴニッドの退化にともなう現象なのである．この段階では，ハイポコーンとプロトコーンの差は小さくなる（⑤の変革）が，大きさはハイポコーンのほうがはるかに小さい．

このような臼歯の形態は始新世の霊長類に典型的にみられる（図6-27）．ただし⑥はまだ変革されていない．

4）ヒト上科の臼歯の特性

ヒトと類人猿の臼歯の最大の特徴は，トリボスフェニック型臼歯の面影がすっかりなく

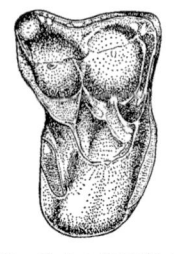

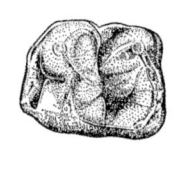

図6-27 最古の霊長類プルガトリウスの大臼歯の咬合面 ×10
左：暁新世の *Purgatorius unio* の上顎左側第二大臼歯，右：下顎右側第二大臼歯

なってしまい，上下顎臼歯の頬舌径の幅がほぼ同じとなって，ハイポコーンとプロトコーンが基本的には同じ高さとなり，トリゴニッドとタロニッドの高低差がなくなる，ということである．これらは，咬み砕いたりすりつぶしたりする必要から生じた形態変化と考えられる．

ヒトとチンパンジー *Pan* の臼歯を比較すると，チンパンジーの臼歯のほうが，それぞれの咬頭がほかの咬頭から分離独立しているので，咬み合わせの関係も理解しやすい（図6-28, 29）．

チンパンジーの臼歯の咬頭は，ヒトの臼歯に比べると小さく，頂点が尖っている．それぞれの咬頭は臼歯の周辺部に位置していて，臼歯の中央部には大きな凹みがある．この形態は，上下顎の臼歯ともに同じである．ハイポコーンはプロトコーンよりやや低く，タロニッドもトリゴニッドより少し低い．つまり，チンパンジーの臼歯は，トリボスフェニック型臼歯の原型的形質を，わずかながらもまだ残している．

下顎第一大臼歯では，中央部に近遠心方向に伸びる大きな溝，凹みが形成される．プロトコニッドとメタコニッドは大臼歯の近心縁に位置し，ハイポコニッド・ハイポコニュリッ

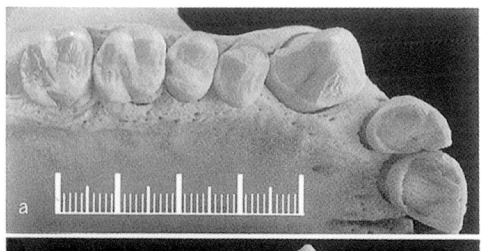

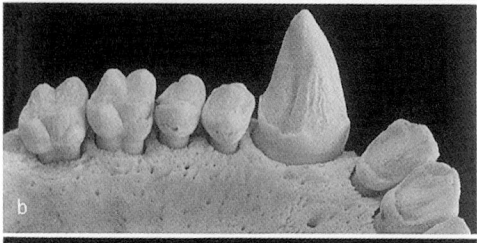

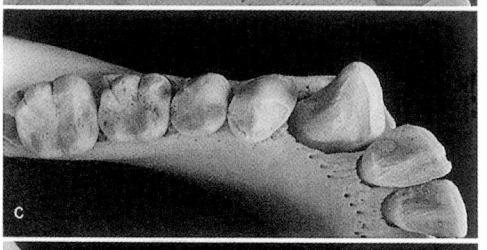

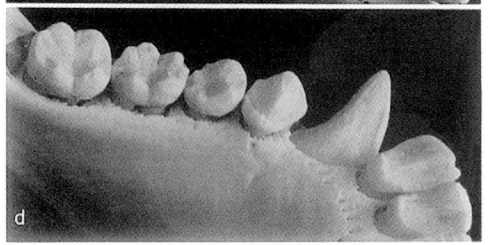

図6-28 チンパンジーの歯列
上顎右側歯列の咬合面観（a）とやや舌側からみたところ（b）
下顎左側歯列の咬合面観（c）とやや舌側からみたところ（d）

ド・エントコニッドは遠心縁に位置する．プロトコニッド，メタコニッド，エントコニッドとハイポコニッドの4つの咬頭で囲まれた部分がもっとも深い凹みとなっている．この凹みが上顎第一大臼歯のプロトコーンと咬み合う．ハイポコニュリッドはハイポコニッドにくっつくように位置し，ハイポコニュリッドとエントコニッドは溝によって隔てられている．

もう1つ遠心に位置する下顎第二大臼歯で

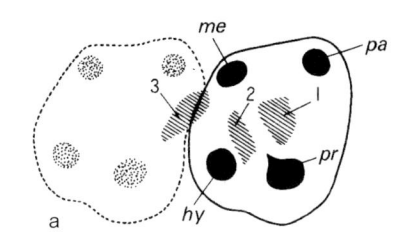

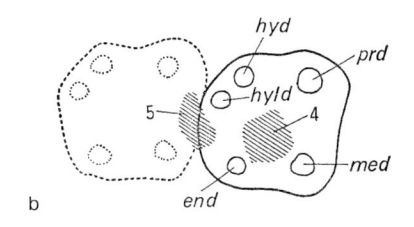

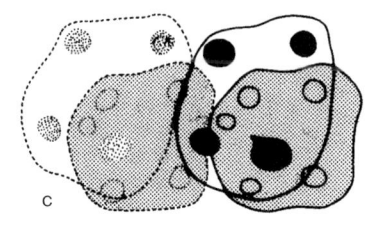

図6-29 チンパンジーの大臼歯の咬合関係図
実線：第一大臼歯，点線：第二大臼歯
a：右側上顎大臼歯．*hy*：ハイポコーン，*me*：メタコーン，*pa*：パラコーン，*pr*：プロトコーン
b：左側下顎大臼歯．パラコニッドは消失して存在しない．*end*：エントコニッド，*hyd*：ハイポコニッド，*hyld*：ハイポコニュリッド，*med*：メタコニッド，*prd*：プロトコニッド
c：上下顎大臼歯の咬合関係図．影の部分が下顎大臼歯
a，bの数字は凹み（臼）の位置を示す．臼と杵の関係は，1とハイポコニッド，2とハイポコニュリッド，3とプロトコニッド，4とプロトコーン，5とハイポコーンがそれぞれ咬合する．5カ所で臼と杵の関係がみられることに注意

は，パラコニッドは退化していて存在せず，プロトコニッドとメタコニッドは互いに離れていて，その中間は凹みとなる．第一大臼歯のハイポコニュリッドとエントコニッドの間の溝は，第二大臼歯のプロトコニッドとメタコニッドの中間の凹みに連なって，全体として1つの凹み構造を形成する．この凹みが上顎第一大臼歯のハイポコーンと咬み合うことになるのである．そのときの機能は，ハイポコーンが杵で，その凹みは臼に相当する．

初期の霊長類では，2つのプロトコーンにはさまれたハイポコーンが下向きの臼となり，小さいながらもタロニッドより高いトリゴニッドが杵の役目を果たしていた．しかし，ハイポコーンとプロトコーンの高さが同じになると凹みがなくなり，ハイポコーンはもはや臼としては機能できなくなった．そして，低くて太い咬頭としてトリゴニッドと咬み合うと，トリゴニッドは杵としてではなく，臼として機能するようになる．パラコニッドが消失した後，トリゴニッドのその部分が凹みとなって，臼状の構造となったと考えられる．

類人猿の進化で面白いのは，実はこの点であって，ハイポコーンとトリゴニッドの対応関係と機能はそのままで，役割分担が進化の過程で完全に逆転してしまっているのである．

さらに，トリゴニッドの姿に注目すると，トリゴニッドの頬舌径はタロニッドの頬舌径に等しくなって，全体として上顎臼歯の頬舌径に近くなっていることに気づく．食虫類から，初期霊長類の段階を経て類人猿に至る進化の過程では，トリゴニッドの頬舌径の幅がいったん狭くなって，あらためて広いものに逆戻りしているのである．しかし，姿形がもとに戻ったのではない．その過程でパラコニッドが消失しているし，タロニッドが大きくなっている．トリゴニッドとタロニッドの近遠心径を比較すると，トリゴニッドの近遠心径は，タロニッドのそれの4分の1程度になってしまっている．

下顎臼歯の構造の変革に比べると，上顎臼歯の構造はよほど祖先の面影をとどめている．パラコニュールやメタコニュールの副咬頭は

存在せず，南米のオマキサル科にしばしば現れるような各種スタイルも存在しない．上顎臼歯はきわめて単純な構造をもっている．

上顎大臼歯はほぼ正方形に近い四角形で，プロトコーン・パラコーン・メタコーン・ハイポコーンの4咬頭は四角形の各コーナーに位置する．下顎大臼歯と同様に，中央部に大きな凹みをもつ．プロトコーンとパラコーン，プロトコーンとメタコーンは弱い隆線でつながるため，中央部の凹みはこの隆線によって3分割されている．しかし，チンパンジーのこの隆線はゴリラ Gorilla ほどには強くないので，凹みの3分割もそれほど明瞭でない．

3分割された凹みのなかでもっとも大きなものは，プロトコーン・パラコーン・メタコーンで囲まれた凹みである．この凹み（臼）にハイポコニッド（杵）が咬み合う．その凹みは，実は，トリボスフェニック型臼歯のトリゴンベイスンであって，それとハイポコニッドが咬み合うパターンは，祖先がもっていた姿なのである．

プロトコーンとパラコーンを結ぶ隆線の近心にある凹みは，もう1つ近心に位置する上顎臼歯の最遠心の凹みと合体して，1つの凹みを形成する．その凹み（臼）にプロトコニッド（杵）が咬み合う．

ここで，上顎大臼歯の最遠心の凹みに注目していただきたい．プロトコーンとメタコーンを結ぶ隆線よりも遠心には，もともとは1つだけ凹みが形成されていた．これは，3分割された3番目の凹みである．ハイポコーンが発達するにつれて，弱い隆線がハイポコーンとメタコーンを結ぶようになる．そのようになると，3分割された3番目の凹みが，この隆線によってさらに2分割される．2分割された凹みのうち，その隆線の遠心にある凹

みにプロトコニッドが咬み合う．その降線の近心にある凹み（臼）は，プロトコーン・メタコーン・ハイポコーンで囲まれていて，この凹みにハイポコニュリッド（杵）が咬み合う．この凹みは，中央部の大きな凹みの遠心，やや舌側に位置しており，これらの凹みと咬み合う下顎大臼歯のハイポコニュリッドとハイポコニッドの位置関係は，これらの凹みの位置関係と対応している．つまり，ハイポコニュリッドはハイポコニッドの遠心，やや舌側に位置するのである．その結果，ハイポコニュリッドは，エントコニッドのはるか頬側に位置するようになっている．

上に述べた臼と杵の関係をまとめると，全体で5カ所，臼と杵の関係がみられており，切り裂きの機能は果たされなくなっている．類人猿の臼歯というのは，咬み砕く機能を極限にまで巧緻にしたもの，とみることができる．

5）遠心咬頭の特異性

歯の構造の命名体系は，ヒトの歯を中心にした体系と，哺乳類の歯の比較解剖学の立場から導入された体系とが共存している．両者の対応関係を図6-30に示した．ハイポコニュリッドは，ヒトの歯の命名体系に従うと遠心咬頭である．

ヒトないし類人猿の臼歯を，その原型的なタイプであるトリボスフェニック型臼歯と比較したとき，どのような形態学上の特性がみられるかは前項で述べた．そのなかで触れなかった特性として，遠心咬頭の発達程度がある．

食虫類から実にさまざまな真獣類が進化しているが，ヒト上科のような遠心咬頭の発達程度をみせているグループはほかに存在しな

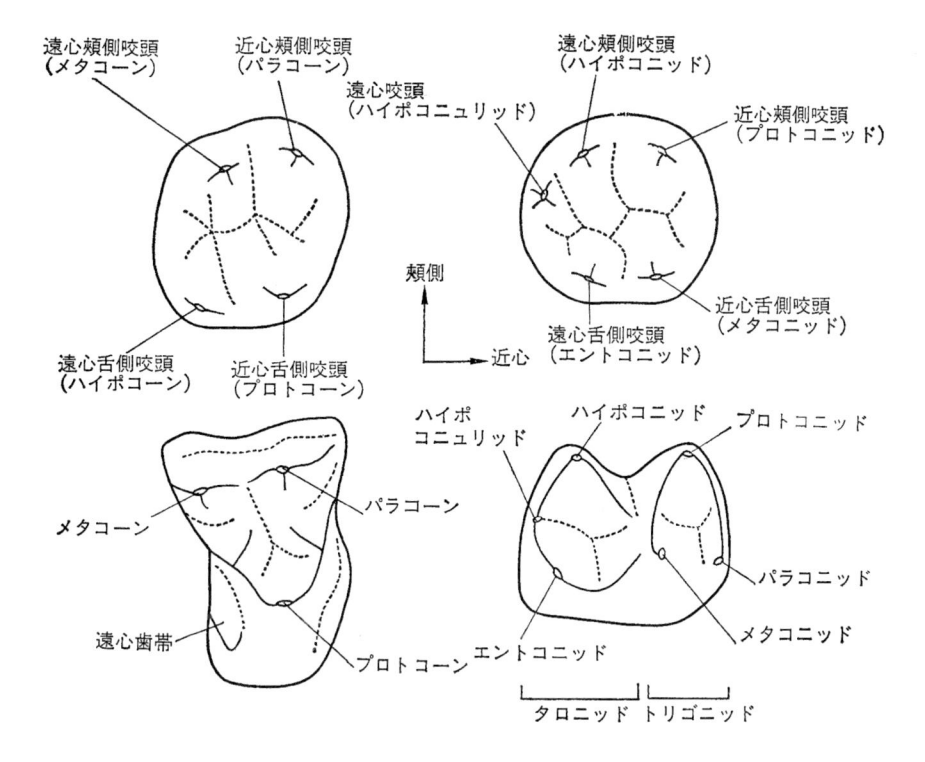

図 6-30 咬頭の命名対照図．ヒトとサルの大臼歯の咬頭の相同関係（図の右が近心，左が遠心）点線は溝の位置を示す．上：ヒト，下：暁新世の霊長類プルガトリウス，左：上顎右側大臼歯，右：下顎左側大臼歯．倍率は不等．プルガトリウスの大臼歯の近遠心径は 1.9 mm．トリボスフェニック型臼歯の典型

い．そこで，あらためてハイポコニュリッドの機能的な役割を考えてみたい．

典型的なトリボスフェニック型臼歯にあっては，ハイポコニュリッドはタロニッドの凹みの遠心縁を形成する．ハイポコニッドとエントコニッドの中間点の遠心に位置するのが普通である．その遠心には，もう 1 つ遠心に位置する下顎臼歯のトリゴニッドが存在し，そのトリゴニッドが，やはりそのすぐ近心にあるタロニッドの遠心縁を形成している．したがって，タロニッドの遠心縁としての役割はトリゴニッドのほうが重要であるから，ハイポコニュリッドは大型化しないのが普通である．ほとんどの場合，エントコニッドやハイポコニッドよりも小さい．

双波歯型臼歯になると，ハイポコニッドと連結する稜に形を変えて，咬頭としての独自性は失われる．そして，その位置はエントコニッドに近いところになる．このような姿は，有袋類のオポッサム科，食虫類のツパイ・トガリネズミ・モグラにみられる．稜の形成が顕著なグループ，齧歯類や奇蹄類では，ハイポコニッドから遠心舌側に伸びる遠心歯帯の形成に関与するか，ハイポコニッドとエントコニッドが稜（ハイポロフィッド）を形成するので，ハイポコニュリッドそのものが消失してしまう．

このように，ほとんどの哺乳類では，ハイポコニュリッドの重要性は強調されない．例外的に，下顎第三大臼歯のハイポコニュリッ

ドが異常発達することは，しばしばみられる．第三大臼歯の遠心には歯は存在しないので，タロニッドが遠心に大きく伸びることがある．このタロニッドの伸びは，ハイポコニュリッドの遠心方向への拡大という形式をとる．このような動物でも，第一・第二大臼歯のハイポコニュリッドは小さいのが普通である．

　ヒト上科にみられる遠心咬頭ハイポコニュリッドの発達は，咬み砕く機能を強調していく過程で達成されたものと思われる．上顎臼歯のハイポコーンの発達と，それにともなう咀嚼面積の拡大，構造改革の一連の進化の過程で異常に発達したものであろう．凹み（臼）に対応して咬頭（杵）が作用する機能形態学的関連から，ハイポコニュリッドはエントコニッドではなく，ハイポコニッドに隣接するという，ほかの哺乳類にはみられない構造をもつようになった．

6）ヒトの臼歯の特性

　ヒトの臼歯の構造は，基本的にはチンパンジーの臼歯と同じである（図6-31）．最大の，そしてもっとも重要な違いは，ヒトの臼歯では各咬頭から中央部の凹みに向かって太い隆線が伸び，結果として中央部の凹みは埋められるようになることである．これは上下顎大臼歯ともに同じで，隆線が交わるところに深い溝が形成され，複雑な形状を呈する．また，隆線の発達程度もさまざまであり，咬頭と咬頭の間に副咬頭を生じる場合もある．また，咬頭そのものの発達程度にも多様な変異性がみられる．

　上顎大臼歯の主要な溝は，模式的に考えるならば，頬側部が遠心に傾いたH字型をしている．H字の横棒にあたる溝は普通，中心溝とよばれるが，ほかの溝については，さ

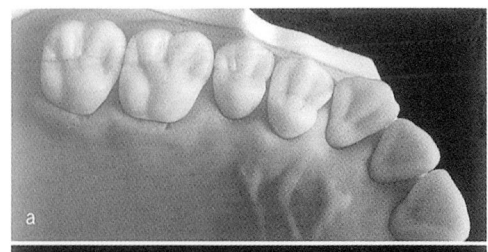

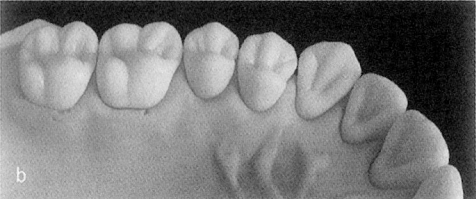

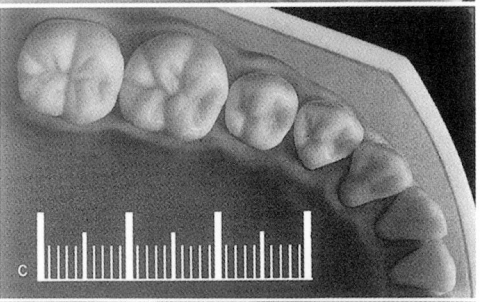

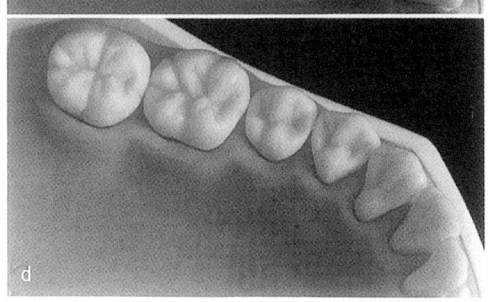

図6-31　ヒトの歯列模型
上顎右側歯列の咬合面観（a）とやや口蓋側からみたところ（b）
下顎左側歯列の咬合面観（c）とやや舌側からみたところ（d）

まざまな名称が与えられている．これらの命名体系はヒトの臼歯の解剖学にとっては重要であるが，ほかの哺乳類の臼歯にあてはめることはできないので，ここでは省略する．

　上顎大臼歯の構造のなかで，もっとも大きな変異性を示すのは遠心舌側咬頭，ハイポコーンである．第一大臼歯には比較的安定してハイポコーンの発達はみられるが，第二・第三

大臼歯にハイポコーンが未発達である個体がしばしばみられる．そのような個体では，プロトコーンが歯冠の舌側部を占め，頬側部にパラコーンとメタコーンが並ぶ．溝のパターンは上下逆のT字型になる．

プロトコーンとパラコーンの中間，プロトコーンとメタコーンの間に副咬頭が生じることがあり，それらはそれぞれプロトコニュール（パラコニュールの同物異名），メタコニュールとよばれる．初期の霊長類や食虫類の上顎臼歯の副咬頭と出現する部位が同じであることから，同じ名称が与えられている．

下顎大臼歯の溝のパターンはさらに複雑である．下顎大臼歯には咬頭が5つあって，それらの発達が個体によってさまざまに変化するからである．もっとも一般的なパターンは，臼歯の舌側部に，近心からメタコニッドとエントコニッド，頬側部にプロトコニッド・ハイポコニッド・ハイポコニュリッドが並んで，それらがY字型の溝で区切られる型である．このパターンは，中新世の化石類人猿，ドリオピテクス *Dryopithecus*（図6-32）に典型的にみられるところから，ドリオピテクス型 Dryopithecus pattern と名づけられている．アウストラロピテクス *Australopithecus* やホモ・エレクトゥス *Homo erectus* などの化石人類には，この臼歯型をもつものが多い．ヒトの下顎大臼歯にみられるこの型の特徴は，近心舌側咬頭（メタコニッド）が大きくて，これが頬側の2咬頭と隣接すること，および遠心咬頭（ハイポコニュリッド）が存在することによって形成される．

これに対して，遠心咬頭が形成されず，近心舌側咬頭がほかの3つの咬頭，プロトコニッド・ハイポコニッド・エントコニッドと同じ大きさになると，咬頭の間の4つの溝は十字

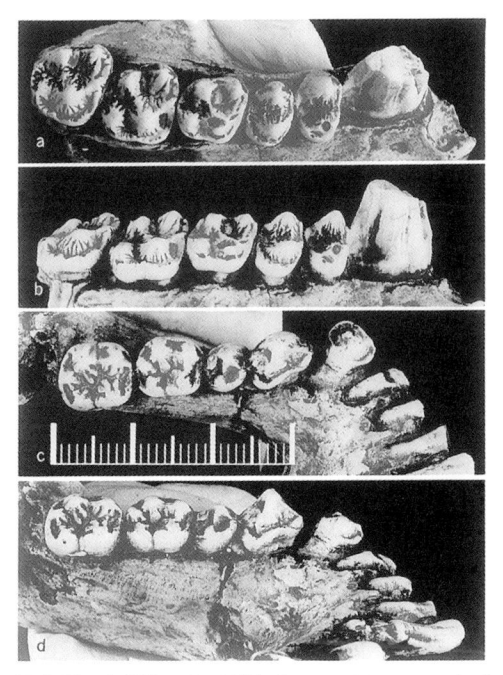

図6-32 中新世の化石類人猿 *Dryopithecus gordoni* の歯列
上顎右側歯列の咬合面観（a）とやや舌側からみたところ（b）
下顎左側歯列の咬合面観（c）とやや舌側からみたところ（d）

型をなして中央部に集まる．このパターンは十字型 plus pattern とよばれる．近心舌側咬頭がさらに小さくなり，近心頬側咬頭（プロトコニッド）が大きくなると，この咬頭が舌側の2つの咬頭と隣接するパターンとなる．このパターンはX型とよばれる．

これらの型の出現頻度は人類集団によって大きな差があるので，人類学の立場から興味をもたれてきた問題である．しかし，歯の比較解剖学的な立場からは，それらの型が，上顎大臼歯ではハイポコーン，下顎大臼歯ではハイポコニュリッドの発達の程度と深くかかわり合っていることが興味深い．

上顎大臼歯の3つの主咬頭，プロトコーン・パラコーン・メタコーンは，トリボスフェニック型臼歯が形成されたときからすでに存

在している．しかし，ハイポコーンは霊長類の進化の過程において形成されてきた，いわば新しい構造物なのである．もう1つのハイポコニュリッドは，すでに述べたように，ヒト上科で特異的な発達をとげた構造物であって，しかも，ハイポコーンの発達にともなって形成されたプロトコーンとメタコーンとの間の凹みと咬み合う役割分担者として進化をとげた．ハイポコニュリッドの発達の過程は，ハイポコーンの進化の過程と関連している．

進化の流れのなかの，比較的に新しい時期に形成された構造物であって，まだ十分に安定した形質とはなっていないことが，個体による差が大きいということに反映しているのかもしれない．

7）異常咬頭

ハイポコーンは，上顎臼歯の遠心舌側部の，プロトコーンの遠心のところに形成された構造物である．ハイポコーンが形成されていない三結節性の臼歯では，隣り合う臼歯のプロトコーンの間は空隙になっているプロトコーンの近心部と遠心部にはそれぞれ歯帯が発達して，その空隙を埋めている．多くの哺乳類では，プロトコーンの遠心にある遠心歯帯の上に新しい咬頭が形成されてハイポコーンとなる．

始新世の霊長類，*Pelycodus* から *Notharctus* に至る系列では，プロトコーンから遠心に新しい咬頭が枝分かれして，ついには分離独立する．この咬頭は遠心歯帯の上には発達しないので，それまでに存在した遠心歯帯はこの新しい咬頭の遠心および舌側部を取り巻く形となる．ハイポコーンは，遠心歯帯の上に発達するため，ハイポコーンの遠心舌側部に歯帯は存在しない．*Pelycodus — Notharctus* の上顎大臼歯の遠心舌側咬頭は，ほかの哺乳類のハイポコーンの形成過程と異なるのでそれと区別するために偽似ハイポコーン pseudohypocone とよばれる．偽似ハイポコーンの存在は，ほかの哺乳類では確認されていない．*Notharctus* の系列だけがもつ風変わりな構造物である．

偶蹄類のなかのウシやシカの仲間も，風変わりな遠心舌側咬頭をもっている．この咬頭はハイポコーンでも，偽似ハイポコーンでもない．プロトコーンとメタコーンの中間にある副咬頭，メタコニュールが舌側，そしてやや遠心に張り出して，臼歯の舌側部の空隙を埋めるようになったのである．

上記のものは，上顎歯列の舌側部の空隙を埋める構造物が，プロトコーンの遠心に生じる例である．

一方，プロトコーンの近心部に構造物が加わって空隙を埋めている例は，化石霊長類のなかに1例が知られている．始新世の *Periconodon* の上顎臼歯には，プロトコーンの遠心と近心部に歯帯が発達していて，遠心歯帯にハイポコーンをもつほかに，近心歯帯の上，プロトコーンの近心部に明瞭な咬頭をもっている（図6-33）．この咬頭はペリコーン pericone とよばれ，この咬頭はほかの哺乳類には出現しない．

ヒトの上顎の大臼歯と乳臼歯には，過剰結節として，カラベリー結節 cusp of Carabelli がしばしば出現する．その出現部位は，近心舌側咬頭（プロトコーン）の舌側で，*Periconodon* のペリコーンの現れる位置と一致している．ペリコーンとカラベリー結節を相同のものと考えるわけにはいかないが，出現する部位が一致していることには注意しておいたほうがよい．過剰咬頭といえども，そ

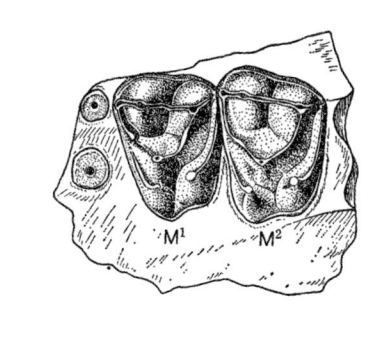

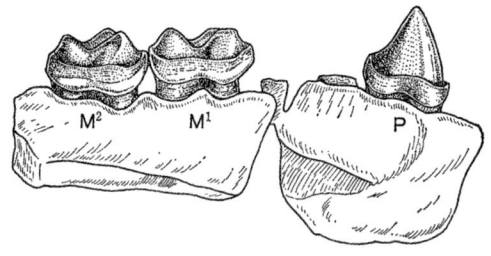

図6-33 始新世の *Periconodon helveticus* の上顎左側第一・第二大臼歯の咬合面観（上）と頬側面観（下）．右下は小臼歯（Stehlin, 1916）

の出現は何らかの法則に従っているからである．

　下顎大臼歯にも同様な過剰咬頭が認められる．第7咬頭 7th cusp は，舌側の両咬頭の間，つまりメタコニッドとエントコニッドの中間に生じる咬頭である．この第7咬頭を，異常咬頭としてではなく，正常な咬頭として下顎大臼歯にもつ哺乳類の実例は決して少なくない．始新世の霊長類 *Loveina*, *Shoshonius*, *Washakius* は，メタコニッドの遠心，エントコニッドの近心に正常咬頭としてのメタスタイリッド metastylid をもつ．この咬頭は普通，メタコニッドとつながる．奇蹄類のウマでは，メタコニッドの遠心部が遠心方向に伸びてメタスタイリッドとなって，エントコニッドの近くにまで発達している．

　このように，下顎大臼歯の第7咬頭は，メタスタイリッドと出現部位が一致しているのである．

　下顎大臼歯の第6咬頭 6th cusp において

もほかの哺乳類に類似の構造がみられ，遠心舌側咬頭（エントコニッド）と遠心咬頭（ハイポコニュリッド）との間に出現する．すでに述べたように，多くの哺乳類では，ハイポコニュリッドはエントコニッドに隣接していることが多く，両咬頭が互いに離れて位置しているのは，ヒト上科の特異的な形質である．近接したエントコニッドとハイポコニュリッドの中間に新しい構造物をもつ例は，ほかの哺乳類にはみられない．むしろ，第6咬頭は，ハイポコニュリッドがエントコニッドからかけ離れてしまったため，その中間の両者をつなぐ隆線のエナメル質が異常に厚くなって咬頭状を呈するようになった，と理解すべきもののように思われる．

8）犬　歯

　ヒト上科のなかでは，動物の種類の違いによる形態変化は，犬歯がもっとも著しい．オランウータン *Pongo*, ゴリラ *Gorilla*, チンパンジーの犬歯には性的二型がみられ，メスよりもオスの犬歯のほうが巨大である．テナガザル *Hylobates* の犬歯に性差はなく，オス・メスともに大きな犬歯をもつ．ヒト科ではオス・メスともに犬歯は小さい．ヒトとテナガザルの祖先が，ゴリラ・チンパンジーと同じように犬歯に性差をもつ動物であったとすれば，ヒト・テナガザルで性差のなくなった原因について，テナガザルではメスがオス化して大きな犬歯を保持し，ヒト科ではオスがメス化して犬歯が小さくなったと考えるべきなのであろう．

　上顎犬歯は，哺乳類の歯種を決めるのに重要な役割を果たしている．すなわち，切歯縫合（前顎骨すなわち切歯骨と上顎骨が接してできる縫合）のすぐ遠心に位置する歯を上顎

犬歯とする．この歯の近心側に位置する切歯骨に植立し，1回交換する歯が切歯である．また，上顎犬歯の遠心側に位置し，1回交換する歯が小臼歯であり，小臼歯の遠心側に位置し，交換しない歯が大臼歯である．

上顎犬歯との咬合様式から下顎犬歯が決まる．すなわち，上顎犬歯の近心半分に咬合する歯が下顎犬歯である．下顎の切歯，小臼歯，大臼歯は，下顎犬歯を中心にして上顎と同様な見方で決まる．

（瀬戸口　烈司）

9）モンゴロイドの歯の特徴

(1) 序説

およそ7万年前に，新人であるヒト *Homo sapiens* がアフリカから世界各地に拡散して以来，人類はいくつかの集団に分かれ，また，それらが混血して新しい集団をつくっていった．そのような流れのなかで日本列島に住む人々が成立した．どの集団からどのようにして今日の日本列島人に至ったのかを考えるとき，直接の証拠として残る骨格や歯，とくに残りやすい歯の存在が重要である．近年は，古人骨から抽出されるDNAの研究が大きく進展し，重要な手がかりを与えてくれる．現代日本人への道のりを歯からたどるためには，具体的には1万年以上前から日本列島に住んでいた縄文時代人と，2千数百年前に大陸から日本に来た渡来系の人々の存在が重要となる．

(2) モンゴロイドの成立

モンゴロイドは，かつて世界の2/3の広さに分布していた．さまざまな気候に適応しており，形の変異は大きい．しかし，その起源はさほど古いものではなく，せいぜい数万年である．モンゴロイドのもととなる集団は，東南アジアのスンダランド（氷河期にあった大陸）を起点として進化し，アジア，ポリネシア，そして南北アメリカ大陸などに拡散していった．

歯の形態を研究していた埴原（1967）は，乳歯の形質に集団差があることを見出し，モンゴロイドに特徴的な乳歯の形質群をモンゴロイド・デンタル・コンプレックス（アジア系歯冠形質群）としてまとめ，一方，コーカソイド・デンタル・コンプレックスも存在することを示唆した．埴原（1969）は，上記の乳歯での形質を永久歯にあてはめたモンゴロイド・デンタル・コンプレックスを発表した．

彼が提唱したモンゴロイド・デンタル・コンプレックスでは，モンゴロイドでの出現頻度が高い形質を3つあげている．

①上顎中切歯は，舌側面がくぼんでいるシャベル型である．

②下顎第一大臼歯のエントコニッドとハイポコニュリッドの間に第6咬頭がある．

③下顎第一大臼歯のメタコニッドから出る中心隆線から遠心に向かって伸びた屈曲隆線がある．

Turner（1987）は東アジアの古人骨を含め大量の資料を研究し，これらの形質群をさらに発展させ，モンゴロイドの移住に関する仮説を提唱した．その詳細は彼の記述（Turner, 1989）に譲るとして，ここでは彼が用いた歯の形質について述べる．

彼の仮説のなかでは，シノドント Sinodont（中国型の歯）とスンダドント Sundadont（スンダ型の歯）が区別されており，それぞれの形質群をもつ集団が新モンゴロイドと古モンゴロイドとされている．たとえば，縄文時代人はスンダドント的な特徴を示し，渡来系弥生時代人以降の日本人はシノ

ドント的な特徴を示している．

(3) 日本人の起源

Turner の仮説のなかで，東アジアの海岸沿いに北上した集団が縄文人の祖先である．日本が大陸とつながっていた1万数千年前に縄文時代人の祖先がやってきた．彼らはその形質から判断して南方起源で温暖な気候に適応した人々であり，少なくとも寒冷地適応をしていない集団であった．しかし，最近の遺伝子の研究では，北東アジア人も日本人の祖先に関与しているという説も示されている．

日本人の変化の問題を複雑にしているのは，縄文時代人の頭蓋と，弥生時代人以降の日本人の頭蓋，とくに顔面の形態がかなり異なっていることによる．両者の歯にも大きな違いがある．日本人の成立に関して，埴原は歯の形質に着目し，形質の研究者や遺伝学者らの先人たちによって示されていた枠組みのうえに立って，二重構造モデルを提唱した．旧石器時代にすでに日本に移住していた人々の子孫である縄文時代人（古モンゴロイド）が日本全体に分布していたところへ，いまから2千数百年前，大陸から新モンゴロイド（シノドント）の渡来系弥生時代人が入ってきて，その後，両者がしだいに混血して新モンゴロイド的な形質が優勢な現代の日本人（本土人）が形成され，その結果，現在の日本では縄文系の人々と渡来系の人々の二重構造になっている，というのが埴原の説である．この仮説は，遺伝子研究によりいくつかの変更を加えられたが，現代日本人の成立の基本的な考え方として受け入れられているといってよいだろう．

(4) シノドントとスンダドント

シノドントに属しているのは現代日本人を始めとして中国人，朝鮮人，北東アジア集団

図6-34 スンダドント（スンダ型の歯）をもつ縄文時代人（左）と，シノドント（中国型の歯）をもつ中世人（右）の上顎歯列
シノドント型は中切歯がシャベル型で，歯もやや大きめである

である．また，スンダドントに属しているのは東南アジア人，ポリネシア人などである．アメリカ大陸に渡ったモンゴロイド（アメリカ・インディアン，イヌイットなど）は新モンゴロイドに属している．シノドントとスンダドントの歯はさまざまな点で異なっている（図6-34）．両者で出現頻度が異なる形質は以下のものである（表6-5）．これらの形質の出現率がシノドントで高く，スンダドントで低い．

〈上顎歯〉

① 中切歯の舌側面がくぼんだシャベル型である．

② 中切歯の舌側面と唇側面の両方がくぼんだダブル（二重）シャベル型である．

③ 第一小臼歯の2根が癒合（単根性）する傾向を示す．

④ 第一大臼歯のエナメル質が根間に伸び出す（根間突起）．

⑤ 第三大臼歯の歯根が癒合する傾向を示す．

〈下顎歯〉

① 第一大臼歯に屈曲隆線がある．

② 第一大臼歯が本来の2根から3根になる．

③ 第二大臼歯が4咬頭性でなく本来の5咬頭性を保つ．

表6-5 スンダドント（古モンゴロイド）とシノドント（新モンゴロイド）のそれぞれにおける歯の形質の出現率の違い．変異幅はそれぞれに属している集団にみられる変異の幅である（Turner, 1990）

		スンダドント	変異幅	シノドント	変異幅
上顎歯	①中切歯のシャベル型	31%	0〜65%	71%	53〜92%
	②中切歯のダブルシャベル型	23	0〜60	56	24〜100
	③第一小臼歯の2根が癒合（単根性）する傾向	71	50〜90	79	61〜97
	④第一大臼歯のエナメル質根間突起	26	0〜50	50	18〜62
	⑤第三大臼歯の癒合する傾向	16	0〜27(51)*	32	16〜46
下顎歯	①第一大臼歯の屈曲隆線	26	0〜58	44	0〜86
	②第一大臼歯の3根性	9	0〜19	25	14〜41
	③第二大臼歯の4咬頭性	31	6〜64	16	4〜27

*（ ）内は，スンダドントのアイヌのみで例外的に高頻度を示す

シノドントとスンダドントの形質の違いにどのような意味があるのかは十分研究されているとはいえない．一般に，スンダドントは歯が小さく，歯冠や歯根の形が単純であり，シノドントは大きめの歯をもち，複雑な形である．たとえば，シャベル型切歯は北京原人にもみられる原始的な形質といわれている．溝口（2000）は両者の違いの鍵となる上顎切歯のシャベル型に関する考察を行い，この形質は強力な咀嚼力に対する顔面構造の一部で，狩猟生活に対する適応の結果であるという仮説を提唱している．

ここにあげた形質群のもつ機能的な意味はなかなか探りにくい．どちらかといえば系統を引きずったものであろう．だからこそ，それぞれの集団の系統関係を考えるうえで役に立つといえる．確かに，第三大臼歯の歯根の癒合などは歯を支える下顎骨あるいは上顎骨の退縮と大いに関係するであろう．しかし，第6咬頭や第7咬頭になると微細な機能的意味を探るのはむずかしい．これらの機能を理解することは今後のヒトの歯の形態研究の課題であろう．

現代日本人の歯の特徴は，単一の集団としての進化ではなく，いろいろな集団と混血したり，影響を受けながら進化してきたことが認識されてきており，日本人の起源を考えるうえでも，篠田（2007）のいうように東アジア地域の集団の起源と移動の一環としてとらえることが重要であろう．

（茂原 信生）

10) 人類の歯の退化

食虫類から原始霊長類を経て人類が進化する過程で，以上の項でみてきたように，歯の形態が人類固有の型へ進化する一方で，歯列全体をみると歯数の減少が認められる．

高等哺乳類（真獣類）の基本歯式は $\frac{3143}{3143}=44$ であると考えられている．現生のツパイ *Tupaia* は $\frac{2133}{3133}=38$ の歯式をもっている．これは，上顎の切歯1本と上下顎の第一小臼歯が退化した結果と考えられる．原猿類のキツネザル類では，$\frac{2133}{2133}=36$ の歯式をもっている．これは，ツパイにおける下顎の切歯1本の退化によるものである．真猿類では，南アメリカのオマキザル類（広鼻猿類）がキツネザル類と同じ $\frac{2133}{2133}=36$ の歯式をも

表6-6 霊長類の歯数の減少過程
切歯の相同性については未確定であるが，ここでは上下顎とも第一切歯が退化したと仮定した

原始真獣類	I I I C P P P P i i i c m m m M M M ――――――――――― i i i c m m m M M M I I I C P P P P	$\frac{3143}{3143}=44$
ツパイ	× I I C × P P P × i i c × m m m M M M ――――――――――― i i i c × m m m M M M I I I C × P P P	$\frac{2133}{3133}=38$
キツネザル類 オマキザル類	× I I C × P P P × i i c × m m m M M M ――――――――――― × i i c × m m m M M M × I I C × P P P	$\frac{2133}{2133}=36$
オナガザル類 類人猿 人類	× I I C × × P P × i i c × × m m M M M ――――――――――― × i i c × × m m M M M × I I C × × P P	$\frac{2123}{2123}=32$

i：乳切歯　I：切歯　c：乳犬歯　C：犬歯　m：乳臼歯
P：小臼歯　M：大臼歯　×は歯の欠如を示す

表6-7 人類の下顎歯の縮小過程（埴原，1972）
数字は歯冠モデュルス（歯冠の幅と厚さの平均値）を示す（単位 mm）

	第一切歯	第二切歯	犬歯	第一小臼歯	第二小臼歯	第一大臼歯	第二大臼歯	第三大臼歯
アウストラロピテクス	6.6	7.3	9.9	10.4	10.8	13.35	14.60	14.45
ホモ・エレクトゥス （北京原人）	6.4	7.0	9.0	9.3	9.7	12.20	12.25	11.45
ヒト （現代白人）	5.7	6.2	7.4	7.3	7.6	10.75	10.40	10.25

つが，オナガザル類（狭鼻猿類）は $\frac{2123}{2123}=32$ の歯式をもっている．これは，キツネザル類におけるもっとも近心（本来の第二小臼歯）の小臼歯が退化した結果と考えられる．そして，オナガザル類の歯式は，類人猿（テナガザル，オランウータン，ゴリラ，チンパンジー）および人類（ヒト科）まで維持されてきている．以上の歯数の減少過程を示すと表6-6のようになる．

オナガザル類と類人猿，さらに化石人類と現代人の歯を比較すると，歯の数においては同じであるが，歯の大きさには著しい違いが認められる．表6-7は，下顎歯の歯冠の大きさをアウストラロピテクス *Australopithecus*（猿人），ホモ・エレクトゥス *Homo erectus*（原人），現代人で比較したものである．

この表6-7によれば，第二切歯（側切歯）は第一切歯（中切歯）より大きく，第二小臼歯は第一小臼歯より大きい点では三者とも同じであるが，大臼歯の相対的大きさには顕著な相違が認められる．すなわち，アウストラ

ロピテクスやパラントロプス *Paranthropus* では第二大臼歯＞第三大臼歯＞第一大臼歯の順であるが，ホモ・エレクトゥスでは第二大臼歯＞第一大臼歯＞第三大臼歯の順となり，ヒト *Homo sapiens* では第一大臼歯＞第二大臼歯＞第三大臼歯の順になっている（図6-35）.

また，この表6-7によれば，切歯の退化より小臼歯や大臼歯の退化が著しいこともわかる．また，歯の大きさの減少とともに歯の萌出順序にも違いが生じている．すなわち，アウストラロピテクスやホモ・エレクトゥスでは，第二小臼歯よりも第二大臼歯のほうが早く萌出するが，新人ではこの順序が逆転し，第二大臼歯よりも第二小臼歯のほうが早く萌出するようになっている．さらに，現代人では第二大臼歯の萌出が遅れるだけでなく，第三大臼歯が萌出しないで埋伏歯となったり，先天的に欠如する例も多い．

人類にみられる歯の退化現象は，頭部全体における顔面頭蓋の著しい退化の結果である．すなわち，類人猿から猿人，原人を経て新人に至る過程で，脳頭蓋は著しく拡大するのに対し，顔面頭蓋は著しく縮小している（図6-36）．すなわち，700〜400万年前に出現した最初の人類，猿人では脳容量が現生のゴリラとほぼ同じ約350〜500ccで，頭蓋骨の形態も脳頭蓋に比べて顔面頭蓋が大きく，大きな顎骨と頬骨弓をもち，頭頂骨の縫合部には矢状稜の発達がみられた．ところが，約100万年前のホモ・エレクトゥスになると，脳容量は900〜1,000ccと倍増し，逆に顔面頭蓋は著しく退縮している．さらに，約20万年前の新人では，脳容量は約1,350ccとなり，現代人とほぼ同じ形態の頭蓋となる．

この400万年の間に急激に起こった人類の

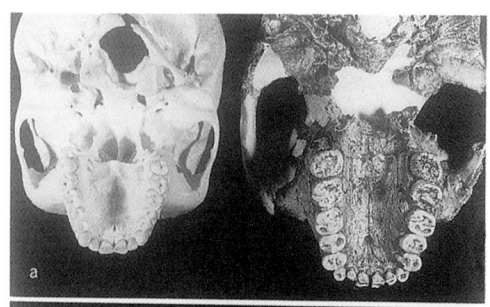

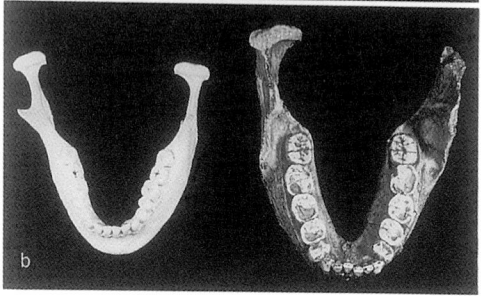

図6-35 猿人のパラントロプス（右）と現代人（左）の歯列の比較（原図）
a：上顎，b：下顎

頭蓋の変化は，どういう原因によるものであろうか．人類の特徴は，生産手段である道具をつくる，ということである．人類の先祖は，樹上生活から地上に降り，直立二足歩行を始めた．すなわち，前肢は個体運動とは違った特別な役割，つまり，ものをつかんだり，持ったり，投げたり，さまざまな機能に使われる"労働"を行い始めたと思われる．初期の道具は骨角器や石器であり，これらを使って動物を捕獲したり植物を採集する生活をしていた．

猿人の段階では，まだ自然の動植物をわずかに切断・粉砕する程度のことであったが，ホモ・エレクトゥスになると，明らかに火を使用した証拠が知られている．彼らは，自然の食物をそのままでなく，火を使って消化しやすい状態にして食べるようになった．そして，大脳と文化の発達につれて，人類は捕獲・採集した食物を，物理的に切断・粉砕・

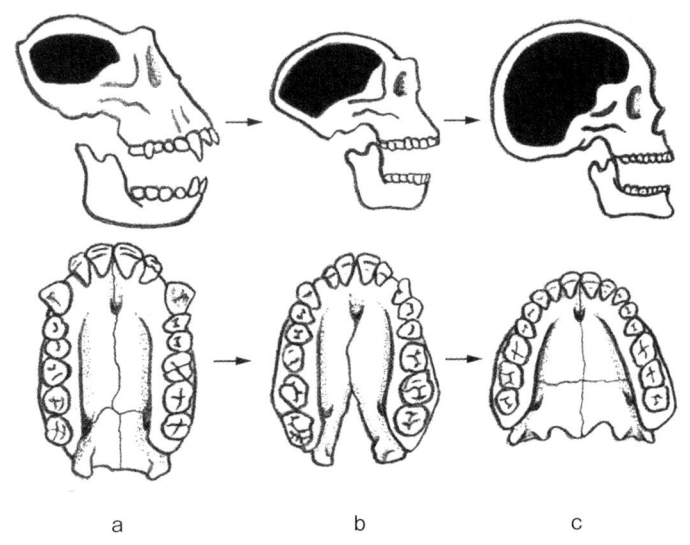

図6-36 類人猿・化石人類・新人の頭蓋と上顎歯列（後藤・後藤, 2001）
a：類人猿の頭蓋と上顎歯列, b：原人の頭蓋と猿人の上顎歯列, c：新人の頭蓋と上顎歯列. 類人猿では顎が大きく, 大脳（黒で示す）は小さいが, 新人では顎は小さく, 大脳が著しく発達している

圧搾・撹拌するだけでなく, 火であぶったり, 水で煮たり, 蒸気で蒸したり, 油で炒めるようになり, 現代では化学的あるいは生物学的に分解し, 電磁波で加熱するまでになった. この手と頭による"料理", いわば"口腔前消化"により, 人類は食物を口に入れる以前にすでに"消化済み", "分解済み"の状態にすることを覚えた.

また, 農耕と牧畜の発達, さらに農業の大規模化・工業化と食品流通過程の発達により, 穀物を入れる米櫃（こめびつ）と肉を入れる冷蔵庫に象徴されるように, 人類は取り入れた食糧をあらかじめ貯蔵するようになった.

こうして, 人類では"手と頭"の発達により, 多くの食物が, 最初から"捕獲済み"であり, また"咀嚼済み"であり, すでに"分解済み", さらに"代謝済み"の状態にまでおかれている. したがって, ヒトでは捕食・咀嚼だけでなく, 消化・吸収のどの器官も, もはや必要とされない事態さえ起こっている.

宇宙飛行士用のチューブ入りの宇宙食や, 消化器を経ないで血液中に直接栄養分を送る輸液は, その象徴といえよう.

いま, 人類でも植物食に適応して顎と歯が発達する方向に進化した猿人のパラントロプスと, 現代人の頭蓋を比較すると, 猿人では頭蓋全体が咀嚼器として機能しているのに対し, 現代人では咀嚼の仕事を奪われた顎骨と歯は著しく退化していることがわかる（図6-37）. 上下の顎骨は, 鼻棘とオトガイの隆起を残して短縮している. 側頭筋の付着していた矢状稜は跡形もなく消えて, 側頭筋は側頭骨の側頭線の位置まで後退している. 咬筋がつく頬骨弓にも著しい退縮がみられる.

ゴリラとヒトの頭部の前頭断面を比較（図6-38）すると, 脳頭蓋と顔面頭蓋の割合が反比例している. 脳の拡大が側頭筋の起始であった矢状稜を左右に分け, 側頭部の中腹の側頭線まで引き降ろす. ゴリラでは"ものを食べる"ための咀嚼器としての頭蓋, ヒトでは

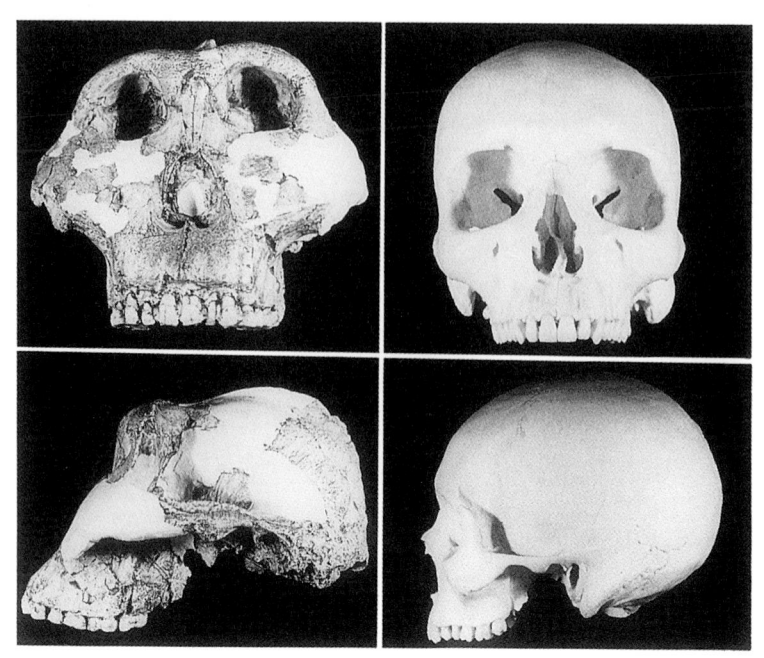

図6-37 パラントロプス（左）と現代人（右）の頭蓋の比較（原図）
上：前面，下：側面

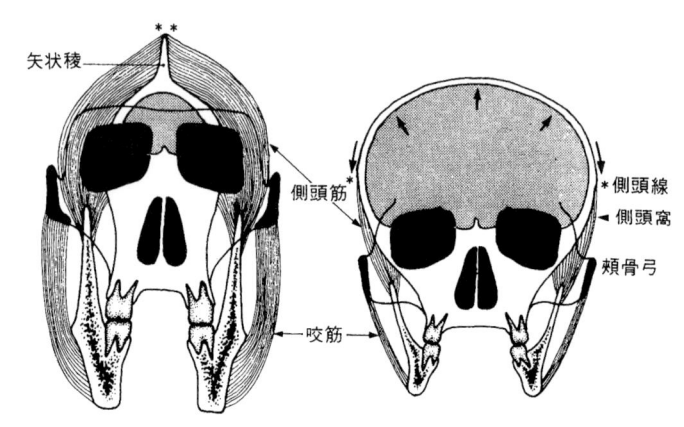

図6-38 ゴリラ（左）とヒト（右）の頭部の前頭断面の模式図（三木, 2013）
大脳の拡大により，ゴリラでは正中の矢状稜であった側頭筋の起始（＊）が，ヒトでは側頭部中腹の側頭線まで引きおろされている．

"ものを考える"ための脳の容器としての頭蓋といえる．しかし，ゴリラやパラントロプスの"健康"そのものの頭蓋に比べて，ヒトの貧弱な咀嚼器は"病的"といえる．長年にわたる自己家畜化の結果である．

こうして，土台を奪われた上下の歯列は乱れ（叢生），臼歯は後方から減少し（第三大臼歯の埋伏および欠如），歯質はむしばまれ（齲蝕），歯根と顎骨の結合はゆるんで早期脱落する（歯周病），などの状態が生じてきた．これらは，野生動物には決してみることのできない文化人類の特徴である．

表 6-8 未来のヒトの歯の退化についての予測

現代人	I I C P P i i c m m M M M ――――――――― i i c m m M M M I I C P P	2 1 2 3 ―――― =32 2 1 2 3
未来型現代人	I I C P P i i c m m M M × ――――――――― i i c m m M M × I I C P P	2 1 2 2 ―――― =28 2 1 2 2
未来人 I	I × C P P i × c m m M M × ――――――――― × i c m m M M × × I C P P	1 1 2 2 ―――― =24 1 1 2 2
未来人 II	I × C P × i × c m M M × × ――――――――― × i c m M M × × × I C P ×	1 1 1 2 ―――― =20 1 1 1 2
未来人 III	I × C P × i × c m M × × × ――――――――― × i c m M × × × × I C P ×	1 1 1 1 ―――― =16 1 1 1 1
未来人 IV	× × C × × × × c × × × × × ――――――――― × × c × × × × × × × C × ×	0 1 0 0 ―――― = 4 0 1 0 0
未来人 V	× × × × × × × × × × × × × ――――――――― × × × × × × × × × × × × ×	0 0 0 0 ―――― = 0 0 0 0 0

i：乳切歯　I：切歯　c：乳犬歯　C：犬歯　m：乳臼歯
P：小臼歯　M：大臼歯　×は歯の欠如を示す

11) 人類の歯の未来と歯科医学の使命

人類の歯の退化過程と現在の退化現象から，将来の歯数の減少を予側するとつぎのようになる（表6-8）．まず，現代人でもっとも多くみられる歯の先天欠如は第三大臼歯にみられ，現代日本人では男性の36%，女性の42%に認められる（未来型現代人）．つぎに多いのは，上顎切歯と下顎切歯の欠如で，日本人では男性2.4%，女性4.0%にみられるとされている．この場合，上顎では第二切歯（側切歯）の欠如や小型化，下顎では切歯の癒合（癒合歯）がみられることが多い（未来人I）．さらに，まれではあるが，第二小臼歯が欠如することも知られている．第二小臼歯が退化すると，第二大臼歯も欠如し，代わりに第二乳臼歯が永久歯化（乳歯の晩期残存）して第一大臼歯となり，第一大臼歯は第二大臼歯となることが予想される（未来人II）．そうなれば，さらに第二大臼歯が退化し，切歯・犬

歯・小臼歯・大臼歯とも各側1本ずつの状態となる（未来人Ⅲ）．つぎには，もっとも長い歯の犬歯を残してほかのすべての歯が消失してしまう．現代人でも重度の歯周病の患者や高齢者に最後まで残る歯は，犬歯がもっとも多い（未来人Ⅳ）．そして，ついには犬歯も退化して，歯を1本ももたない未来人Ⅴが登場することになる．

以上は，あくまで予想であって，このような事態が本当に現実のものとなるのかどうか，また何年先あるいは何万年先に起こるのかは全くわからない．いやむしろ，こういう事態を防ぐことこそ，人類の食生活を守り，将来にわたって人類が発展し続ける保証となるものと考えられる．

いま，脊椎動物5億年の進化の歴史を振り返ると，歯は無顎類の皮膚をつくる象牙質結節に由来し，サメ類において顎上の歯として形成された．その後，陸上生活への移行，恒温性の獲得と口腔消化の発達にともなって，さまざまに変化し，われわれの口腔に存在している．無顎類からサメ類への進化における捕食器としての顎と歯の形成は，脊椎動物に強い生命力を与え，その後の進化・発展の基礎となった．それは，無歯顎で生まれたヒトの乳児が，歯が1本萌出するごとに積極的な活動能力を身につけ，より強い生命力を発揮していく姿に再現されている．また，齲蝕や歯周病で歯を失った人が，義歯の装着によりふたたび強い咀嚼能力を回復し，同時に全身的な活力を復活することにも象徴されている．

現代人において，捕食—咀嚼器としての歯が失われつつあることは，人類の食生活と生命力の維持にとって大きな危機である．歯を守り，健全な咀嚼を行うことは，将来にわたって人類が豊かな食生活と強い生命力を維持していくために必須のことである．そこに，歯科医学の人類史における重要な使命が存在するのではないだろうか．

（後藤　仁敏）

文　献

Abe, H. (1973) Growth and development in two forms of *Clethrionmys*. Ⅱ. Tooth characters, with special reference to phylogenetic relationships. *Jour. Fac. Agr. Hokkaido Univ.*, 57, 229-254.

阿部達彦 (2004) ワニ *Caiman crocodilus* のセメント質の微細構造に関する観察. 歯基礎誌, 46, 125-151.

Agassiz, L. (1833～1845) *Recherches sur les Poissons Fossiles*. 5 Vols., Petitperre (Neuchatel).

鯵坂正彦 (1973) 走査電顕によるカイウサギのセメント質の観察. 日大歯学, 47, 382-388.

Alt, K. W. *et al.* (eds.) (1998) *Dental Anthropology*. Springer (Wien).

Andrews, C. W. (1906) *A Descriptive Catalogue of the Tertiary Vertebrata of the Fayum, Egypt*. British Mus. Nat. Hist. (London).

Anthony, J. (古橋九平監訳) (1983) 歯のかたち―魚の歯からヒトの歯まで. 医歯薬出版 (東京).

荒谷真平ほか (編) (1969) 硬組織研究. 医歯薬出版 (東京).

朝日稔・森美保子 (1980) タヌキの歯数異常. 動雑, 89, 61-64.

浅谷芳衛 (1956) 両生類の歯の組織学的研究. 九州歯会誌, 10, 95-124.

馬場博史 (1979) ニホンザルの歯の形態学的研究. 九州歯会誌, 32, 741-768.

Baume, L. J. (1980) *The Biology of Pulp and Dentine*. S. Karger (Basel).

Bendix-Almgreen, S. E. (1960) New investigation on *Helicoprion* from the Phosphoria Formation of south-east Idaho, U. S. A.. *Dan Vidensk. Selsk. Biol. Skr.*, 14 (5), 1-85.

Bengtson, S. (1976) The structure of some Middle Cambrian conodonts, and the early evolution of conodont structure and function. *Lethaia*, 9, 185-206.

Berkovitz, B. K. B. *et al.* (eds.) (平井五郎訳) (1978) カラーアトラス口腔解剖. 医歯薬出版 (東京).

Bertin, L. (1958) Denticules cutaneus et dents. in *Traite de Zoologie* (Grassé ed.), Tom. 13, 503-531, Masson (Paris).

Bhaskar, S. N. (ed.) (尾持昌次訳) (1977) Orban 口腔組織・発生学. 医歯薬出版 (東京).

Bigelow, H. B. & Schroeder, W. C. (1948) *Fishes of the Western North Atlantic*. Part 1. Sears Found. Mar. Res. (New Haven).

――&―― (1953) *ibid.*. Part 2. Sears Found. Mar. Res. (New Haven).

Blackwood, H. J. J. (ed.) (1964) *Bone and Tooth*. Pergamon (Oxford).

Bradford, E. W. (1967) Microanatomy and histochemistry of dentine. in *Structural and Chemical Organization of Teeth* (Miles ed.), Vol. 2, 3-34, Academic Press (New York).

Brook, A. H. *et al.* (1984) A unifying aetiological explanation for anomalies of human tooth number and size. *Arch. Oral Biol.*, 29, 373-378.

Butler, P. M. (1939) Studies of the mammalian dentition ― Differentiation of the postcanine dentition. *Proc. Zool. Soc. Lond.*, B, 1939, 1-36.

――& Joysey, K. A. (eds.) (1978) *Development, Function and Evolution of Teeth*. Academic Press (London).

――& Osborn, J. W. (1981) Dentition in Function. in *Dental Anatomy and Embryology* (Osborn ed.), 329-356, Blackwell (Oxford).

Bystrow, A. P. (1938) Zahnstruktur der Labyrinthodonten. *Acta Zool.*, 19, 367-425.

――(1953) Эволюдия зубов цоьвоно чных. Ежег. Вес. Палеонт. Общх., 14, 39-60.

Cappetta, H. (2012) *Handbook of Paleoichthyology Volume 3E, Chondrichthyes. Mesozoic and Cenozoic Elasmobranchii : Teeth*. Verlag Dr. Friedrich Pfeil (München).

Carroll, R. L. (1988) *Vertebrate Paleontology and Evolution*. Freeman (New York).

Chai, Y. *et al.* (2000) Fate of the mammalian cranial neural crest during tooth and mandibular morphogenesis. *Development*, 127, 1671-1679.

千葉元永 (1981) 常生歯の形態と分布. 歯―科学とその周辺 (須賀編), 106-114, 共立出版 (東京).

長鼻類団体研究グループ (1977) 長鼻類の頭蓋と歯についての用語. 化石研究会会誌, 特別号, 1-15.

Claypole, E. W. (1895) On the structure of the teeth of Devonian cladodont sharks. *Proc. Amer. Micros. Soc.*, 16, 191-195.

Clemens, W. A. & Kielan-Jaworowska (1979) Multituberculata. in *Mesozoic Mammals* (Lillegraven *et al.* eds.), 99-149, Univ. California Press (Berkeley).

Cobb, W. M. (1933) The dentition of the walrus, *Odobenus obesus*. *Proc. Zool. Soc. Lond.*, 1933, 645-668.

Colbert, E. H. *et al*. (田隅本生訳) (2004) 脊椎動物の進化. 築地書館 (東京).

Colosimo, P. F. *et al*. (2005) Widespread parallel evolution in sticklebacks by repeated fixation of ectodysplasin alleles. *Science*, 307, 1928-1933.

Cooper, J. S. *et al*. (1970) The dentition of agamid ligard with special reference to tooth replacement. *J. Zool. Lond.*, 162, 85-98.

—— & Poole, D. F. G. (1973) The dentition and dental tissues of the agamid ligard, *Uromastyx*. *ibid*., 169, 85-100.

Court, N. (1992) A unique form of dental bilophodonty and an functional interpretation of peculiarities in the masticatory system of *Arsinoitherium* (Mammalia, Embrithopoda). *Historical Biology*, 6, 91-111.

——(1992) The skull of *Arsinoitherium* (Mammalia, Embrithopoda) and the higher order interrelationships of ungulates. *Palaeovertebrata*, 22 (1), 1-43.

Currey, J. D. & Abeysekera, R. M. (2003) The microhardness and fracture surface of the petrodentine of *Lepidosiren* (Dipnoi), and of other mineralized tissues. *Arch. Oral Biol.*, 48, 439-447.

Dahlberg, A. A. (ed.) (佐伯政友訳) (1978) 歯の形態と進化. 共立出版 (東京).

Davit-Béal, T. *et al*. (2007) Amphibian teeth: current knowledge, unanswered questions, and some directions for future research. *Biol. Rev. Soc.*, 82 (1), 49-81.

Dean, B. (1909) Studies on fossil fishes (sharks, chimaeroids and arthrodires). *Mem. Amer. Mus. Nat. Hist.*, 9, 211-287.

Denison, R. (1978) *Placodermi. Handbook of Paleoichthyology*. Vol. 2, Gustav Fischer (Stuttgart).

——(1979) *Acanthodii*. *ibid*., Vol. 5, Gustav Fischer (Stuttgart).

Dissel-Scherft, M. C. van & Vervoost, W. (1954) Development of the teeth in fetal *Balaenoptera physalis*. *Proc. Kon. Akad. Wet. Amsterdam*, Ser. C, 57, 196-210.

Domning, D. P. (2001) The earliest known fully quadrupedal sirenian. *Nature*, 413, 625-627.

—— & Hayek, L. A. C. (1984) Horizontal tooth replacement in the Amazonian manatee. *Mammalia*, 48, 105-127.

Edmund, A. G. (1960) Tooth replacement phenomena in the lower vertebrates. *Contr. Life. Sci. Div. R. Ont. Mus.*, 52, 1-90.

——(1969) Dentition. in *Biology of the Reptilia* (Gans ed.), Vol. 1, 117-200, Academic Press (London).

Egami, N. (1957) Notes on sexual difference in size of teeth of the fish, *Oryzias latipes*. *Jap. J. Zool.*, 12, 65-69.

Fisher, L. W. *et al*. (2003) Six genes expressed in bones and teeth encode the current members of the SIBLING family of proteins. *Connect. Tissue Res.*, 44 (sup 1), 33-40.

Fitzgerald, L. R. (1973) Deciduous incisor teeth of the mouse (*Mus musuclus*). *Arch. Oral Biol.*, 18, 381-389.

Fleagele, J. G. (1988) *Primate Adaptation and Evolution*. Academic Press (San Diego).

藤田恒太郎 (1939) 所謂無根歯ノ形態学的並ビニ系統発生学的考察. 口病誌, 13, 261-272.

——(1957) 歯の組織学. 医歯薬出版 (東京).

——(1958) 哺乳類の歯の系統発生. 科学, 28, 611-619.

——(1965) 歯の話. 岩波新書, 岩波書店 (東京).

——ほか (1995) 歯の解剖学. 第22版, 金原出版 (東京).

藤原隆代 (1969) X線回折による化石の硬組織研究. 硬組織研究 (荒谷ほか編), 463-480, 医歯薬出版 (東京).

福原達郎 (1959) 哺乳類歯牙のエナメル質における発育線の比較解剖学的研究. 解剖誌, 34, 322-332.

Fukumoto, S. *et al*. (2004) Ameloblastin is a cell adhesion molecule required for maintaining the differenetiation state of ameloblasts. *J. Cell Biol.*, 167, 973-983.

古橋九平 (監修) (1987) 歯の進化からさぐるヒトの歯の形態学. 医歯薬出版 (東京).

Gaunt, W. A. & Miles, A. E. W. (1967) Fundamental aspects of tooth morphogenesis. in *Structural and Chemical Organization of Teeth* (Miles ed.), Vol. 1, 151-197, Academic Press (New York).

Gegenbaur, C. (1898) *Vergleichende Anatomie der Wirbeltire*. Bd. 1, 2, Wilheim Engelmann (Leipzig).

Gheerbrant, E. *et al*. (1996) A Palaeocene proboscidean from Morocco. *Nature*, 383, 68-70.

—— *et al*. (2005) Paenungulata (Sirenia, Proboscidea, Hyracoidea, and relatives). in *The Rise of*

Placental Mammals（Rose & Archibald eds.）, 84-105, Johns Hopkins Univ. Press（Baltimore）.

――*et al.*（2005）Nouvelles donn sur *Phosphatherium escuilliei*（Mammalia, Proboscidea）de l'cene infieur de Maroc, apports a la phylogie des Proboscidea et des ongu lophodontes. *Geodiversitas*, 27, 239-333.

Ginter, M., *et al.*（2010）*Handbook of Paleoichthyology Volume 3D, Chondrichthyes Paleozoic Elasmobranchii*: *Teeth*. Verlag Dr. Friedroch Pfeil（München）.

Гликман, Л С.（1964）Подкласс Elasmobranchii. Акуловые. in Основы Палеонтолгии. Том. 11（Обручев. ed.）, 196-237, Издательство Наука（Москва）.

Goodrich, E. S.（1907）On the scales of fish, living and extinct, and their importance in classification. *Proc. Zool. Soc. Lond.*, 1907, 751-774.

――（1909）Cyclostomes and Fishes. in *Treatise on Zoology*（Lankester ed.）, Vol. 9, Adam and Charles Black（London）.

後藤仁敏（1970）サメの歯の古生物学的研究―問題提起と基礎的研究. 化石研究会会誌, 3, 23-62.

――（1976）サメ類の歯の発生と脊椎動物における歯の系統発生に関する一考察. 地球科学, 30, 206-221.

――（1978）歯および皮歯からみた板鰓類の進化と系統. 海洋科学, 10, 98-105.

――（1978）現生および化石サメの歯に関する組織学的・生化学的研究. 鶴見歯学, 4, 85-104.

――（1978）ドチザメの歯に関する組絞発生学的研究. 口病誌, 45, 527-584.

――（1982）魚類の鱗の進化に関する一考察. 化石研究会会誌, 15, 17-25.

――（1984）魚類の繁栄. 魚類の時代―デボン紀（藤田・新堀編）, 55-98, 共立出版（東京）.

――（1984）栃木県葛生町の鍋山層（ペルム紀中期）から軟骨魚類ペタロダスの歯化石の発見. 地球科学, 38, ii-142.

――（1985）系統発生からみた人類の口腔機能の発達. 日本歯科評論, 512, 94-107.

――（1993）魚類の鱗と歯の硬組織の進化. 月刊海洋, 25, 628-637.

――（2003）歯の起源と進化. *Clin. Calcium*, 13（4）, 500-505.

――（2009）日本産の古生代魚類化石に関する総括. 鶴見大学紀要, 46（3）, 21-36.

――（2012）板鰓類の進化における歯の適応. 同, 49（3）, 65-86.

――・後藤（小林）美樹子（2001）歯のはなし なんの歯この歯. 医歯薬出版（東京）.

――・橋本巌（1976〜1977）生きている古代魚ラブカの歯に関する研究. I, II, 歯基礎誌, 18, 362-377；19, 159-175.

――・井上孝二（1979）化石全骨魚類 Pycnodont の歯に関する比較組織学的研究. 同, 21, 667-688.

――ほか（1984）上総・下総両層群（鮮新世〜更新世）から産したホホジロザメの歯化石. 地球科学, 38, 420-426.

――ほか編（1985）海生脊椎動物の進化と適応. 地団研専報30号, 地学団体研究会（東京）.

――ほか（2006-2010）現代日本人女性の歯の形態学的研究（1）-（4）. 保健つるみ, 29, 12-23；30, 29-44；31, 17-34；33, 14-33.

Grassé P.-P.（ed.）（1955）*Traité de Zoologie*. Tome 17, 2nd Fas., Masson（Paris）.

――（ed.）（1955）*ibid.*. Tome 18, Premier Fas., Masson（Paris）.

Gregory, W. K.（1922）*The Origin and Evolution of the Human Dentition*. Williams & Wilkins（Baltimore）.

――（1929）*Our Face from Fish to Man*. Hafner（New York）.

Gross, W.（1938）Das Kopfskelet von *Cladodus wildungensis*. II. Teil. Der Kieferbogen. *Senckenbergiana*, 20, 123-145.

――（1966）Kleine Schuppenkunde. *N. Jb. Geol. Paläont. Abh.*, 125, 29-48.

Gu, K. *et al.*（2000）Molecular cloning of a human dentin sialophosphoprotein gene. *Eur. J. Oral Sci.*, 108, 35-42.

Habermehl, K. H.（1962）*Die Altersbestimmung bei Haustieren, Pelztieren und beim jagdbaren Wild*. Paul Parey（Hamburg）.

蜂矢喜一郎ほか（1985）中期更新世産アカネズミ属2種の大臼歯の大きさ. 歯基礎誌, 27, 189-199.

Halstead, L. B.（田隅本生監訳）（1984）脊椎動物の進化様式. 法政大学出版局（東京）.

――（後藤仁敏・小寺春人訳）（1984）硬組織の起源と進化―分子レベルから骨格系までの形態と機能. 共立出版（東京）.

――（亀井節夫訳）（1985）太古の世界を探る―化石・地層・生痕・生命の起源と進化. 東京書籍（東京）.

花田道成（1979）アカゲザルの乳歯形態について. 九州歯会誌, 33, 351-366.

花村肇（1967）数種コウモリ類における臼歯歯冠近遠心径の Allomorphosis について．成長，6，49-58.

——（1970）ネズミ類における大臼歯の大きさの種間相対成長．同，9，92-93.

——（1972）ヒトおよび数種哺乳動物における臼歯歯冠近遠心径の相対的大きさについて．愛院大歯誌，10，89-124.

——（1979）リュウキュウジャコウネズミの歯の形態学的研究．成長，18，28-37.

——（1985）現生食虫類の歯．スンクス—実験動物としての食虫目トガリネズミ科動物の生物学（近藤監修），38-50，学会出版センター（東京）．

——・百瀬公基（1970）食虫目における歯冠近遠心径の種間相対成長．成長，9，41-50.

——・植松康（1981）食虫類2種の幼若令個体の歯．同，20，15-29.

——・瀬戸口烈司（1985）食虫類モグラ科2種の第1小臼歯の交換．歯基礎誌，27，828-833.

——ほか（1974・1975）ネズミ類における大臼歯の大きさの種間差．I，II．成長，13，42-53；14，10-24.

——ほか（1975・1976）ネズミ類における大臼歯の大きさの相関関係．I，II．同，14，69-82；15，41-50.

——ほか（1983）ジャコウネズミ（食虫類）の臼歯の石灰化について．同，22，28-43.

——ほか（1990）バングラデシュと日本を起源とするスンクス（*Suncus murinus*, Insectivora）二系統間における大臼歯の大きさの差．同，29，227-238.

——ほか（1996）食虫類およびツパイの下顎第四乳臼歯の形態．同，35，69-76.

——ほか（2002）食虫類およびツパイの上顎第四乳臼歯の形態．同，41，175-183.

Hanamura, H. & Kondo, S. (1993) Development of the pulpal floor for the upper first molar in *Suncus murinus* (Soricidae, Insectivora). *Jpn. J. Oral Biol.*, 35, 102-106.

Hanihara, K. (1967) Racial characteristics in the dentition. *J. Dental Res.* 46；923-926.

——（1969）Mongoloid dental complex in the permanent dentition. VIIIth *Congress of Anthropological and Ethnological Sciences 1968, Tokyo and Kyoto*, 298-300.

埴原和郎（1972）人類進化学入門．中央公論社（東京）．

——（1992）歯と人類学の話．医歯薬出版（東京）．

原田吉通ほか（1979）ホンドタヌキの前臼歯部に現われた過剰歯．歯基礎誌，21，309-316.

Harris, M. P. *et al.* (2006) The development of Archosaurian first-generation teeth in a chicken mutant. *Current Biology*, 16, 371-377.

長谷川一夫・石田雅男（1979）下等脊椎動物の多生歯の血管分布について．歯基礎誌，21，140-159.

——ほか（1972）メダカ *Orizias latipes* の歯牙の血管分布について．九州歯会誌，26，25-29.

——ほか（1975）虹マスの歯の血管分布．歯基礎誌，17，116-126.

長谷川政美（2011）新図説動物の起源と進化—書きかえられた系統樹．八坂書房（東京）．

Hasegawa, Y. (1972) The Naumann's elephant, *Palaeoxodon naumanni* from the late Pleistocene off Shakagahara, Shodoshima Is. in Seto Inland Sea, Japan. *Bull. Nat. Sci. Mus.*, 15, 513-591.

橋本巌ほか（1976）サケ科魚類咽頭の歯の分布について．口病誌，43，332-349.

——ほか（1976）ニジマスの咽頭の2群の歯について．歯基礎誌，18，349-361.

——ほか（1980）原始硬骨魚現生種の咽頭領域の歯の観察．3．ポリプテルス（腕鰭類）．解剖誌，55，373.

——ほか（1980）同．4．アミア（全骨類）．鶴見歯学，6，239.

橋本誠吉ほか（1961）ラッテの第4臼歯について．京大口腔科学紀要，2，106-108.

畑礼子（1972）エゾタヌキの歯数および歯根の変化について．歯基礎誌，14，118-122.

Hay, O. P. (1924) Notes on the osteology and dentition of the genera *Desmostylus* and *Cornwallius*. *Proc. U. S. Nat. Mus.*, 65 (8), 1-8.

Headon, D. J. *et al.* (2001) Gene defect in ectodermal dysplasia implicates a death domain adapterin development. *Nature*, 414, 913-916.

Heintz, A. (1931) A new reconstruction of *Dinichthys*. *Amer. Mus. Novitates*. 457. 1-5.

Hershkovitz, P. (1971) Basic crown patterns and cusp homologies of mammalian teeth. in *Dental Morphology and Evolution* (Dahlberg ed.), 95-150, Univ. Chicago Press (Chicago).

Hertwig, O. (1874) Ueber Bau und Entwickelung der Placoidschuppen und der Zähne der Selachier. *Jena. Z. Nature.*, 8, 331-404.

Heuvelmans, B. (1941) Note sur la dentition des Siréniens．I〜III．*Bull. Mus. Roy. Hist. Nat. Belgique*, 17-21, 1-25；7-26, 1-11；7-53, 1-14.

Hiiemae, K. M. & Lavelle, C. L. B. (1981) Evolution of Man. in *Dental Anatomy and Embryology* (Osborn ed.), 357-398, Blackwell (Oxford).

文　献

疋田努（2002）爬虫類の進化．東京大学出版会（東京）．

Hillson, S.（1986）*Teeth*. Cambridge Univ. Press（Cambridge）．

──（1996）*Dental Anthropology*. Cambridge Univ. Press（Cambridge）．

平井五郎（1979）歯の比較解剖学．日大口腔科学，5，61-72．

平井滋（1985）*Varanus niloticus*（ナイルオオトカゲ）歯牙についての解剖学的研究．歯学，72，1325-1337．

桧山義夫（1934）イシダヒの歯系発達に就いて．動雑，46，304-312．

Hopewell-Smith, A.（1903）*The Histology and Patho-histology of the Teeth and Associated Parts*. Dental Manufacturing（London）．

堀尾明秀（1973）「ウナギ」の頭部，とくに歯の動脈分布について．九州歯会誌，26，400-409．

茨木紀彦（1977）コイの咽頭歯の構造に関する研究．歯科医学，40，503-530．

一條尚ほか（1974）魚類の歯の構造と発生．歯界展望，43，1123-1126．

── ・山下靖雄（1975）ワニ（メガネカイマン）の歯について．熱帯動植物友の会会報，1975（8），1-4．

家里進（1983）ボウズハゼの歯について．日大歯学，57，781-787．

伊た正雄（1960）サメ科魚類の歯の比較解剖学的研究．三重医学，4，1981-2002．

井尻正二（1937）古生物学に於ける歯式の問題──新たに得られたる *Desmostylus japonicus* の Zahnkeim m'_2 の分類記載を中心として．地質雑，44，837-856．

──（1938）*Desmostylus japonicus* を中心とせる哺乳動物歯牙形態発生理論に関する一考察── Invaginationshypothese．同，45，566-572．

──（1940）*Desmostylus* の歯の個体変異に関する1研究．同，47，318-327．

──（1968）人体の矛盾．築地書館（東京）．

──（1968）化石．岩波書店（東京）．

──（1972）古生物学汎論．上・下，築地書館（東京）．

──（1976）独創の方法．玉川大学出版部（東京）．

──（1977）ヒトの直系．大月書店（東京）．

── ・川井尚文（1948）長鼻類の歯の組織について．東京科博研報，23，1-6．

── ほか（1949）インド象の頭部解剖図説──特に歯囊骨を中心にして．同，24，1-7．

── ・亀井節夫（1961）樺太産の *Desmostylus mirabilis* と岐阜県産の *Paleoparadoxia tabatai* の頭蓋骨の研究．地球科学，53，1-27．

池田秀雄（1981）洋犬の歯，とくに後臼歯についての計測学的研究．九州歯会誌，35，301-319．

池田廣重（1979）ブタの頬歯の形態に関する研究．同，33，211-229．

池田寿雄（1959）フグの歯の組織学的並びに発生学的研究．口病誌，26，1458-1477．

Imai, H. *et al.*（1996）Contribution of early-emigrating midbrain crest cells to the dental mesenchyme of mandibular molar teeth in rat embryos. *Develop. Biol.*, 176, 151-165.

──*et al.*（1998）Contribution of foregut endoderm to tooth initiation of mandibular incisor in rat embryos. *Eur. J. Oral Sci.*, 106, 19-23.

Imaizumi, Y. & Kubota, K.（1978）Numerical identification of teeth in Japanese shrew-moles, *Urotricus talpoides* and *Dymecodon pilirostris*. *Bull. Tokyo Med. Dent. Univ.*, 25, 91-99.

井本廣麿（1977）ニホンイノシシの頬歯の形態学的研究．九州歯会誌，30，754-796．

── ほか（1978）ニホンイノシシの犬歯の湾曲度．歯基礎誌，20，563-570．

Inage, T.（1975）Electron microscopic study of early formation of the tooth enameloid of a fish（*Hoplognathus fasciatus*）. *Arch. histol. jap.*, 38, 209-227.

井上孝二（1991）真骨魚類の鰓弓面における歯の分布について．鶴見歯学，17，215-272．

犬塚則久（1977）千葉県下総町猿山産のナウマンゾウの頭蓋について．地質雑，83，523-536．

──（1977）ナウマンゾウの起源について──頭蓋の比較軟骨学的研究．同，83，639-655．

──（1977）ナウマンゾウの切歯の計測．地球科学，31，237-242．

──（1987）原始的束柱目ベヘモトプスと束柱目の進化パターン．松井愈教授記念論文集，13-25．

──（1988）北海道歌登町産 *Desmostylus* の骨格 I．頭蓋．地質調査所月報，39，139-190．

──（1989）*Desmostylus* 臼歯の歯種同定の再検討── *D. japonicus* の模式標本（戸狩標本）を中心として──．地質雑，95，17-31．

──（1999）ナウマンゾウの研究と田端標本再考．北区飛鳥山博物館研究報告，1，1-40．

──（2000）束柱目研究の動向と展望．足寄動物化石博物館紀要，1，9-24．

── ほか（1979）アジアゾウの脱落歯．歯基礎誌，21，

552-561.

──ほか編（1984）デスモスチルスと古環境．地団研専報28号，地学団体研究会（東京）．

Inuzuka, N. (2000) Primitive Late Oligocene Desmostylians from Japan and Phylogeny of the Desmostylia. *Bull. Ashoro Mus. Paleont.*, 1, 91-123.

──(2005) The Stanford skeleton of *Paleoparadoxia* (Mammalia: Desmostylia). *ibid.*, 3, 3-110.

──(2005) Systematics of Tethytheria and paleobiology of Desmostylia. Abstracts of the Plenary Symposium, Poster and Oral papers presented at Ⅸ International Mammalogical Congress, 23-24.

──(2006) Postcranial skeletons of *Behemotops katsuiei* (Mammalia : Desmostylia). *Bull. Ashoro Mus. Paleont.*, 4, 3-52.

──(2011) The postcranial skeleton and adaptation of *Ashoroa laticosta* (Mammalia : Desmostylia). *ibid.*, 6, 3-57.

── & Takahashi, K. (2004) Discrimination between the genera *Palaeoloxodon* and *Elephas* and the independent taxonomical position of *Palaeoloxodon* (Mammalia : Proboscidea). Zona Arqueológica 4, Miscelánea en homenaje a Emiliano Aguirre, vol. 2, *Paleontologia, Museo Arqueológio Regional*, 234-244.

──*et al.* (1994) Summary of taxa and morphological adaptations of *Desmostylia. The Island Arc*, 3 (4), 522-537.

石橋庸夫（1956）魚類歯牙の比較組織学的研究．特に象牙質とその固定について．医学研究，26，197-217.

石川梧朗ほか（編）（1985）新歯学大事典．永末書店（東京）．

石山巳喜夫（1984）歯鯨類エナメル質の比較組織学的研究．歯基礎誌，26，1054-1071.

──・小川辰之（1981）イイジマウミヘビ歯牙の退化現象．同，23，691-697.

──・──（1982）コチョウザメ幼魚の小歯．歯学，69，843-844.

──・──（1983）肺魚歯板のエナメル質．解剖誌，58，157-161.

──ほか（2006）進化の跳躍と遺伝子の変異，トゲオアガマ（*Uromastyx*）におけるエナメル小柱の発現とアメロジェニン遺伝子の部分的解析（予報）．エナメル質比較発生学懇話会記録，10，1-3.

Ishiyama, M. & Teraki, Y. (1990) The fine structure and formation of hypermineralized petrodentine in the tooth plate of extant lungfish (*Lepidosiren paradoxa* and *Protopterus* sp.). *Arch. Histol. Cytol.*, 53, 307-321.

── & ──(1990) Microstructural features of dipnoan tooth enamel. *Arch. Oral Biol.*, 35, 479-482.

── & ──(1990) The fine structure and formation of hypermineralized petrodentine in the tooth plate of extant lungfish (*Lepidosiren paradoxa* and *Protopterus* sp.). *Arch. Histol. Cytol.*, 53, 307-321.

──ほか（1983）セグロウミヘビ毒牙の形態学的研究．歯学，70，1220-1229.

──*et al.* (1984) The inorganic content of pleromin in tooth plates of the living holocephalan, *Chimaera phantasma*, consists of a crystalline calcium phosphate known as β-Ca_3 $(PO_4)_2$ (whitlockite). *Arch. histol. jap.*, 47, 89-94.

──*et al.* (1994) Immunocytochemical detection of enamel proteins in dental matrix of certain fishes. *Bull. de l'Inst. Oceanographique Monaco. no special* 14 (Suppl. 1), 175-182.

──*et al.* (1998) Amelogenin protein in tooth germs of the snake *Elaphe quadrivirgata*, immunohistochemistry, cloning and cDNA sequence. *Arch. Histol. Cytol.*, 61, 467-474.

磯川宗七（1954・1955）魚類歯牙の形態学的研究．Ⅰ～Ⅱ．魚類誌，3，68-78，247-256；4，201-206.

──(1955）魚類歯牙の形態学的研究．Ⅳ．動雑，64，194-197.

──(1969）イシダイの歯のエナメル質の石灰化パターン．硬組織研究（荒谷ほか編），382-388，医歯薬出版（東京）．

──ほか（1964）カレイの歯の形態学的研究．Ⅰ．顎歯の形．日大歯学，38，112-114.

──ほか（1967）ブダイの歯の組織学的研究．同，41，790-793.

伊藤徹魯（1985）アシカ科動物の頬歯の進化について．鯨類通信，359，1-4.

Ito, T. (1985) New cranial materials of the Japanese sea lion. *J. Mamm. Soc. Japan,* 10, 135-148.

Iwai, T. (1962) Studies on the *Plecoglossus altivelis* problems: Embryology and histophysiology of digestive and osmeregulatory organs. *Bull. Misaki Mar. Biol. Inst. Kyoto Univ.*, 2, 1-101.

Iwamoto, M. & Hasegawa, Y. (1972) Two macaque fossil teeth from the Japanese Pleistocene. *Primates,*

13, 77-81.

Jaekel, O.（1899）Ueber die Organisation der Petalodonten. *Z. Dtsch. Geol. Ges.*, 51, 258-298.

Janis, C. M.（1979）Mastication in the hyrax and its relevance to ungulate dental evolution. *Paleobiology*, 5（1）, 50-59.

Jarvik, E.（1980）*Basic Structure and Evolution of Vertebrates*. Vol. 1, Academic Press（London）.

Jernvall, J. *et al.*（1994）Evidence for the role of the enamel knot as a control center in mammalian tooth cusp formation: non-dividing cells express growth stimulating *Fgf*-4 gene. *Int. J. Develop. Biol.*, 38, 463-469.

——*et al.*（1996）Molar tooth diversity, disparity, and ecology in cenozoic ungulate radiations. *Science*, 274, 1489-1492.

——*et al.*（1998）The life history of an embryonic signaling center: BMP-4 induces *p21* and is associated with apoptosis in the mouse tooth enamel knot. *Development*, 125, 161-169.

——*et al.*（2000）Reiterative signaling and patterning during mammalian tooth morphogenesis. *Mech. Develop.*, 92, 19-29.

Joachim, W. *et al.*（2003）Tooth development in *Ambystoma mexicanum*: phosphatase activities, calcium accumulation and cell proliferation in the tooth-forming tissue. *Ann. Anat.*, 185, 239-245.

城逸平（1942）日本近海産魚類歯牙の研究（第一報）．ゴマフグ及びクサフグの歯牙，特に琺瑯質に就いて．北越医誌，57，1047-1054.

柿沢佳子（1984）ネズミザメの歯について．日大歯学，58，59-69.

Kakizawa, Y. *et al.*（1976）An histochemical study on acid mucopolysaccharides in the enameloid formation stages of fish（*Oplegnathus fasciatus*）. *J. Nihon Univ. Sch. Dent.*, 18, 105-113.

亀井節夫・後藤仁敏（編）（1981）古生物学各論第4巻・脊椎動物化石．築地書館（東京）．

——・神谷英利（1983）自然科学がとらえる歯．歯から進化をさぐる．Ⅰ～Ⅲ．科学と実験，1月号，55-60；2月号，42-47；3月号，55-62.

Kamei, S. & Taruno, H.（1973）Notes on the occurrence of the latest Pleistocene mammals from Lake Nojiri. *Mem. Fac. Sci. Kyoto Univ. Geol Min.*, 39, 99-122.

金森正臣（1973）ハタネズミの頭骨異常2例と第3臼歯異常．日本哺乳類雑記，2，39-40.

Karpinsky, A.（1889）Ueber die Reste von Edestiden und die neue Gattung *Helicoprion*. *K. Russ. Mineralog. Gessell. St. Petersburg Verhandl.*, Ser. 2, 36, 361-476.

葛西義明・伊藤信行（2006）歯の形成を制御する因子．成長，51，335-341.

Kasai, Y. *et al.*（2005）Regulation of mammalian tooth cusp patterning by ectodin. *Science*, 309, 2067-2070.

粕谷俊雄（1983）自然科学がとらえる歯．鯨類の歯と年齢査定．Ⅰ～Ⅲ．科学と実験，4月号，39-45；5月号，47-53；6月号，55-62.

勝山武信（1969）オタマジャクシ角質歯の発生学的研究．久留米医会誌，32，703-716.

Kawai, N.（1955）Comparative anatomy of the bands of Schreger. *Okaj. Folia Anat. Jap.*, 27, 115-131.

川崎和彦（2007）脊椎動物の硬組織と石灰化遺伝子の進化．細胞，39，23-26.

Kawasaki, K. & Weiss, K. M.（2003）Mineralized tissue and vertebrate evolution: The secretory calcium-binding phosphoprotein gene cluster. *P. Natl. Acad. Sci. USA.*, 100, 4060-4065.

川崎堅三（1971）イモリの歯の組織発生学的研究．歯基礎誌，13，95-137.

Kawasaki, K. & Fearnhead, R. W.（1983）Comparative histology of tooth enamel and enameloid. in *Mechanisms of Tooth Enamel Formation*（Suga ed.）, 229-238, Quintessence（Tokyo）.

川崎公子（1984）カワヤツメの角質歯の形成に関する観察．口病誌，51，287-332.

河島裕（1965）鯉咽頭歯の発生学的研究．久留米医会誌，28，699-715.

Keil, A.（1966）*Grundzüge der Odontologie*. Gebrüder Borntraeger（Berlin）.

Kelley, A. & Larsen, C. S.（eds.）（1991）*Advances in Dental Anthropolgy*. Wiley-Liss（New York）.

Kellogg, R.（1936）A review of the Archaeoceti. *Carneg. Inst. Wash. Pub.* 482, 1-36.

Kemp, A.（1979）The histology of tooth formation in the Australian lungfish. *Zool. J. Linn. Soc.*, 66, 251-287.

Kemp, T. S.（1982）*Mammal-like Reptiles and the Origin of Mammals*. Academic Press（London）.

——（2005）*The Origin and Evolution of Mammals*. Oxford Univ. Press（Oxford）.

Kere, J. *et al.*（1996）X-linked anhidrotic（hypohidrotic) ectodermal dysplasia is caused by mutation in a novel transmembrane protein. *Nature Genet.*, 13, 409-416.

Kermack, D. M. & Kermack, K. A. (eds.) (1971) *Early Mammals*. Academic Press (London).

—— & —— (1984) *The Evolution of Mammalian Characters*. Croom Helm (London).

Kerr, J. G. (1903) The development of *Lepidosiren paradoxa*. 3. Development of the skin and its derivatives. *Quart. J. Micros. Sci.* 46, 417-460.

Kerr, T. (1960) Development and strcture of some actinopterygian and urodele teeth. *Proc. Zool. Soc. Lond.*, 133, 401-421.

桐野忠大 (1961〜1962) 歯ができるまで (その1〜5). 歯界展望, 18, 281-295, 533-545, 1330-1344, 1447-1458；19, 155-165.

—— (1969) 歯の硬組織の比較発生—魚類, 両生類, 爬虫類について. 硬組織研究 (荒谷ほか編), 361-381, 医歯薬出版 (東京).

—— (1981) 歯の比較解剖学. 古生物学各論第4巻・脊椎動物化石 (亀井・後藤編), 30-74, 築地書館 (東京).

——ほか (1972) 走査型電子顕微鏡によるエナメル質の比較解剖学的研究. 口病誌, 39, 535.

Kirino, T (1956) On the number of teeth and its variability in *Berardius bairdi*, a genus of beaked whale. *Okaj. Folia Anat. Jap.*, 28, 429-434.

北村恒康 (2002) 食虫類モグラ科四種における下顎大臼歯の大きさの種間差. 愛院大歯誌, 40, 229-241.

小林峯生 (1964) ハタネズミに於ける下顎臼歯の異常成長例. 哺乳動雑, 2, 87-88.

小林治彦 (1952) 哺乳類の歯のエナメル叢の比較解剖学的研究. 解剖誌, 27, 102-110.

—— (1952) 哺乳類の歯のエナメル葉の比較解剖学的研究. 同, 27, 111-115.

小林茂夫 (1975) ヒトの歯と動物の歯—食性を中心に. 日歯会誌, 28, 920-928.

小林繁・嶋村昭辰 (1980) シロネズミ切歯の異常発育例について. 歯基礎誌, 22, 246-251.

小寺春人 (1976) コイ亜科魚類の咽頭骨および咽頭歯の比較解剖学的研究. 瑞浪化石博研報, 3, 163-170.

—— (1982) コイ咽頭歯の形態分化に関する研究. 鶴見歯学, 8, 179-212.

—— (1983) 歯の交換に関する学説の動向. 化石研究会会誌, 16, 23-30.

—— (1985) ゲンゴロウブナの出現に関する古生物学的資料—現生ならびに化石咽頭歯の組織学的比較. 地球科学, 39, 272-281.

——・橋本巌 (1976) コイ咽頭歯の硬組織構造について. 鶴見歯学, 2, 59-67.

——ほか (1980) ブタ下顎第2大臼歯の髄室床形成過程の肉眼的観察. 同, 6, 77-86.

——ほか (2006) ハクレンの咽頭歯にみられた特殊な構造. 同, 32 (3), 161-168.

Koenigswald, W. v. & Sander, P. M. (eds.) (1997) *Tooth Enamel Microstructure*. Balkema (Rotterdam).

甲能直樹 (2000) *Desmostylus japonicus* Tokunaga and Iwasaki, 1914, 完模式標本 (NSM-PV5600) 研究の100年. 足寄動物化石博物館紀要, 1, 137-151.

Koike, H. & Ohtaishi, N. (1985) Prehistoric hunting pressure estimated by the age composition of excavated sika deer using the annual layer of tooth cement. *J. Arcaeol. Sci.*, 12, 443-456.

小池義國 (1998) スンクス (食虫類) の下顎大臼歯髄室床の発生. 愛院大歯誌, 36, 221-226.

駒田格知 (1974) アユの口部形態の性差および成長に伴う差異について. 岐歯雑, 2, 21-28.

—— (1975) *Plecoglossus altivelis* の歯に関する研究 (1). 同, 3, 39-48.

—— (1977) 同 (2). 歯基礎誌, 19, 342-348.

—— (1978) アユの成長に関する研究—特に相対成長および口部歯系の成長について. 岐歯雑, 6, 80-128.

—— (1979) ニジマス仔・稚魚の口部形態および歯の分布について. 歯基礎誌, 21, 89-106.

—— (1980) ワカサギ若・成魚の口部形態および歯の分布について. 同, 22, 289-299.

—— (1980) アユ稚魚における歯系および歯の交換. 魚類誌, 27, 144-155.

—— (1981) アユの櫛状歯の無機質量. 同, 27, 347-349.

—— (1981) アマゴ仔・稚魚の口部形態および歯の分布について. 歯基礎誌, 23, 320-333.

—— (1982) アユ稚魚における歯骨歯の成長と交換. 魚類誌, 29, 213-219.

—— (1983) ワカサギの口部・歯系の性差. 歯基礎誌, 25, 12-19.

—— (1984) アマゴ成魚の顎歯の性差. 成長, 23, 57-65.

—— (1984) 人工孵化稚アユの口部歯系の発達について. 歯基礎誌, 26, 621-628.

―― (1985) イワナの鋤骨および鋤骨歯の成長について．同，27，96-105．

―― (1985) アユ稚魚の上顎骨上の歯の発達．魚類誌，32，74-78．

―― (1985) 硬骨魚類，主としてアユの歯系の発達と摂餌適応について．成長，24，1-61．

―― (1987) ウナギの咽頭歯の発達．同，26 (2)，49-56．

―― (1987) ウナギの顎歯および咽頭歯の固定様式について．同，26 (3)，89-92．

――・山田久美子 (1977) アジメドジョウ，*Cobitis delicata*，の咽頭歯の成長について．同，36 (2)，43-50．

――・山田久美子 (1996) 長良川下流域におけるカジカの溯上活動および成長について．成長，35 (1)，37-44．

――ほか (1985) イワナの口部歯系の発達について．歯基礎誌，27，16-26．

――ほか (1985) アマゴ成魚の顎歯の成長および交換．同，27，621-630．

――ほか (2002) ワカサギ（*Hypomerus transpacificus japonensis*）稚魚の口部歯系の成長について．成長，41 (1)，19-25．

――ほか (2002) ギギ（*Pelteobagrus nudiceps*）の口部骨格系の発達および歯系の変化について．同，41 (2)，143-157．

Komada, N. (1982) Variation of vomer and vomerin teeth in *Hypomesus transpacificus nipponensis*. *Jpn. J. Oral Biol.*, 24, 218-221.

―― (1983) Growth and replacement of dentary teeth in the smelt. *Zool. Mag.*, 92, 14-20.

―― (1983) Development and shedding of teeth on the jaw bone in adult smelt. *ibid.*, 92, 231-237.

―― & Katsukawa, H. (1978) Studies on the teeth of Plecoglossus altivelis (3). *J. Gifu Dent. Soc.*, 6, 70-75.

近藤信太郎ほか (1991) コモンツパイ大臼歯の歯根に関する形態学的研究．歯基礎誌，33，142-154．

――ほか (1998) スンクスの歯根の形態学的研究．同，30，794-806．

Kondo, S. et al. (1998) An odontometrical study of the mandibular molars in the Japanese shrew mole, *Urotrichus talpoides* (Insectivora, Talpidae). *Dentistry in Japan*, 34, 8-11.

――et al. (2001) Morphological characteristics of the root of the molars of Squirrel monkeys (*Saimiri*). in *Dental Morphology* (Brook ed.), Sheffield Academic Press (Sheffield).

――et al. (2001) The medaka *rs-3* locus required for scale development encodes ectodysplasin-A receptor. *Cur. Biol.*, 11, 1202-1206.

小堺俊郎 (1965) 硬骨魚の食道歯についての形態学的研究．日大歯学，39，236-243．

Kowalski, K. & Hasegawa, Y. (1976) Quaternary rodents from Japan. *Bull. Nat. Sci. Mus. Tokyo*, C2, 31-66.

小山巌 (1926) 本邦産齧歯目・翼手目歯牙の研究．日本歯科口腔科学会雑誌，増刊号，1-217．

Koyasu, K. & Hanamura, H. (1996) Morphology of the mandibular fourth deciduous premolar in two species of Carnivora. *Aichi-Gakuin Dent Sci.*, 9, 9-13.

小澤幸重 (1978) 長鼻類の歯の比較組織学．口病誌，45，585-606．

―― (1982) アジアゾウの切歯の組織学的研究――エナメル質とセメント質について．地球科学，36，231-239．

―― (1984) 歯の組織からみた系統と食性――デスモスチルス類の歯の形態と組織構造．地団研専報，28，119-128．

―― (2006) エナメル質比較組織ノート．わかば出版（東京）．

―― (2011) 歯の形態形成原論．わかば出版（東京）．

――・立石みどり (1983) アジアゾウの牙のエナメル質についての系統発生学的考察．歯基礎誌，25，289-298．

Kratochwil, K. et al. (1996) Lef1 expression is activated by BMP-4 and regulates inductive tissue interactions in tooth and hair development. *Genes Develop.*, 10, 1382-1394.

Kraus, B. S. et al.（久米川正好監訳）(1973) 咬合と歯の解剖．医歯薬出版（東京）．

Kron, D. G. (1979) Docodonta. in *Mesozoic Mammals* (Lillegraven et al. eds.), 91-98, Univ. California Press (Berkeley).

久保田公雄 (1970) 魚の歯における蝶番結合の構造に関する研究．日大歯学，44，406-411．

Kubota, K. (1963) Morphological observations of the deciduous dentition in the fur seal. *Bull. Tokyo Med. Dent. Univ.*, 10, 75-87.

――et al. (1961) The eruption and shedding of teeth in the fur seal. *Okaj. Folia Anat. Jap.*, 37, 331-337.

――et al. (1961) The calcification of teeth of the fur

seal (Roentgenograpbic examination). *ibid.*, 37, 389-419.

—— *et al.* (1963) An age determination of highly aged fur seal by means of photography of maxillary canine. *Bull, Tokyo Med. Dent. Univ.*, 10, 61-73.

—— & Matsumoto, K. (1963) On the deciduous teeth shed into the amnion of the fur seal embryo. *ibid.*, 10, 89-93.

—— & Togawa, S. (1964) Numerical variations in the dentition of some pinnipeds. *Anat. Rec.*, 150, 487-502.

—— & —— (1970) Developmental study of the monpbyodont teeth in the northern fur seal. *J. Dent. Res.*, 49, 325-331.

栗栖浩二郎・久米川正好ほか（1998）口腔の発生と組織．第2版．南山堂（東京）．

黒江二郎（1961）つち鯨の歯について．弘前医学, 12, 460-477.

Kurtén, B. (ed.) (1982) *Teeth: Form, Function, and Evolution*. Columbia Univ. Press (New York).

Kusuhashi, N. (2005) Preliminary descriptions of multituberculate mammals from the lower Cretaceous Kuwajima Formation (Tetori Groups), Central Japan, and the Shahai and Fuxin Formations, northeastern China. *Unpublished doctoral dissertation of Department of Geology and Mineralogy, Graduate School of Science, Kyoto Univ.*, 1-133.

Kvam, T. (1950) *The Development of Mesodermal Enamel on Piscine Teeth*. Aktietrykkeriet Trondheim (Trondheim).

頼海元（1972）マムシの毒牙の組織発生学的研究．口病誌, 39, 26-63.

Landolt, H. H. (1947) Ueber den Zahnwechsel bei Selachiern. *Rev. Suisse Zool.*, 54, 305-367.

楽琳（2000）食虫目スンクスとヒメヒミズの大臼歯各部位の大きさに関する研究．愛院大歯誌, 38, 611-637.

Lillegraven, J. A. *et al.* (eds.) (1979) *Mesozoic Mammals*. Univ. California Press (Berkeley).

Lison, L. (1941) Recherches sur la structure et l'histogenese des dents des poissons dipneustes. *Arch. Biol. Paris*, 52, 279-320.

Liu, J.-G. *et al.* (1998) Developmental role of PTHrP in murine molars. *Eur. J. Oral Sci.*, 106 (s1), 143-146.

—— *et al.* (2000) Parathyroid hormone-related peptide is involved in protection agains invasion of tooth germs by bone via promoting the differentiation of osteoclasts during tooth development. *Mech. Develop.*, 95, 189-200.

Lumsden, A. G. S. (1981) Evolution and adaptation of the vertebrate mouth. in *Dental Anatomy and Embryology* (Osborn ed.), 88-117, Blackwell (Oxford).

—— *et al.* (1981) Comparative anatomy of dentition. in *ibid.*, 399-439, Blackwell (Oxford).

前田喜四雄（1979）モモジロコウモリ（ヒナコウモリ科）の成長と発育．(2) 乳歯と永久歯およびそれらの置換．歯基礎誌, 21, 476-487.

前島恒利（1961）哺乳類の歯における象牙細管の比較研究．解剖誌, 36, 496-510.

Maglio, V. J. (1973) Origin and evolution of the Elephantidae. *Trans. Amer. Phil. Soc.*, N. S., 63, 1-126.

Makiyama, J. (1938) Japonic Proboscidea. *Mem. Coll. Sci. Kyoto Imp. Univ.* B, 14, 1-59.

Marboubi, M. *et al.* (1984) Earliest known proboscidean from early Eocene of north-west Africa. *Nature*, 308, 543-544.

—— *et al.* (1986) El Kohol (Saharan Atals, Argeria): A new Eocene Mammal locality in northwestern Africa. *Palaeontographica*, Abt. A, 192, 15-49.

松原喜代松（1963）動物系統分類学 9（上）．脊椎動物（Ia）魚類．中山書店（東京）．

Matsui, M. *et al.* (2004) A new species of salamander of the genus *Hynobius* from Central Honshu, Japan (Amphibia, Urodela). *Zoolog. Sci.*, 21, 661-669.

—— *et al.* (2006) A new species of *Amolops* from Thailand (Amphibia, Anura, Ranidae). *ibid.*, 23, 727-732.

Matsumoto, H. (1918) A contribution to the morphology, paleobiology and systematic of *Desmostylus*. *Sci. Rep. Tohoku Imp. Univ.*, Ser. 2, 3, 61-74.

松村敏治（1956）魚類の歯牙に関する研究．（その2）鯉の咽頭歯の組織学的所見．阪大歯学, 1, 244-252.

Matsumura, T. *et al.* (1998) Ameloblast-lineage cells of rat tooth germs proliferate and scatter in response to hepatocyte growth factor in culture. *Int. J. Develop. Biol.*, 42, 1137-1142.

松岡廣繁（2000）石川県白峰村桑島化石壁から産出したトリティロドン科哺乳類型爬虫類化石について．

石川県白峰村桑島化石壁の古生物―下部白亜系手取層群桑島層の化石群―, 53-74, 石川県白峰村教育委員会（石川）.

Mayhall, J. T. *et al.*（1982）The dental morphology of North Smerican whites: a reappraisal. in *Teeth: Form, Function, and Evolution*（Kurten ed.）, 245-258, Columbia Univ. Press（New York）.

McCollum, M. *et al.*（2001）Evolution and development of teeth. *J. Anat.*, 199, 153-159.

右田昌秀（1967）本邦産鯉科数種の咽頭歯に関する研究. 久留米医会誌, 30, 1107-1129.

三木成夫（1972）人間の歯と動物の歯―その生物史的一考察. 保健の科学, 14, 199-203.

――（1992）生命形態学序説. うぶすな書院（東京）.

――（2013）生命の形態学. うぶすな書院（東京）.

Miles, A. E. W.（1972）*Teeth and their Origins*. Oxford Univ. Press（London）.

――& Poole, D. F. G.（1967）The history and general organization of dentitions. in *Structural and Chemical Organization of Teeth*（Miles ed.）, Vol. 1, 3-44, Academic Press（New York）.

三島弘幸・宮崎重雄（1984）ニホンジカにみられた捻転歯の一例. 化石研究会会誌, 17, 19-23.

宮尾嶽雄（1960）ネズミ属における下顎臼歯附加結節の出現率. 医学と生物学, 55, 62-64.

――（1961）ハタネズミ類の上あご第3臼歯における歯型の変異. 日応動昆誌, 5, 212-214.

――（1964）ハタネズミ亜科のネズミ3種における臼歯の大きさの比率および変異. 動雑, 73, 251-257.

――（1971）ニホンリスにおける歯数異常と頬歯の萌出順序. 哺乳動雑, 5, 142-143.

――（1972）ムササビの頬歯萌出順序. 日本哺乳類雑記, 1, 43-44.

――（1972）食虫類の4種における歯数異常. 成長, 11, 21-27.

――（1973）小翼手類における歯数異常. 哺乳動雑, 5, 230-233.

――（1981）哺乳類における歯の大きさの変異. 成長, 20, 60-74.

――・西沢寿晃（1972）長野県産ノウサギにおける歯数異常と頬歯の萌出順序. 日本哺乳類雑記, 1, 26-31.

――・小池義国（1982）山口県屋代産タヌキの頭骨および歯の大きさ. 成長, 21, 69-79.

――ほか（1966）ドブネズミの下顎臼歯における附加結節について. 動雑, 75, 227-235.

――ほか（1981）早期縄文時代長野県栃原岩蔭遺跡出土の哺乳動物. 第2報 アカネズミの下顎大臼歯の大きさ. 歯基礎誌, 23, 141-145.

――ほか（1984）同. 第5報 ウサギの歯と頭蓋骨の大きさ. 同, 26, 1012-1022.

――ほか（1984）同. 第7報 オオカミの骨と歯. 成長, 23, 40-56.

三好作一郎（編）（1996）簡明 歯の解剖学. 医歯薬出版（東京）

Miyoshi, Y. *et al.*（2004）Induction of tooth and eye by transplantation of activin A-treated, undifferentiated presumptive ectodermal *Xenopus* cells into the abdomen. *Int. J. Dev. Biol.*, 48, 1105-1112.

溝口優司（2000）頭蓋の形態変異. 情報考古シリーズ 1, 勉誠出版（東京）.

Monreal, A. W. *et al.*（1999）Mutations in the human homologue of mouse *dl* cause autosomal recessive and dominant hypohidrotic ectodermal dysplasia. *Nature Genet.*, 22, 366-369.

森忠男（1932）家兎における歯数異常に関する知見補遺. 日歯学会誌, 25, 249-254.

森井隆三（1976）香川県産アブラコウモリの生物学的研究. 1, 2. 哺乳動雑, 6, 248-258；7, 219-223.

Moss, M. L.（1964）The phylogeny of mineralized tissues. *Intern. Rev. Gen. Exptl. Zool.*, 1, 297-331.

――（ed.）（1963）*Comparative Biology of Calcified Tissue*. Ann. N. Y. Acad. Sci., Vol. 109, Art. 1, N. Y. Acad. Sci.（New York）.

Moss-Salentijn, L.（1978）Vestigial teeth in the rabbit, rat and mouse; their relationship to the problem of lacteal dentitions. in *Development Function and Evolution of Teeth*（Butler & Joysey eds.）, Academic Press（London）.

Moy-Thomas, J. A.（1936）The structure and affinities of the fossil elasmobranch fishes from the Lower Carboniferous rock of Glencartholm, Eskdale. *Proc. Zool. Soc. Land.*, 2, 761-788.

――& Miles, R. S.（岩井保・細谷和海訳）（1981）古生代の魚類. 恒星社厚生閣（東京）.

Müller, A. H.（1966）*Lehrbuch der Paläozoologie*. Band Ⅲ, Teil 1. Fische im weiteren Sinne und Amphibien. Gustav Fischer（Jena）.

――（1970）*ibid.*. Band Ⅲ, Teil 3. Mammalia. Gustav Fischer（Jena）.

Mummery, J. H.（1924）*The Microscopic and General Anatomy of the Teeth, Human and Comparative*.

2nd ed., Oxford Univ. Press (London).

Mundlos, S. *et al.* (1997) Mutation involving the transcription factor CBFA1 cause cleidocranial dysplasia. *Cell*, 89, 773-779.

村木彌一郎 (1958) 哺乳類の歯に於けるセメント質の比較解剖学的研究. 解剖誌, 33, 583-611.

長濱晋 (1940) 日本産無毒蛇頭蓋骨並ニ歯牙ニ就キテノ解剖学的研究. 同, 16, 111-141.

── (1942) 日本産無毒蛇歯牙に於ける神経に関する研究. 特に之が特種管状網との関係について. 日本口科学会誌, 34, 26-33.

──・小川辰之 (1970) カメ卵歯の組織学的研究. 歯学, 58, 78-82.

──ほか (1971) *Takydromus tachydromoides* 卵歯について. 同, 59, 260-264.

──ほか (1978) Sauria; lizard の歯牙数について. 同, 65, 1063-1073.

中原泉 (2002) 歯の人類学. 医歯薬出版 (東京).

長尾巧 (1935) *Desmostylus* 属の歯式及各歯の構成に就て. 地質雑, 42, 605-614.

中川三省 (1971) カニクイザルの歯科学的研究. 九州歯会誌, 24, 735-758.

Nakajima, T. (1979) The development and replacement pattern of the pharyngeal dentition in the Japanese cyprinid fish, *Gnathopogon croerulescens*. *Copeia*, 1979, 22-28.

── (1984) Larval *vs.* adult pharyngeal dentition in some Japanese cyprinid fishes. *J. Dent. Res.*, 63, 1140-1146.

──*et al.* (1981) An analysis on the pattern of tooth replacement in the cyprinid fish, *Rhodeus ocellatus ocellatus*. *Jap. J. Oral Biol.*, 23, 893-895.

中根文雄 (1971) ひぐまの臼歯について. 歯基礎誌, 13, 499-503.

中田稔 (1979) 歯の欠如に関与する遺伝的要因について. 口腔病学誌, 46, 131-139.

Natsume, A. *et al.* (2005) Variations in the number of teeth in wild Japanese serow (*Naemorhedus crispus*). *Arch. Oral Biol.*, 50, 849-860.

──*et al.* (2006) Premolar and molar rotation in wild Japanese serow populations on Honshu Island, Japan. *Arch. Oral Biol.*, 51, 1040-1047.

Navarro, J. A. C. *et al.* (1975) Histological study on the postnatal development and sequence of eruption of the maxillary cheek-teeth of rabbits. *Arch. hist. jap.*, 38, 17-30.

Nielsen, E. (1932) Permo-Carboniferous fishes from East Greenland. *Medd. Grønland*, 86 (3), 1-63.

── (1952) On new or little known Edestidae from the Permian and Triassic of East Greenland. *ibid.*, 144 (5), 1-55.

西成甫 (1935) 比較解剖学. 岩波全書, 岩波書店 (東京).

西脇昌治 (1965) 鯨類・鰭脚類. 東京大学出版会 (東京).

野崎英吉 (1984) 石川県産ホンドタヌキの歯数変異. 石川県白山自然保護センター研報, 10, 79-85.

小原巌 (1963) ミカドネズミにおける過剰歯の一例. 哺乳動雑, 2, 63-64.

Обручев, Д. В. (ред.) (1964) Основы Палеонтологии. Том. 15, Бесчелюстные, Рыбы. Издательство Наука (Москва).

小川辰之 (1971) カメの歯についての解剖学的研究. 歯学, 58, 471-510.

大場芳宏 (1974) ネズミ類における臼歯歯冠形態とくに磨耗形態と咬合について. 愛院大歯誌 12, 171-192.

大野紀和 (1977) クマネズミ, ドブネズミの歯根数の変化について. 成長, 16, 6-13.

Ohsumi, S. *et al.* (1963) The accumulation rate of dentinal growth layers in the maxillary tooth of the sperm whale. *Sci. Rep. Whales Res. Inst.*, 17, 15-35.

大泰司紀之 (1984) 硬組織内年輪の研究. 北海道歯誌, 5, 26-27.

Ohtaishi, N. (1972) A case of congenital absence of the lower second premolars in cattle and aphylogenetic considerations of its origin. *Jap. J. Vet. Res.*, 20, 9-12.

── (1978) Ecological and physiological logevity in mammals ── From the age structure of Japanese deer. *J. Mamm. Soc. Jap.*, 7, 130-134.

── & Hachiya, N. (1985) Ageing techniques from the annual layers in teeth and bone. *Comtemp. Mamm. China Jap.*, 186-190, Mamm. Soc. Japan (Tokyo).

大森昌衛ほか (編) (1988) 海洋生物の石灰化と系統進化. 東海大学出版会 (東京).

小野毅 (1974) イシダイのエナメル質形成時におけるエナメル芽細胞の微細構造に関する研究. 歯基礎誌, 16, 407-464.

大江規玄 (編) (1984) 改訂新版・歯の発生学. 医歯薬出版 (東京).

Orlov, Yu. A. (Salkind, J. trans.) (1968) *Fundamentals of Paleontology*. Vol. XIII, Mammals. Israel Prog. for

Sci. Trans. (Jerusalem).

Ørvig, T. (1967) Phylogeny of tooth tissues: Evolution of some calcified tissues in early vertebrates. in *Structural and Chemical Organization of Teeth* (Miles ed.). Vol. 1, 45-110, Academic Press (New York).

——(ed.) (1968) *Current Problems of Lower Vertebrate Phylogeny*. Almqvist & Wiksell (Stockholm).

Osborn, H. F. (1942) *Proboscidea*. Vol. 1, 2, Amer. Mus. Nat. Hist. (New York).

——& Gregory, W. K. (1907) *Evolution of Mammalian Molar Teeth*. Macmillan (New York).

Osborn, J. W. (1971) The ontogeny of tooth succession in *Lacerta vivipara*. *Proc. R. Soc. Lond.*, B, 179, 261-289.

——(1984) From reptile to mammal: Evolutionary considerations of the dentition with emphasis on tooth attachment. in *The Structure, Development and Evolution of Reptiles* (Ferguson ed.), 549-574, Academic Press (London).

——& Hillman, J. (1979) Enamel structure in some therapsids and Mesozoic mammals. *Calcif. Tissue Int.*, 29, 47-61.

押鐘篤（監修）(1969) 歯学生化学. 医歯薬出版（東京）.

Owen, R. (1840～1845) *Odontography; or, a Treatise on the Comparative Anatomy of the Teeth*. Vols. 1, 2, Hippolyte Bailliere (London).

Oxnard, C. E. (1987) *Fossils, Teeth and Sex*. Univ. of Washington (Seattle).

Patterson, C. (1965) The phylogeny of the chimaeroids. *Phil. Trans. R. Soc.*, B, 249, 101-219.

Pedersen, P. O. *et al.* (eds.) (1967) *Proceedings of the International Symposium on Dental Morphology*. *J. Dent. Res.*, Suppl. to No. 5, Vol. 46.

Person, P. (ed.) (1968) *Biology of the Mouth*. Amer. Asso. Advans. Sci. (Washington).

Peterková, R. *et al.* (1983) Dental lamina develops even within the mouse diastema. J. Craniofac. *Genet. Dev. Biol.*, 3, 133-142.

Peters, H. *et al.* (1998) *Pax9*-deficient mice lack pharyngeal pouch derivatives and teeth and exhibit craniofacial and limb abnormalities. *Genes Develop.*, 12, 2735-2747.

——*et al.* (1999) Teeth: where and how to make them. *Trends Genet.*, 15, 59-65.

Peyer, B. (1937) Zähne und Gebiß. in *Handbuch der Vergleichenden Anatomie der Wirbeltiere* (Bolk *et al.* eds.), Bd. 3, Urban & Schwarzenberg (Berlin).

——(1963) *Die Zähne*. Springer (Berlin).

——(Zangerl, R. trans. ed.) (1968) *Comparative Odontology*. Univ. of Chicago Press (Chicago).

Phillips, C. J. (1971) The dentition of glossophagine bats: development, morphological characteristics, variation, pathology, and evolution. *Misc. Publ. Mus. Nat. Hist. Univ. Kansas*, 54, 1-138.

Pispa, J. *et al.* (1999) Cusp patterning defect in *Tabby* mouse teeth and its partial rescue by FGF. *Develop. Biol.*, 216, 521-534.

——*et al.* (2003) Mechanisms of ectodermal organoogenesis. *ibid.*, 262, 195-205.

Piveteau, J. (ed.) (1957～1961) *Traitê de Paléontologie*. Tom. 6 (1, 2); Tom. 7, Masson (Paris).

Poole, D. F. G. (1956) The structure of the teeth of some mammal-like reptiles. *Quart. J. Micr. Sci.*, 97, 303-312.

——(1967) Phylogeny of tooth tissues : Enameloid and enamel in recent vertebrates, with a note on the history of cementum. in *Structural and Chemical Organization of Teeth* (Miles ed.), Vol. 1, 111-149, Academic Press (New York).

——& Shellis, R. P. (1976) Eruptive tooth movements in non-mammalian vertebrates. in *The Eruption and Occlusion of Teeth* (Poole & Stack eds.), 65-79, Butterworths (London).

Portmann, A.（島崎三郎訳）(1979) 脊椎動物比較形態学. 岩波書店（東京）.

Qin, C. *et al.* (2004) Post-translational modifications of SIBLING proteins and their roles in osteogenesis and dentinogenesis. *Crit. Rev. Oral Biol. Med.*, 15, 126-136.

Radinsky, L. (1966) The adaptive radiation of the phenacodontid condylarths and the origin of the perissodactyla. *Evolution*, 20, 408-417.

Rand, R. W. (1950) On the milk dentition of the Cape fur seal. *South Afr. Dent. Assoc. Off. J.*, 5, 462-471.

Ravindranath, R. M. H. *et al.* (2001) Amelogenin-cytokeratin 14 interaction in ameloblasts during enamel formation. *J. Biol. Chem.*, 276, 36586-36597.

Rhodes, F. H. T. (1954) The zoological affinities of the conodonts. *Biol. Rev. Cambridge Phil. Soc.*, 29, 419-452.

Romer, A. S. (1956) *Osteology of the Reptiles*. Univ.

Chicago Press (Chicago).
——(1966) *Vertebrate Paleontology.* 3rd ed., Univ. Chicago Press (Chicago).
——(川島誠一郎訳) (1981) 脊椎動物の歴史. どうぶつ社 (東京).
——& Parsons, T. S. (平光厲司訳) (1983) 脊椎動物のからだ―その比較解剖学. 法政大学出版局 (東京).
Rose, C. (1892) Ueber die Zahnleiste und die Eischwiele des Sauropsiden. *Anat. Anz.* 7, 748-759.
三枝博 (1969) 鯉科の Pharyngeal teeth について. 硬組織研究 (荒谷ほか編), 389-395, 医歯薬出版 (東京).
——ほか (1977) スナヤツメの歯について. 福岡歯大会誌, 4, 329-335.
Saheki, M. (1966) Morphological studies of *Macaca fuscata.* IV. Dentition. *Primates,* 7, 407-422.
佐伯政友ほか (1971) *Macaca* の歯数異常. 歯基礎誌, 13, 181-190.
酒井英一 (1981) 食虫目ヒミズの歯の大きさならびに形態の変異に関する研究. 同, 23, 750-789.
——・宮尾嶽雄 (1979・1980) 離島の小哺乳類大臼歯の変異に関する研究. I〜III. 成長, 18, 60-73; 19, 1-14, 54-67.
酒井琢朗 (1974) 哺乳動物の歯, とくに咬頭の形態発生について. 歯基礎誌, 16, 245-251.
——(1978) 人類歯牙の退化. 日歯会誌, 31, 978-984.
——(1978・1979) 数種哺乳動物の咀嚼機構についての比較解剖学的研究. 成長, 17, 1-13; 18, 1-12.
——(1981) 歯の形の過去・現在・未来. 歯―科学とその周辺 (須賀編), 157-182, 共立出版 (東京).
Sakai, T. (1982) Morphogenesis of molar cusps and tubercles in certain primates. in *Teeth: Form, Function, and Evolution* (Kurén ed.), 307-322, Columbia Univ. Press (New York).
——(1983) 原始霊長類小臼歯の形態. 歯界展望, 61, 81-90.
——(1989) 歯の形態と進化―魚からヒトへの過程―. 医歯薬出版 (東京).
——・花村肇 (1969) 食虫目の歯の形態学的研究. I. トガリネズミ科. 愛院大歯誌, 7, 1-26.
——・——(1973) 同. II. モグラ科. 歯基礎誌, 15, 333-346.
——ほか (1976・1978) 翼手目の歯の形態学的研究. I, II. 同, 18, 442-455; 20, 738-755.
——ほか (1979) ツパイの歯の形態学的研究. 同, 21, 182-192.
——ほか (1981) 暁新世霊長類における上顎小臼歯の大臼歯化について. 成長, 20, 165-184.
坂下栄作 (1972) 脊椎動物の歯の構造について (2). 円口類と魚類について (その1). 富山女短大付高研年誌, 2, 21-59.
——(1972) 同 (3). 円口類と魚類について (その2). 富山県私高研紀, 1, 5-65.
——(1974) 同 (4). 円口類と魚類について (その3). 富山女短大付高研年誌, 3, 45-77.
——(1975) 同 (5). 両生類と爬虫類. 同, 5, 23-53.
——(1976〜1981) 同 (6) 〜 (11). 哺乳類について (その1〜6). 同, 5, 57-90; 6, 25-63; 7, 31-62; 8, 57-97; 9, 45-77; 10, 33-72.
笹川一郎 (1983) アユの歯牙の形態ならびに発生に関する解剖学的研究. 歯学, 71, 257-275.
——・五十嵐東 (1984) 硬骨魚類, シロザケの歯の発生における内エナメル上皮細胞の微細構造について. 歯学, 72, 368-396.
——ほか (1985) シーラカンスの鰓弓の歯の微細構造. 地球科学, 39, 105-115.
Sasagawa, I. (1984) Formation of cap enameloid in the jaw teeth of dog salmon. *Jap. J. Oral. Biol.,* 26, 477-495.
—— & Yoshioka, T. (1980) On the dentition of the Ayu, *Plecoglossus altivelis.* in *The Mechanisms of Biomineralization in Animal and Plants* (Omori & Watabe eds.), 221-228, Tokai Univ. Press (Tokyo).
笹川政嗣ほか (1980) キツネ犬歯のセメント質層板による年齢査定法および犬歯の加齢変化. 北海道歯誌, 1, 23-27.
佐藤井岐雄 (1977) 日本産有尾類総説. 復刻版, 第一書房 (東京).
佐藤巌 (1983) 中国産オオサンショウウオの歯牙について. 歯学, 70, 911-923.
——ほか (1980) *Triturus Pyrrhogaster pyrrhogaster* の歯牙形態と歯牙数について. 同, 68, 192-201.
——ほか (1981) *Onchodactylus japonicus* の歯牙形態と歯牙数について. 同, 68, 839-845.
——ほか (1982) 静岡産と栃木産の *Onchodactylus japonicus* の頭蓋計測, 歯牙の数, 形態について. 歯基礎誌, 24, 190-204.
——ほか (1983) ハコネサンショウウオの孵化後歯牙の成長過程について. 歯学, 70, 1204-1219.
——ほか (1983) メキシコサンショウウオの歯牙について. 同, 71, 121-132.
——ほか (1983・1985) 両生類歯牙の超微構造の観察.

1～3. 同, 71, 338-345, 594-605；72, 1123-1128.

Sato, I. et al. (1986) Morphological studies on the teeth of an edible frog (*Rana nigromaculata nigromaculata*). *Jpn. J. Oral Biol.*, 28, 102-108.

――et al. (1986) The ultrastructure of the teeth in the Amphibia: differentiation of the enamel. *Shigaku.*, 73, 1815-1820.

――et al. (1990) Fine structure and histochemistry of the teeth of the tree frog (*Hyla japonica*). *Okaj. Folia Anat. Jpn.*, 67, 11-20.

――et al. (1991) Fine structure and elemental analysis of the enamel in *Andrias davidianus* (Cryptobranchidae) and *Onychodactylus japonicus* (Hynobiidae). *J. Herpetology.*, 25, 141-146.

――et al. (1992) Morphology of the teeth of adult caudata and apoda: Fine structure and chemistry of enamel. *J. Morphol.*, 214, 341-350.

――et al. (1993) Morphological study of the teeth of *Ambystoma maculatum*, *Salamandra salamandra* and *Aneides lugubris*: fine structure and chemistry of enamel. *Okaj. Folia Anat. Jpn.*, 70, 157-163.

Satokata, I. et al. (1994) *Msx1* deficient mice exhibit cleft palate and abnormalities of craniofacial and tooth development. *Nature Genet.*, 6, 348-355.

里邨一郎ほか (1964) カレイの歯の形態学的研究. II. 顎歯の組織学的検索. 日大歯学, 38, 352-355.

Savage, R. (瀬戸口烈司訳) (1991) 図説哺乳類の進化. テラハウス (東京).

Schaeffer, B. (1967) Comments on elasmobranch evolution. in *Sharks, Skates, and Rays* (Gilbert et al. eds.), 3-35, Johns Hopkins (Baltimore).

Scheffer, V. B. (1960) Dentition of the ribbon seal. *Proc. Zool. Soc. Lond.*, 135, 579-585.

―― & Kraus, B. S. (1960) Dentition of the Northern fur seal. *U. S. Bur. Fish. Bull.*, 63, 293-342.

Schmidt, W. J. & Keil, A. (Poole, D. F. G. & Darling, A. I. trans.) (1971) *Polarizing Microscopy of Dental Tissues*. Pergamon (Oxford).

Schratt, G. M. et al. (2006) A brain-specific microRNA regulates dendritic spine development. *Nature*, 439, 283-289.

Schultze, H.-P. (1969) Die Faltenzähne des Rhipidistiiden Crossopterygier, der Tetrapoden und der Actinopteyger-Gattung *Lepisosteus*. *Palaeontogr. Italica*, 55, 63-136.

Schumacher, G.-H. & Schmidt H. (1976) *Anatomie und Biochemie der Zähne*. 2. Auf., Gustav Fischer (Stuttgart).

Scott, G. R. & Turner, C. G. II (1997) *The Anthropology of Modern Human Teeth*. Cambridge Univ. Press (Cambridge).

Scott, J. H. & Symons, N. B. B. (1977) *Introduction to Dental Anatomy*. 8th ed., Churchill Livingstone (Edinburgh).

Scott, W. B. (1909) Mammalia of the Santa Cruz Beds. Part 1. *Rept. Princeton Univ. Exp. Patagonia*, 6 (1), 1-156.

――(1912) *ibid.*, Part 2. *ibid.*, 6 (2), 111-238.

――(1928) Astrapotheria from the Santa Cruz Beds. *ibid.*, 6 (4), 301-342.

瀬戸口烈司 (1975) 哺乳動物の社会進化についての試論―古生物学の立場から. 季刊人類学, 6, 3-40.

――(1977) 中生代哺乳類の進化と霊長類の進化. 形質・進化・霊長類 (加藤ほか編), 99-133, 中央公論社 (東京).

――(1979) サルの起源とその子孫. 自然, 34-3, 42-52；34-4, 80-89.

――(1981) 古生物学からみたヒト臼歯の特性―トリボスフェニック型臼歯の再編成過程を中心として. I～III. 歯界展望, 58, 31-38, 319-325, 441-448.

――(1981) 南米ザルは偽似ハイポコーンを持っているか. 人類誌, 89, 7-26.

――(1982) ホエザルの祖先の中新世のスタートニアに性的二型は認められるか. 季刊人類学, 13, 3-27.

――(1983) リスザルの歯列にみられる性的二型―亀井先生のコメントへのリプライをかねて. 同, 14, 29-45.

――(1983) 咬耗の進化史的意味. 歯界展望, 62, 601-610.

――(1983) ホエザルの上顎臼歯の個体変異と臼歯の構造から見た南米ザルの系統. 人類誌, 91, 1-10.

――(1992) 日本でも見つかった中生代のトリボスフェニック型臼歯. 歯界展望, 80 (4), 861-870.

Setoguchi, T. (1985) *Kondous laventicus*, a new ceboid primate from the Miocene of La Venta, Columbia, South America. *Folia Primatol.*, 44, 96-101.

―― & Rosenberger, A. L. (1985) Miocene marmosets: First fossil evidence. *Intl. J. Primatol.*, 6, 615-625.

――et al. (1999) New discovery of an early Cretaceous tritylodontid (Reptilia, Therapsida) from Japan and the phylogenetic reconstruction of the Tritylodontidae based on the dental characteristics *Abstract, 7th Annual Meeting of Chinese Society of Vertebrate Paleontology*, April, 1999.

――et al. (1999) An early late Cretaceous mammal from Japan, with reconsideration of the evolution of tribosphenic molars. *Paleont. Res.*, 3, 18-28.

――et al. (2004) Japanese Mesozoic (Cretaceous) mammals and tritylodontid: Their significance and the stratigraphic horizons. *J. Geol. Soc. Thailand*, No. 1, 75-83.

Shellis, P. (1981) Comparative histology of dental tissues. in *Dental Anatomy and Embryology* (Osborn ed.), 155-165, Blackwell (Oxford).

―― (1981) Tooth support. in *ibid.*, 210-215, Blackwell (Oxford).

柴田信(1920)蝙蝠ノ歯牙ニ就テ.歯科新報, 13(6), 1-24.

――(1933) 本邦産魚類歯牙ノ生姿学的研究.歯科新報, 17 (9), 1-36.

――(1937) 歯牙形態学. 第4版, 金原商店 (東京).

Shigehara, N. (1974) On Tooth Replacement in *Tupaia glis*. in *Contemporary Primatology* (Kondo ed.), 20-24, S. Karger (Basel).

―― (1980) Epiphyseal union, tooth eruption, and sexual maturation in the common tree shrew, with reference to its systematic problem. *Primates*, 21, 1-19.

―― (1980) Epiphyseal union and tooth eruption of the Ryukyu house shrew, *Suncus murinus*, in captivity. *J. Mamm. Soc. Japan*, 8, 151-159.

茂原信生(1976)ツパイ (Tupaiidae) について. 生物科学, 28, 43-46.

――ほか(1977)リュウキュウジャコウネズミ (*Suncus murinus riukuanus*) の発育パターンについて. 哺乳類科学, 34, 20-25.

Shikama, T. (1966) On some desmostylian teeth in Japan, with stratigraphical remarks on the Keton and Izumi desmostylids. *Bull. Nat. Sci. Mus.*, 9 (2), 119-170.

Shimada, K. & Inuzuka, N. (1994) Desmostylian tooth remains from the Miocene Tokigawa Group at Kuzubukuro, Saitama, Japan. *Trans. Proc. Palaeont. Soc. Japan*, N. S., 175, 583-607.

篠田謙一(2007)日本人になった祖先たち. 日本放送出版協会 (東京).

Shintani, S. *et al.* (2002) Identification and characterization of ameloblastin gene in a reptile. *Gene*, 283, 245-254.

――*et al.* (2003) Identification and characterization of ameloblastin gene in an amphibian, *Xenopus laevis. ibid*, 318, 125-136.

Shoshani, J. & Tassy, P. (1996) *The Proboscidea. Evolution and Palaeoecology of Elephants and Their Relatives*. Oxford Univ. Press (Oxford).

Shobusawa, M. (1952) Vergleichende Untersuchunger über die Form der Schmelzprisme der Säugetiere. *Okaj. Folia Anat. Jap.*, 24, 371-392.

Simons, E. L. (1960) The Paleocene partodonta. *Trans. Amer. Phil. Soc.*, N. S., 50 (6), 3-99.

Simpson, G. G. (1936) Studies of the earliest mammalian dentitions. *Dental Cosmos*, (Aug.-Sept.), 1-24.

――(1948) The beginning of the age of mammals in South America. *Bull. Amer. Mus. Nat. Hist.*, 91, 1-232.

――(1961) Evolution of Mesozoic mammals. in *International Colloqium on the Evolution of Lower and Non Specialized Mammals* (Vandebroek ed.), pt. 1, 57-95, Kon. Vlaamse Acad. Wetensch. Lett. Schone Kunsten België (Brussels).

Slavkin, H. C. *et al.* (1984) Amelogenesis in reptilia: Evolutionary aspects of enamel gene products. in *The Structure, Development and Evolution of Reptiles* (Ferguson ed.), 275-304, Academic Press (London).

Smith, M. M. (1977) The microstructure of the dentition and dermal ornament of three dipnoans from the Devonian of Western Australia. *Phil. Trans. R. Soc.*, B, 281, 29-72.

――& Miles, A. E. W. (1971) The ultrastructure of odontogenesis in larval and adult urodels: Differentiation of the dental epithelial cells. *Z. Zellforsch*, 121, 470-498.

Smith, P. & Tchernov, E. (1992) *Structure, Function and Evolution of Teeth*. Freund Publishing House (London).

Soule, J. D. (1967) Oxytalan fibers in the periodontal ligament of the *Caiman and Alligator* (Crocodilia, Reptilia). *J. Morph.*, 122, 169-174.

Sperber, G. H. (江藤一洋・後藤仁敏訳) (1992) 頭蓋顔面の発生. 医歯薬出版 (東京).

Stahl, B. J. (1999) *Handbook of Paleoichthyology Volume 4, Chondrichthyes* III. *Holocephali*. Verlag Dr. Friedroch Pfeil (München).

Stehlin, H. G. (1916) Die Säugetire des schweizerischen Eocäns. *Abh. Schweiz. Pal. Ges.*, 41, 1297-1552.

St. John, O. H. & Worten, A. H.（1875）Discription of fossil fishes. *Geol. Surv. Illinois*, 6, 245-488.

須田立雄ほか（1985）骨の科学．医歯薬出版（東京）．

Suehiro, Y.（1942）A study on the digestive system and feeding habits of fish. *Jap. J. Zool.*, 10, 1-303.

須賀昭一（編）（1981）歯—科学とその周辺．共立出版（東京）．

――（1983）エナメロイドのフッ素含量と魚の系統．エナメル質形成機構の進化へのアプローチ．歯基礎誌，25，419-436．

――ほか（編）（1973）歯の研究法—構造と組成．医歯薬出版（東京）．

Suga, S.（1983）Comparative histology of progressive mineralizaion pattern of developing enamel. in *Mechanisms of Tooth Enamel Formation*（Suga ed.）, 167-203, Quintessence（Tokyo）.

杉山拓也ほか（1979）ラッテにおける過剰歯，特に第4臼歯について．日本口腔科学会雑誌，12，256-262．

Sun, A. L.（1984）Skull Morphology of the Tritylodont Genus Bienotheroides of Sichuan. *Scientia Sinica*, B, Vol. 27, 970-984.

Suzuki, S.（1980）A study of the geographical variation of the molar teeth and body dimensions in wild mice (genus *Mus*). *Aichi-Gakuin Jour. Dent. Sci.*, 17, 284-337.

Szalay, F. S. & Delson, E.（1979）*Evolutionary History of the Primates*. Academic Press（New York）.

Tabata, M. J. *et al.*（1996a）Hepatocyte growth factor is involved in the morphogenesis of tooth germ in murine molars. *Development*, 122, 1243-1251.

―― *et al.*（1996b）Expression of cytokeratin 14 in ameloblasts-lineage cells of developing tooth of rat tooth both in vivo and in vitro. *Arch. Oral Biol.*, 41, 1019-1027.

―― *et al.*（2002）Bone morphogenetic protein 4 is involved in cusp formation in molar tooth germ of mice. *Eur. J. Oral Sci.*, 110, 114-120.

田畑純（2003）歯の発生初期の分子機構．*Clin. Calcium*, 13, 628-633.

高橋敬文（1941）台湾産毒蛇毒器ノ研究．第4篇．毒牙ノ形態．解剖誌，18，380-393．

滝口励司（1972）硬骨魚類の舌歯に関する形態学的研究．1, 2. 歯基礎誌，14，16-20，487-494．

玉井琢治（1953）月輪熊の歯牙について．新潟医大解剖輯報，24，55-66．

田中秀（1980）モルモット臼歯の cementum pearl に関する組織発生学的研究．口病誌，47，281-328．

田中宣子・後藤仁敏（2011）現代日本人女性の歯の形態学的研究（5）．保健つるみ，34，37-54．

――・――（2013）同（6）．鶴見大学紀要，50（3），27-41．

樽野博幸（1985）ステゴドンとステゴロホドン—識別と系統的関係．大阪自然史博研報，38，23-36．

――（1986）けものの歯．大阪市立自然史博物館（大阪）．

――・河村善也（2007）東アジアのマンモス—その分類，時空分布，進化および日本への移入についての再検討—．亀井節夫先生傘寿記念論文集，59-78．

田隅本生（1962）ネズミ類の臼歯の型と発育について．Ⅰ．Ⅱ．動雑．71，71-76，77-82．

Tasumi, M.（1964）The cheek of a young Indian elephant. *Mammalia*, 28, 381-396.

Teadford, M. F. *et al.*（2000）*Development, Function and Evolution of Teeth*. Cambridge Univ. Press（Cambridge）.

Ten Cate, A. R.（平井五郎・久米川正好監訳）（1982）口腔組織学．医歯薬出版（東京）．

Terra, P. de（1911）*Vergleichende Anatomie des menschlichen Gebisses und der Zähne der Vertebraten*. Gustav Fischer（Jena）.

Thenius, E.（1989）Handbuch der Zoologie. Bd. 8, Zne und Gebiss der Sogetiere. Walter de Gruyter（Berlin）, 513.

――（1989）*Zähne und Gebiß der Säugetiere*. Walter de Gruyter（Berlin）.

――& Hofer, H.（1960）. *Stammesgeschichte der Säugetiere*. Springer（Berlin）.

Tholen, M. K.（林一彦ほか訳）（1984）獣医歯科学—基礎と臨床．学窓社（東京）．

Thompson, A. H. & Dewey, M.（1930）*Comparative Dental Anatomy*. 2nd ed., Mosby（St. Louis）.

Tobien, H.（1973～1978）The structure of the mastodont molar (Proboscidea, Mammalia). Part 1～3. *Manizer geowiss. Mitt.*, 2, 115-147；4, 195-233；6, 177-208.

戸田喜之（1973）ネズミ類における顎骨および臼歯磨耗の形態について．愛院大歯誌，16，103-122．

――・鈴木成司（1979）アカネズミ属の下顎大臼歯に

おける附加結節について．成長，18, 19-27.
藤英俊ほか（1978）カイウサギ切歯の異常発育例について．九州歯会誌，32, 527-535.
所敏一（1924）家鼠の歯牙に就て．歯科新報，17, 16-32.
――（1925）鼠属の臼歯に於ける歯冠結節及び歯根の変遷について．1, 2. 同，18-6, 1-22；18-7, 1-13.
――（1943）クマネズミ属の過剰歯に就て．動雑，55, 72.
――（1930）家兎過剰歯の1例．日歯学会誌，23, 87-89.
――・清水静雄（1937・1938）実験用白鼠の臼歯の形態に就て．1〜3. 同，30, 199-200, 329-331；31, 13-14.
――・――（1940）大黒鼠の下顎第三臼歯の形状に就て．クマネズミ属下顎臼歯の進化学説に対する新考察．動雑，52, 266-273.
Tomes, C. S. (1882) *A Manual of Dental Anatomy, Human and Comparative.* 2nd ed., Churchill (London).
――(1898) Upon the structure and development of the enamel of the elasmobranch fishes. *Phil. Trans.*, 190, 443-464.
――et al. (1923) *A Manual of Dental Anatomy, Human and Comparative.* 8th ed., Churchill (London).
冨田幸光（1994）頬歯の形態による化石哺乳類の系統解析―原猿類と齧歯類を例として―．哺乳類科学，34, 19-29.
――（1997）アマミノクロウサギは本当に"ムカシウサギ"か．化石，63, 20-28.
――（2011）新版 絶滅哺乳類図鑑．丸善（東京）．
Toyosawa, S. et al. (1998) Identification and characterization of amelogenin genes in monotremes, reptiles, and amphibians. P. *Natl. Acad. Sci. USA.*, 95, 13056-13061.
――et al. (2000) Cloning and characterization of the human ameloblastin gene. *Gene*, 256, 1-11.
Traquair, R. H. (1899) On *Thelodus pagei* from the Old Red Sandstone of Forfarshire. *Trans. Roy. Soc. Edinburgh*, 39, 591-602.
Tsubamoto, T. et al. (2004) New Early Cretaceous spalacotheriid "Symmetrodont" mammal from Japan. *Acta Palaeontol. Pol.*, 49, 329-346.
坪内実（1969）イシダイの歯におけるエナメル質石灰化パターン．日大歯学，43, 444-450.
Tsusaki, T. (1951・1953) Vergleichend-Histologische Studien über das Dentin. Ⅰ，Ⅱ．*Yokohama Med. Bull.*, 2, 298-310；4, 381-389.
Tucker, A. S. et al. (1998) Transformation of tooth type induced by inhibition of BMP signaling. *Science*, 282, 1136-1138.
Turecková, J. et al. (1995) Comparison of expression of the *msx*-1, *msx*-2, *BMP*-2 and *BMP*-4 genes in the mouse upper diastemal and molar tooth primordia. *Intn. J. Develop. Biol.*, 39, 459-468.
――et al. (1996) Apoptosis is involved in the disappearance of the diastemal dental primordia in mouse embryo. *ibid.*, 40, 483-489.
Turner, C. G. II (1985) The dental search for Native American origins. in Out of Asia (Kirk & Szathmary eds.), 31-78, *The Journal of Pacific History* (Canberra).
――(1987) Late Pleistocene and Holocene population history of East Asia based on dental variation. *Amer. J. Phys. Anthrop.*, 73, 305-321.
――（埴原和郎訳）（1989）歯が語るアジア民族の移動．サイエンス，4月号，96-103.
――(1990) Major features of sundadonty and sinodonty, including suggestions about east Asian microevolution, population history and late Pleistocene relationships with Australian aboriginal. *Amer. J. Phys. Anthrop.*, 82, 295-317.
Turner, S. et al. (2010) False teeth：conodont-vertebrate phylogenetic relationships revisited. *Geodiversitas*, 32（4）, 545-594.
上田義幸（1959）モグラに於ける歯数異常に就いて．広島大学医学部解剖第一業績集，5, 93-98.
Uehara, K. et al. (1983) Fine structure of the horney teeth of the lamprey, *Entosphenus japonicus*. *Cell. Tiss. Res.*, 231, 1-15.
Vaahtokari, A. et al. (1996) Apoptosis in the developing tooth: association with an embryonic signaling center and suppression by EGF and FGF-4. *Development*, 122, 121-129.
Vaughan, T. A. (1978) *Mammalogy.* 2nd ed., Saunders (Philadelphia).
Voris, H. K. (1966) Fish eggs as the apparant sole food item for a genus of sea snake, *Emydocephalus*. *Ecology*, 47, 152-154.
Wada, K. et al. (1978) Determination of age in the Japanese monkey from growth layers in the dental cementum. *Primates*, 19, 775-784.
和田浩爾・小林巌雄（編）（1996）海洋生物の石灰化と硬組織．東海大学出版会（東京）．
脇田稔（1974）ニザダイのエナメル質形成時における

エナメル芽細胞の微細構造に関する研究. 歯基礎誌, 16, 129-185.

Wakita, M. *et al.* (1977) Tooth replacement in the teleost fish *Prionurus microlepidotus*. *J. Morph.*, 153, 129-142.

――ほか（編）(2006) 口腔組織発生学. 医歯薬出版（東京）.

Wang, X. *et al.* (2005) Amelogenin sequence and enamel biomineralization in *Rana pipiens*. *J. Exp. Zoolog.* (*Mol. Dev. Evol.*), 304, 177-186.

渡辺強三ほか（編）(1987) 両生類の発生と変体―おたまじゃくしの電子顕微鏡的観察―. 西村書店（新潟）.

Watson, D. M. S. (1937) The acanthodian fishes. *Philos. Trans. Roy. Soc. Lond.*, B, N 549, 228, 49-146.

Weber, M. (1927・1928) *Die Säugetiere*. Bd. 1, 2, Gustav Fischer (Jena).

Weller, J. M. (1968) Evolution of mammalian teeth. *J. Paleont.*, 42, 268-290.

Wells, N. A. & Gingerich, P. D. (1983) Review of Eocene Anthracobunidae (Mammalia, Proboscidea) with a new genus and species, Jozaria palustris, from the Kuldana Formation of Kohat (Pakistan). *Contr. Mus. Paleont. Univ. Michigan*, 26 (7), 117-139.

Widdowson, T. W. (1939) *Special or Dental Anatomy and Physiology and Dental Histology, Human and Comparative*. 6th ed., John Bale (London).

Wiens, J. J. (2011) Re-evolution of lost mandibular teeth in frogs after more than 200 million years, and re-evaluating Dollo's law. *Evolution*, 65 (5), 1283-1296.

Wistuba, J. *et al.* (2003) Characterization of glycosaminoglycans during tooth development and mineralization in the axolotl, *Ambystoma mexicanum*. *Tissue & Cell.*, 35, 353-361.

Wood, A. E. (1942) Notes on the Paleocene lagomorph *Eurymylus*. *Amer. Mus. Novitates*, 1162, 1-7.

――(1962) The early Tertiary rodents of the family Paramyidae. *Amer. Phil. Soc.*, N. S., 52, 1-261.

――& Wilson, R. W. (1936) A suggested nomenclature for the cusps of the cheek teeth of rodents. *J. Paleontol.*, 10, 388-391.

Woodburne, M. O. & Tedford, R. H. (1975) The first Tertiary monotreme from Australia. *Amer. Mus. Novitates*, 2588, 1-11.

Woodward, A. S. (1889) *Catalogue of the Fossil Fishes in the British Museum*. Part 1. The Elasmobranchii. British Museum (London).

――(1892) On some teeth of new chimaeroid fishes from the Oxford and Kimmeridge Clays of England. *Ann. Mag. Nat. Hist.*, 10, 13-16.

Woodward, M. F. (1892) On the milk-dentition of *Procavia* (*Hyrax*) *capensis* and of the rabbit (*Lepus cuniculus*), with remarks on the mammalia. *Proc. Zool. Soc. Lond.* 1892, 38-49.

山田博之・花村肇 (1976) 数種ネズミ類の歯の大きさに関する種間距離について. 歯基礎誌, 18, 154-159.

――ほか (1980) 数種ネズミ類における大臼歯の大きさの相対変異. Ⅰ. ネズミ亜科. 同, 22, 84-96.

――ほか (1980) 同. Ⅱ. ハタネズミ亜科. 成長, 19, 68-80.

――・小木曽力 (1982) ネズミ亜科の大臼歯の大きさに関する主成分分析. 同, 21, 31-41.

山川一雄 (1959) 齧歯目の歯におけるエナメル質の比較組織学的研究. 解剖誌, 34, 852-866.

Yamakoshi, Y. *et al.* (2003) Characterization of porcine dentin sialoprotein (DSP) and dentin sialophosphoprotein (DSPP) cDNA clones. *Eur. J. Oral Sci.*, 111, 60-67.

山下靖雄 (1976) ワニのエナメル質形成時におけるエナメル芽細胞の微細構造に関する電子顕微鏡的観察. 歯基礎誌, 18, 188-238.

Yamashita, Y. & Ichijo, T. (1983) Comparative studies on the structure of the ameloblasts. in *Mechanisms of Tooth Enamel Formation* (Suga ed.), 91-107, Quintessence (Tokyo).

Yasutoku, K. (1999) Immunohistochemical localisation of amelogenin-like proteins and type I collagen and histochemical demonstration of sulphated glycoconjugates in developing enameloid and enamel matrices of the larval urodele (*Triturus pyrrhogaster*) teeth. *J. Anat.*, 195, 455-464.

米田政明・大泰司紀之 (1981) ヒグマとツキノワグマにおける前臼歯の欠如とクマ科の歯数減少傾向. 歯基礎誌, 23, 134-140.

Yoshie, H. & Honma, Y. (1979) Scanning electron microscopy of the buccal funnel of the arctic lamprey, *Lampetra japonica*, during its metamorphosis, with special reference to tooth formation. *Jpn. J. Ichtyol.*, 26, 181-191.

吉谷宗夫 (1959) 鯛の歯の組織発生学的研究. 口病誌, 26, 811-834.

吉行瑞子（1968）ヒナコウモリの乳歯．哺乳動雑，4, 48-50.
Zaki, A. E. & Macare, E. K. (1977) Fine structure of the secretory and nonsecretory ameloblasts in the frog. *Amer. J. Anat.*, 148, 161-194.
Zangerl, R. (1981) *Chondrichthyes I. Handbook of Paleoichthyology*. Vol. 3 A, Gustav Fischer (Stuttgart).
──& Case, G. R. (1973) Iniopterygia, a new order of chondrichthyan fishes from the Pennsylvanian of North America. *Fieldiana Geol. Mem.*, 6, 1-67.
周明鎮ほか(1975)关于原始真獸類臼歯构造命名和統一汉語訳名的建議．古脊椎動物与古人類, 13, 257-266.
Zittel, K. A. von(1918)*Grundzüge der Paläontologie (Paläozoologie)*. Ⅱ. Vertebrata. 3 Auf., Oldenbourg (München).
象団研グループ(1968)ナウマン象の歯牙の組織学的・生化学的研究(その1)．化石研究会会誌1, 35-75.

和文索引

■あ

アイアイ　144
　——科　143
アイゴ　65
アイヌ　236
アウストラロピテクス　231, 237
アオウミガメ　104
アオガエル科　92
アオザメ　16
　——の歯式　30
　——の歯　56
アカエイ　57
アカガエル　89
　——科　92, 94
アカシカ　18
アカダイ　65
アカハライモリ　88, 89, 95, 96, 97, 98
アカボウクジラ類（科）　123, 158
アカホエザル　146
アカントデス類（目）　6, 43, 44
顎　11
アザラシ科　166
アジア系歯冠形質群　234
アジアゾウ　183, 184, 209
アシカ科（亜科）　166
　——の歯式　166
アジメドジョウ　78
アショローア　172
　——の歯式　174
アスピディン　10, 41, 199
アスピドリンクス目　6
アセメカサゴ　71
アナウサギ　156
アナンクス　182
アフガンナキウサギ　157
アブラハヤ　69
アフリカ獣類　120, 171
アフリカ食虫類　120
アフリカゾウ　183, 184
アフリカタケネズミ科　151
アフリカツメガエル　94
アフリカトガリネズミ目　7, 120
アフリカハイギョ　84
アフリカマナティー　175
アポトーシス　215

アマガエル　98
　——科　92
アマゴ　71
アマダイ　69
アミア　33, 40, 64, 68, 74
　——科　71
　——目　6
アメリカ・インディアン　235
アメリカオオサンショウウオ　98
アメリカビーバー　18
アメロゲニン　20, 86, 94, 106, 107, 202, 211, 221
アメロブラスチン　221
アユ　65, 68, 69, 71, 75
　——の咽舌骨歯　70
　——の下顎　76
　——の櫛状歯　77
　——の稚魚　66
アライグマ科　165
アラコウモリ科　141
アラレ石　198
アリ　134
アリクイ科　148
アリゲーター類　108
アリストテレスの提灯　1
アルシノイテリウム科　176
アルティベウスコウモリ　142
アルパカ　188, 191, 192
アルマジロ科　148
アンキロサウルス類　110
アンコウ　65, 71, 81
　——類　73
アンテロコーン　154
アンテロコニュリッド　155
アンテロスタイル　154
アンテロラビアル・コニューレ　155
アンテロリンギュアル・コニューレ　155
アンテロリンギュアル・コニュリッド　155
アンテロロフィッド　155
アントラコブネ科　172
アンフィコーン　137
アンワンティボ　145

■い

イイジマウミヘビ　108

イカ類　158
囲眼窩輪　43
イグアナ類　105
イクチオステガ類（目）　6, 88, 90
イクチドサウルス類　114
異形歯性　15, 36, 100, 105, 113, 119, 197, 204
異甲類（目）　6, 34, 40, 198
　——の皮甲　10
イシガレイ　69
イシダイ　65, 69, 80
異常咬頭　232
イスクナカントゥス類（目）　6, 43, 44
異節類　120, 125
イソペディン　35, 82
イタチザメの歯　51
イタチ類（科）　163, 164, 166
一次口蓋　203
イッカク　17
　——科　160
一生歯性　27, 103, 113, 129, 148, 186, 197, 204, 205, 206
遺伝子　211
イトヨリ　69
イニオプテリクス類の歯列　59
イヌ　209
　——科（亜科）　162
　——の歯式　31
イヌイット　235
イノシシ　18
　——科　189, 190
イボイノシシ　189
イボイモリ　95, 97, 98
イボダイ　12, 65
イモリ　90
　——類（科）　95, 96, 98
入れ違い型　126
岩狸類（目）　7, 120, 171
　——の乳歯　172
イワナ　65, 71
イワネズミ科　152
イワハイラックス　172
咽頭　1, 209
咽頭歯　7, 12, 36
インドサイ　188

263

インドリ　144
　　──科　143
　　──科の歯式　144
咽舌骨　65, 66

■う

ウェッデルアザラシ　168
ヴェニュコヴィア形類　114
ウオクイコウモリ科　141
ウォンバット科　135
ウガンダキンモグラ　137
ウサギ科　156
　　──科の歯式　156
兎類（目）　7, 120, 156
ウシ　188, 209
　　──科（亜科）　192, 194
　　──科の歯式　194
　　──の大臼歯　193
　　──の乳頭　181
ウシガエル　89, 92, 94, 98
ウシバナトビエイ　57
齲蝕　240
ウッドチャック　149
ウツボ科　71
ウナギ　65, 69, 71
　　──目　78
畝状歯型　18, 125
ウバザメ　48, 56
ウマ　18, 33, 187, 209
　　──科　185
　　──の歯式　185
ウマヅラカワハギ　69
ウミヘビ類　106
羽毛　198
鱗　198
　　──の進化　34
ウロコオリス　151
　　──科　150
　　──科の歯式　150

■え

エイ　33
　　──類（目）　6, 48, 50, 57
鋭縁歯型　17, 126
永久歯　30
栄養孔　51
エウゲネオドゥス類（目）　6, 48, 61, 63
エウミス　154
エウリミルス　156
エオコーン　123

エキミス科　151
エクトロフ　142
エゾナキウサギ　157
エデストゥス類　61
エナメリン　20, 94, 202, 221
エナメル芽細胞　2, 4, 86, 107, 202, 206, 207, 208, 221
エナメル芽細胞層　8
エナメル環　178, 179
エナメル器　2, 20, 88, 201
エナメル結節　217, 218
エナメル細管　38, 210
エナメル質　2, 4, 20, 85, 86, 107, 178, 198, 202, 206, 221
　　──基質　86
　　──根尖突起　236
　　──の微結晶　207
エナメル褶曲　178, 202
エナメル小柱　4, 20, 206, 208
　　──の横断面　207
エナメル真珠　14
エナメル髄　20, 198, 202
エナメル-象牙境　21, 22, 94, 106
エナメルタンパク質　20, 198, 202, 221
エナメル滴　14
エナメル突起　14
エナメル紡錘　20
エナメル葉板　101
エナメル輪　178, 179
エナメロイド　8, 19, 21, 35, 37, 38, 69, 197, 198, 202, 210
　　──基質　8
鰓呼吸　87, 95
襟エナメロイド　38
円口類　33, 41, 199
遠心　14
猿人　196, 237
遠心縁　15, 51
遠心頰側根　126
遠心咬頭　15
遠心根　51, 126
遠心切縁　15
遠心側　14
猿人の歯列　238
遠心副咬頭　51
遠心面　15
遠心稜　179
円錐歯　12, 64, 97
エンテロスタイル　154
エンテロドン類　189

エントコニッド　121, 123, 131, 227, 229
エントコニュリッド　123
エントロフ　150
エンボロメリ類　33

■お

オイカワ　69
オウギハクジラ　158, 160
横口類　49
横堤歯型　18
オオクチバス　65, 66, 71
オオコウモリ科　140
オオサンショウウオ　88, 90, 97
オオサンショウウオ類（科）　95, 96, 98
オーストラリアハイギョ　84
オオトカゲ　105
オオトラフサンショウウオ　98
オオハザメ　56
オオパンダ　163
オオワニ　56
オガサワラオオコウモリ　140
オキシタラン線維　102
オキナメジナ　28
オクトドン科　153
オジロジカ　193
オステオグロッスム目　6
オステオポンチン　220
オタマジャクシ　92
オトキオン亜科　162
オナガザル科　146
オナガザル類の歯式　237
オナガネズミ科　155
オニオコゼ　71
オニカジカ　71
オニコドゥス類　82
オポッサム科　133, 229
オマキザル科　146
オマキザル類（科）の歯式　146, 236
オマロドゥス目　6
オランウータン　18, 233
　　──科　222
　　──の乳歯　209
オルドビス紀　8, 40, 195, 197, 210
オロドゥス類（目）　6, 48, 61

■か

窩　13

ガーパイク　34, 35, 64, 68, 69
カイウサギ　156
外エナメル上皮　2, 102, 202
貝殻　198
海牛類（目）　7, 120, 175
外骨格　198, 199
回転繰り出し型交換　28
外套象牙質　22
喙頭類（目）　6, 105
外胚葉異形成症　214
外胚葉性エナメル質　202
外胚葉性上皮　213
外胚葉性頂堤　217
外皮　199
外鼻孔　64, 203
下咽頭骨　65, 66, 71, 79
ガウメルマウスオポッサム　133
カエル　33, 92
　——類　93, 98
下顎骨　11, 96, 209
下顎歯　12
下顎歯板　46, 81
下顎軟骨　46, 49
鍵歯　127
下距錐窩　123
下距錐野　123
顎　11
角化　198
顎下腺　209
核脚類（亜目）　189, 191
顎口類　5, 11, 12, 43, 196
顎骨　3
角骨　208
顎鰓蓋　43
顎歯　12
角質歯　2, 5, 41, 88, 89, 93, 199
角質組織　2, 42, 198
顎条　43
角突起　208
顎軟骨　12, 51
カグラザメ　48, 50
　——の歯式　30
　——類（目）　6, 55
角竜類　110
角鱗　198, 201
下原茎錐　123
下原錐　123
下後茎錐　123
下口歯板　42
下後錐　123
下鰓骨　79

下三角窩　123
下三角野　123
下次小錐　123
下次錐　123
過剰咬頭　233
下唇歯　42
下垂体嚢　203
カスミサンショウウオ　95
加生歯　30
化石人類の上顎歯列　239
化石人類の頭蓋　239
化石鳥の歯　202
顎節類（目）　7, 120, 161, 168, 184, 186
家畜牛　192
下中錐　123
カツオ　69, 71
滑距類（目）　7, 120, 169
下内小錐　123
下内錐　123
カニクイアザラシ　126, 168
ガノイン質　19, 35
ガノイン鱗　35, 36
カバの歯式　190
河馬類（亜目）　189, 190
カピバラ科　152
カプトリヌス形類　104
カプロミス科　152
花粉食性　142
下旁錐　123
カマキリ　71
カマス　69, 71
カマツカ　69
カマヒレザメ　57
花蜜食性　142
カムルチー　65, 66, 71
カメ亜綱　6, 104
カメ類（目）　6, 99, 104
カモノハシ　131
　——の歯式　130
　——竜　110
カライワシ目　6
ガラゴ　145
カラベリー結節　232
カレイ　69
　——科　68, 71
カワイノシシ　189
カワカマス　67, 68, 69
カワスズメ　65, 69
カワハギ　65, 69, 71
カワムツ　69

カワヤツメ　42
管牙類　106
カンガルー科　135
カンガルーの有管エナメル質　21
管間象牙質　22
眼歯　16
冠周セメント質　27
管周象牙質　22
管歯類（目）　7, 120, 171
完新世　8, 195
関節骨　46
完全水平交換　183
冠側　14
カンダイ　69
管椎類　33, 83
環椎類　49
カンパチ　71
カンブリア紀　8, 40, 195, 210
顔面の系統発生　196
間葉細胞　2, 8, 198, 202
間葉性エナメル質　19, 36, 202
岩様象牙質　24, 40, 85

■き

基幹爬虫類　99
鰭脚類　161, 166
キクガシラコウモリ科　140
基鰓骨　65, 66, 79
偽歯　2
キジ目　7
偽小柱　102
ギス　71
寄生　64
基舌骨　79
キタオットセイ　166
キタオポッサム　133
キタサンショウウオ　95
キチン　198
楔形摩擦型　124
楔状摩擦型　124
キツネ　163
キツネザル　144, 196
キツネザル類（科）　143, 236
奇蹄類（目）　7, 120, 125, 169, 184, 186, 209
偽似ハイポコーン　232
キヌゲネズミ科　154
機能歯　75
機能タンパク質　211
キノボリサンショウウオ　98

和文索引

265

キノボリトカゲ 105	キョン 193	クリマティウス類（目） 6, 43, 44
――の上顎前歯部 105	鰭竜類 112	クロイソ 71
キノボリハイラックス 172	偽竜類（目） 7, 112	クロコダイル類 108
キノボリヤマアラシ科 151	キリン科 192	クロダイ 69
牙 1, 17	――の歯式 194	クロヌタウナギの角質歯 42
キバノロ 193	キンカジカ 71	クロノコテリウム 172
基本歯式 127	ギンザメ 33, 60	グンディ科 153
球間象牙質 22	――の上顎歯板 63	
吸血コウモリ 142	――目 6	■け
臼歯 15	均質象牙質 23, 24, 40, 68	毛 198
臼歯化 204	近心 14	茎錐 123
臼歯状歯 65	近心縁 15, 51	頸側 14
臼歯の構造 223	近心頬側根 126	形態学的歯式 30
丘状歯 178	近心咬頭 15	系統発生 2, 196, 212
――型 19, 125, 174	近心根 51, 126	鯨類 120, 126, 158
臼前歯 16	近心切縁 15	ケイロレピス 34
キュウリウオ目 75	近心側 14	血液食 142
狭角相称歯類 131	近心副咬頭 51	血管象牙質 68, 135
頬歯 15, 110	近心面 15	欠脚類（目） 6, 92
暁新世 8, 149, 156, 169, 195, 226	筋突起 208	欠甲類（目） 6, 34, 40
――の食虫類 136	キンモグラ科 137	月状歯 194
――の霊長類 223		――型 18, 125, 192
頬 209	■く	月状稜縁歯型 19
頬側 14	杭状歯 176	齧歯類（目） 68, 120, 125, 148, 209
頬側縁 15	隅角歯 16	結節 13, 121
頬側咬頭 15	空椎類（亜綱） 6, 48, 69, 90, 106, 135	月稜歯 171
頬側面 15	偶蹄類 169, 188	ケナガワラルー 135
狭鼻猿 196	クサフグ 69	ケノレステス 135
――上科 146	クサリヘビ類 106	――科 134
――類の歯式 147, 237	鯨偶蹄類（目） 7, 120, 125, 189, 209	ケマンモス 184
恐竜類 109	鯨鬚 32, 198	ケラチン 199
魚鰭類（亜綱） 7, 112	クスクス科 135	ケラトドゥス類 84
棘胸類（目） 6, 46	クセナカントゥス類（目） 6, 48, 50, 53	原猿類 138, 143
棘魚類（綱） 6, 11, 33, 34, 43, 210	――の歯化石 54	――の歯式 143, 90
――の頭部 43	嘴 118, 198	原鰐類 108
曲頚類 104	屈曲隆線 236	堅鮫類（目） 6, 46
棘鮫類 43	クテナカントゥス目 6	原コノドント 9
極性化域 217	クテノミス科 153	原索動物 195, 198
棘皮動物 198	グナタベロドン 182	犬歯 15, 204, 233
曲鼻類 145	クマ科 163	犬歯化 204
曲竜類 110	クラカケアザラシ 167, 168	剣歯虎 17
鋸歯 13, 51	クラドセラケ類（目） 6, 48, 53	犬歯状歯 64, 66
――縁 13, 51	――の歯 54	原始爬虫類 88
魚食性 111	クラドドゥス型 53	原始有蹄類 125
距錐窩 123	クラドドゥス段階 50, 58	原獣類（亜綱） 7, 119, 120, 129, 197, 199, 208
距錐野 123	クラドドゥス類 50	原始翼手類 139
魚竜類（目） 7, 33, 99, 100, 112	グリコサミノグリカン 199	犬歯類 114
魚類 5, 33, 203	クリバディアテリウム 176	原人 237, 239
――のエナメロイド 19		
――の象牙質 39		

266

索　引

原錐　123
原生象牙質　22
原生代　8
原槽生（性）　91, 100, 104
原槽生性結合　101
現代型段階　50, 58
現代人　196, 237
　　——の歯列　238
　　——の頭蓋　240
　　——の歯　241
堅頭竜類　110
堅頭類　90
剣竜類　110

■こ

コイ　69
　　——科　65, 71
　　——の咽頭骨　72
　　——目　6, 78
溝　13, 220
高位歯型　18
口窩　8
口蓋　112
口蓋骨　65, 66, 79, 96
口蓋骨歯　12
口蓋歯　12
口蓋歯板　85
口蓋垂　209
口蓋側　14
口蓋側面　15
口蓋扁桃　209
口蓋方形骨　46
口蓋方形軟骨　49
広角相称歯類　131
甲殻類　198
溝牙類　107
後間咬頭　178
高冠歯型　18, 126, 127, 186, 189, 194
後臼歯　15, 16
広弓類（亜綱）　7, 112
咬筋　208
　　——窩　130
口腔　1, 102, 203
口腔消化　204, 209
口腔上皮　3, 26
口腔前消化　239
口腔側　14
口腔粘膜上皮　51
膠原線維束　26
硬口蓋　209

咬合面　13, 15, 51
硬骨魚類（綱）　6, 33, 195, 198, 200
　　——の歯　197
後歯　15, 16, 30, 51
高歯冠型　18, 176
高歯冠柱状歯　173
高歯冠二稜歯　176
後獣下綱　7, 119, 120
豪州袋目　7, 119, 120
鉤状骨　208
後小錐　123
更新世　8, 169, 195
後錐　123
広髄歯型　17
硬象牙質　19, 36, 202
咬柱式　173, 174
腔腸動物　199
咬頭　13, 15, 51, 121, 122, 123, 129, 215
咬頭尖　13
咬頭側　14
咬頭頂　13, 220
咬頭の相同関係　123
広鼻猿類（上科）　146, 236
後鼻孔　208
甲皮類　33, 34, 40
コウベモグラ　135, 138
後耗側　178, 179
剛毛状歯　64
咬耗面　15, 113
後翼状骨　46
硬鱗質　19, 35
腔鱗類（目）　6, 10, 34, 40
　　——の小鱗　42
コエロロフォドン　182
コーカソイド・デンタル・コンプレックス　234
コード領域　211
コーン　122
古顎類（上目）　7, 117
呼吸孔　12
古鯨類　126, 158
　　——の歯式　158
コクチバス　71
コクリオドゥス類（目）　6
　　——の歯列　59
後茎錐　123
五咬頭性　53
後上顎歯板　46

古歯類（亜目）　189
コスミン質　23, 35
コスミン鱗　35, 36
古生代　8, 11, 87, 195
古第三紀　8
個体発生　2, 196, 212
コチョウザメ　74
古鳥類（亜綱）　7, 117
骨　198, 199
骨結合　26
骨甲類（目）　6, 41
骨細胞　24, 74
骨髄　26
骨性結合　25, 70, 75, 197, 204
骨性象牙質　40, 68, 74, 122
骨単位　67
骨様象牙質　23, 24, 39, 45, 47, 56, 63, 67, 85
骨様組織　8, 45
骨鱗　35, 36
　　——類　82
コニッド　122
コニュール　122
コノドント　9, 198
コビトカバ　190
コブラ類　106
コポドゥス類（目）　6, 61
ゴマサバ　68, 69
ゴマフアザラシ　168
ゴマフグ　69
コミミハネジネズミ　138
コモリガエル科　87
古モンゴロイド　234, 236
コモンツパイ　138
固有口腔側　14
固有歯槽骨　3
コラーゲン　198, 202
古竜類　88
五稜歯型　18
ゴリラ　233
　　——の頭部　240
ゴルゴノプス類　114
コルフの線維　38
コルンワリウス　172
　　——の歯式　174
根間突起　235
コンキオリン　198
痕跡歯　215, 217
根尖　13
根尖孔　13
根尖側　14

267

根側　　14
ゴンドウクジラ類　　161
　　——の歯式　　161
コンドレンケリス類（目）　　6, 59
ゴンフォテリウム　　178, 182
　　——科の歯式　　181

■さ

サービカルループ　　3
サイ　　188
　　——科　　187
サイガ　　194
鰓蓋　　43
細管　　101
細管象牙質　　68, 137, 99
鰓弓　　43
鰓弓骨　　64
鰓弓軟骨　　12
鰓孔　　12
鰓骨　　79
鰓歯　　7, 12
サイトケラチン14　　221
鰓耙　　32
鰓耙骨歯　　12
鰓耙歯　　66
細竜類（目）　　6, 92
サカマタ　　161
先耗側　　178, 179, 181
サケ　　69, 71
　　——の前顎骨歯　　76
　　——目　　6, 75
鎖骨頭蓋異形成症　　214
差し向かい型　　126
サバ　　69, 71
サメ　　33
　　——類　　50, 37, 41, 48
　　——類の顎　　51
　　——類の歯　　197
　　——類の皮小歯　　5, 8
サルの大臼歯の咬頭　　229
三角窩　　123
三角野　　123
三結節歯　　13
三結節性　　168
三結節説　　121
三結節説による咬頭　　123
三咬頭　　121
　　——性　　53, 104, 116, 146, 147, 162
サンショウウオ　　33
　　——類（科）　　95, 96, 98

三畳紀　　8, 48, 121, 195, 210
　　——の原獣類　　207
　　——の軟質類　　28
　　——の哺乳類型爬虫類　　196
斬新世　　195
三錐歯型　　13, 166, 168
三錐歯類（目）　　7, 119, 120, 121, 129
サンフィッシュ科　　79
サンマ　　65
三葉形　　178
三稜歯　　181
　　——型　　18, 182

■し

シースリン　　221
歯音　　32
肢芽　　218
歯牙　　1
始鰐類（目）　　6, 104
歯顎類（上目）　　7, 117, 118
シカ類（科）　　188, 192
　　——の歯式　　193
歯冠　　12, 13, 51
歯冠形成　　4
歯冠セメント質　　20, 26, 27, 178, 179
歯冠側　　14
シグナリングセンター　　217, 218
シグナル因子　　211
歯群　　29, 65
歯系　　29, 65
歯頸　　13, 51
歯頸線　　13
歯頸側　　14
歯頸帯　　13, 50
歯隙　　31, 215
歯元列　　29, 50
自口蓋骨　　46
自己家畜化　　240
歯骨　　11, 65, 66, 79, 96, 208
ジゴロフォドン　　181
歯根　　13, 51
歯根形成　　4
歯根セメント質　　26, 27
歯根尖　　13
歯根側　　14
歯根の変化　　126
歯根膜　　4, 26, 218
歯式　　29, 153
支持歯槽骨　　3

支持セメント質　　26, 27
四肢動物　　196
歯種　　15, 16, 212
歯周組織　　19, 24
歯周病　　240
歯状体　　10, 40
歯小嚢　　2, 4, 218
歯小皮　　20
四肢類　　5, 87
始新世　　8, 121, 158, 195
歯髄　　3, 4, 19, 20, 26, 69
次錐　　123
歯髄腔　　33, 63, 117
歯数異常　　127
始生代　　8
歯石　　198
耳石　　199
歯舌　　1, 198
歯槽　　26
歯槽骨　　4, 26
歯族　　29, 50, 102
歯足骨　　25, 26, 70, 88, 94
歯足骨性結合　　25, 26, 70
四足動物　　5, 87
シソチョウ　　33, 117, 118, 203
　　——目　　7
舌　　209
歯帯　　13, 50, 132
櫛状歯　　66, 71, 76
　　——型　　18
歯堤　　2, 51, 205, 214
歯肉　　26, 27
歯乳頭　　2, 20, 88
ジネズミ亜科の歯式　　138
シノドント　　234, 235, 236
シノノメサカタザメ　　57
歯胚　　2, 75, 111, 159, 205, 214, 218
歯胚の発生段階　　212
歯板　　13, 27, 85, 199
シファカ　　144
シマヘビの歯胚　　107
シマヘビの胚　　103
シムモリウム目　　6
シモキオン亜科　　162
シャーピー線維　　25
ジャコウジカ　　193
ジャコウネコ科　　164
シャチ　　161
シャベル型　　234, 236
車輪交換（車軸交換）　　28, 50, 53

索　引

ジャワマメジカ　192
獣亜綱　7, 119, 120
獣脚類　100
重脚類（目）　7, 120, 176
　　——の歯列　176
獣弓類（目）　7, 99, 113, 115, 208
　　——の適応放散　114
獣形類　33
十字型　231
周飾頭類　110
獣歯類　115
　　——の頬歯　115
周錐　123
充塡セメント質　26, 27
重歯亜目　156
修復象牙質　22, 128, 187, 200
皺襞　13
　　——歯型　18, 153
　　——象牙質　23, 24, 39, 57, 68, 90, 175
周辺歯　42
絨毛状歯　64
重ラムダ型歯　133
獣類　121, 129
獣類の小柱エナメル質　207
主咬頭　13, 51
ジュゴン科　175
主上顎骨　79
シュモクザメ　48
ジュラ紀　8, 111, 113, 195, 210
主竜形類（下綱）　6, 99, 100, 108
主竜類　100
準コノドント　9
楯鱗　5, 8, 35, 36, 48
上咽頭骨　65, 66
小窩　13
上顎骨　11, 66, 96, 115
上顎歯　12
上顎歯板　46, 81
小管状構造物　37
小臼歯　15, 204
小臼歯相似説　123
条鰭類（亜綱）　6, 35, 64, 85, 200
　　——類の鱗　202
　　——類の象牙質　67, 172
　　——類の歯　71, 202
小結節　95, 97
上口歯板　42
小咬頭　13
上鰓骨　79
硝子象牙質　19, 36, 202

小歯板歯　12
鐘状期　3, 212, 217
上唇歯　42
常生歯　8, 11, 40, 41, 44, 46, 95, 96, 98, 160, 172, 195, 209, 210
　　——型　127
小柱エナメル　210
　　——質　20, 21, 106, 112, 197, 204, 206
小柱間質　207
小柱鞘　207
小柱体　207
上皮-間葉相互作用　4, 199
上皮細胞　198, 199, 202
上皮真珠　28
上皮性エナメル質　202
縄文時代人　234
小翼手類　139, 140
上腕筋　203
食虫類（目）　120, 125, 135, 209, 223
食道歯　12, 72
食道嚢　65, 72
食肉類（目）　7, 120, 125, 136, 161, 209
植物食性　115
鋤骨　65, 66, 79, 85
　　——歯　12
シリケンイモリ　95, 96, 98
歯鱗類（目）　6, 10, 41
シルル紀　8, 11, 40, 44, 46, 195, 210
　　——の腔鱗類　41
歯列　29, 50
シロイルカ　160
シロネズミ　209
シロワニの前歯　13
シワハイルカ　161
真猿類　146
新顎類（上目）　7, 117, 118
神経管　218
神経堤　218
唇溝堤　3, 213
真骨類（上目）　6, 33, 34, 64, 75, 210
シンコノロフス　182
新三結節説　124
真歯　2
真獣類（下綱）　7, 16, 119, 120, 197, 237
　　——の歯式　236

真主齧類　120
新人　234
　　——の上顎歯列　239
　　——の頭蓋　239
真正象牙質　6, 24, 50, 69, 79, 80, 92, 132, 167, 188
新生代　8, 48, 195, 210
　　——第三紀　95
真正半象牙質　47
唇側　14
唇側咬頭　94
唇側面　15, 51
靱帯　70
新第三紀　8
新鳥類（亜綱）　7, 117
新鳥
真のエナメル質　202
真汎　121
真汎獣類（目）　7, 119, 120, 131
真皮　5
ジンベエザメ　50
真無盲腸目　7, 120
新モンゴロイド　235, 236
人類の下顎歯　237
人類の歯　197

す

スイギュウ　188
髄腔　8, 45
水酸リン灰石　69, 102, 220
髄周象牙質　22
錐状歯　12
髄石　24
垂直交換　29, 174, 181
水平交換　29, 128, 175, 179
皺襞　13
ズキンアザラシ　167
スズガエル科　92
スズキ　69, 80
スズキ目　6, 79
スタイラー・シェルフ　132
スタイル　122
スタイルの咬頭　132
スタイロコーン　123, 132
ステゴサウルス類　110
ステゴドン科　182
ステゴマストドン　182
ステゴロフォドン　182
ステンシエラ目　6
スフェン　124, 224
スマ　69

269

すりつぶし型　126
スンダ型の歯　234
スンダドント　234, 236

■せ

セイウチ科　166
　　——の歯式　166
正鰐類　108
正コノドント　9, 10
星状網　2, 4
正中歯　16, 30
成長線　20, 22, 94
星椎類　49
性的二型　126, 233
正軟骨頭類（亜綱）　6, 58
脊索　218
脊索動物　195
石炭紀　8, 44, 46, 48, 87, 195, 210
　　——のイニオプテリクス類　59
　　——のエデストゥス類　61
　　——のコクリオドゥス類　59
　　——の哺乳類　196
　　——のメナスピス類　60
脊椎動物　99, 199
　　——の系統図　33
　　——の系統発生　195
　　——の歯　197
　　——の分類表　6
セグロウミヘビの口蓋歯列　102
セグロウミヘビの毒牙　107
セグロウミヘビの帽状期歯胚　102
切縁　13
切縁側　14
石灰化　198
石灰化組織　2, 198
舌顎軟骨　12, 49
舌下腺　209
舌筋　203
節頸類（目）　6, 33, 198
セッゲウリウス　171
接合歯　16
切痕　51
舌鰓蓋　43
切歯　15, 204
舌歯　12
切歯化　204
切歯骨　15
切歯状歯　64
切歯縫合　15
接触面　15

舌唇　77
舌接型　49
舌側　14
舌側縁　15
舌側咬頭　15, 94, 95
舌側根　126
節足動物　198
舌側面　15, 51
切断型　126
切断歯　127
切断歯型　17, 125
切椎類　88
舌軟骨　49
ゼニガタアザラシ亜科　167
ゼニガタアザラシの歯式　167
セミオノトゥス目　6
セメント芽細胞　26
セメント細管　26
セメント細胞　26
セメント質　3, 4, 26, 159, 178, 192, 199
　　——の分類　27
セメント小腔　26
セメント小体　26
セメント真珠　27
セレベスメガネザル　146
線維結合　25
線維性結合　25, 50, 70
前顎骨　11, 15, 65, 66, 79, 96, 115
前顎骨歯　78
前牙類　107
前間咬頭　178
先カンブリア時代　195
前臼歯　15, 16
扇鰭類　82, 148
前頸筋　203
潜頸類　104
先行歯　30
全骨類（上目）　6, 33, 35, 64, 74, 210
センザンコウ科　148
前歯　15, 16, 30, 51
前歯骨　110, 111
前舌歯板　42
線条　13, 51
前上顎骨　65
前上顎歯板　46
鮮新世　8, 158, 195
漸新世　8, 154
全接型　49
前タロン　174

全椎類　33, 6
前庭側　14
尖頭　13, 15
全頭類（亜綱）　6, 48, 57, 58, 199, 210
セントロクリスタ　150

■そ

ゾウ科　182, 184
　　——の歯式　182
双弓類（亜綱）　6, 104
ソウギョ　69
総鰭類（目）　6, 33, 34, 82, 88
象牙　32, 179, 182
象牙芽細胞　2, 4, 38, 85, 86, 202
象牙芽細胞層　8
象牙芽細胞突起　4
象牙細管　63, 182, 184, 137, 170, 136
象牙細胞　23, 39
象牙質　1, 2, 4, 8, 11, 19, 23, 26, 101, 107, 159, 178, 199, 200, 201
象牙質結節　10, 12, 40
象牙質-歯髄複合体　22
象牙質単位　24
象牙質粒　24
象牙線維　4
象牙前質　2, 4, 22, 201
総歯堤　3
装盾類　110
相称歯類（目）　7, 119, 120, 131
草食　64
草食性　110, 115, 192
槽歯類（目）　6, 108
叢生　240
槽生　26, 88, 100
槽生性　108, 112
槽生性結合　25, 26, 70, 101
双前歯類　133
宗族発生　2, 196
相同遺伝子　214
双頭歯　13, 95, 97
双波歯型　133, 139, 140, 142, 176
側頸筋　203
側咬頭　13, 50
側歯　15, 16, 30, 51
側生　26, 88, 100
側生性骨性結合　25, 101
側切歯　16
束柱類（目）　7, 120, 172
側頭筋　208

索　引

側頭窓　100
咀嚼　204
咀嚼板　65, 72
咀嚼面　15
ソレノドン　137, 170
ソレノドン科　136

■た

タイ　69
　——科　71, 80
第6咬頭　233, 234
第7咬頭　233
ダイアコデキシス　189
第一小臼歯　16
第一生歯　30, 128
第一切歯　16
第一象牙質　22
第一大臼歯　16
大臼歯　15, 125, 204
第五角鰓　74
第三紀　195
第三歯堤　205, 206
第三小臼歯　16
第三切歯　16
第三象牙質　22, 200
第三大臼歯　16
代生歯　30, 214
代生歯堤　3, 206, 214
第二小臼歯　16
第二生歯　30
第二切歯　16
第二セメント質　128
第二象牙質　22, 128
第二大臼歯　16
大翼手類　139, 140
第四紀　8, 195
第四小臼歯　16
多丘歯類（目）　7, 119, 120, 125, 129, 130, 206
多鰭類（目）　6, 71
タケノコメバル　71
多咬頭歯　13, 50, 100
多咬頭性　113, 115, 116
多根歯　13
タスマニアデビル　134
多生歯性　27, 50, 88, 102, 106, 113, 116, 197, 204, 205, 206
多前歯類　133
タチウオ　65
ダチョウ目　7
多頭歯　13

タナゴ　69
タヌキ　163
ダブルシャベル型　235, 236
卵　199
タラ　69, 71
　——科　68
多稜歯型　18, 152
タロニッド　121, 123, 131, 136, 179, 223, 229
タロニッドベイスン　123
タロン　122, 123, 179
タロンベイスン　123
短冠歯型　17, 126, 127, 163, 169, 189, 194
単弓類（亜綱）　113
単咬頭　121, 140
単咬頭円錐歯　87
単咬頭性　113, 115, 116, 162, 164, 165
単孔類（目）　7, 119, 120, 125, 129, 130
単根　126
単根性　235, 236
炭酸カルシウム　198, 199
単錐歯　126
　——型　12, 87, 100, 158, 166, 168, 204
端生　26, 88, 100
端生性　108
端生性骨性結合　25, 101
胆石　198
単頭歯　95
タンパク　37
単波歯型　134, 171
炭竜類（目）　6, 88, 90, 99

■ち

稚魚　78
チスイコウモリ　142
　——科　141
着色エナメル質　20
着色エナメロイド　20
中央隆起　51
中鰐類　108
中間歯　16, 30, 51
中間層　2, 4
中茎錐　123
チュウゴクオオサンショウウオ　95, 96, 98
中国型の歯　234
中国人　235

虫食性　134
紐歯類（目）　7, 120, 148
中心溝　51, 178, 179
中新世　8, 158, 195
　——の類人猿　231
中生代　8, 48, 99, 195
中切歯　16
中象牙質　22, 39, 45
中胚葉性エナメル質　19, 36, 202
中胚葉性間葉　213
中翼状骨　66
中竜目　6
長冠歯型　17, 18
鳥脚類　110
　——の頭蓋　111
長頸竜類（目）　7, 112
鳥綱　7
チョウザメ　33
　——類（目）　6, 66, 74
長髄歯型　17
朝鮮人　235
チョウチンアンコウ　67, 81
長頭竜類　99
蝶番性結合　25, 26, 64, 70, 71, 81
鳥盤類（目）　6, 110
鳥盤類の頭蓋　111
長鼻類（目）　7, 120, 176, 209
　——の系統発生　177
　——の上顎大臼歯　178
鳥類　33, 100, 117, 195, 199, 210
直鼻類　145
猪豚亜目　189
チルー　194
チンチラ科　152
チンチラネズミ科　153
チンパンジー　196, 233
　——の歯列　226
　——の大臼歯　227

■つ

対鰭　49, 64
ツキノワグマ　163
ツチブタ　171
　——の乳歯　171
ツチホゼリ　71
角　198
ツノザメ類（目）　6, 48, 50, 57
ツパイ　229, 237
　——科の歯式　138
　——の歯式　236
　——目　139

爪　　198

■て

底下顎骨　　46
低冠歯型　　17, 126
ディキノドン類　　114
底後頭骨　　72
ディコブネ類　　189
低歯冠型　　17
低歯冠丘状歯　　173
低歯冠柱状歯　　173
低歯冠二稜歯型　　175, 180
低歯冠稜状歯型　　181
釘植　　26, 197, 204
ディストクリスタ　　150, 179
ティタノスクス類　　114
ディノケファルス類　　114
デイノテリウム科　　179, 181
　　――の歯式　　181
ディプテルス類　　84
ティロテリウム　　148
適応放散　　119, 132
デスモスチルス　　174
　　――科　　172
　　――の大臼歯　　205
テチス獣類　　172, 176
テトラロフォドン　　182
テナガザル　　233
デバネズミ科　　153
デボン紀　　8, 40, 44, 46, 48, 87, 195, 210
　　――の棘魚類　　43
　　――のサメ類　　196
　　――の節頸類　　46
　　――の肉鰭類　　196
テロケファルス類　　114
テン　　164
テンジクネズミ　　152
　　――科　　151
転写制御因子　　211
デンチン・シアロフォスフォプロテイン　　211, 221
デンチン・シアロプロテイン　　221
デンチン・フォスフォプロテイン　　221
デンチン・マトリックス・プロテイン 1　　221
テンレック　　170
　　――科　　137

■と

樋状根　　174
頭蓋　　112, 88
トウキョウサンショウウオ　　88, 95, 96, 98
頭棘　　49
同形歯性　　15, 36, 50, 87, 106, 112, 113, 158, 166, 197, 204
頭甲類（目）　　6, 40
胴甲類（目）　　6, 33, 46
　　――の皮甲　　46
頭索類　　195
東南アジア人　　235
登木目　　7, 120
トウマルヒガイ　　69
透明象牙質　　22
トームス突起　　4, 206, 208
トカゲ類（目）　　6, 99, 105
トガリネズミ　　229
　　――亜科の歯式　　138
　　――科　　138
毒牙　　32, 102, 106
トゲオアガマ　　101, 106, 206
　　――の歯列　　105
トゲハススズキ　　71
ドジョウ科　　72, 78
ドチザメ　　48
　　――のエナメロイド　　20, 38
トナカイ　　188
トノサマガエル　　93, 98
トビウサギ科　　150
トビエイ　　57
　　――の歯　　51
トビネズミ科　　155
トビハツカネズミ　　155
　　――の歯式　　155
ドブネズミ　　154
渡来系弥生時代人　　234
トラウツボ　　71
トラフグ　　81
トラフサンショウウオ科　　95, 96
ドリオピテクス型　　231
トリゴニッド　　121, 123, 131, 223, 229
トリゴニッドベイスン　　123
トリゴン　　123
トリゴンベイスン　　123, 225
トリティロドン類　　114, 116
トリボス　　124, 224
トリボスフェニック型　　123, 124,

125, 132, 133, 135, 158, 161, 168, 170, 184, 189, 222, 223, 229
ドロマザウルス類　　114
鈍脚類（目）　　7, 120, 170
鈍丘歯型　　19
鈍頭月状歯型　　19
鈍頭歯型　　19, 125, 154, 163, 189
鈍頭切断歯型　　19, 126

■な

内エナメル上皮　　2, 4, 202
内骨格　　199
内側唇歯　　42
内胚葉性上皮　　213
内鼻孔　　203
内鼻孔類　　82
ナイルワニの下顎歯　　109
ナイルワニの歯　　101
ナイルワニの無小柱エナメル質　　21
ナウマンゾウ　　183, 184
ナガスクジラ　　158, 159
ナキウサギ科　　156
　　――の歯式　　156
七咬頭性　　53
ナマケモノ科　　148
ナマズ類　　66
ナミハリネズミ　　137
ナメクジウオ　　195
軟口蓋　　209
軟骨　　199
軟骨魚類（綱）　　6, 33, 35, 48
　　――の脳頭蓋　　49
　　――の皮小歯　　202
軟骨様セメント質　　27
軟質類（上目）　　33, 35, 64, 74, 210
　　――の皮骨　　28
軟体動物　　198
南蹄類（目）　　7, 120, 169

■に

肉鰭類（亜綱）　　6, 33, 35, 82, 198, 200, 210
　　――の鱗　　202
　　――の歯　　202
肉歯目　　7, 120
肉食　　64
肉食性　　35, 115, 134
ニクタロドント型　　141
二咬頭性　　87, 93, 147, 162, 192

272

索　引

――双頭歯　88
ニザダイ　28, 69
ニシキヘビ　106
二次口蓋　108, 208
三葉形　178
ニジマス　71
　　――の歯骨　76
二重シャベル型　235
ニシン　33
ニシン目　6
二生歯性　27, 113, 116, 129, 197, 204, 205, 206
ニベ科　71
二方向分化傾向　136
ニホンウナギ　78
ニホンカモシカ　194
ニホンザル　147
　　――の永久歯　209
ニホンジカ　192, 194
　　――の第二セメント質　129
ニホンヤマコウモリ　141
ニホンリス　149, 150
乳歯　30, 127
乳歯堤　3
乳頭　178
乳頭状唇突起　93
尿石　198
二稜歯　172, 176, 179, 180, 181, 182
　　――型　18, 135, 144, 147

■ぬ

ヌートリア　152
ヌタウナギ　5, 33
ヌタウナギ類（目）　6, 40, 41
ヌミドテリウム　180
　　――の歯式　180

■ね

ネコ　33
　　――科　164
ネコザメ　48
　　――の側歯　13
　　――類（目）　6, 50, 55
ネズミイルカ科　161
ネズミ科（亜科, 上科）　153, 154
ネズミザメ　56
　　――目　6
ネズミの切歯　205
ネズミ類　127, 154
　　――の歯式　154

粘膜小歯　2, 7, 8, 36
年輪　159

■の

ノウサギ　157
ノギン　215
ノックアウトマウス　215, 217
ノトサウルス目　7
ノネズミ類　155

■は

歯　1, 8, 199, 209
ハイイロアザラシ　168
ハイエナ科　165
胚芽層　8
肺魚類（目）　6, 33, 35, 82, 84, 210
　　――の歯　202
肺呼吸　87
ハイポコーン　123, 133, 223, 227, 229
ハイポコニッド　121, 123, 225, 227, 229
ハイポコニュリッド　121, 123, 131, 227, 229
ハイポコヌリッド　172
ハイポスタイル　170
ハイポロフィッド　150, 185, 229
ハイラックス　172
　　――科　171
杯竜類（目）　6, 33, 99, 104
　　――の頭蓋　100
バウリア形類　114
パカ科　151
パカラナ科　152
バク　186, 188, 209
白亜紀　8, 117, 195, 210
　　――の食虫類　136
　　――の哺乳類　196
バク科　188
歯鯨類　158
ハクレン　40, 68, 69
ハケ状歯　64
ハコネサンショウウオ　88, 95, 96, 97, 98
破砕切断型　124
破歯細胞　103
ハシナガイルカ　160
バシロサウルス　158
バス科　79
ハダカアシナシイモリ　98

ハタネズミ亜科　154, 155
爬虫類（綱）　6, 33, 195, 199, 210
　　――のエナメル質　101
　　――の系統樹　99
　　――の口腔　208
　　――のセメント質　102
　　――の象牙質　102
　　――の歯　197, 202, 204
　　――の無小柱エナメル質　207
発音　32
ハツカネズミ　154
ハドロサウルス類　110
ハナナガバンディクート　134
ハネジネズミ科　137
ハネジネズミ目　7, 120
歯の加齢変化　127
歯の形態発生　205
歯の硬組織　198
歯の支持様式　101, 127
場の理論　205, 215
バビルーサ　126, 189
ハムスター　154
パラクリスタ　141
パラコーン　123, 132, 224, 227, 229
パラコニッド　123, 131, 224, 227, 229
パラコニュール　123
パラスタイル　123
パラミス科　149
パラミスの歯式　149
パラロフィッド　150, 185
パラントロプスの歯列　238
パラントロプスの頭蓋　240
バリテリウム科　180
　　――の歯式　180
ハリネズミ科　137
ハリモグラ　103
パレオアマシア科　176
パレオドン類　189
パレオニスクス鱗　35, 36
パレオニスクス類（目）　6, 35
パレオパラドキシア科　172
パレオパラドキシアの歯式　174
パレオマストドン　182
半月歯型　18
板鰓類（亜綱）　6, 11, 33, 34, 49, 85, 199, 210
　　――のエナメロイド　38
　　――の進化　50
　　――の歯　51

273

汎獣類（下綱）　7, 119, 131
板状歯　66, 76, 178
板状歯型　19
板歯類（目）　7, 112
反芻類（亜目）　126, 189, 192
半象牙質　22, 24, 39, 47
バンディクート科　134
板皮類（綱）　6, 11, 33, 34, 46, 210
盤竜類（目）　7, 99, 113, 114
半稜　179

■ひ

ビーバー科　150
ヒオプソドゥス科　169
鼻窩　203
ヒキガエル科　87, 92
鼻腔　209
ビクーニャ　191
髭鯨類　158
皮甲　10, 34, 40, 220
被甲目　7, 120
非コード領域　211
皮骨　34, 36, 43
非コラーゲン性タンパク質　198, 202, 220
尾索類　195
皮小歯　2, 5, 8, 12, 35, 36, 48, 51
ヒツジ　188, 194
ヒト　33, 222, 234
　——科（上科）　146, 222
　——のエナメル器　205
　——の口腔　209
　——の小柱エナメル質　21
　——の歯列　216, 230
　——の脊柱　216
　——の大臼歯の咬頭　229
　——の釘植　26
　——の頭部　240
　——の歯　13
　——の歯の退化　241
ヒナコウモリ科　140
ピパ科　94
ヒヒ　147
皮膚呼吸　87
ヒボドゥス段階　50, 54, 58
　——の板鰓類　54
ヒボドゥス類（目）　6, 48, 50, 54
　——の歯列　54
ヒミズ　135, 209
　——の歯式　138

ヒメアマガエル科　92
ヒメトガリネズミ　138
ヒメヒミズ　135
　——の歯式　138
ヒョウ　165
ヒョウアザラシ　168
ヒョウガエル　94
表皮　5
皮翼類（目）　7, 120, 139
　——類の歯式　139
ヒヨケザル　139
ピラニア　65
ヒラメ　69, 71
ピルグリメッラ　172
ヒレトガリザメ　57
貧歯類　148

■ふ

ファーテライト　199
ファイヤーサラマンダー　98
フィオミア　182
フィットロッカイト　40, 199
フィロレピス類（目）　6, 46
ブームスラング　107
フェナコドゥス科　184, 186
フォエボドゥス目　6
フォスファテリウム　179
フグ　69
副咬頭　13, 121
副根　126
フグ目　81
フクロアリクイ類　134
フクロジネズミ類　134
フクロネコ類　134
フクロモグラ科　134
ブタ　188, 209
ブダイ　65, 69
フタユビアンフューマ　98
ブチサンショウウオ　88
フチノスクス類　114
ブチハイエナ　165
付着骨　70
付着上皮　27
フッ素リン灰石　69
フナ　69
プラティベロドン　182
プランクトン食　64, 158
ブリ　71
プリオヒラックス科　171
ブルーギル　66, 71, 79

ブルガトリウス　226, 229
プレロミン　40, 63, 199
プロガノケリス類　104
プロコロフォン類　104
プロトコーン　122, 123, 132, 136, 223, 227, 229
プロトコニッド　122, 123, 131, 164, 225, 227, 229
プロトシレン科　175
プロトスタイリッド　123
プロトロフ　150
プロトロフィッド　150
プロラストムス科　175
　——の歯式　175
プロングホーン科　192
吻歯　49
分椎類（目）　6, 88, 90
分離小歯　66, 76

■へ

平滑両生類（亜綱）　6, 87, 88
平衡石　199
並行条　101
米州袋目　7, 119, 120
北京原人　236
ヘスペロルニス目　7
ペゾシレン　175
ヘダイ　71
ペタリクティス類（目）　6, 46
ペタロドゥス類（目）　6, 48, 61
　——の歯化石　62
ペッカリー科　189
　——の歯式　190
ベニマス　69, 71
ヘビ類　101, 106
ベヘモトプス　172
　——の歯式　174
ベラ　69, 71, 72
ヘラコウモリ科　142
ヘラジカ　193
ペリコーン　123, 232
ヘルトウィッヒ上皮鞘　3
ペルム紀　8, 44, 48, 87, 99, 195, 210
　——のエデストゥス類　61
　——の爬虫類　196
　——のペタロドゥス類　62
ヘロドゥス類（目）　6
　——の頭蓋表面　59
辺縁歯　12
変温性　117

ペンシルベニア紀　195

■ほ

法医学　32
帽エナメロイド　38, 39, 97
方解石　198
方形骨　46
旁茎錐　123
方向用語　14
帽状期　3, 212, 218
旁小錐　123
旁錐　123
ボウズハゼ　69
ホウボウ　71
琺瑯質　19
ホエザル　144, 147
ボーン・シアロプロテイン　220
ポケットネズミ科　150
捕食　204
ポステロスタイル　154
ポステロロフィッド　155
ポストパラクリスタ　141, 150
ポストメタクリスタ　150
ポタモガーレ科　137
哺乳類（綱）　7, 99, 208, 119, 51, 56, 215, 231, 237, 195
　　——型爬虫類　113, 116, 197
　　——のエナメル質　19
　　——のエナメル小柱　209
　　——の下顎　208
　　——の基本歯式　119
　　——の系統関係　120
　　——の口腔　208
　　——の大臼歯　18
　　——の釘植　26
　　——の歯　197, 202, 204, 220
頬　209
ホホジロザメ　51, 56
ホメオボックス遺伝子　215
ホモ・エレクトゥス　231, 237
ホヤ類　195
ボラ　69, 71
ポリネシア人　235
ホリネズミ　151
　　——科　150
ポリプテルス　33, 34, 35, 69
ホロプティキウス類　83
ホンサバ　68, 69

■ま

マーモセット科　146

——の歯式　147
マイオドント型　141
マイルカ　209
　　——科　160
マウス　94, 155
マウス下顎　217, 219
マエガミジカ　193
マエソ　71
磨楔式　124
膜性骨　36
マグロ　69, 71
摩擦楔状型　124
マサバ　69
マザマジカ　193
マス　68, 69, 71
マストドン　181
マスノスケ　69, 71
マダイ　65, 69, 80
マダラ　68, 69
マッコウクジラ　159
マッコウクジラ科　158
マットパピー　98
マナティ科　175
マハゼ　71
マフグ　65, 69
マムシ　106
豆　209
マメジカ　193
　　——科　192
　　——科の歯式　193
磨耗面　15
マラッセの上皮遺残　3
マリトゲオガマの歯　106
マングース　164
マングースキツネザル　144
マンムート科の歯式　181
マンモス　17, 18, 19, 183

■み

三日月状　169
ミシシッピ紀　195
ミズウオ　71
ミズヘビ　107
ミズラモグラ　138
ミツクリザメ　56
ミナミアメリカハイギョ　84, 200
ミナミアメリカハイギョのエナメル質　86
ミナミアメリカハイギョの岩様象牙質　86

ミナミオットセイ亜科　166
ミナミゾウアザラシ　167
御船哺乳類　135, 136
脈管象牙質　24, 39, 40, 68
ミユビトビネズミ　155
未来型現代人の歯　241
未来人の歯　241

■む

無顎類（綱）　6, 12, 33, 40, 198, 210
無顎類の皮甲　197, 202
ムカシトカゲ　101
　　——類（目）　6, 99, 105
無弓類（亜綱）　6, 103
無構造エナメロイド　69
無根歯　17, 126
無細胞セメント　27
　　——質　26
ムササビ　150
無小柱エナメル　210
　　——質　20, 21, 94, 101, 197, 204, 206
無脊椎動物　198
無足類（目）　6, 87, 88
　　——の幼生　89
ムツ　69
ムツオビアルマジロ　148
無尾類（目）　6, 33, 87, 92, 95, 199
　　——の幼生　89

■め

冥王代　8
迷歯類（亜綱）　6, 90, 141, 145, 143, 87
メガデルマコウモリ　141
メガネザル科　143
メガネザルの歯式　145
メキシコサンショウウオ　87, 89, 95, 96, 97
メジロザメの歯　57
メジロザメ類（目）　6, 56
メソコニッド　123
メソサウルス類（目）　6, 104
メソスタイル　123, 149
メソロフ　150
メソロフィッド　150
メタコーン　123, 132, 224, 227, 229
メタコニッド　123, 131, 186, 225,

275

227, 229
メタコニュール　123
メタスタイリッド　123, 186
メタスタイル　123
メタスタイロコーン　123
メタロフ　150, 185
メタロフィッド　150
メッケル軟骨　43
メナスピス類（目）　6
　　──の歯板　60
メナタガレイ　71
メバル　69
メリテリウム科　180
　　──の歯式　180
メルルーサ　68, 69
面生　26

■も

猛獣有蹄類　124, 136, 161
モグラ　33, 229
　　──科　138
　　──の歯式　138
モザイク状歯　65
モモジロコウモリ　141, 143
モモンガ　150
モリイノシシ　189
モルフォゲン　217
モルモット　152
モンガラカワハギ　66
モンクアザラシ亜科　167
モンゴロイド　234
　　──・デンタル・コンプレックス　234
門歯　15, 66, 77

■や

ヤギ　188
　　──亜科　194
ヤク　188
軛歯性　181
ヤチネズミ　155
ヤツメウナギ　5, 11, 33
　　──類（目）　6, 40, 41
　　──類の角質歯　43
ヤマアラシ類　151
　　──の白歯部の歯式　151
ヤマカガシの歯　101
ヤマネ類（上科）　153
　　──の白歯部の歯式　153
ヤマビーバー科　149

■ゆ

有管エナメル質　20
有管エナメロイド　20, 69
有管象牙質　63
有細胞セメント　27
　　──質　26
有爪類　136
有胎盤類　197
有袋類　33, 57, 132, 188
有蹄類　125, 136
有尾類（目）　6, 33, 87, 95, 96
　　──の幼生　89
有毛目　7
有羊膜卵　99, 197
有鱗類（目）　6, 7, 105, 120, 148

■よ

葉間柱　192
幼魚　85
幼歯　79
葉食性　172, 192, 194
葉板象牙質　24, 40, 68
翼甲類（目）　6, 40
翼手類（目）　7, 120, 125, 139
翼状骨　65, 102, 115
翼竜類（目）　6, 111
ヨロイザメ類　57
四咬頭性　145, 147, 162, 189, 192
四稜歯型　18, 152

■ら

雷獣類（目）　7, 120, 170
蕾状期　3, 212
ラキトム類　33
ラクダ　188, 191
　　──科　192
　　──の歯式　191
ラッコ　163
ラティメリア（属）　33, 34, 35, 83, 84, 200
ラブカ　48
　　──の歯　52
　　──類（目）　6, 50
ラプラタカワイルカ　160
ラマ　188, 191
ラムダ型歯　134
卵殻　99, 199
卵歯　103
乱歯類　115
卵生　117

■り

リスザル　146
リス類　149
竜骨　32
竜歯　32
粒状歯　66
隆線　13, 115
隆線（稜）の名称　150
竜盤類（目）　6, 109
稜　13, 115, 179
稜縁歯型　18, 125, 126, 155
菱形歯湾曲　179
稜状歯　178
稜状歯型　17, 18
梁歯類（目）　7, 119, 120, 129, 130
両生類（綱）　6, 33, 35, 87, 99, 195, 203, 210
　　──のエナメル質　98
　　──の系統樹　88
　　──の歯　202
両接型　49
梁柱象牙質　23, 24, 39, 47, 67
梁柱半象牙質　47
リン灰石　9, 19, 198
鱗骨類　71
リン酸カルシウム　198
臨床歯冠　13
臨床歯根　13
隣接面　15
鱗竜形
鱗竜形類（下綱）　6, 104

■る

類歯　2
類人猿　237
　　──の上顎歯列　239
　　──の歯列　231
　　──の頭蓋　239
ループ　155

■れ

霊長類（目）　7, 120, 125, 136, 143
　　──の永久歯　209
　　──の歯数　237
　　──の乳歯　209
レイヨウ類　194
裂脚類　161
　　──の歯式　161

裂溝　13
裂歯類（目）　7, 120, 148
　　――の歯式　148
裂肉歯　17, 161
レナニダ類（目）　6, 46
レピソステウス目　6

■ろ

ローラシア獣類　120
狼歯　186
六咬頭　121
　　――性　184
ロクソドントプリカ　179
ロフ　122
ロリス科　143
　　――の歯式　145

■わ

ワカサギ　66, 71, 77
　　――の上顎骨歯　78
ワニの歯胚　103
ワニ類（目）　6, 101, 108
腕鰭類　35
腕足動物　198

欧文索引

■A

Abrocomidae　153
Acanthodida　6
Acanthodii　6, 33, 43
Acanthodita　43
Acanthothoraci　6, 46
accessional teeth　30
accessory cusp　13
acellular cementum　26
Acipenser　74
Acipenseriformes　6, 74
acrodont　26, 88, 100
Acrodus　54, 55, 58
Actinopterygii　6, 64
Afrosoricida　7
Agassizodus　61, 62
Agkistrodon　106
Agnatha　6, 33, 40
Ailuropoda　163
Aistopoda　6, 92
Alces　193
Alligator　108
Alligatoridae　108
Allosaurus　109
Alouatta　146, 147
alternation　126
alveolar bone　4
Amblypoda　7, 170
Ambystoma　87, 96
Ambystomidae　95, 96
Amebelodontidae　177
ameloblast　2
ameloblastin　221
amelogenin　94, 221
Ameridelphia　7
Amia　40, 74, 75

Amiiformes　6, 74
Amphibia　6, 87
amphicone　137
amphistyl　49
Anancus　177, 182
Anaspida　6, 41, 103
Andrias　96
angle tooth　16
Anguilla　78
Anguillidae　78
Anguilliformes　78
ankylosis　26, 70
Anomaluridae　150
Anomalurus　151
Anomodontia　115
anterior conule　178
anterior talon　174
anterior tooth　15
anterocone　154
anteroconulid　155
anterolabial conule　155
anterolingual conule　155
anterolingual conulid　155
anterolophid　155
anterostyle　154
Anthracobune　172, 173
Anthracobunidae　172
Anthracosauria　6, 90
Anthropoidea　146
Antiarcha　6, 46
Antilocapridae　192
Anura　6, 92
apatite　19, 198
Apatosaurus　110
apex of cusp　13
apex of root　13
apical　14

apical ectodermal ridge　217
apical foramen　13
Aplodontia　149
Aplodontiidae　149
Apoda　6
aprismatic enamel　20
aragonite　198
Archaeoceti　126, 158
Archaeopterygiformes　7
Archaeopteryx　117, 118
Archaeornithes　7, 117
Archosauromorpha　6, 108
Arctocebus　145
Arctocephalinae　166
Arsinoitheriidae　176
Arsinoitherium　176
Arthrodira　6, 46
Artibeus　142
Artiodactyla　169, 188
Ashoroa　172, 173
aspidin　10, 41, 199
Aspidorhynchiformes　6
Asteracanthus　54, 58
Astrapotheria　7, 170
Astrapotherium　170
Astraspis　41, 198
Atopacanthus　45
attrition surface　15
Australidelphia　7
Australopithecus　237
autostyl　49
Aves　7, 117

■B

Babirussa　126
Balaenoptera　158, 159
baleen　32

277

Barytheriidae 180
Barytherium 177, 180
Basilosaurus 158
basioccipital 72
Bathyergidae 153
Behemotops 172, 173
bicuspid tooth 13
Bienotheroides 116
bilophodont 18, 135, 181
BMP 220
BMP2 220
BMP4 215, 219, 220
bone of attachment 70
bone sialoprotein 221
bony scale 35
Bos 194
Bothriolepis 33, 46
Bovidae 192
Bovinae 194
brachyodont 17, 126
Bradipodidae 148
Brevicipitidae 92
Brontops 125
brush tooth 64
BSP 220
buccal 14
buccal cusp 15
buccal margin 15
buccal surface 15
buccal tooth 15
Bufonidae 92
bunodont 19, 125
bunosectorial 19
bunoselenodont 19

■C

Caenolestes 135
Caenolestidae 134
Caenotherium 125
calcification 198
calcified tissue 2, 198
calcite 198
Callitrichidae 146
Callorhinus 166
Callorhynchus 60
Camarasaurus 110
Camelus 191
Canidae 162
Caninae 162
canine 15
caniniform tooth 64

caninization 204
Canis 125, 163
cap enameloid 38
Capricornis 194
Caprinae 194
Capromyidae 152
Captorhinomorpha 104
Captorhinus 100
Carcharhiniformes 6, 56
Carcharhinus 57, 58
Carcharocles 56, 58
Carcharodon 51, 56
carnassial teeth 17, 161
Carnivora 7, 161
cartilage-like cementum 27
casein 221
Castor 125, 150
Castoridae 150
Catarrhina 146
Cavia 152
Caviidae 151
Cebidae 146
cellular cementum 26
cementoblast 26
cementocyte 26
cementum 4, 26
cementum canaliculus 26
cementum corpuscle 26
cementum lacuna 26
cementum pearl 27
central incisor 16
Centrarchidae 79
centro crista 150
Cephalaspida 6, 41
Cephalaspis 33
Ceratodontida 84
Ceratodus 84
Cercopithecidae 146
cervical 14
cervical band 14
cervical line 13
Cervidae 192
Cervus 125, 194
Cetacea 120, 158
Cetartiodactyla 7
Cetorhinus 48, 56, 58
Chalamydoselachus 53
cheek tooth 15
Cheirolepis 33, 35
Chelonia 6, 104
Chilgatherium 177

Chimaera 60, 63
Chimaeriformes 6, 59
Chinchilla 152
Chinchillidae 152
Chiroptera 7, 139
Chlamydoselachiformes 6
Chlamydoselachus 58
Choanichthyes 82
Choerolophodon 177, 182
Choeropsis 190
Chondrenchelyiformes 6, 59
Chondrenchelys 59
Chondrichthyes 6, 33, 48
Chondrostei 6, 64, 74
Chordata 195
Chrysochloridae 137
Chrysochloris 137
Chrysophys 80
Cimolestes 136
Cingulata 7
cingulum 13
circumpulpal dentine 22
Cladodus 53, 54, 58
Cladoselache 33, 50, 53, 54, 58
Cladoselachiformes 6, 53
cleidocranial dysplasia 214
Climatiida 6, 43
Climatius 43, 44, 45
clinical crown 13
clinical root 13
Clupeiformes 6
Cobitidae 78
Coccosteus 33
Cochliodontiformes 6, 59
Cochliodus 59
Coelacanthida 82
Coelacanthus 33
Coelolepida 6, 41
collar enameloid 38
comb-like teeth 66
Condylarthra 7, 161, 168
cone 122
conelet 178
conical tooth 12, 64
conodont 9
contact surface 15
continuously growing tooth 17
conule 13, 122
Cope 121, 122
Copodontiformes 6, 61
core-shaped tooth 12

278

Cornwallius 172, 173	Deinotheriidae 179, 181	Dinosauria 109
coronal 14	*Deinotherium* 17, 125, 177, 181	diphyodont 27, 205
coronal cementum 26	Delphinidae 160	*Diplocaulus* 92
Coryphodon 125	*Delphinus* 125, 160	Dipnoi 6, 82
cosmine 23, 35	*Delpinapterus* 160	Dipodidae 155
cosmoid scale 35	*Deltoptychius* 60	Diprotodonts 133
Cotylosauria 6, 104	*Dendrohyrax* 172	Dipterida 84
Creodonta 7	dental calculus 198	*Dipterus* 33
crescentic 169	dental cuticle 20	*Dipus* 155
Cretolamna 58	dental follicle 2	Discoglossidae 92
Cricetidae 154	dental formula 29	distal 14
Cricetus 125	dental lamina 2	distal cusp 15
Crivadiatherium 176	dental papilla 2	distal margin 15
Crocidurinae 138	dental pulp 4, 19, 67	distal surface 15
Crocodilia 6, 108	dentary 11	disto crista 150
Crocodylidae 108	denteon 24	distostyle 123
Crocodylus 109	denticle 24, 66	distostylid 123
Crocuta 165	dentin 19	DMP1 221
Crossopterygii 6, 82	dentinal fiber 4	Docodonta 7, 119
crown cementum 26	dentinal osteon 24	*Doliodus* 44, 45
crown formation 4	dentinal tubule 4, 21	DPP 221
crown of tooth 12	dentine 2, 19	drycodont 17
crushing 12	dentine matrix acidic phosphoprotein 1 221	*Dryopithecus* 231
Cryptobranchidae 95, 96		Dryopithecus pattern 231
Ctenacanthiformes 6	dentine sialophosphoprotein 221	DSP 221
Ctenacanthus 54	dentine tubercle 10, 40	DSPP 211, 221
Ctenodactylidae 153	dentine-pulp complex 22	*Dugong* 175
Ctenomyidae 153	dentino-enamel junction 22	Dugongidae 175
Ctenomys 153	dentition 29, 65	*Dunkleosteus* 46
cusp 13, 121	dermal armour 10	Duplicidentata 156
cusp homology 123	dermal denticle 5, 35	durodentine 19, 36
cusp of Carabelli 232	Dermoptera 7, 139	*Dymecodon* 135, 138
cuspule 13	Desmodontidae 141	
cutting edge 13	*Desmodus* 141, 142	■ E
Cyclostomata 41	Desmostylia 7, 172	Echimyidae 151
Cynocephalus 139	Desmostylidae 172	*Ectocion* 186
Cynodontia 115	*Desmostylus* 125, 172, 173, 174, 175	Ectodermal dysplasia 214
Cynognathus 33		ectodin 219, 220
Cynops 96	*Diacodexis* 189	ectodysplasin 219
Cypriniformes 6, 78	*Diademodon* 115	ectoloph 150
Cystophora 167	*Diadiaphorus* 169	ectostyle-j 123
■ D	Diaspida 6, 104	EDA 214
	diastema 31	*Edaphodon* 60
Dasipoidae 148	*Dichobune* 125	*Edaphosaurus* 114, 115
Dasyatis 57, 58	Dichobunoidea 189	EDA 疾患 214
Dasyproctidae 151	dichotomy 136	Edentata 148
Dasyuridae 134	Didelphidae 133	Edestoidea 61
Daubentonia 144	*Didelphis* 133	egg caruncle 103
Daubentoniidae 143	dilambdodont 133	eggshell 198
de Beer 122	*Dimetrodon* 33, 114, 115	*Elaphodus* 193
deciduous teeth 30	Dinomyidae 152	Elasmobranchii 6, 49

Elasmodectes 60	euconodont 10	*Glyptodon* 125
elasmodont 19	Eugeneodontiformes 6, 61	Gnathostomata 5, 43, 196
Elasmodus 60	Eulipotyphla 7	*Gomphonchus* 44, 45
Elasmotherium 125	*Eumys* 154	gomphosis 26
Elephantidae 182	Eupantotheria 7	Gomphothere 177
Elephas 125, 177, 178, 183, 184	*Euphractus* 148	Gomphotheriidae 181
Ellpantotheria 119	Euripsida 7, 112	*Gomphotherium* 178, 182, 183
Elopiformes 6	*Euroscaptor* 138	*Goodrichthys* 54
Embrithopoda 7, 176	*Eurymylus* 156	*Gorilla* 233
Emydocephalus 108	*Eusthenopteron* 33, 35, 82, 83	granular tooth 65
enamel 19	Eutheria 7, 119	grazer 64
enamel drop 14	eye tooth 16	grinding 126
enamel knot 217		groove 13
enamel organ 2	■F	gum 27
enamel pearl 14	false tooth 2	*Gypsonictops* 135, 136, 223
enamel prism 4, 20	fang 17	
enamel process 14	FDI 方式 31	■H
enamel pulp 2	Felidae 164	*Hadrosaurus* 111
enamel rod 20	Ferungulata 124	*Hadrosteus* 46
enamel spindle 20	fibrous attachment 25, 70	Haeckel の反復説 122
enamel tubule 20, 210	fibrous enameloid 69	*Halichoerus* 168
enamelin 94, 221	filling cementum 26	haplodont 12
enameloid 19, 36	first dentition 30	Haplorhini 145
Enhydra 163	first incisor 16	hard tissue 2
Entelodontoidea 189	first molar 16	*Helicoprion* 61, 62, 63, 63
enterostyle 154	first premolar 16	Helodontiformes 6, 59
ento 122	Fissipedia 161	*Helodus* 59
entoconid 123	fissure 13	*Hemimastodon* 177
entoconulid 123	fluorapatite 69	*Hemipristis* 57
entoloph 150	forth premolar 16	*Henodus* 112
entostyle 123	fossa 13	*Hesperornis* 118
Eochiroptera 139	*Fugu* 81	Hesperornithiformes 7
eocone 123		heterodont 15, 204
eoconid 123	■G	Heterodontiformes 6, 55
eoconulid 123	*Galago* 145	*Heterodontus* 58
Eosuchia 6, 104	*Galeocerdo* 58	*Heterohyrax* 172
Eothenomys 155	Galliformes 7	Heteromyidae 150
epiconule 123	gallstone 198	*Heteromys* 150
epithelial-mesenchymal interaction 4, 199	*Ganodus* 60	Heterostraci 6, 40
	ganoid scale 35	Hexanchiformes 6, 55
Eptatretus 42	ganoin 19, 35	*Hexanchus* 48, 58
Equidae 185	Geomyidae 150	HGF 219, 220
Equus 125, 185, 187	*Geomys* 151	Himantolophidae 81
Erethizon 151	gill raker 32	*Himantolophus* 81
Erethizontidae 151	gill raker bone tooth 12	hinged attachment 26, 70
Erinaceidae 137	gill tooth 12	Hippopotammoida 189
Erinaceus 125, 137	gingiva 27	*Hippopotamus* 190, 191
Eryops 33	Giravidae 192	histatin1 221
esophageal sac 72	Glirimorpha 153	histatin3 221
esophageal tooth 12, 73	Gliroidea 153	Holocephali 6, 57
Euchondrocephali 6, 58	*Glirulus* 153	*Holoptychius* 33

Holostei 6, 64, 74
Hominidae 222
Hominoidea 146, 222
Homo 125
Homo erectus 231, 237
Homo sapiens 222, 234
homodont 15, 204
homogeneous dentine 23, 40
homogeneous enameloid 69
horizontal mode of replacement 29
horny tooth 2, 41
Hox 遺伝子群 215
Hyaenidae 165
Hybodontiformes 6, 54
Hybodus 50, 54, 55, 58
Hydrochoeridae 152
Hydrochoerus 125, 153
Hydropotes 193
hydroxyapatite 69
Hydrurga 168
Hylidae 92
Hylobates 233
Hynobiidae 95, 96
Hynobius 96
Hyopsodontidae 169
hyostyl 49
hypocone 123
hypoconid 123
hypoconulid 123
hypolophid 150, 185
Hypomesus 77
Hypophthalmichthys 40
hypostyle 170
hypselodont 18
hypsodont 18, 126
Hyracoidea 7, 171
Hyracotherium 185, 186, 188
Hyrochoerus 189
Hystricidae 151
Hystricomorpha 151
Hystrix 151

■I

Ichthyopterygia 7, 112
Ichthyosauria 7, 112
Ichthyostega 33
Ichthyostegalia 6, 90
Ignatiolambda 170
Iguanodon 110, 111
incisal 14

incisivization 204
incisor 15
incisoriform tooth 64
incremental line 20, 22
Indri 144
Indriidae 143
Iniopterygia 58
Iniopteryx 59
inner enamel epithelium 2
Insectivora 135
integrin-binding sialoprotein 221
interglobular dentine 22
intertubular dentine 22
Ischnacanthida 6, 43
Ischnachanthus 44
Ischyodus 60
isopedin 35
Isurus 56, 58
ivory 32

■J

Janassa 62
Japalura 105
jaw tooth 12
junctional epithelium 27

■K

keratinization 198
keratinous tissue 2, 42, 198
key tooth 127
Khamsaconus 177
Kronokotherium 172, 173

■L

labial 14
labial surface 15
Labyrinthodontia 6, 90
Lacertilia 105
Lagomorpha 7, 156
Lama 191
Lambeosaurus 111
lamellar dentine 24, 68
Lamna 56
Lamniformes 6, 56
Lateolabrax 80
lateral cusp 13
lateral incisor 16
lateral tooth 15
Latimeria 35, 83, 84, 200
Lemur 144

Lemuridae 143
Leo 165
Lepidosauromorpha 6, 104
Lepidosiren 84, 85, 200
Lepisosteiformes 6
Lepisosteus 35
Lepomis 79
Leporidae 156
Lepospondyli 6, 92
Leptolepis 33
Leptonychotes 168
Lepus 125, 157
Lethenteron 42
lingual 14
lingual cusp 15
lingual margin 15
lingual surface 15
lingual tooth 12
Lissamphibia 6, 87
Litopterna 7, 169
Lobodon 168
loop 155
loph 122
Lophiidae 81
Lophiiformes 81
Lophius 81
lophodont 18, 125
Lorisidae 143
Loveina 233
lower denticula 81
lower jaw tooth 12
lower pharyngeal 71
lower tooth 12
Loxodonta 177, 183, 184

■M

Macaca 147
Macropodidae 135
Macropus 125, 135
Macroscelides 138
Macroscelididae 137
main cusp 13
Mammalia 7, 119
mammal-like reptile 113
Mammut 177, 181
Mammuthus 17, 177, 183, 184
Mammutidae 177, 181
mandibule 11
Manidae 148
mantle dentine 22
Marcroscelidea 7

marginal tooth 12
Marmosa 133
Marmota 149
Marsupialia 132
Martes 164
masticating plate 72
masticating surface 15
mastos 181
matrix, extracellular, phosphoglycoprotein 221
maxilla 11
Mazama 193
median sulcus 178
median tooth 16
Megachiroptera 139
Megaderma 141
Megadermatidae 141
Megalichthys 82
Menaspiformes 6, 59
Merluccius 68
mesenchymal enamel 19, 36
mesial 14
mesial cusp 15
mesial margin 15
mesial surface 15
mesiostyle 123
mesoconid 123
Mesocricetus 154
mesodentine 22, 39
mesodermal enamel 19, 36
mesoloph 150
mesolophid 150
Mesoplodon 160
Mesosauria 6, 104
mesostyle 123
meta 122
metacone 123
metaconid 123
metaconule 123
metaloph 150
metalophid 150
metastyle 123
metastylid 123, 186, 233
meta-stylocone 123
Metatheria 7, 119
Metaxytherium 125
Microchiroptera 139
Microsauria 6, 92
Microtinae 154
milk teeth 30
Mirounga leonia 167

Mitsukurina 56
MMP20 221
Moeritheriidae 180
Moeritherium 177, 180
Mogera 135, 138
molar 15
molariform tooth 65
molarization 204
Monachinae 167
Monodon 17, 160
Monodontidae 160
monophyodont 27, 205
Monotremata 7, 119
mosaic teeth 65
Moschus 193
mucin 221
mucous membrane denticle 7, 36
multirooted tooth 13
multitubercular tooth 13
Multituberculata 7, 119
Mungos 164
Muntiacus 193
Muridae 154
Murinae 154
Muroidea 153
Mus 154
Mustela 163
Mustelidae 163
Myliobatis 57, 58
Myocastor 152
Myomorpha 154
Myotis 141
Myrmecophagidae 148
Mysticeti 158
Myxiniformes 6, 41

■N

NCP 220
neck of tooth 13
Neoceratodus 33, 84, 85
Neognathae 7, 117
Neornithes 7, 117
Nesodon 170
Niwaella 78
Noctilionidae 141
noggin 215
non-collagenous proteins 220
Nostolepis 44, 45
Notharctus 232
Nothosaurus 112

Notoryctes 134
Notoryctidae 134
Notosauria 7, 112
Notoungulata 7, 169
novel ovarian protein 221
Numidotherium 177, 180
Nyctalus 141
Nyctereutes 163

■O

occlusal 14
occlusal surface 15
Ochotona 157
Ochotonidae 156
Octodontidae 153
Odobenidae 166
Odobenus 166
Odocoileus 193
Odontaspis 56
odontoblast 2
odontoblastic process 4
Odontoceti 126, 158
odontocyte 23, 39
odontode 10, 40
Odontognathae 7, 117
odontoid 2
odontos 181
odontosticos 29
Omalodontiformes 6
OMP-1 199
ontogeny 2, 196
Onychodactylus 96
Onychodontiformes 82
Ophiacodon 113, 114
Ophidia 106
Oplegnathidae 80
Oplegnathus 80
OPN 220
opposition 126
oral 14
Orcinus 161
Ornithischia 6, 110
Ornithorhynchus 125, 131
Orodontiformes 6, 61
Orodus 62, 63
Orthacanthus 53
Orthacodus 56
orthodentine 22, 36
orthosemidentine 47
Orycteropus 125, 171
Oryctolagus 156

Osborn 121	paracrista 141	*Phoca* 125, 167, 168
Osmeridae 75	paralophid 150	*Phocaena* 161
Osmeriformes 75	Paramyidae 149	Phocaenidae 161
osteal dentine 24, 40	*Paramys* 149	Phocidae 166
Osteichthyes 6, 33	*Paranthropus* 238	Phocinae 167
osteocyte 24	parasite 64	Phoebodontiformes 6
osteodentine 23, 39	parastyle 123	Pholidota 7, 148
Osteoglossiformes 6	*Paratetralophodon* 177	*Phosphatherium* 177, 179
Osteolepida 82	pavement teeth 65	*Photamochoerus* 189
Osteolepis 33, 82	*Pecoglossus* 75	Phthinosuchia 115
osteon 67	Pedetidae 150	Phyllolepida 6, 46
osteonectin 221	pedicel 26	Phyllostomatidae 142
osteopontin 221	pedicellate attachment 26, 70	phylogeny 2, 196
Osteostraci 6, 41	pedicle 26, 70	Physeteridae 158
Ostracodermi 34, 40	Pelalodontiformes 6	pigmented enamel 20
Otariidae 166	*Pelamis* 107	pigmented enameloid 20
Otariinae 166	*Pelycodus* 232	*Pilgrimella* 172, 173
Otocyoninae 162	Pelycosauria 7, 113	Pilosa 7
otolin-1 199	pentalophodont 18	Pinnipedia 126
otolith 198	*Perameles* 134	Pinnipedoidea 166
outer enamel epithelium 2	Peramelidae 134	Pipidae 94
Oxyaena 125	Percichthyidae 80	Pisces 5, 33, 196
	Perciformes 6, 79	pit 13
■P	pericone 123, 232	Placodermi 6, 33, 46
p21 220	*Periconodon* 232, 233	Placodontia 7, 112
Pachyosteus 47	pericoronal cementum 27	*Placodus* 112
Palaeoamasia 176	periodontal ligament 4	placoid scale 5, 35
Palaeoamasiidae 176	periodontal membrane 4	plagioconule 123
Palaeodonta 189	periodontal tissue 24	Plagiostomi 49
Palaeognathae 7, 117	periodontium 19, 24	*Plateosaurus* 109, 110
Palaeoloxodon 183, 184	Perissodactyla 7, 169, 184	Platyrrhina 146
Palaeomastodon 177, 182	peritubular dentine 22	pleromin 24, 40, 199
Palaeonisciformes 35	permanent teeth 30	Plesiosauria 7, 112
palaeoniscoid scale 35	Petalichthyida 6, 46	*Plesiosaurus* 112
palatal 14	Petalodontiformes 61	pleurodont 26, 88, 100
palatal surface 15	*Petalodus* 63	plicae 13
palatal tooth 12	*Petalorhynchus* 62	plicidentine 23, 39, 90
palatinal 14	*Petaurista* 150	Pliohyracidae 171
palatine tooth 12	petrodentine 24, 40, 85	plus pattern 231
Paleonisciformes 6	Petromyidae 152	poison fang 32
Paleoparadoxia 172, 173, 174	*Petromys* 152	*Polyacrodus* 55
Paleoparadoxiidae 172	*Petromyzon* 43	polylophodont 18
Pan 226	Petromyzontiformes 6, 41	polyphyodont 27, 205
Pantholops 194	*Pezosiren* 175	Polyprotodonts 133
Pantotheria 7, 119	*Phacochoerus* 125, 189	Polypteriformes 6
Papio 125, 147	Phalangeridae 135	*Polypterus* 35
para 122	pharyngeal tooth 12, 36, 65	Pongidae 222
paracone 123	Phascolomidae 135	*Pongo* 233
paraconid 123	*Phenacodus* 184, 186	*Pontoporia* 160
paraconodont 9	*Phiomia* 177, 182	post paracrista 141
paraconule 123	*Phlyctenaspis* 47	posterior conule 178

posterior talonid 180
posterior tooth 15
posterolophid 155
posterostyle 154
postmeta crista 150
postmetaconulid 123
postpara crista 150
posttrite 178
Potamogale 137
Potamogalidae 137
predator 64
predecessor teeth 30
predentary 110
predentine 2, 22
prehension 12
premaxilla 11
premolar 15
premolar analogy theory 123
pretrite 178
primary dentine 22
Primates 7, 143
Primelephas 177
Prionace 58
prismatic enamel 20
Proboscidea 7, 176
Procavia 125, 172
Procaviidae 171
Procolophonia 104
proconodont 9
Procyon 165
Procyonidae 165
Proganochelys 104
proline-rich proteins 221
Promexyele 59
Propithecus 144
Prorastomidae 175
Prorastomus 175
Prosimii 143
Protacrodus 53, 58
Proterotherium 125
proto 122
protocone 123
protocone basin 123
protoconid 123
protoloph 150
protolophid 150
Protopterus 84
Protosirenidae 175
protostylid 123
protothecodont 100
Prototheria 7, 119, 129

Protungulatum 169
Protypotherium 125
proximal surface 15
pseudohypocone 232
pseudo-prism 102
Pteranodon 111
Pteraspida 6, 40
Pteraspis 33
Pteromys 150
Pteropodidae 140
Pteropus 140
Pterosauria 6, 111
ptychodont 18
Ptychodus 40, 54, 55, 57, 58, 199
Ptyctodontida 6, 46
pulp cavity 20
pulp stone 24
Purgatorius 226
Pyseter 158
Python 106

■R

radical 14
radula 1
Rajiformes 6, 57
Rana 92, 93, 94
Ranidae 92
Rattus 154
reparative dentine 22
Reptilia 6, 99
Rhacophoridae 92
Rhamphorhynchus 111
Rhenanida 6, 46
Rhina 57
Rhinoceros 125, 186, 188
Rhinocerotidae 187
Rhinolophidae 140
Rhinoptera 57
Rhipidistia 82
Rhynchocephalia 6, 105
Rhynchodus 46, 47
ridge 13
Rodentia 7, 148
root cementum 26
root formation 4
root of tooth 13
rootless tooth 17
Ruminantia 126, 189

■S

Saiga 194

Saimiri 146
Salamandridae 95
Salmonidae 75
Salmoniformes 6, 75
Sarcophilus 125, 134
Sarcoprion 61
Sarcopterygii 6, 82
Saurischia 6, 109
Scalenodon 115
Scandentia 7, 139
Scanilepis 28
Scapanorhynchus 58
schmelz 19
Sciuridae 149
Sciuromorpha 149
Sciurus 125, 149
SCPP 遺伝子ファミリー 221
secodont 17, 125
second dentition 30
second incisor 16
second molar 16
second premolar 16
secondary dentine 22
secondary trefoil 178
Secretory Calcium-binding
　Phospho-Protein 222
sectorial 17
Seggeurius 171
Selenarctos 163
selenodont 18, 125
selenolophodont 19, 171
semidentine 22, 39
Semionotiformes 6
serrae 13
serrated margin 13
setiform tooth 64
Seymouria 33
Sharpey's fiber 25
shear 126
Shoshonius 233
SIBLING ファミリー 220, 222
side cusp 13
Simocyoninae 162
Simpson 124
Sinodont 234
Sirenia 7, 175
Smilodon 17
socket 26
socketed attachment 26
Solenodon 125, 137
Solenodontidae 137

Sorex 138
Soricidae 138
Soricinae 138
Sorlestes 135
SPARC 222
Sparidae 80
sphen 124, 133
Sphenacodon 115
Sphenodon 105
Sphyrna 48
Squalicorax 56
Squaliformes 6, 57
Squalus 50, 58
Squamata 6, 105
statherin 221
Stegocephalia 90
Stegodibelodon 177
Stegodon 177, 178, 182, 183
Stegodontidae 182
Stegolophodon 177, 182, 183
Stegotetrabelodon 177
stellate reticulum 2
Stenella 160
Steno 161
Stensioellida 6
Sthruthioformes 7
strainer 64
stratum intermedium 2
Strepsirhini 145
striae 13
stylar cusp 132
stylar shelf 132
style 122
stylocone 123
subthecodont 100
successional teeth 30
Suidae 189
Suina 189
Sundadont 234
supporting cementum 26
Sus 125, 189, 190
Symmetrodonta 7, 119
Symmoriformes 6
symphseal tooth 16
Synapsida 7, 113

■ T

Taeniodontia 148
Taeniolabis 125
talon 123
talon basin 123

talonid 123
talonid basin 123
Talpidae 138
talus 122
Taniodontia 7
Tanystropheus 104
Tapiridae 188
Tapirus 125, 186, 188
Tarsiidae 143
Tarsius 145, 146
taurodont 17
Tayassuidae 189
Teleostei 6, 64, 75
Temnospondyli 6, 90
Tenrecidae 137
tertiary dentine 22
Testudinata 6, 104
Tethytheria 172
Tetraclaenodon 184, 185, 186
Tetralophodon 177, 182
tetralophodont 18
Tetraodontidae 81
Tetraodontiformes 81
Tetrapoda 5, 87, 196
thecodont 88, 100
thecodont attachment 26, 70
Thecodontia 6, 108
Thelodonti 6, 41
Thelodus 41, 42
Therapsida 7, 113
Theria 7, 119, 129
Theriodontia 115
Thetraclaenodon 185
third incisor 16
third molar 16
third premolar 16
Thrinaxodon 116, 129
Thryonomyidae 151
Tillodontia 7, 148
Tillotherium 148
tip 13
Tomes' process 4
tooth 1
tooth class 15
tooth family 29, 102
tooth germ 2
tooth plate 13, 27
tooth platelet tooth 12
trabecular dentine 23, 39
trabecular semidentine 47
Tragulidae 192

Tragulus 193
transparent dentine 22
trefoil 178
trgonid basin 123
tribos 124, 133
tribosphenic 124, 132
tribosphenic molar 222
Triceratops 110
Trichechidae 175
Trichechus 175
triconodont 13
Triconodonta 119
Triconodontia 7
trigon 123
trigon basin 123
trigonid 123
trigonid shelf 123
trilophodont 18, 181
Trisdobatrachus 92
trituberclar theory 121
trituberclar tooth 13
Tritylodontia 115
true tooth 2
tubercule 13
tuberculum 121
tubular dentine 22, 63
tubular enamel 20
tubular enameloid 20, 69
Tubulidentata 7, 171
Tupaia 138, 236
Tupaiidae 138
tusk 17
Tylopoda 189
Tyrannosaurus 17, 109, 110

■ U

upper denticula 81
upper jaw tooth 12
upper tooth 12
urinary stone 198
Urodela 6, 95
Uromastyx 101, 106, 206
Urotrichus 135, 138
Ursidae 163
Ursus 125, 163

■ V

Varanus 105
vasodentine 24, 40
Vertebrata 6
vertical mode of replacement 29

Vespertilio 125
Vespertilionidae 140
vestibular 14
Vicugna 191
villiform tooth 64
vitrodentine 19, 36
Viverridae 164
vomer tooth 12
Vulpes 163

■W

Washakius 233
wear facet 113

whitlockite 40, 199

■X

Xenacanthiformes 6, 53
Xenacanthus 53, 54, 58
Xenopus 94
Xylacanthus 45

■Z

Zahnreihe 29
zalambdodont 134
Zapodidae 155
Zapus 155

Ziphiidae 158
zone of polarizing activity 217, 218
ZPA 218
zygodont 18
Zygolophodon 181

■数字

5咬頭性 235
6th cusp 233
7th cusp 233

編著者略歴

石山 巳喜夫（いしやま みきお）
- 1952年　新潟県に生まれる
- 1976年　東海大学海洋学部水産学科卒業
- 1987年　歯学博士
- 2002年　日本歯科大学新潟歯学部助教授（解剖学第2講座）
- 2006年　日本歯科大学新潟生命歯学部准教授（解剖学第2講座）

犬塚 則久（いぬづか のりひさ）
- 1948年　青森県に生まれる
- 1972年　東京教育大学理学部地質学鉱物学専攻卒業
- 1975年　東京大学医学部助手（解剖学第2講座）
- 1984年　理学博士
- 1997年　東京大学大学院医学系研究科助手（分子細胞生物学専攻細胞生物学・解剖学）
- 2013年　東京大学大学院医学系研究科退職

後藤 仁敏（ごとう まさとし）
- 1946年　愛知県に生まれる
- 1969年　東京教育大学理学部地質学鉱物学専攻卒業
- 1972年　東京医科歯科大学歯学部助手（口腔解剖学）
- 1979年　歯学博士
- 1980年　鶴見大学歯学部助教授（解剖学第2講座）
- 2003年　同大学短期大学部教授（歯科衛生科）

伊藤 徹魯（いとう てつろ）
- 1937年　大阪府に生まれる
- 1961年　京都大学農学部農林生物学科卒業
- 1971年　朝日大学歯学部助手（口腔解剖学講座）
- 2001年　朝日大学歯学部退職
- 2006年　逝去

大泰司 紀之（おおたいし のりゆき）
- 1940年　旧満州国に生まれる
- 1964年　北海道大学獣医学部卒業
- 1964年　北海道大学獣医学部助手（家畜比較解剖学講座）
- 1971年　北海道大学歯学部講師（口腔解剖学第1講座）
- 1978年　獣医学博士
- 1995年　北海道大学大学院獣医学研究科教授（生態学教室）
- 2004年　北海道大学名誉教授

駒田 格知（こまだ のりとも）
- 1945年　三重県に生まれる
- 1969年　岐阜大学教育学部生物科卒業
- 1979年　医学博士
- 1987年　朝日大学歯学部助教授（口腔解剖学第1講座）
- 1989年　名古屋女子大学教授（解剖生理学研究室）
- 2011年　名古屋女子大学特任教授

笹川 一郎（ささがわ いちろう）
- 1952年　新潟県に生まれる
- 1974年　新潟大学理学部地質鉱物学科卒業
- 1983年　歯学博士
- 1983年　日本歯科大学新潟歯学部助教授（口腔解剖学教室第1講座）
- 2006年　日本歯科大学新潟生命歯学部教授（先端研究センター・解剖学）

佐藤 巌（さとう いわお）
- 1951年　山形県に生まれる
- 1977年　東京水産大学水産学部卒業
- 1984年　医学博士
- 1989年　SDSU　Adjunct Professor
- 1989年　San Diego Zoo　研究員
- 2000年　日本歯科大学歯学部教授（解剖学教室第1講座）
- 2000年　日本歯科大学歯学部教授（解剖学第1講座）
- 2006年　日本歯科大学生命歯学部教授（解剖学第1講座）

茂原 信生（しげはら のぶお）
- 1943年　長野県に生まれる
- 1966年　京都大学理学部動物学科卒業
- 1978年　獨協医科大学講師（第1解剖学教室）
- 1979年　理学博士
- 1995年　京都大学霊長類研究所教授（進化系統研究部門系統発生分野）
- 2006年　京都大学名誉教授

瀬戸口 烈司（せとぐち たけし）
- 1942年　京都府に生まれる
- 1967年　京都大学理学部地質学鉱物学科卒業
- 1976年　京都大学霊長類研究所助手
- 1977年　テキサス工科大学 Ph.D.
- 1993年　京都大学大学院理学研究科教授（地球惑星科学専攻地質学鉱物学分野）
- 2006年　京都大学名誉教授

田畑 純（たばた まこと）
- 1961年　東京都に生まれる
- 1985年　九州大学理学部生物学科卒業
- 1992年　広島大学大学院（学術）
- 1992年　大阪大学歯学部助手（口腔解剖学第1講座）
- 1996年　文部省在外研究員（ヘルシンキ大学生物工学研究所）
- 2001年　鹿児島大学歯学部助教授（口腔解剖学第1講座）
- 2007年　東京医科歯科大学歯学部准教授（硬組織構造生物学分野）

花村 肇（はなむら はじめ）
- 1940年　長野県に生まれる
- 1963年　信州大学教育学部卒業
- 1974年　歯学博士
- 1977年　愛知学院大学歯学部助教授（第2解剖学教室）
- 1993年　同大学歯学部教授（第2解剖学教室）
- 2011年　愛知学院大学名誉教授

前田 喜四雄（まえだ きしお）
- 1944年　岡山県に生まれる
- 1967年　北海道大学農学部農業生物学科卒業
- 1972年　朝日大学歯学部助手（口腔解剖学第1講座）
- 1982年　農学博士
- 1990年　奈良教育大学教授（附属自然環境教育センター）
- 2010年　奈良教育大学名誉教授

（五十音順）

| 歯の比較解剖学　第2版 | ISBN978-4-263-45779-5 |

1986年6月30日　第1版第1刷発行
2006年4月25日　第1版第10刷発行
2014年3月25日　第2版第1刷発行

編　者　後　藤　仁　敏
　　　　大泰司　紀　之
　　　　田　畑　　　純
　　　　花　村　　　肇
　　　　佐　藤　　　巌

発行者　大　畑　秀　穂

発行所　医歯薬出版株式会社
〒113-8612　東京都文京区本駒込1-7-10
TEL.　(03)5395-7638(編集)・7630(販売)
FAX.　(03)5395-7639(編集)・7633(販売)
　　　　　　　　　　http://www.ishiyaku.co.jp/
郵便振替番号　00190-5-13816

乱丁，落丁の際はお取り替えいたします　　印刷・太平印刷社／製本・愛千製本所
Ⓒ Ishiyaku Publishers, Inc., 1986, 2014. Printed in Japan

本書の複製権・翻訳権・翻案権・上映権・譲渡権・貸与権・公衆送信権(送信可能化権を含む)・口述権は医歯薬出版(株)が保有します．
本書を無断で複製する行為(コピー，スキャン，デジタルデータ化など)は，「私的使用のための複製」などの著作権法上の限られた例外を除き禁じられています．また私的使用に該当する場合であっても，請負業者等の第三者に依頼し上記の行為を行うことは違法となります．

JCOPY ＜(社)出版者著作権管理機構　委託出版物＞
本書を複写される場合は，そのつど事前に(社)出版者著作権管理機構(電話03-3513-6969, FAX 03-3513-6979, e-mail：info@jcopy.or.jp)の許諾を得てください．